西门子S7-1200

与 TIA博途软件

编程一本通

汤立刚　胡国珍　胡学明　编著

化学工业出版社

·北京·

内容简介

本书结合项目工程实践，详细介绍了西门子 S7-1200 PLC 的应用和编程技术，同时介绍了 TIA 博途编程软件环境下的组态开发技术、梯形图编程技术、人机界面设计技术。针对工业自动化应用，给出了 S7-1200 PLC 与变频器的联合控制以及 PID 控制技术。为了方便读者深入了解相关技术和快速掌握实际操作能力，给出了相应编程实例以及仿真分析和调试技巧。此外，对工程应用中的安全措施和故障处理也进行了详细说明，方便读者解决实际问题。

本书适合电气工程师、自动化工程师等自学使用，也可以用作职业院校、培训学校相关专业的教材及参考书。

图书在版编目（CIP）数据

西门子S7-1200 PLC与TIA博途软件编程一本通/汤立刚，胡国珍，胡学明编著. —北京：化学工业出版社，2021.9（2025.4重印）

ISBN 978-7-122-39295-4

Ⅰ.①西… Ⅱ.①汤…②胡…③胡… Ⅲ.①PLC技术-程序设计 Ⅳ.①TM571.61

中国版本图书馆CIP数据核字（2021）第109325号

责任编辑：耍利娜　　文字编辑：林　丹　师明远
责任校对：王素芹　　装帧设计：王晓宇

出版发行：化学工业出版社（北京市东城区青年湖南街13号　邮政编码100011）
印　　装：河北延风印务有限公司
787mm×1092mm　1/16　印张20½　字数479千字　2025年4月北京第1版第7次印刷

购书咨询：010-64518888　　售后服务：010-64518899
网　　址：http://www.cip.com.cn
凡购买本书，如有缺损质量问题，本社销售中心负责调换。

定　　价：68.00元

前言

PLC（可编程序控制器）是一种具有微处理器的用于工业自动控制的数字运算控制器，其在扩展性和可靠性方面的优势使其被广泛应用于各类工业控制领域。近年来，我国先后出台了《中国制造2025》《关于深化制造业与互联网融合发展的指导意见》《智能制造发展规划（2016—2020）》《关于深化“互联网+先进制造业”发展工业互联网的指导意见》等重大战略文件，为智能制造发展提供了有力的制度支持，我国的制造业也迎来了高速腾飞的发展阶段。在智能制造体系中，PLC不仅仅是作为机械装备和生产线的操控器，还承担着工业4.0和数字化工厂建设赋予的新使命。PLC目前已经广泛应用在机械、化工、采矿、石油、轻工、电力、建材、建筑、交通运输、物流等各个领域，它的发展和应用正处在方兴未艾的阶段。

西门子S7-1200 PLC是自动控制领域中的佼佼者，在市场上有很高的占用率，它提供了全新的自动控制系统解决方案，具有模块化的结构，功能齐全，适用于多种场合。它具有符合工业通信最高标准的通信接口以及全面的集成工艺功能，可以构建出多姿多彩的自动控制系统。

TIA博途编程软件秉承西门子公司“全集成自动化”的概念，将PLC编程、HMI人机界面的编程、现场设备（变频器、伺服电动机等）的配置紧密地联系在一起，构成一个系统控制工程；并使用一套编程软件和“一网到底”的工业以太网网络，完成了整个系统中的所有工作流程。S7-1200 PLC的应用、TIA博途软件的编程，都是自动控制领域的关键技术，它们的推广和普及已经形成了一股强劲的趋势。掌握这门技术，就进入了电气自动化领域的前沿。

在当前自动化专业的实践教学中，通常采用西门子产品作为实施载体。面对西门子电气自动化这门博大精深的技术，没有PLC基础的学员和读者可能有畏难情绪；没有接触过西门子新型PLC的读者，也感到别扭和费解。但是，学习任何一门技术，都有一个入门→了解→熟悉→精通的过程。只要读者有兴趣、有持之以恒的钻研精神，通过本书可以快速掌握相关技巧。为了便于读者的学习，我们尽量把编程的步骤介绍得详细一些，把文字叙述得通俗一些。读者通过学习和实践，可以很快成为驾驭S7-1200 PLC和博途软件的行家里手。

本书在编著过程中，参阅了一些有关的书籍和技术资料，在此向这些文献的作者表示诚挚的感谢。

由于编著者的水平和时间有限，书中难免有不妥之处，恳请各位读者批评指正。

编著者

SIEMENS

SIEMENS

目录

第1章

西门子S7-1200 PLC概述

SIEMENS

1.1 PLC（可编程序控制器）简介

1.1.1 PLC 的优点

PLC 是进行工业自动控制的微型计算机，是 20 世纪 60 年代因工业生产的迫切需要而诞生的，也是专门为工业环境的应用而设计、制造的。由于其在电气自动控制方面具有无可比拟的优点，几十年来得到了迅猛的发展，功能日趋完善。

国际电工委员会（IEC）于 1982 年 11 月颁布了 PLC 标准的第一版，于 1985 年 1 月又颁布了第二版，对 PLC 进行如下定义：“可编程序控制器是一种由数字运算操作的电子装置，专为在工业环境下应用而设计。它采用可编程序的存储器，用来在其内部存储执行逻辑运算、顺序控制、定时、计数和算术运算等操作指令，并通过数字式和模拟式的输入和输出控制各种类型的机械或生产过程。可编程序控制器及其有关的外围设备，都应按工业控制系统整体性、易扩展的原则设计。”

中国是“世界工厂”，伴随着“中国制造 2025”，我国的制造业正在高速腾飞，PLC 已经广泛地应用到我国的机械制造、钢铁、化工、石油、电力、建筑、建材、采矿、轻工、交通运输等各个工业领域。PLC 具有以下几个方面的主要优点。

（1）品种齐全，功能强大，通用性强

PLC 的品种齐全，但是每一台 PLC 都不是专门针对某一个具体的控制装置。它可以按照要求配置外围元器件，组成各种形式的控制系统，而不需要用户自己设计和制造 PLC 硬件装置。用户在选定硬件之后，在生产设备更新、工艺流程改变的情况下，不必改变 PLC 的硬件设备，只需要改变控制程序，就可以满足新的控制要求。因此，它在工业自动化中得到了广泛的应用。

PLC 不仅具有逻辑运算、定时、计数、顺序控制等功能，还具有数字和模拟量的输入/输出、功率驱动、人机对话、自检、记录、显示、报警、通信等诸多功能。它既可以控制一台机械设备，又可以控制一条生产线，还可以控制一个完整的生产过程。

（2）可靠性高，具有超强的抗干扰能力

PLC 在设计和制造过程中，为了更好地适应工业生产环境中多粉尘、高噪声、温差大、强电磁干扰等特殊情况，对硬件采用了屏蔽、滤波、电源隔离、调整、保护、模块式结构等措施，对软件采取了故障检测、信息保护与恢复、设置警戒时钟（看门狗）、对程序进行检查和校验、对程序和动态数据进行电池后备保护等措施。

PLC在出厂时，要进行严格的试验，其中的一项就是抗干扰试验。要求其能承受1000V、上升时间1ns、脉冲宽度为1μs的干扰脉冲。在一般情况下，PLC平均故障间隔时间可以达到几十万甚至上千万小时，构成系统后，也可以达到5万小时甚至更长的时间。

（3）编程简单，使用非常方便

通常，PLC采用继电器控制形式的“梯形图编程方式”，它延续了传统控制电路清晰、直观的优点，又兼顾了工矿企业电气技术人员的读图习惯，所以很容易被接受和掌握。

在梯形图语言中，编程元件的符号和表达方式与继电器控制电路原理图非常相似。电气技术人员通过短期培训、阅读PLC的用户手册和编程手册，就能很快地利用梯形图编制控制程序，同时还可以掌握顺序功能图、语句表等编程语言。在熟悉某一品牌的PLC之后，又能够触类旁通，掌握和运用其他品牌的PLC。

（4）安装简单，调试和维修方便

在PLC中，大量的中间继电器、时间继电器、计数器等元器件，都被软件所取代。所以电气控制柜中，安装和接线的工作量大大减少，又避免了许多差错。PLC的用户程序一般都可以在实验室进行仿真分析、模拟调试，减少了现场的调试工作量。

PLC本身的故障率很低，各个输入、输出端子上又带有LED指示灯，各个外部元件的工作状态都在监视之中，一目了然，所以出现故障时很容易查找到有故障的元器件，通过对梯形图的监视，也很容易查找到故障点，所以维修极为方便。

（5）体积小，性价比高

PLC将微电子技术应用于工业设备，所以产品结构紧凑，体积大大缩小，重量轻，功耗低。又由于它的抗干扰能力强，容易安装在设备的内部，以实现机电一体化。当前，以PLC作为控制器的CNC设备和机器人已经成为典型的智能控制设备。

随着集成电路芯片性能的提高，价格的降低，PLC硬件的价格在不断地下降。虽然PLC软件的价格在系统中所占的比例在不断提高，但是PLC的采用使得整个工程项目的进度加快、质量提高，所以PLC具有很高的性价比。

1.1.2 PLC与继电器-接触器控制系统的区别

PLC虽然是在继电器-接触器电路的基础上发展起来的，但是又与继电器-接触器控制系统有很大的区别，主要表现在以下几个方面。

（1）在控制器件方面的区别

继电器-接触器控制系统是由各种真正的继电器、接触器组成的。它们的线圈要在控制电源下工作，触点要频繁地切换，很容易损坏，因此线圈和触点经常会发生故障。

而在PLC梯形图中，控制程序是由许多软继电器组成的，这些软继电器本质上是存储器中的各个触发器，可以置“0”或置“1”，没有磨损现象，大大减少了故障。

(2)在工作方式方面的区别

继电器-接触器电路在工作时，所有的元器件都处于受控状态。只要符合吸合条件，都处于吸合状态；只要符合断开条件，都处于断开状态。这属于“并行”工作方式。

而在 PLC 的梯形图中，各个软继电器都处于周期循环的扫描工作状态，通电与触点动作并不同时发生，属于“串行”工作方式。

(3)在触点数量方面的区别

在继电器-接触器控制系统中，触点数量是有限的，一般只有 2 ～ 4 对，最多也不过 8 对。如果触点不够，就需要另外增加继电器或接触器，导致接线非常复杂。

而在 PLC 梯形图中，软继电器的触点数量是无限的，同样一对触点，在编程时可以无数次地反复使用。

(4)在更改控制功能方面的区别

继电器-接触器控制系统是依靠硬接线来完成控制功能的，其控制功能一般是固定不变的。如果需要改变控制功能，必须重新安装元器件，更换连接导线。控制功能越复杂，元器件就越多，接线就越复杂。

而 PLC 控制系统是采用软继电器，通过编程实现自动控制。当控制功能改变时，在中间控制环节不需要增加元器件，只要修改程序就行了。控制功能可以灵活地实施，能胜任非常复杂的控制场合。

(5)在故障诊断方面的区别

继电器-接触器控制系统不仅故障较多，而且故障的诊断比较困难，要进行比较复杂的检测排查、诊断分析，往往要花费很多时间，走很多弯路。

而 PLC 性能稳定、工作可靠，无故障时间可以达到几十万小时以上，所以本身故障就很少。在 PLC 的输入和输出单元，每一个端子对应一个 LED 指示灯，输入和输出端子的工作状态一目了然。当发生故障时，通过这些指示灯，就可以捕捉到许多故障信息，迅速找出有故障的元器件。

此外，许多 PLC 具有仿真分析、故障检测、故障诊断、故障报警、故障记录等功能，能对故障进行智能诊断，在排查故障方面可以节省很多时间。

1.2 S7-1200 PLC的主要特点和硬件结构

1.2.1 S7-1200 PLC 的主要特点

西门子公司的 PLC 是较早进入中国市场的产品，S7-1200 PLC 是 PLC 大家族中的一朵奇葩。它是针对市场上产品小型化、大容量存储、多功能、高性价比的需求所开发出来的新一代小型可编程序控制器。它采用了可编程序的存储器，用于其内部存储程序，执行逻辑运算、顺序控制、定时、计数与算术操作等面向用户的指令，并通过数字式或模拟式输入/输出控制各种类型的自动化和智能化生产过程。

西门子PLC的早期产品有S7-200、S7-300、S7-400等。S7-200是微型PLC，它采用集中式结构，CPU本体模块、I/O模块、通信模块全部组装在一起，但是也可以向外部扩展部分模块。S7-300是基础型的模块式PLC，各部分模块根据控制系统的需要，在背板上自行组合。S7-400是高级型的模块式PLC，各方面的性能都比S7-300优越。

近年来S7-1200、S7-1500 PLC相继投入市场，S7-1200兼顾了整体式和模块式PLC的优点。由于采用了性能更加优越的中央处理器，所以许多功能进一步加强，在容量、速度等方面都有了大幅度的提升，它们在S7系列PLC中的位置见图1-1。

<table>
<tr><td>S7-200</td><td colspan="2">S7-300</td><td colspan="2">S7-400</td></tr>
<tr><td>微型</td><td>中低端</td><td>高端</td><td>高级型</td><td>冗余型</td></tr>
<tr><td colspan="2">S7-1200</td><td colspan="2">S7-1500</td><td></td></tr>
</table>

图1-1 S7-1200/1500与S7-200/300/400的对应关系

S7-1200采用集中式结构，同时可以向外扩展部分模块，其性能涵盖了S7-200全部产品以及S7-300的低端和中端产品。S7-1500则采用模块式结构，其性能涵盖了S7-300的高端产品以及S7-400的高级型产品。但是S7-1500目前还没有涵盖S7-400中的冗余型PLC。

目前，西门子公司提供了CPU 1211C、CPU 1212C、CPU 1214C、CPU 1215C等多种类型的S7-1200 PLC。图1-2是S7-1214C PLC的实物图形，图1-3是带有2个I/O扩展模块的S7-1214C。交流或直流电源的接口在左上角；存储器插槽在上部保护盖内部；RJ45以太网接口在左下角；用户的接线端子在保护盖下面。

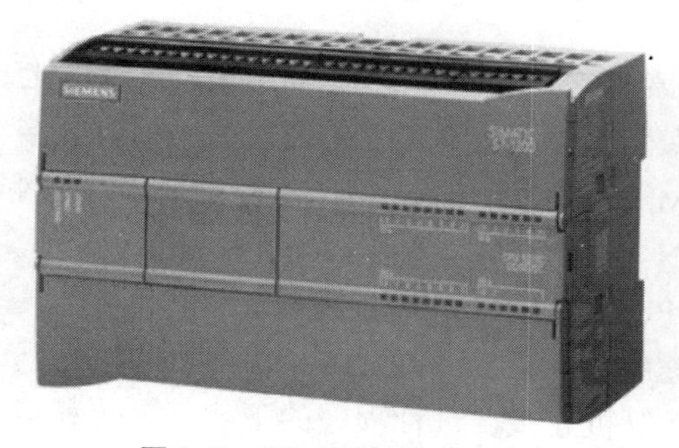

图1-2 S7-1214C PLC

图1-3 带有I/O扩展模块的S7-1214C

西门子S7-1200 PLC的主要特点如下。

① 采用集中式结构，通过紧凑型、模块化的设计，将CPU微处理器、传感器电源、数字量输入/输出、高速输入/输出、模拟量输入/输出组合在一起，形成了功能强大的控制器，可以满足多方面的自动控制要求。

② 具有灵活的硬件扩展功能。扩展模块的数目，最多可以达到11个。其中PLC主体

左侧可以最多扩展 3 个通信模块或通信处理器，右侧可以最多扩展 8 个数字量或模拟量的输入/输出模块。不同的 CPU 型号，扩展模块的数目也不相同。

③ 在用户程序与用户数据之间的存储器可变边界中，可提供最多 50KB 容量的集成工作内存。同时还提供了最多 2MB 的集成装载内存，以及 2KB 的掉电保持内存。

④ 具有强大的工艺技术功能：

a. CPU 可以提供 6 个高速计数器，支持单相、A/B 正交编码器，可以进行计数、频率测量、周期测量。

b. CPU 提供了多种运动控制方式，可以与支持 PROFI drive 的驱动器相连接，进行运动控制。PLC 通过模拟量输出、发射 PTO 脉冲等方式控制驱动器。输出信号的类型可以是正方向脉冲，也可以是负方向脉冲。运动控制指令符合 PLCopen 国际运动控制标准，支持绝对定位、相对定位、点动、返回参考点。集成了调试面板，简化了步进电动机和伺服电动机的调试，并提供了在线诊断功能。

c. CPU 提供了 4 路 PWM（脉冲宽度调制）输出，提供具有固定周期的脉冲输出，脉冲的占空比可以调节，可用于控制电动机的速度、阀门位置或加热元件的占空比。

d. CPU 可以提供带自动调节功能的 PID 控制回路。

⑤ 运行速度快，例如 CPU 1214C 在执行布尔量的操作时，每条指令的执行时间缩短到 0.1μs。

⑥ 在本体上增加了一个板卡扩展接口，用于连接信号板卡、通信板卡、电池板卡。

⑦ 在 PLC 上可以选择插入一张 SD 卡，这张卡有 3 种用途：一是传递多种程序，二是传递固件升级包，三是向 PLC 内部载入内存拓展。通过它可以方便地将程序传输到多个 CPU。

⑧ 具有集成的 PROFINET 接口，该接口可用于编程、HMI 通信及 PLC 之间的通信。此外，它还通过开放的以太网协议支持与第三方设备的通信。该接口带有一个 RJ45 连接器，提供 10/100Mbit/s 的数据传输速率，具有自动交叉网线的功能。支持 TCP/IPnative、ISO-ON-TCP、UDP 与 S7-1200 的通信。同时，可以作为 PROFINET 控制器控制 16 个 PROFINET I/O 设备，并支持智能 I/O 设备的功能。当计算机上安装有 TIA 博途编程软件时，通过 S7-1200 上的以太网接口，可以采用一根标准网线将其与计算机连接，进行程序的下载、上传和运行监控。

⑨ 信息安全的可靠性大大提高。CPU 提供了多种安全防护功能，用于 CPU 和控制程序的安全保护。每个 CPU 都可以设置保护密码，限制对 CPU 的访问权限。可以使用“专有技术保护”隐藏特定程序块中的代码，还可以使用防复制保护将程序绑定到特定的存储卡或 CPU 中。

⑩ 使用 TIA 博途软件作为编程软件，可以大量使用博途软件中的新功能。

1.2.2 S7-1200 PLC 的硬件结构

S7-1200 PLC 有很多型号，它们的性能不完全相同。在结构上，主要由 CPU（中央处理器）、电源部件、输入/输出部件、通信接口等组成，其硬件结构如图 1-4 所示。

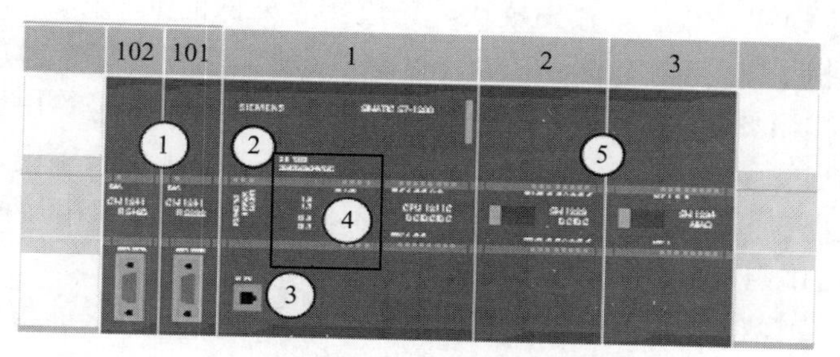

图 1-4　S7-1200 PLC 的硬件结构

① **通信模块（CM）或通信处理器（CP）：** 最多可以添加 3 个，其中通信模块 CP 1243-1 的外形见图 1-5。它们安装在 CPU 的左侧，分别插在插槽 101、102、103 中，为系统提供附加的通信端口（例如 PROFIBUS、GPRS）。

② **CPU 主体：** 位于 1# 插槽。CPU 模块是整个 PLC 的核心部件，它完成所有数据的收集和发送，以及所有控制程序的运行。人机界面（HMI）、PROFINET 控制网络都直接与 CPU 模块连接，并直接受 CPU 模块控制。

③ **CPU 的以太网 PROFINET 接口：** 用于 PLC 与计算机、其他设备之间的通信。

④ **信号板（SB）、通信板（CB）或电池板（BB）：** 它们插在 CPU 面板的中间。只能选用其中的 1 个。信号板的用途是为 CPU 添加几个输入/输出端子；通信板提供附加的通信端口，例如 RS485 等；电池板（1297）可以提供长期的实时时钟备份。

⑤ **信号模块（SM）：** 其中 SM 1223-8DI/8DO 的外形见图 1-6。它包括数字量输入/输出模块 DI/DQ，模拟量输入/输出模块 AI/AQ，其数量最多为 8 个，分别安装在 2# ～ 9# 插槽中。但是各种型号的 CPU 配置不一样，其中 CPU 1211C 不允许配置任何信号模块，CPU 1212C 允许配置 2 个信号模块，CPU 1214C 和 CPU 1215C 允许配置 8 个信号模块。

图 1-5　通信模块 CP 1243-1 的外形

图 1-6　信号模块 SM 1223-8DI/8DO 的外形

DI 模块是数字量输入模块，它连接着外部的按钮、接近开关、行程开关等主令器件。一个 DI 模块上有若干个通道，如果某一个通道上出现了 DC24V 电压，则表示这个通道上有信号，它所对应的输入变量的值为“1”。反之，如果这个通道上没有 DC24V 电压，则表示这个通道上没有信号，它所对应的输入变量的值为“0”。输入端口通过光电耦合器件将信号传递到模块内部，外部电路与模块内部相互独立，不会互相牵扯。

DQ 模块是数字量输出模块，它连接着外部的继电器、接触器（小型）、电磁阀、指示灯等输出端元件。一个 DQ 模块上也有若干个通道，如果某一个通道上的输出变量为“1”，则表示这个通道上有电压信号输出。反之，如果通道上的输出变量为“0”，则表示这个通道上没有电压信号输出。输出端口也是通过光电耦合器件与模块内部连接，外部电路与模块内部相互独立。

除 DI、DQ 模块之外，还有 AI、AQ 模块。

AI 为模拟量输入模块，它的信号来自变送器或有关的仪表，这些变送器和仪表可以监测温度、压力、流量等物理量。一个 AI 通道对应一个整型（16 位）变量。如果设定为电压输入，则通道上的电压值为 0 ～ 10V；如果设定为电流输入，则通道上的电流值为 4 ～ 20mA。在模块内部，电压值和电流值会线性地转换为 0 ～ 32768，以供程序使用。

AQ 为模拟量输出模块，其输出用于控制电动调节阀、变频器等执行元件。一个 AQ 通道对应一个整型（16 位）变量。当变量的值在 0 ～ 32768 之间时，输出模块对它进行线性转换。如果设定为电压输出，则输出 0 ～ 10V 电压；如果设定为电流输出，则输出 4 ～ 20mA 电流。

1.3 CPU和信号模块、信号板的型号

1.3.1 CPU 本体模块的型号

CPU 本体模块是 S7-1200 的主控设备，目前 S7-1200 的 CPU 有 13 种型号，见表 1-1。

表 1-1　S7-1200 的 CPU 型号

CPU 型号		输出类型	CPU 电源	I 电源	Q 电源	订货号（新号）
CPU 1211C	CPU 1211C DC/DC/DC	晶体管	DC	DC	DC	6ES7 211-1AE40-0XB0
	CPU 1211C AC/DC/继电器	继电器	AC	DC	AC/DC	6ES7 211-1BE40-0XB1
	CPU 1211C DC/DC/继电器	继电器	DC	DC	AC/DC	6ES7 211-1HE40-0XB2
CPU 1212C	CPU 1212C DC/DC/DC	晶体管	DC	DC	DC	6ES7 212-1AE40-0XB0
	CPU 1212C AC/DC/继电器	继电器	AC	DC	AC/DC	6ES7 212-1BE40-0XB1
	CPU 1212C DC/DC/继电器	继电器	DC	DC	AC/DC	6ES7 212-1HE40-0XB2
CPU 1214C	CPU 1214C DC/DC/DC	晶体管	DC	DC	DC	6ES7 214-1AG40-0XB0
	CPU 1214C AC/DC/继电器	继电器	AC	DC	AC/DC	6ES7 214-1BG40-0XB1
	CPU 1214C DC/DC/继电器	继电器	DC	DC	AC/DC	6ES7 214-1HG40-0XB2

续表

CPU 型号		输出类型	CPU 电源	I 电源	Q 电源	订货号（新号）
CPU 1215C	CPU 1215C DC/DC/DC	晶体管	DC	DC	DC	6ES7 215-1AG40-0XB0
	CPU 1215C AC/DC/继电器	继电器	AC	DC	AC/DC	6ES7 215-1BG40-0XB1
	CPU 1215C DC/DC/继电器	继电器	DC	DC	AC/DC	6ES7 215-1HG40-0XB2
CPU 1217C	CPU 1217C DC/DC/DC	晶体管	DC	DC	DC	6ES7 217-1AG40-0XB0

1.3.2 数字量信号模块的型号

数字量信号模块包括数字量输入模块（仅有输入端子）、数字量输出模块（仅有输出端子）、数字量输入/输出模块（既有输入端子，又有输出端子），它们用于扩展CPU本体模块的数字量输入/输出端子。这些扩展模块内部没有处理器，必须与CPU模块相连接，以使用CPU模块的寻址功能。数字量信号模块的型号见表1-2。

表1-2 数字量信号模块的型号

类别	型号	旧订货号	新订货号
数字量输入	SM 1221 8×DC24V 输入	6ES7 221-1BF30-0XB0	6ES7 221-1BF32-0XB0
	SM 1221 16×DC24V 输入	6ES7 221-1BH30-0XB0	6ES7 221-1BH32-0XB0
数字量输出	SM 1222 8×DC24V 输出	6ES7 222-1BF30-0XB0	6ES7 222-1BF32-0XB0
	SM 1222 16×DC24V 输出	6ES7 222-1BH30-0XB0	6ES7 222-1BH32-0XB0
	SM 1222 8× 继电器输出	6ES7 222-1HF30-0XB0	6ES7 222-1HF32-0XB0
	SM 1222 8× 继电器输出（切换）	6ES7 222-1XF30-0XB0	6ES7 222-1XF32-0XB0
	SM 1222 16× 继电器输出	6ES7 222-1HH30-0XB0	6ES7 222-1HH32-0XB0
数字量输入/输出	SM 1223 8×DC24V 输入/8× 继电器输出	6ES7 223-1PH30-0XB0	6ES7 223-1PH32-0XB0
	SM 1223 16×DC24V 输入/16× 继电器输出	6ES7 223-1PL30-0XB0	6ES7 223-1PL32-0XB0
	SM 1223 8×DC24V 输入/8×DC24V 输出	6ES7 223-1BH30-0XB0	6ES7 223-1BH32-0XB0
	SM 1223 16×DC24V 输入/16×DC24V 输出	6ES7 223-1BL30-0XB0	6ES7 223-1BL32-0XB0
	SM 1223 8×AC120/230V 输入/8× 继电器输出	6ES7 223-1QH30-0XB0	6ES7 223-1QH32-0XB0

1.3.3 模拟量信号模块的型号

模拟量信号模块包括模拟量输入模块（仅有输入端子）、模拟量输出模块（仅有输出端子）、模拟量输入/输出模块（既有输入端子，又有输出端子）。CPU本体模块所带的模拟量信号模块的I/O端子非常有限，往往需要在本体外部增加模块进行扩展。模拟量信号模块的型号见表1-3。

1.3.4 信号板的型号

信号板的类型有数字量输入、数字量输出、数字量输入/输出、模拟量输入/输出。它们直接插在 CPU 的板槽里，但是在本体上只能安装一个信号板。信号板可以为 CPU 提供少量的 I/O 端子，当 CPU 仅缺少几个 I/O 端子时，安装一个信号板就行了，不需要添置价格比较高的信号模块。信号板的型号见表 1-4。

表 1-3　模拟量信号模块的型号

类　别	型　　号	旧订货号	新订货号
模拟量输入	SM 1231 4×13 位模拟量输入	6ES7 231-4HD30-0XB0	6ES7 231-4HD32-0XB0
	SM 1231 4×16 位模拟量输入	6ES7 231-5ND30-0XB0	6ES7 231-5ND32-0XB0
	SM 1231 8×13 位模拟量输入	6ES7 231-4HF30-0XB0	6ES7 231-4HF32-0XB0
模拟量输出	SM 1232 2×14 位模拟量输出	6ES7 232-4HB30-0XB0	6ES7 232-4HB32-0XB0
	SM 1232 4×14 位模拟量输出	6ES7 232-4HD30-0XB0	6ES7 232-4HD32-0XB0
模拟量输入/输出	SM 1234 4×13 位模拟量输入/2×14 位模拟量输出	6ES7 234-4HE30-0XB0	6ES7 234-4HE32-0XB0
TC(热电偶)	SM 1231 4×16 位模拟量输入	6ES7 231-5QD30-0XB0	6ES7 231-5QD32-0XB0
	SM 1231 8×16 位模拟量输入	6ES7 231-5QF30-0XB0	6ES7 231-5QF32-0XB0
RTD（热电阻）	SM 1231 4×16 位模拟量输入	6ES7 231-5PD30-0XB0	6ES7 231-5PD32-0XB0
	SM 1231 8×16 位模拟量输入	6ES7 231-5PF30-0XB0	6ES7 231-5PF32-0XB0

表 1-4　信号板的型号

类　型	型　　号	订货号
数字量输入	SB 1221 200kHz 4×DC24V 源型输入	6ES7 221-3BD30-0XB0
	SB 1221 200kHz 4×DC5V 源型输入	6ES7 221-3AD30-0XB0
数字量输出	SB 1222 200kHz 4×DC24V 源型和漏型输出	6ES7 222-1BD30-0XB0
	SB 1222 200kHz 4×DC5V 源型和漏型输出	6ES7 222-1AD30-0XB0
数字量输入/输出	SB 1223 2×DC24V 漏型输入/2×DC24V 源型输出	6ES7 223-0BD30-0XB0
	SB 1223 200kHz 2×DC24V 输入/2×DC24V 源型和漏型输出	6ES7 223-3BD30-0XB0
	SB 1223 200kHz 2×DC5V 输入/2×DC5V 源型和漏型输出	6ES7 223-3AD30-0XB0
模拟量	SB 1231 1 路模拟量输入	6ES7 231-4HA30-0XB0
	SB 1231 1 路模拟量输入（TC）	6ES7 231-5QA30-0XB0
	SB 1231 1 路模拟量输入（RTD）	6ES7 231-5PA30-0XB0
	SB 1232 1 路模拟量输出	6ES7 232-4HA30-0XB0

1.3.5　通信板、通信模块的型号

通信板（CP）、通信模块（CM）用于 CPU 本体与外部的通信。通信板插在 CPU 的板槽里（只能安装一个），通信模块安装在 CPU 本体的左侧（最多可以安装 3 个）。通信板、通信模块的型号见表 1-5。

表1-5 通信板、通信模块的型号

类别	型号	订货号
通信板	CB 1241 RS485 通信板（端子块）	6ES7 241-1CH30-1XB0
通信板	SM 1278 IO-Link Master Module	6ES7 278-4BD32-0XB0
通信模块 RS232	CM 1241 RS232	6ES7 241-1AH30-0XB0
通信模块 RS422/RS485	CM 1241 RS422/485	6ES7 241-1CH30-0XB0（旧）
		6ES7 241-1CH32-0XB0（新）
通信模块 PROFIBUS	CM 1243-5 PROFIBUS 主站	6GK7 243-5DX30-0XE0
	CM 1242-5 PROFIBUS 从站	6GK7 242-5DX30-0XE0

1.4 S7-1200 PLC硬件设备的安装

1.4.1 S7-1200 PLC 对使用环境的要求

S7-1200 可以在绝大多数工业自动化生产的现场使用，但是它对使用环境还是有一些要求的，需要安装在干燥、清洁、无振动、可以散热的电控柜内。在一般情况下，要避开以下场所：

① 有大量的粉尘和铁屑；

② 有强烈的电磁干扰；

③ 有电压等级较高的电源；

④ 有热辐射的高温区域；

⑤ 有水珠凝聚，或相对湿度超过 85%；

⑥ 有油烟、腐蚀性气体和易燃气体；

⑦ 有连续的、频繁的振动和冲击。

如果 S7-1200 在安装时不能避开有导电性污染的区域，外壳防护等级必须选用 IP54 的标准。这种标准适用于脏乱环境下的电气设备。

1.4.2 S7-1200 PLC 本体在电控柜内的安装

S7-1200 一般安装在电控柜内，通常采用图 1-7 所示的两种方法安装固定。

（1）DIN 导轨安装

DIN 导轨安装简单方便，通过背面自带的卡夹，将 PLC 直接固定在 35mm 宽的 DIN 导轨上。

安装时，先将卡夹轻轻地向下方拉动，将 PLC 卡到导轨上，然后推入卡夹将 PLC 锁紧。拆卸时，将卡扣轻轻地向下方拉动，就可以将 PLC 取下来。

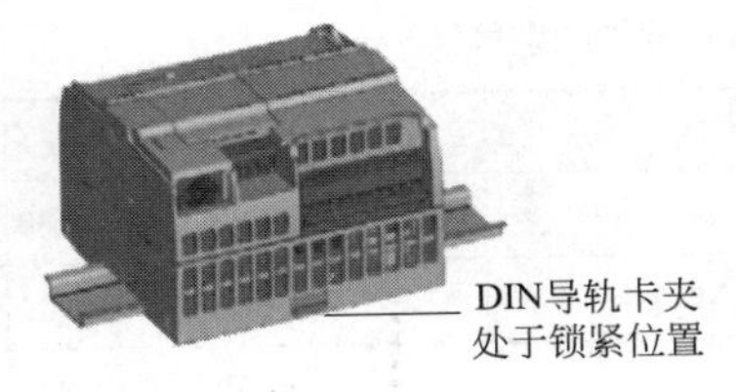

(a) DIN导轨安装

(b) 面板安装

图1-7　S7-1200 的两种安装方法

组态中的各种模块都可以直接安装在 DIN 导轨上。

必要时，可以在导轨上安装挡块，以防止 PLC 和其他模块受到振动而挪位。

（2）面板和螺钉安装

将卡夹掰到伸出位置，以提供安装时所需的螺钉位置，然后用 M4 螺钉将基本单元固定在电控柜的底板上。

在 PLC 的上方和下方，都要留出 25mm 的空间，以用于通风散热。

1.4.3 其他硬件设备的安装

（1）信号板（SB）、通信板（CB）、电池板（BB）的安装

这 3 种板都插在 CPU 面板的中间。安装时，卸下 CPU 上部和下部的端子板盖板，将螺钉旋具插入 CPU 上部接线盒盖子背面的槽中，轻轻将盖板撬起并从 CPU 上卸下，然后将模块向下放入槽中，用力将模块压入直到可靠地就位，最后重新装好盖板。

（2）通信模块（CM）或通信处理器（CP）的安装

通信模块、通信处理器安装在 CPU 左侧，最多可以添加 3 个，分别插在插槽 101、102、103 中。

（3）信号模块（SM）的安装

信号模块包括数字量输入/输出模块（DI/DQ）、模拟量输入/输出模块（AI/AQ），其数量最多为 8 个，分别插在 2 ～ 9 中。

1.5 S7-1200 PLC供电电流的计算

S7-1200 和其他模块组态后，需要对其他模块提供电流。S7-1200 内部电源的容量是有限的，所以其他模块的数量要受到限制。如果所需的电流超过了 S7-1200 的供电能力，则必须另外增加电源模块。

当组态了其他模块时，CPU 通过 I/O 总线为其他模块提供 5V DC 电源。这些模块的 5V DC 电源消耗之和不能超过 S7-1200 提供的额定电流，否则必须再外接一个 5V DC 电源。

S7-1200 还提供一个 24V DC 传感器电源，用于本机输入点和组态模块输入点，也可以用于组态模块输出端的继电器线圈。如果 24V DC 电源上的电流超出了 S7-1200 的额定值，则必须再增加一个外部 24V DC 电源。

S7-1200 供电电流的计算，是 PLC 工程设计中的一项重要工作，一般情况下不能忽略。要进行这项计算，首先必须知道 CPU 本体可以提供多少电流，各种模块又需要多少电流，本节就介绍这方面的内容。

1.5.1 S7-1200 PLC 的供电能力

（1）S7-1200 提供的电流

S7-1200 可以提供的电流见表 1-6，它体现了 S7-1200 的供电能力。

表 1-6 S7-1200 提供的电流

CPU 型号	电流供应/mA	
	5V DC	24V DC
CPU 1211C	750	300
CPU 1212C	1000	300
CPU 1214C	1600	400
CPU 1215C	1600	400
CPU 1217C	1600	400

（2）S7-1200 带 I/O 端子的能力

S7-1200 带 I/O 端子的能力见表 1-7，表中说明了各种型号的 CPU 可以带多少个 I/O 模块、多少个数字量 I/O 端子、多少个模拟量 I/O 端子。

表 1-7 S7-1200 带 I/O 端子的能力

CPU 类型	CPU 1211C	CPU 1212C	CPU 1214C	CPU 1215C
电源类型	DC/DC/DC，AC/DC/继电器，DC/DC/继电器			
数字量 I/O	6 输入/4 输出	8 输入/6 输出	14 输入/10 输出	
模拟量 I/O	2 输入			2 输入/2 输出
过程映像区	1024 字节输入 /1024 字节输出			
信号板扩展	最多 1 个			
信号模块扩展	无	最多 2 个	最多 8 个	
最大本地数字量 I/O	14	82	284	
最大本地模拟量 I/O	3	19	67	69
通信模块扩展	最多 3 个			

1.5.2 各种I/O模块消耗的电流

（1）数字量I/O模块消耗的电流

各种数字量I/O模块消耗的电流见表1-8。

表1-8 数字量I/O模块消耗的电流

数字扩展模块型号	订货号	电流需求	
		5V DC/mA	24V DC
SM 1221 8×DC24V 输入	6ES7 221-1BF32-0XB0	105	4mA
SM 1221 16×DC24V 输入	6ES7 221-1BH32-0XB0	130	4mA
SM 1222 8×DC24V 输出	6ES7 222-1BF32-0XB0	120	—
SM 1222 16×DC24V 输出	6ES7 222-1BH32-0XB0	140	—
SM 1222 8× 继电器输出	6ES7 222-1HF32-0XB0	120	11mA
SM 1222 16× 继电器输出	6ES7 222-1HH32-0XB0	135	11mA
SM 1223 8×DC24V 输入/8×DC24V 输出	6ES7 223-1BH32-0XB0	145	4mA（输入），11mA（输出）
SM 1223 16×DC24V 输入/16×DC24V 输出	6ES7 223-1BL32-0XB0	185	4mA（输入），11mA（输出）
SM 1223 8×DC24V 输入/8× 继电器输出	6ES7 223-1PH32-0XB0	145	4mA（输入），11mA（输出）
SM 1223 16×DC24V 输入/16× 继电器输出	6ES7 223-1PL32-0XB0	180	4mA（输入），11mA（输出）

（2）模拟量I/O模块消耗的电流

各种模拟量I/O模块消耗的电流见表1-9。

表1-9 模拟量I/O模块消耗的电流

模拟扩展模块型号	订货号	电流需求/mA	
		5V DC	24V DC
SM1231 4×13 位模拟量输入	6ES7 231-4HD32-0XB0	80	45
SM1231 8×13 位模拟量输入	6ES7 231-4HF32-0XB0	90	45
SM1232 2×14 位模拟量输出	6ES7 232-4HB32-0XB0	80	45（无负载）
SM1232 4×14 位模拟量输出	6ES7 232-4HD32-0XB0	80	45（无负载）
SM1234 4×13 位模拟量输入/2×14 位模拟量输出	6ES7 234-4HE32-0XB0	80	60（无负载）
SM1231 4×16 位模拟量输入（TC）	6ES7 231-5QD32-0XB0	80	40
SM1231 4×16 位模拟量输入（RTD）	6ES7 231-5PD32-0XB0	80	40

（3）信号板消耗的电流

各种信号板消耗的电流见表1-10。

（4）通信模块消耗的电流

各种通信模块消耗的电流见表1-11。

表1-10 信号板消耗的电流

信号板型号	订货号	电流需求/mA	
		背板 5V DC	输入 24V DC
SB 1221 4×5V DC 输入	6ES7221-3AD30-0XB0	40	最小值：5.1
SB 1221 4×24V DC 输入	6ES7221-3BD30-0XB0	40	典型值 7
SB 1222 4×5V DC 输出	6ES7222-1AD30-0XB0	35	最大值 100
SB 1222 4×24V DC 输出	6ES7222-1BD30-0XB0	35	最大值 100
SB 1223 2×24V DC 输入/2×24V DC 输出	6ES7223-0BD30-0XB0	50	输入 500；输出 500
SB 1223 2×5V DC 输入/2×5V DC 输出	6ES7223-3AD30-0XB0	35	输入 5.1；输出 100
SB 1223 2×24V DC 输入/2×24V DC 输出	6ES7223-3BD30-0XB0	35	输入 7；输出 100
SB 1231 1 路模拟量输入	6ES7231-4HA30-0XB0	55	20mA
SB 1231 RTD 1 路模拟量电压输入	6ES7231-5PA30-0XB0	20	—
SB 1231 TC 1 路模拟量电压输入	6ES7231-5QA30-0XB0	20	—
SB 1232 1 路模拟量输出	6ES7232-4HA30-0XB0	15	20mA

表1-11 通信模块消耗的电流

通信模块型号	订货号	电流需求/mA	
		5V DC	24V DC
CM 1241 RS232	6ES7 241-1AH32-0XB0	200	—
CM 1241 RS422/485	6ES7 241-1CH32-0XB0	220	—

1.5.3 S7-1200 PLC 供电电流计算实例

现有一台S7-1200 PLC，其CPU为1214C AC/DC/继电器型，组态的模块有：1个SM 1221（数字量8输入）、3个SM 1223（数字量8输入/8输出）、一个SM 1231（模拟量4输入）。除模拟量模块之外，这个实例中一共有46点输入和34点输出。

从表1-6可知，如果CPU的型号为1214C，则5V DC的电流容量为1600mA，24V DC的电流容量为400mA，而总的电流需求计算见表1-12。

表1-12 S7-1200 PLC 供电电流计算实例

电压等级	5V DC	24V DC
PLC 供电电流容量	1600mA	400mA
CPU 1214C（数字量 14 输入/10 输出）		输入：14×4mA=56mA
		输出：10×11mA=110mA
1 个 SM 1221（数字量 8 点输入）	1×105mA=105mA	输入：8×4mA=32mA
3 个 SM 1223（数字量 8 输入/8 输出）	3×145mA=435mA	输入：3×8×4mA=96mA
		输出：3×8×11mA=264mA
1 个 SM 1231（模拟量 4 点输入）	1×80mA=80mA	输入：1×45mA=45mA
电流合计	620mA	603mA
总电流余额	980mA	−203mA

由表 1-12 中可以看出，S7-1200 已经为组态中的 3 种模块提供了足够的 5V DC 电流，但是没有为输入/输出继电器提供足够的 24V DC 电流。这个电流的总需求为 603mA，但是 S7-1200 只能提供 400mA，还缺少 203mA。因此，在系统外部还需要提供一个 24V DC 电源，以保证 PLC 的正常工作。

如果增加电源模块，在一般情况下，将外部电源模块用于 PLC 的输出回路，供给外部继电器、指示灯等元件，而将 S7-1200 的内部电源用于 PLC 的输入回路，供给各种数字量和模拟量输入元件。

此外，CPU 已经为内部继电器提供了线圈所需的电源，所以在电源的计算中不需要考虑内部继电器线圈。

1.5.4 S7-1200 PLC 主模块的端子数量

为了便于计算供电电流，将常用的 S7-1200 主模块中输入/输出端子的数量列于表 1-13 中。

表 1-13 S7-1200 PLC 主模块中输入/输出端子的数量

CPU 型号		数字量端子/个		模拟量端子/个	
		输入 DI	输出 DO	输入 AI	输出 AO
CPU 1211C	CPU 1211C DC/DC/DC	6	4	2	0
	CPU 1211C AC/DC/继电器	6	4	2	0
	CPU 1211C DC/DC/继电器	6	4	2	0
CPU 1212C	CPU 1212C DC/DC/DC	8	6	2	0
	CPU 1212C AC/DC/继电器	8	6	2	0
	CPU 1212C DC/DC/继电器	8	6	2	0
CPU 1214C	CPU 1214C DC/DC/DC	14	10	2	0
	CPU 1214C AC/DC/继电器	14	10	2	0
	CPU 1214C DC/DC/继电器	14	10	2	0
CPU 1215C	CPU 1215C DC/DC/DC	14	10	2	2
	CPU 1215C AC/DC/继电器	14	10	2	2
	CPU 1215C DC/DC/继电器	14	10	2	2
CPU 1217C	CPU 1217C DC/DC/DC	18	14	2	2

1.6 S7-1200 PLC CUP外部端子的接线

S7-1200 CPU 外部端子的接线包括电源接线、数字量输入/输出端子的接线、模拟量输入/输出端子的接线。其中使用得最多的是数字量输入/输出端子。

数字量输入支持 DC 24V 漏型输入和源型输入，漏型输入时 CPU 的公共端

M 连接 24V 直流电源的负极，源型输入时 CPU 的公共端 M 连接 24V 直流电源的正极。数字量输出有两种类型：直流 24V 晶体管和继电器。晶体管输出只支持源型输出，继电器输出则比较灵活，既可以连接直流电源，也可以连接 120 ～ 240V 交流电源。

下面按照 CPU 的型号，对外部端子的接线分别进行介绍。

1.6.1 CPU 1211C 的接线

（1）CPU 1211C DC/DC/DC 的接线

该型号 PLC 的外部端子接线见图 1-8。

① DC24V 总电源连接到上部最左边的 2 个端子，其正极连接到 L+，负极连接到 M。

② 图中的①处，是从 CPU 内部供给外部传感器的 DC24V 电源，L+ 端子是这个电源的正极，M 端子是负极。

③ 图中的②处，是连接数字量输入端子 DI 的 DC24V 电源。图中是漏型输入时 DC24V 的接法，正极连接到输入元件的公共端子，负极连接到 PLC 的 1M 端子。如果是源型输入，则 DC24V 连接的极性相反。漏型输入是指电流从 PLC 内部流向端子的外部；源型输入是指电流从端子外部流入 PLC 内部。

④ 在 DI 端子的右边有 2 个模拟量输入端子 AI，它的公共端子是 2M。

⑤ 在输出端，负载的电源也是 DC，其正极连接到 3L+ 端子，负极连接到 3M 端子

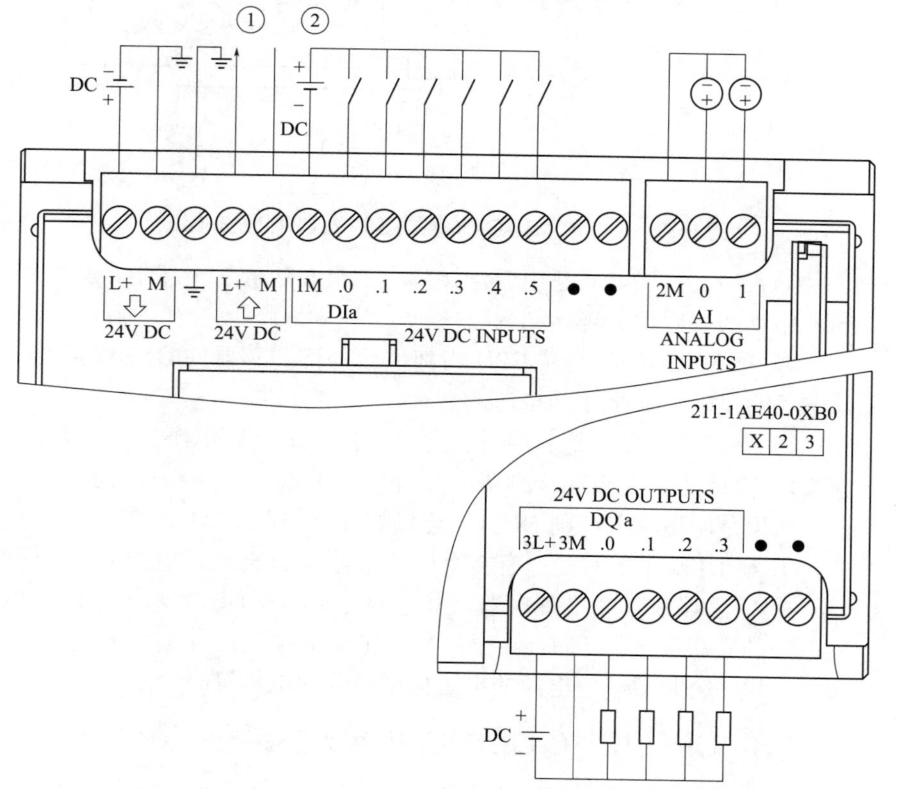

图1-8 CPU 1211C DC/DC/DC 的 PLC 外部端子接线

（负载的公共端）。电源的电压根据负载的电压等级确定。

（2）CPU 1211C AC/DC/继电器的接线

该型号 PLC 的外部端子接线见图 1-9。

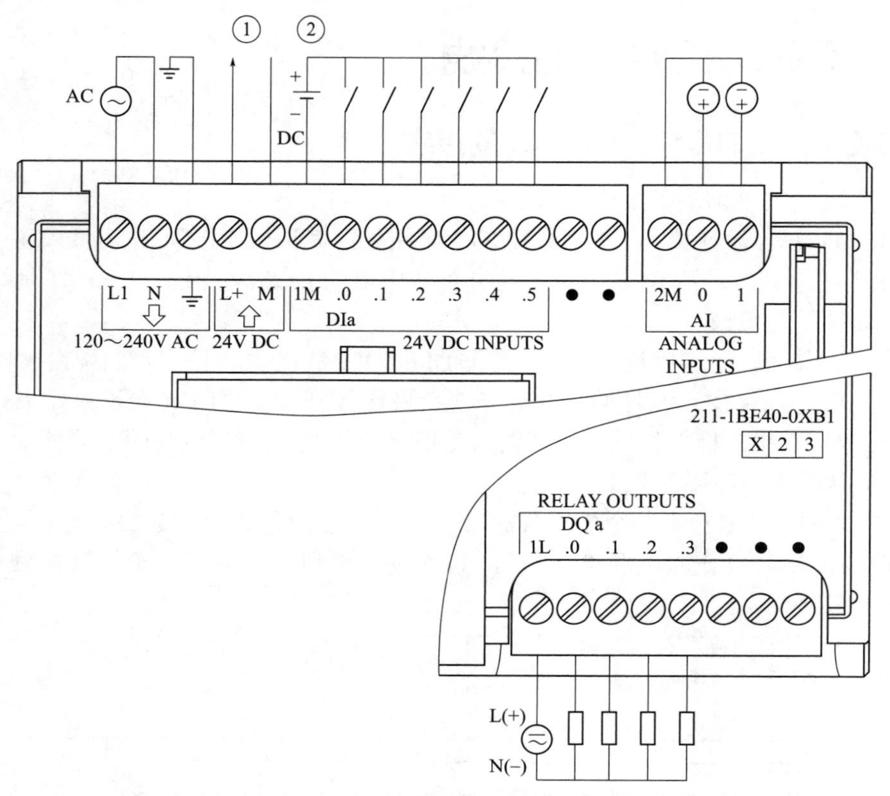

图 1-9　CPU 1211C AC/DC/继电器的 PLC 外部端子接线

① AC120 ～ 240V 总电源连接到上部最左边的 2 个端子，其中相线连接到 L1，中性线（零线）连接到 N。

② 图中的①处，是从 CPU 内部供给外部传感器的 DC24V 电源，L+ 端子是电源的正极，M 端子是电源的负极。

③ 图中的②处，连接数字量输入端的 DC24V 电源。图中是漏型输入时 DC24V 的接法，正极连接到输入元件的公共端子，负极连接到 PLC 的 1M 端子。如果是源型输入，则 DC24V 连接的极性相反。

④ 在 DI 端子的右边，有 2 个模拟量输入端子 AI，它的公共端子是 2M。

⑤ 输出端的负载是继电器，其电源是 AC 或 DC。交流电源的相线（或直流电源的正极）连接到 1L 端子；交流电源的中性线（或直流电源的负极）连接到负载的公共端子。电源的电压根据负载的电压等级确定。

（3）CPU 1211C DC/DC/继电器的接线

该型号 PLC 的外部端子接线见图 1-10。

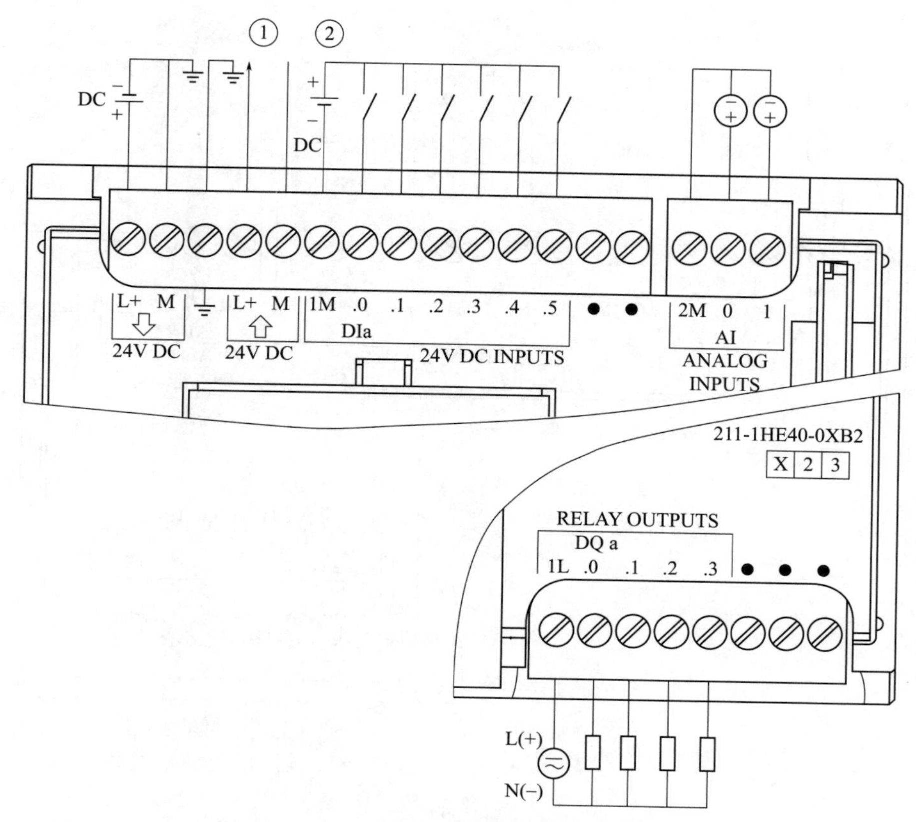

图1-10 CPU 1211C DC/DC/继电器的PLC外部端子接线

① DC24V总电源连接到上部最左边的2个端子，其正极连接到L+，负极连接到M。

② 图中的①处，是从CPU内部供给外部传感器的DC24V电源，L+端子是电源的正极，M端子是电源的负极。

③ 图中的②处，连接数字量输入端的DC24V电源。图中是漏型输入时DC24V的接法，正极连接到输入元件的公共端子，负极连接到PLC的1M端子。如果是源型输入，则DC24V连接的极性相反。

④ 在DI端子的右边，有2个模拟量输入端子AI，它的公共端子是2M。

⑤ 输出端的负载是继电器，其电源是AC或DC。交流电源的相线（或直流电源的正极）连接到1L端子；交流电源的中性线（或直流电源的负极）连接到负载的公共端子。电源的电压根据负载的电压等级确定。

1.6.2 CPU 1212C的接线

（1）CPU 1212C DC/DC/DC的接线

该型号PLC的外部端子接线见图1-11。与CPU 1211C比较，增加了2个输入端子、2个输出端子。各种电源的连接方法与图1-8相同。

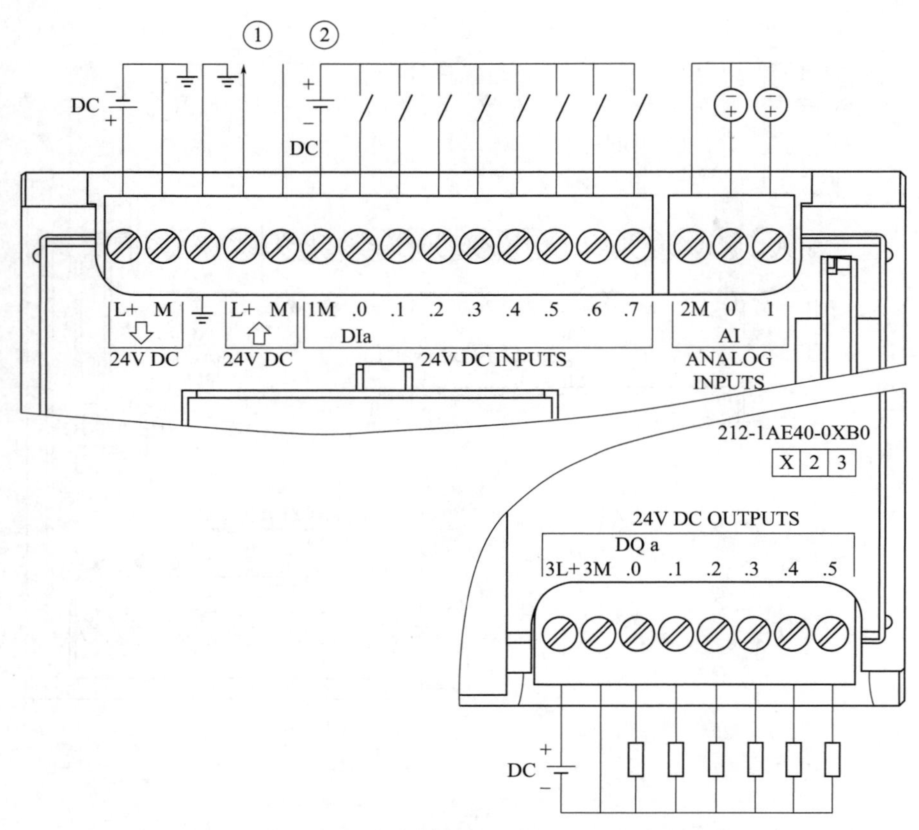

图 1-11 CPU 1212C DC/DC/DC 的 PLC 外部端子接线

（2）CPU 1212C AC/DC/继电器的接线

该型号 PLC 的外部端子接线见图 1-12。与 CPU 1211C 比较，增加了 2 个输入端子、2 个输出端子，2 个输出端子单独为一组。各种电源的连接方法与图 1-9 基本相同，只是输出端的电源要分别供给两组负载。

（3）CPU 1212C DC/DC/继电器的接线

该型号 PLC 的外部端子接线见图 1-13。与 CPU 1211C 比较，增加了 2 个输入端子、2 个输出端子，2 个输出端子单独为一组。各种电源的连接方法与图 1-10 基本相同，只是输出端的电源要分别供给两组负载。

1.6.3 CPU 1214C 的接线

（1）CPU 1214C DC/DC/DC 的接线

该型号 PLC 的外部端子接线见图 1-14。与 CPU 1212C 比较，增加了 6 个输入端子、4 个输出端子，10 个输出端子集中为一组。各种电源的连接方法与图 1-11 完全相同。

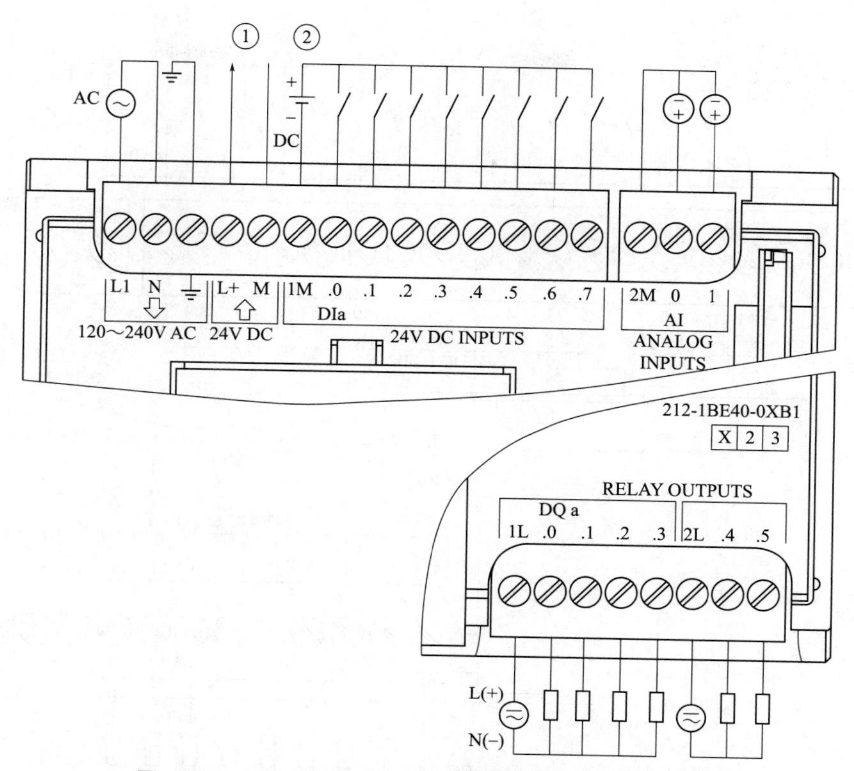

图 1-12 CPU 1212C AC/DC/继电器的 PLC 外部端子接线

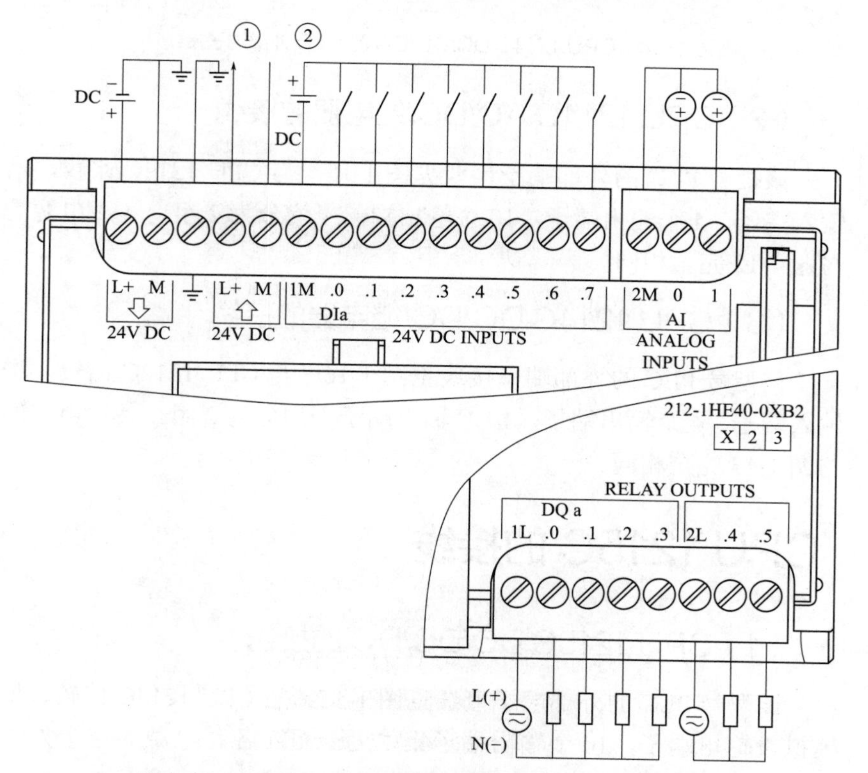

图 1-13 CPU 1212C DC/DC/继电器的 PLC 外部端子接线

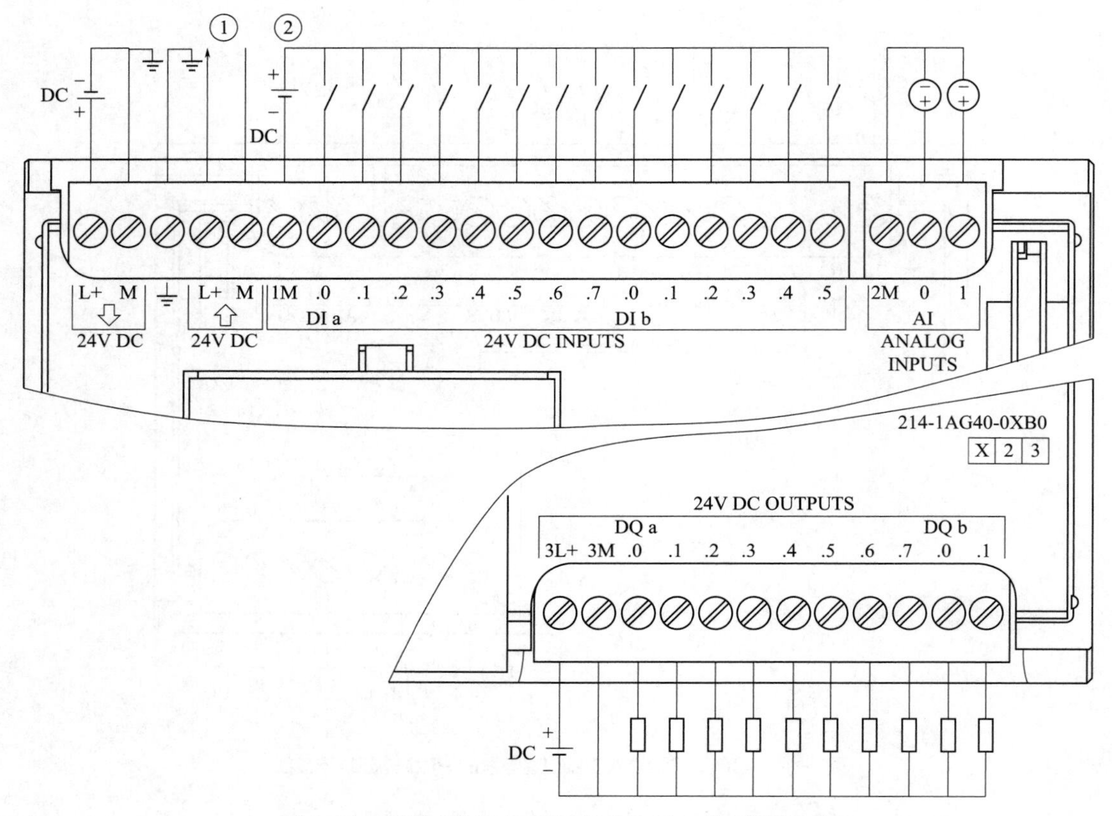

图 1-14　CPU 1214C DC/DC/DC 的 PLC 外部端子接线

（2）CPU 1214C AC/DC/继电器的接线

该型号 PLC 的外部端子接线见图 1-15。与 CPU 1212C 比较，增加了 6 个输入端子、4 个输出端子，10 个输出端子平均分为 2 组。各种电源的连接方法与图 1-12 完全相同。

（3）CPU 1214C DC/DC/继电器的接线

该型号 PLC 的外部端子接线见图 1-16。与 CPU 1212C 比较，增加了 6 个输入端子、4 个输出端子，10 个输出端子平均分为 2 组。各种电源的连接方法与图 1-13 完全相同。

1.6.4　CPU 1215C 的接线

（1）CPU 1215C DC/DC/DC 的接线

该型号 PLC 的外部端子接线见图 1-17。与 CPU 1214C 比较，增加了 2 个模拟量输出端子，10 个输出端子集中为一组。各种电源的连接方法与图 1-14 完全相同。

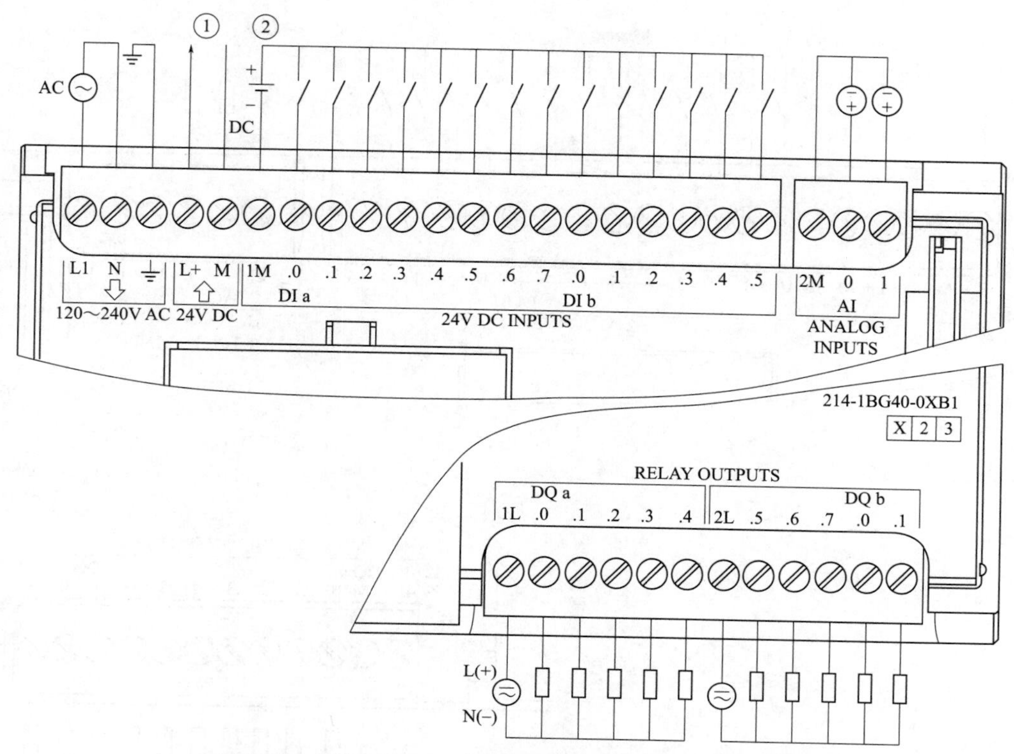

图1-15 CPU 1214C AC/DC/继电器的 PLC 外部端子接线

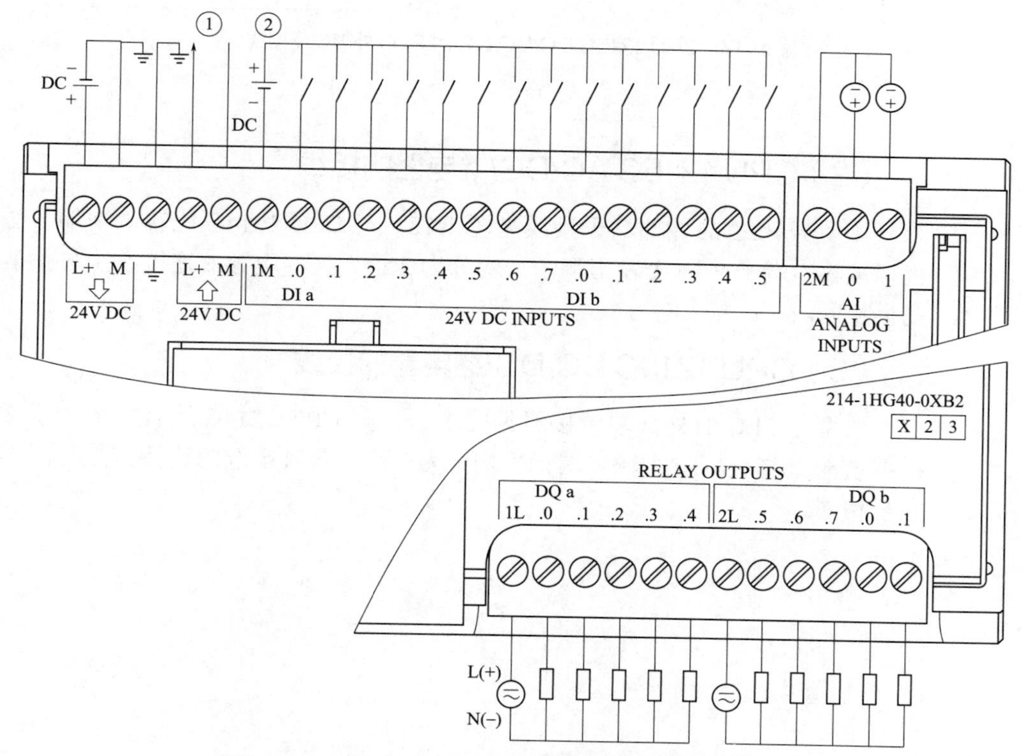

图1-16 CPU 1214C DC/DC/继电器的 PLC 外部端子接线

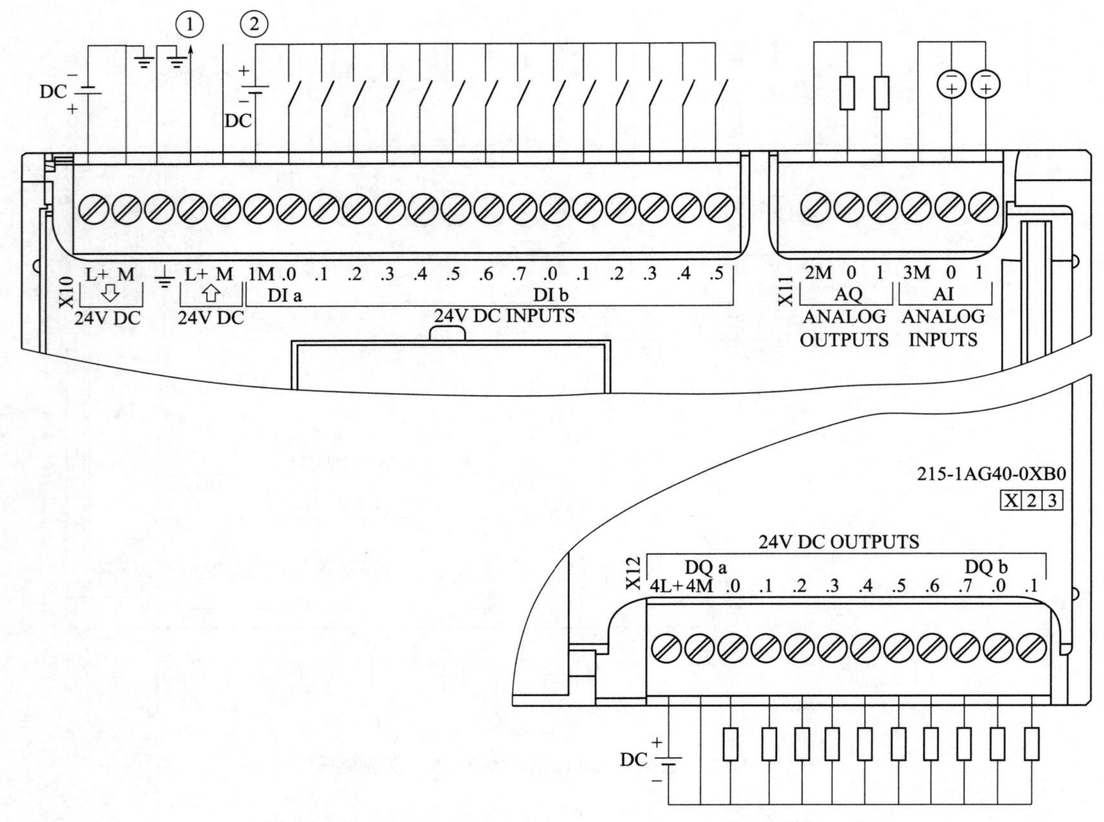

图 1-17 CPU 1215C DC/DC/DC 的 PLC 外部端子接线

（2）CPU 1215C AC/DC/继电器的接线

该型号 PLC 的外部端子接线见图 1-18。与 CPU 1214C 比较，增加了 2 个模拟量输出端子，10 个输出端子平均分为 2 组。各种电源的连接方法与图 1-15 完全相同。

（3）CPU 1215C DC/DC/继电器的接线

该型号 PLC 的外部端子接线见图 1-19。与 CPU 1214C 比较，增加了 2 个模拟量输出端子，10 个输出端子平均分为 2 组。各种电源的连接方法与图 1-16 完全相同。

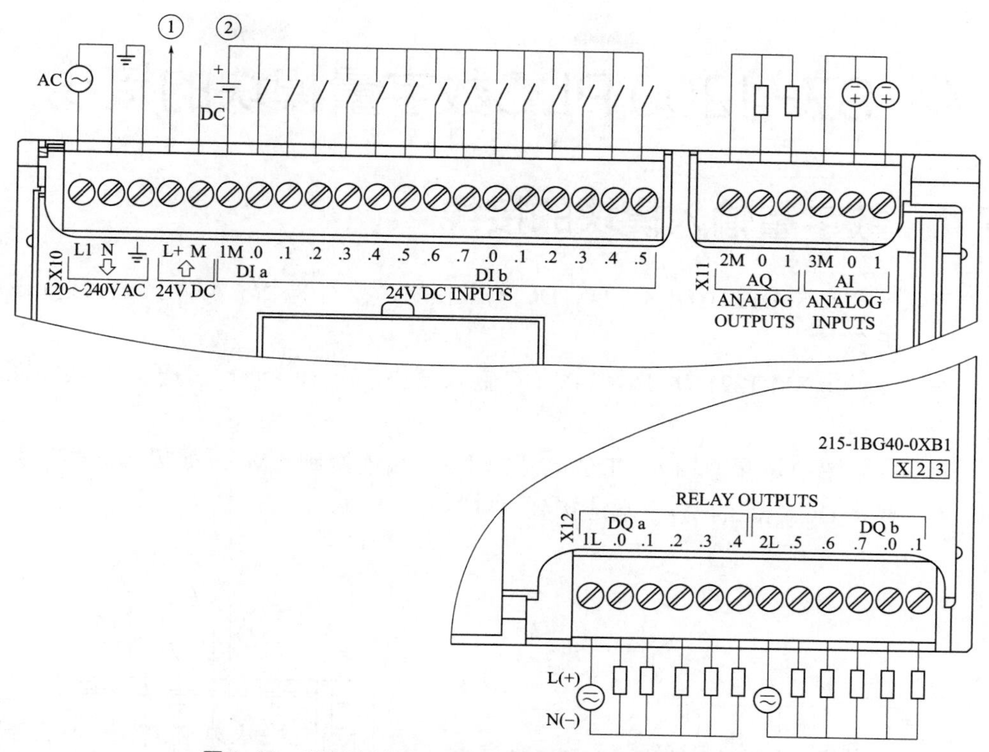

图 1-18 CPU 1215C AC/DC/继电器的 PLC 外部端子接线

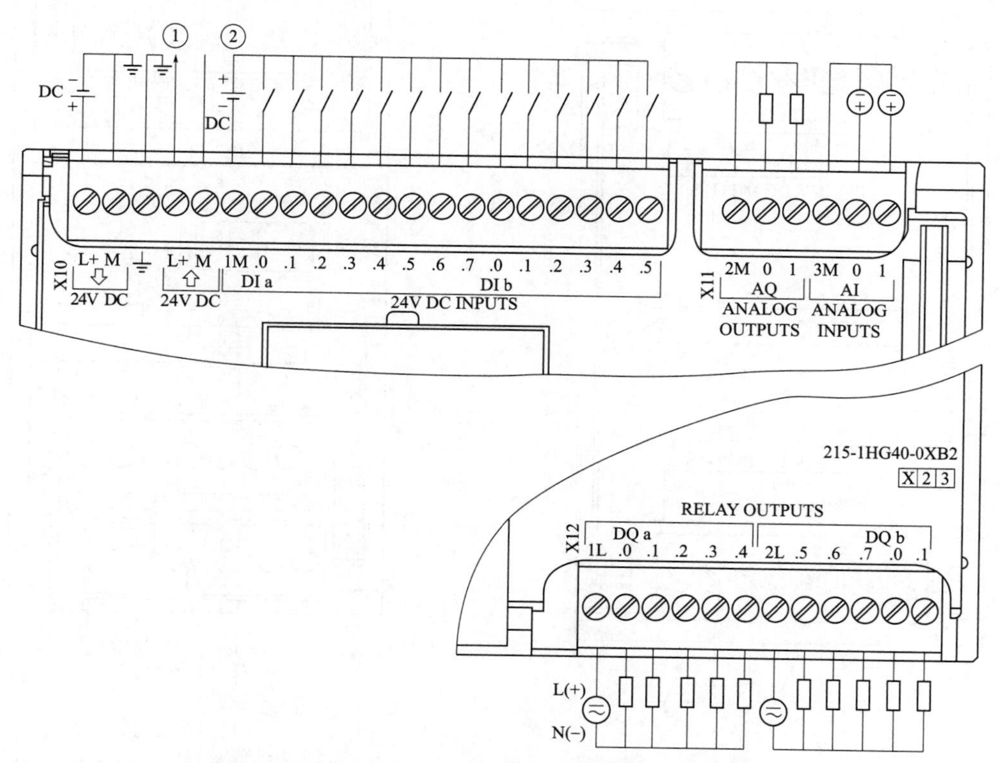

图 1-19 CPU 1215C DC/DC/继电器的 PLC 外部端子接线

1.7 S7-1200 PLC数字量模块的接线

1.7.1 数字量输入模块的接线

① SM 1221 DI 8×24V DC 输入模块，只有 8 个输入端子，接线如图 1-20 所示。

② SM 1221 DI 16×24V DC 输入模块，有 16 个输入端子，接线如图 1-21 所示。

图中是漏型输入，DC 电源的“−”端连接到“M”；如果是源型输入，需要将 DC 电源的“+”端连接到“M”。

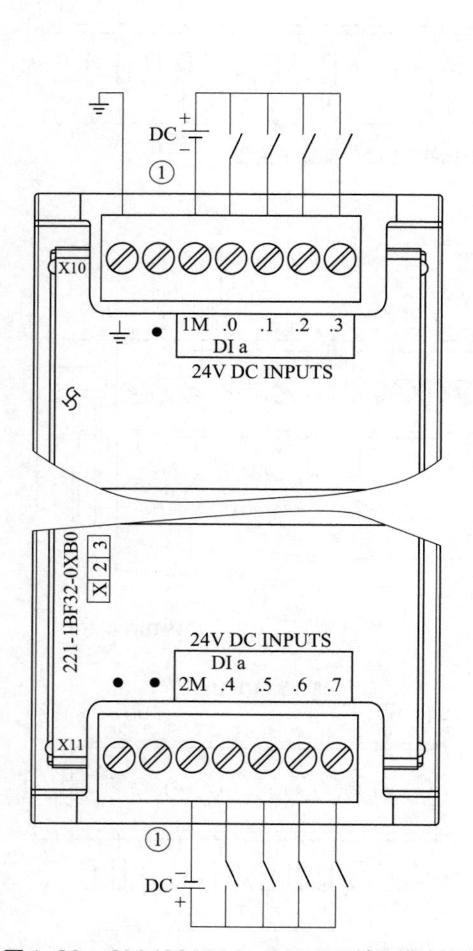

图 1-20　SM 1221 DI 8×24V DC 输入模块接线

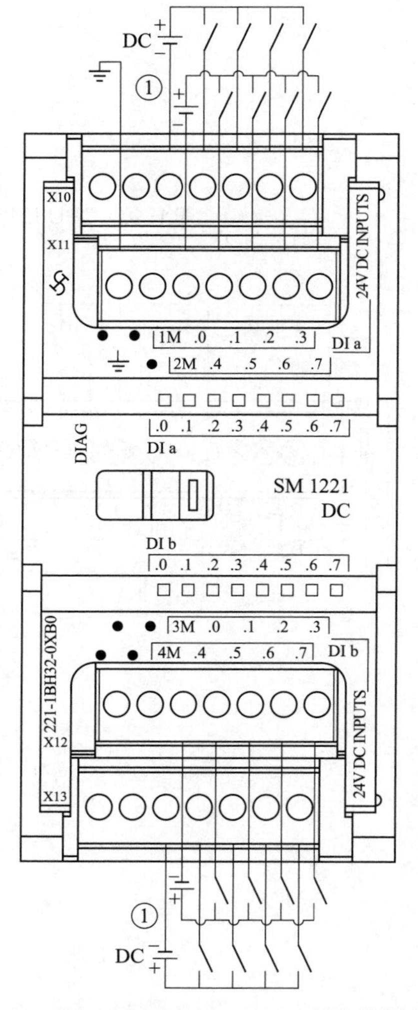

图 1-21　SM 1221 DI 16×24V DC 输入模块接线

1.7.2 数字量输出模块的接线

① SM 1222 DQ 8× 继电器输出模块，只有8个输出端子，接线如图1-22所示。

② SM 1222 DQ 8×24V DC输出模块，有16个输出端子，接线如图1-23所示。

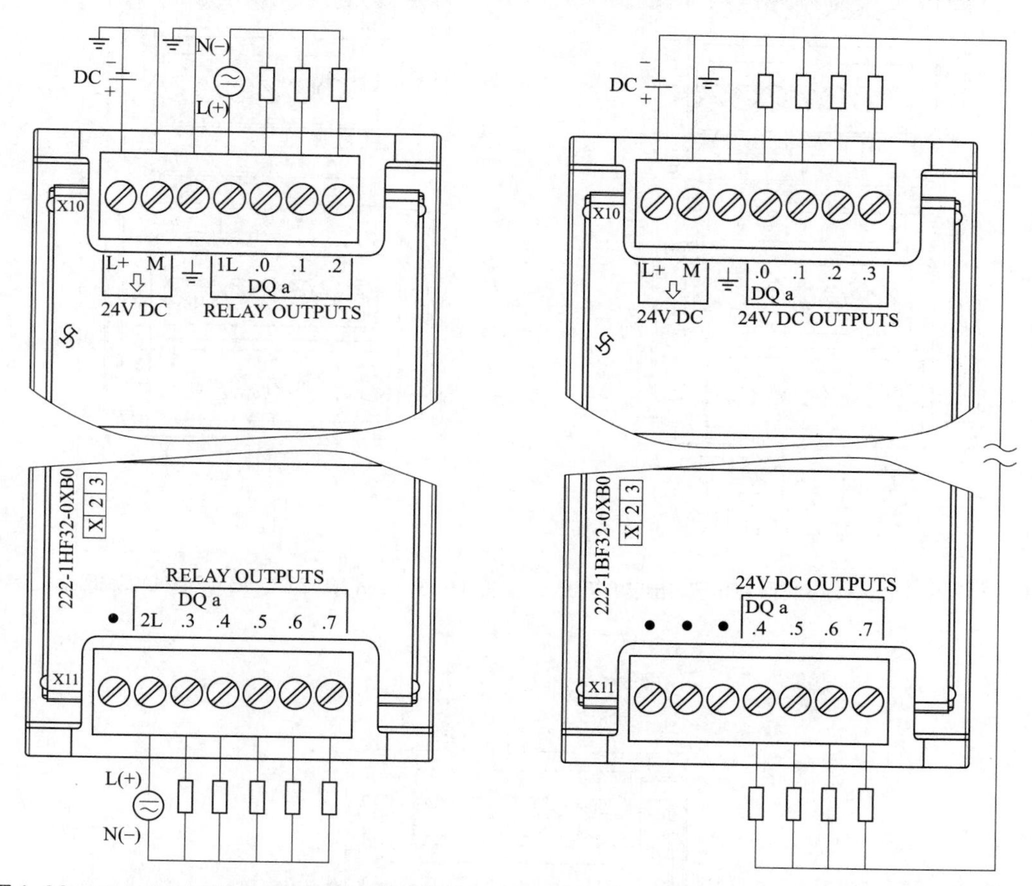

图1-22 SM 1222 DQ 8× 继电器输出模块接线

图1-23 SM 1222 DQ 8×24V DC输出模块接线

③ SM 1222 DQ 16× 继电器输出模块，有16个输出端子，接线如图1-24所示。

④ SM 1222 DQ 16×24V DC输出模块，有16个输出端子，接线如图1-25所示。

1.7.3 数字量输入/输出模块的接线

① SM 1223 DI 8×24V DC，DQ 8× 继电器模块，有8个输入端子、8个输出端子，其外部接线如图1-26所示。

② SM 1223 DI 16×24V DC，DQ 16× 继电器模块，有16个输入端子、16个输出端子，其外部接线如图1-27所示。

③ SM 1223 DI 8×24V DC，DQ 8×24V DC模块，有8个输入端子、8个输出端子，其外部接线如图1-28所示。

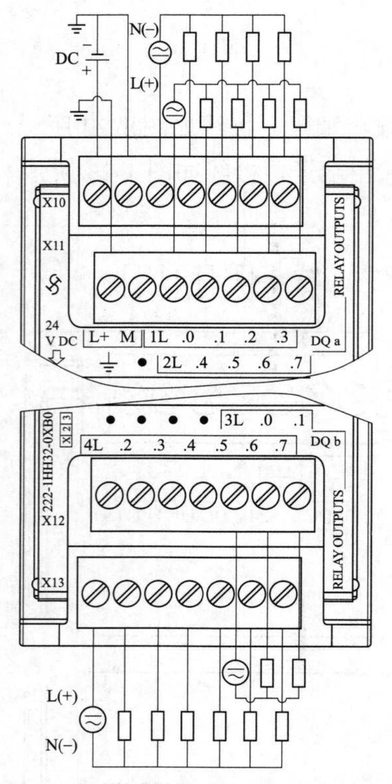

图 1-24　SM 1222 DQ 16× 继电器输出模块接线

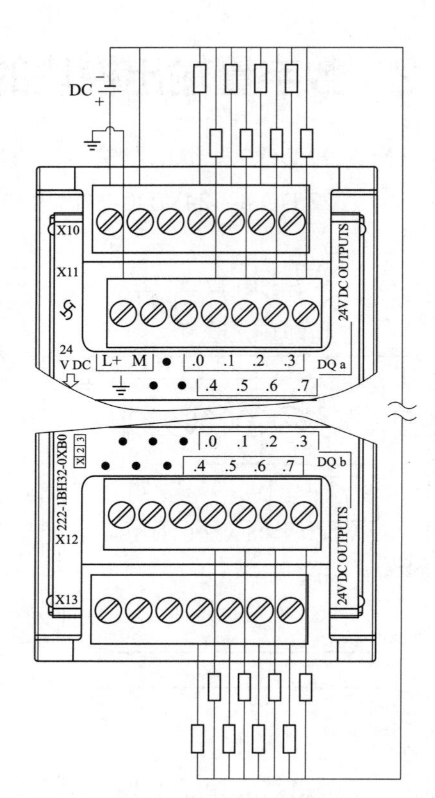

图 1-25　SM 1222 DQ 16×24V DC 输出模块接线

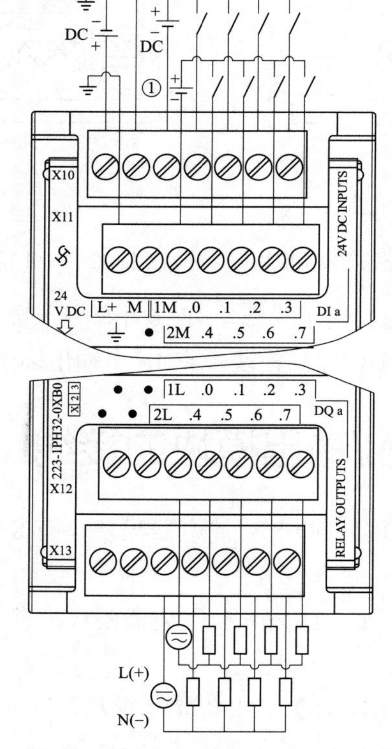

图 1-26　SM 1223 DI 8×24V DC，DQ 8× 继电器模块接线

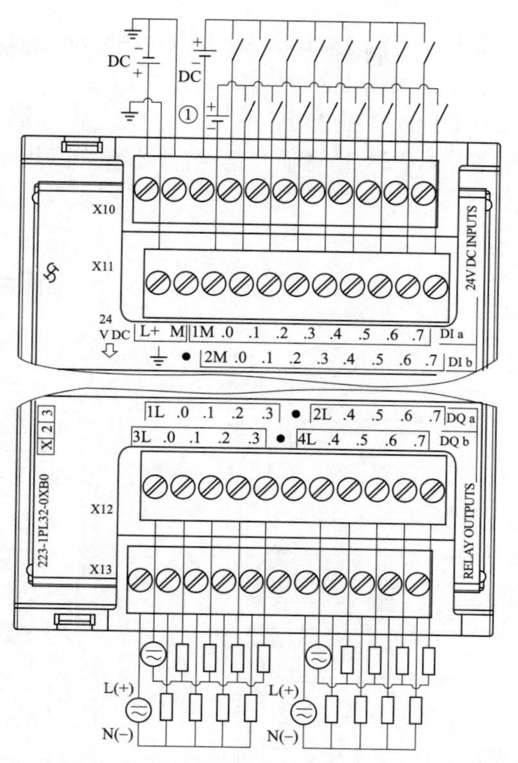

图1-27　SM 1223 DI 16×24V DC，DQ 16× 继电器模块接线

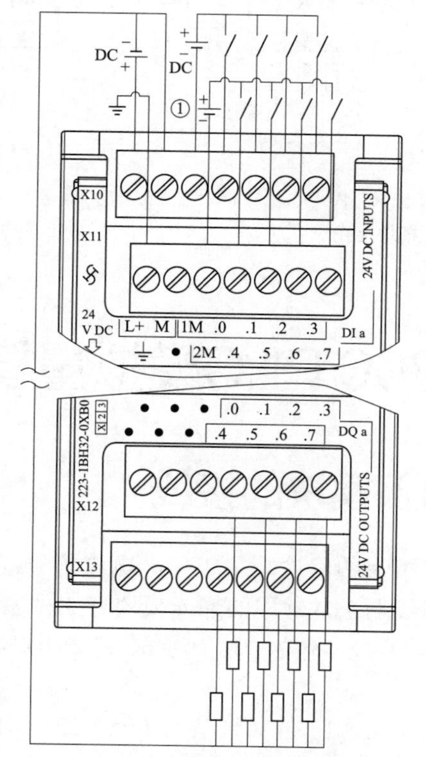

图1-28　SM 1223 DI 8×24V DC，DQ 8×24V DC 模块接线

④ SM 1223 DI 16×24V DC，DQ 16×24V DC 有 16 个输入端子、16 个输出端子，其外部接线如图 1-29 所示。

⑤ SM 1223 DI 8×120/230V AC，DQ 8× 继电器型输入/输出扩展模块，有 8 个输入端子、8 个输出端子，信号输入端可以用 120/230 V 交流电源，如图 1-30 所示。

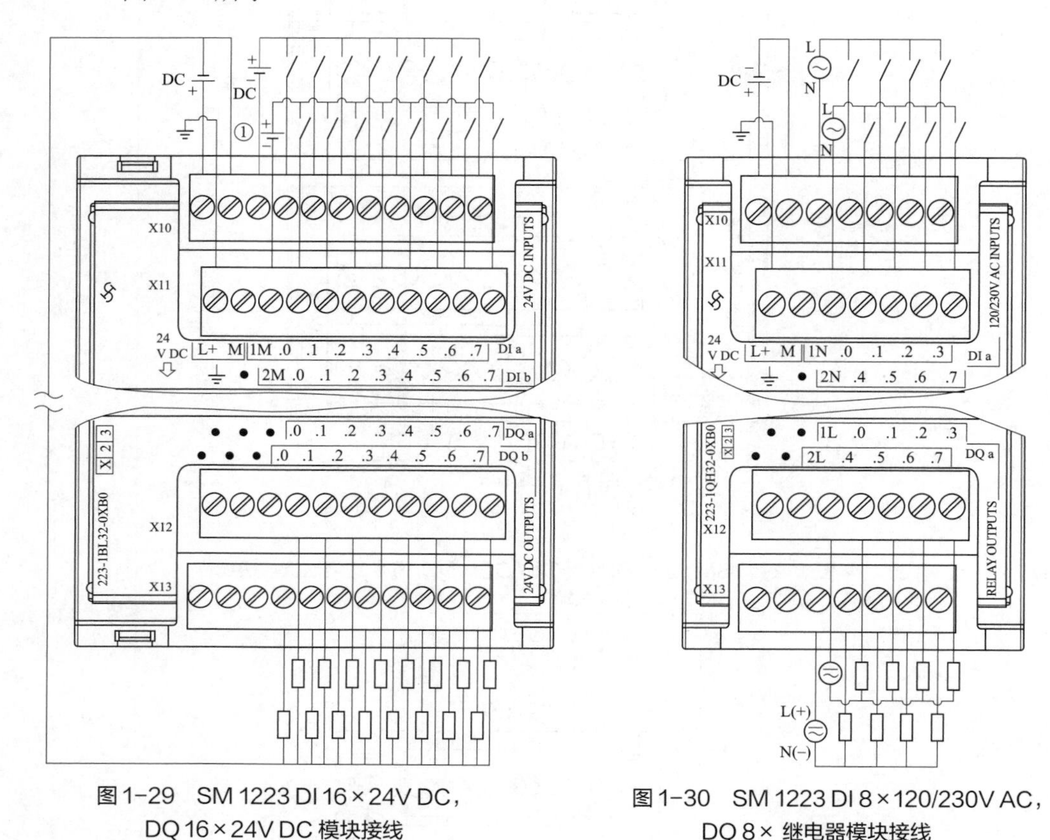

图 1-29　SM 1223 DI 16×24V DC，DQ 16×24V DC 模块接线

图 1-30　SM 1223 DI 8×120/230V AC，DQ 8× 继电器模块接线

1.8　S7-1200 PLC模拟量模块的接线

1.8.1　模拟量输入模块的接线

模拟量输入模块的用途是采集标准电流信号或电压信号，每个模拟量输入通道都有两个接线端子，常用的输入模块有 3 种型号：

① SM1231 AI 4×13 位（订货号 6ES7 231-4HD32-0XB0），接线如图 1-31 所示；

② SM1231 AI 8×13 位（订货号 6ES7 231-4HF32-0XB0），接线如图 1-32 所示；

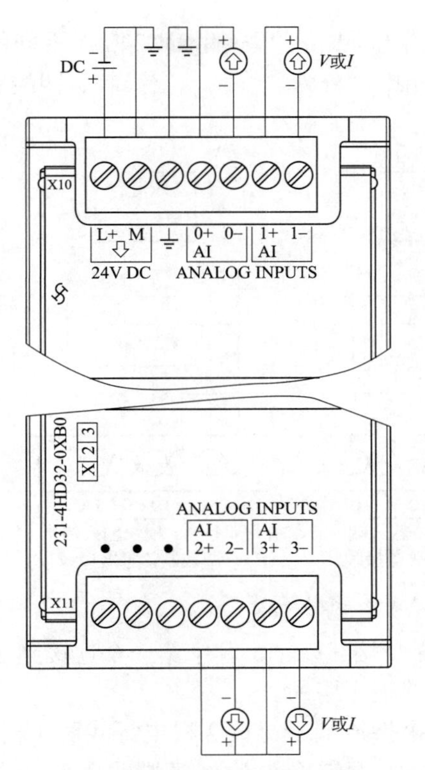

图 1-31 SM 1231 AI 4×13 位模块接线

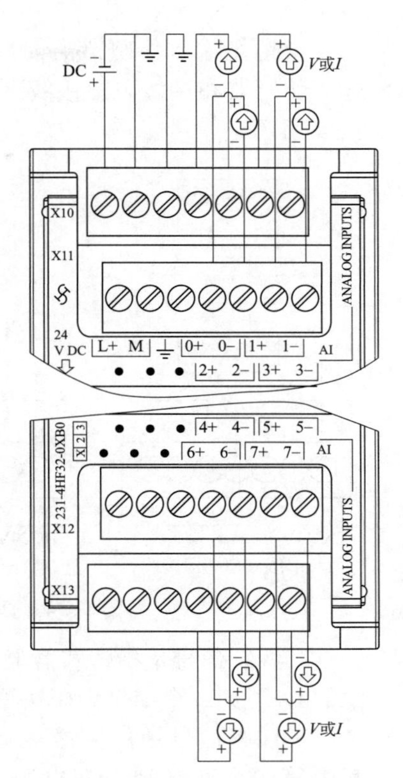

图 1-32 SM 1231 AI 8×13 位模块接线

③ SM1231 AI 4×16 位（订货号 6ES7 231-5ND32-0XB0），接线如图 1-33 所示。

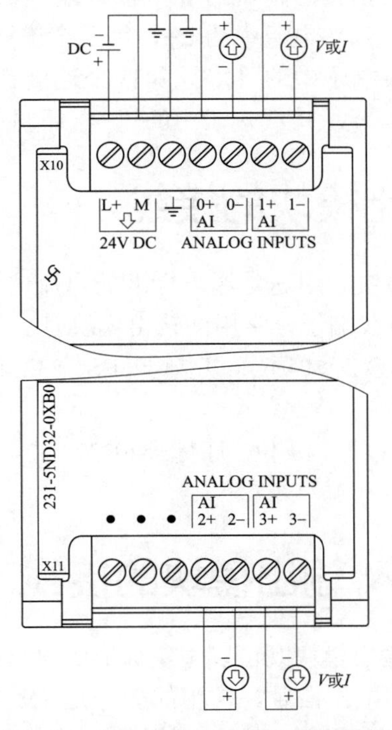

图 1-33 SM 1231 AI 4×16 位模块接线

模拟量输入传感器需要接入工作电源，一般使用 DC24V。不同的模拟量输入传感器和接线电缆接线方式不相同，分为二线制、三线制、四线制，如图 1-34 所示。

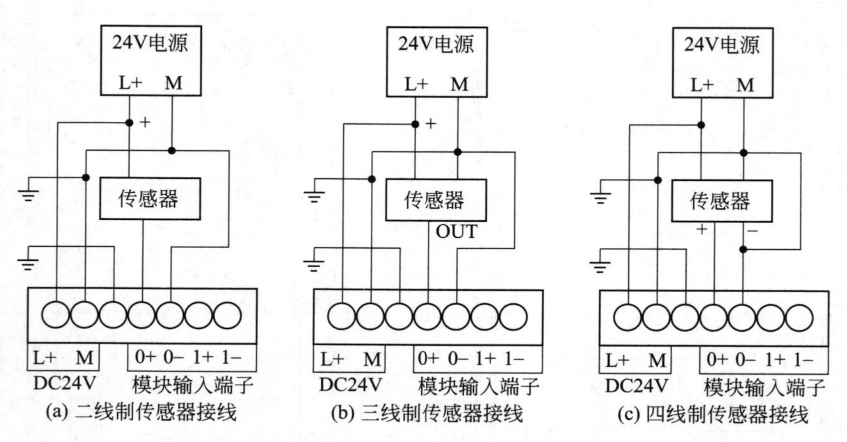

图 1-34　模拟量输入传感器的接线

二线制信号是指传感器上只有 2 个接线端子，其中第一个连接到 24V 电源中的 L+，第二个连接到模块输入接线端子中的“+”。

三线制信号是指传感器上有 3 个接线端子，接 2 根电源线和 1 根信号线。其中第一个连接到 24V 电源中的 L+，第二个连接到模块输入接线端子中的“+”，第三个连接 24V 电源的 M 端和模块输入接线端子中的“−”。

四线制信号是指传感器上有 4 个接线端子，接 2 根电源线和 2 根信号线。其中第一个连接到 24V 电源中的 L+，第二个连接 24V 电源的 M 端，第三个连接到模块输入接线端子中的“+”，第四个连接到模块输入接线端子中的“−”。24V 电源的 M 端与模块接线端子中的“−”还要连接在一起。

1.8.2 模拟量输出模块的接线

模拟量输出模块的用途是输出标准的电流信号和电压信号，每个模拟量输出通道都有两个接线端子，常用的输出模块有 2 种型号：

① SM 1232 AQ 2×14 位（订货号 6ES7 232-4HB32-0XB0），接线如图 1-35 所示；

② SM 1232 AQ 4×14 位（订货号 6ES7 232-4HD32-0XB0），接线如图 1-36 所示。

1.8.3 模拟量输入/输出模块的接线

模拟量输入/输出模块既可以采集标准的电流信号或电压信号，又可以输出标准的电流信号和电压信号，常用的型号是 SM 1234 AI 4×13位/AQ 2×14 位（订货号 6ES7 234-4HE32-0XB0），接线如图 1-37 所示。

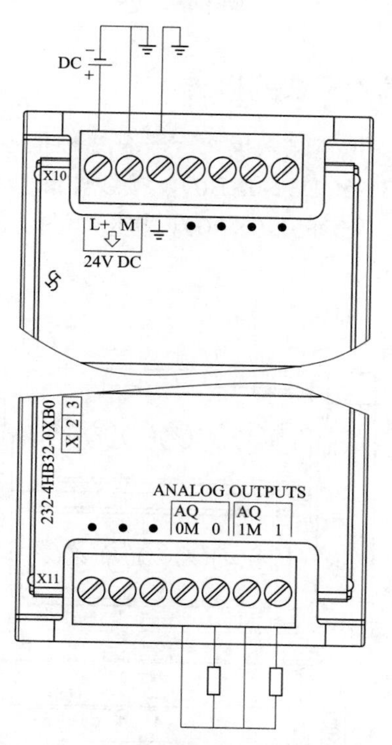

图 1-35 SM 1232 AQ 2×14 位模块接线

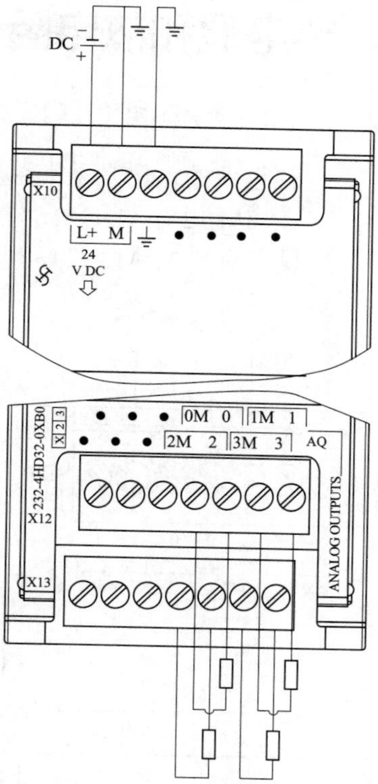

图 1-36 SM 1232 AQ 4×14 位模块接线

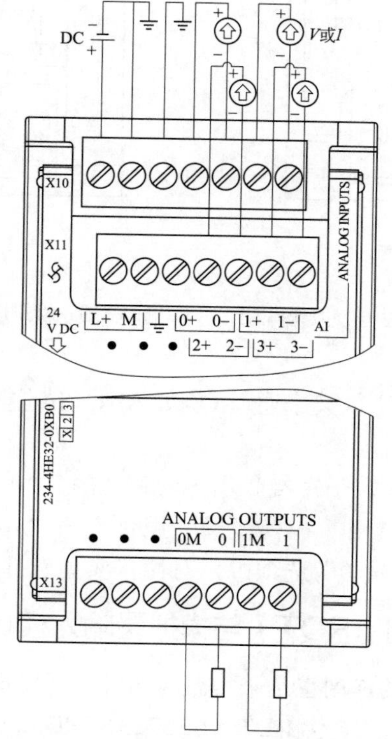

图 1-37 SM 1234 AI 4×13 位 /AQ 2×14 位模块接线

1.8.4 热电偶和热电阻的接线

（1）热电偶（TC）与模拟量输入模块的接线

热电偶的作用是采集温度信号，其模拟量输入模块一般有 2 种型号：

① SM 1231 AI 4×16 位 TC（6ES7 231-5QD32-0XB0），接线如图 1-38 所示；

② SM 1231 AI 8×16 位 TC（6ES7 231-5QF32-0XB0），接线如图 1-39 所示。

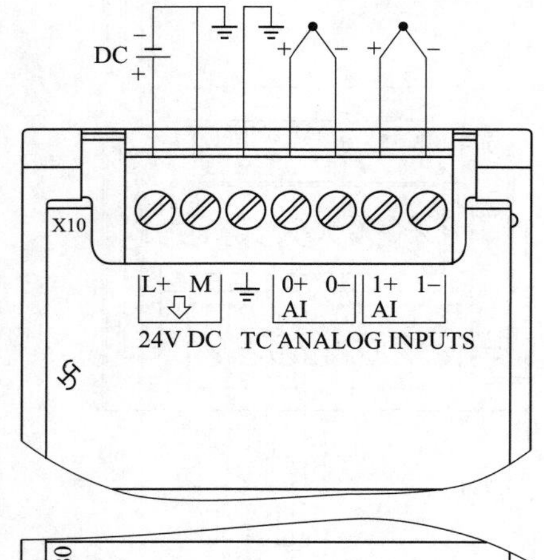

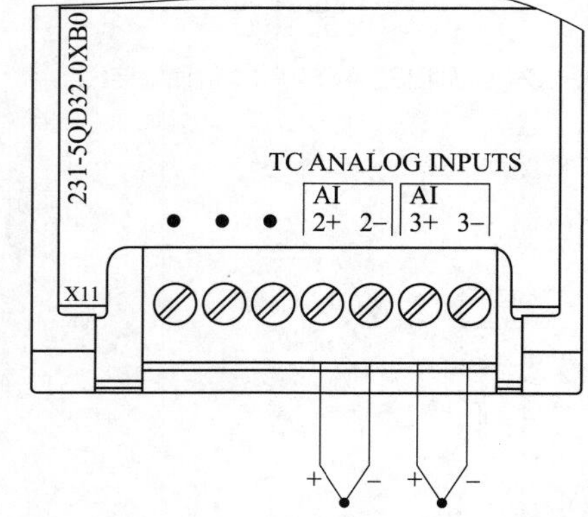

图 1-38　SM 1231 AI 4×16 位 TC 与模拟量输入模块的接线

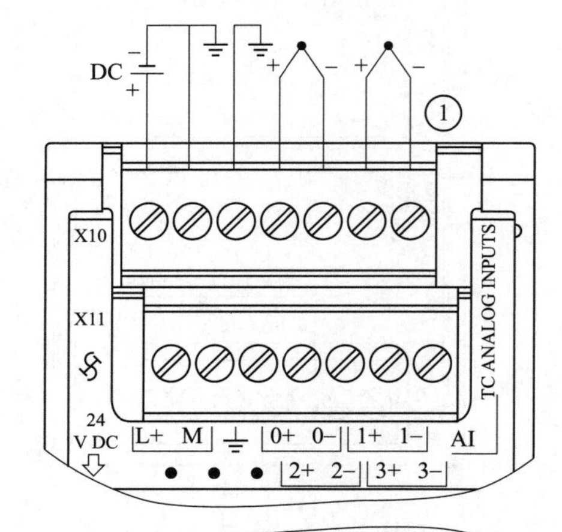

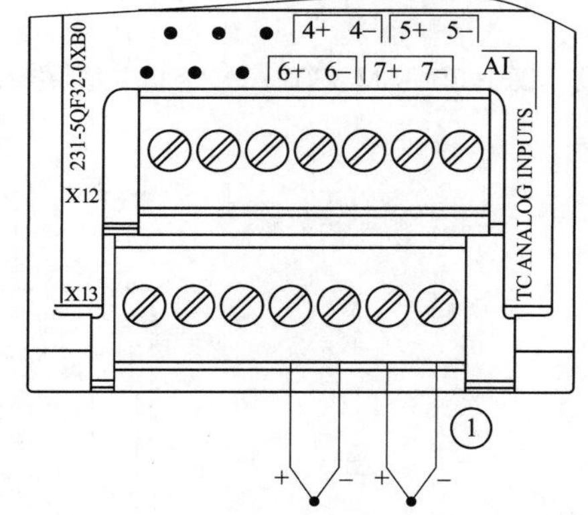

图 1-39　SM 1231 AI 8×16 位 TC 与模拟量输入模块的接线

如果信号模块上的某个通道（例如 AI 4×16 位模块 0 通道）没有连接热电偶，则需要采取如下措施：

① 将信号输入端子短接。用导线将“0+”“0–”两个端子连接在一起。

② 将该通道禁用。在模块的“属性”→“常规”→“AI 4×TC”→“模拟量输入”→“通道 0”选项中，对测量类型选择“已禁用”，如图 1-40 所示。

（2）热电阻（RDT）与模拟量输入模块的接线

热电阻 RDT 的作用也是采集温度信号，其模拟量输入模块一般有 2 种型号：

① SM 1231 4×16 位 RDT（6ES7231-5PD32-0XB0），接线如图 1-41 所示；

② SM 1231 8×16 位 RDT（6ES7231-5PF32-0XB0），接线如图 1-42 所示。

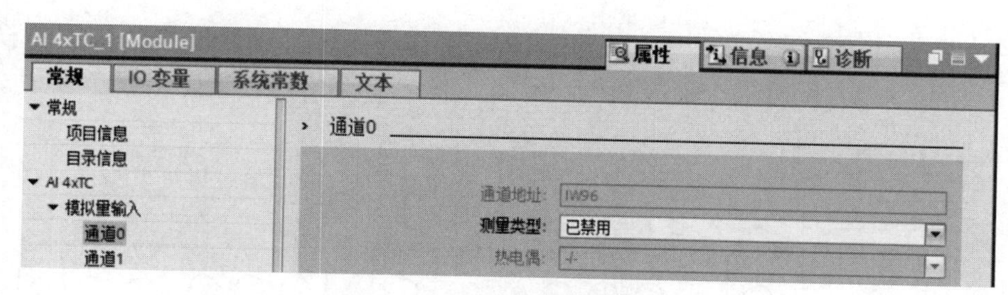

图1-40 将未使用的通道禁用

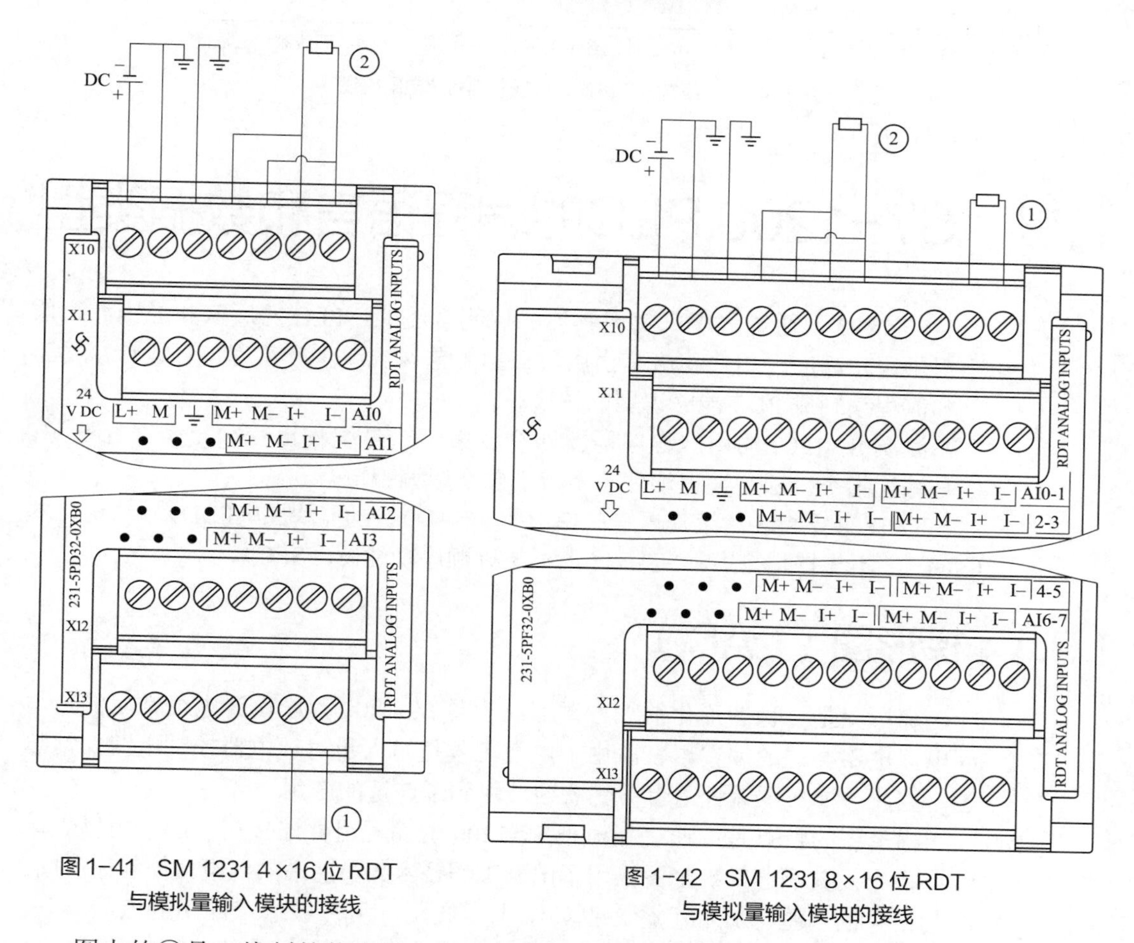

图1-41 SM 1231 4×16位RDT与模拟量输入模块的接线

图1-42 SM 1231 8×16位RDT与模拟量输入模块的接线

图中的②是二线制的热电阻。如果信号模块上的某个通道没有连接热电阻，则需要将信号输入端子短接，如图中的①所示。

（3）热电阻（RDT）的3种接线方式

RDT有二线制、三线制、四线制3种信号，接线方式互不相同。

① 二线制信号。RDT上只有2个接线端子，其中第一个连接到输入模块中的“I+”和“M+”，第2个连接到输入模块中的“I−”和“M−”，如图1-43（a）所示。

② 三线制信号。RDT上有3个接线端子，其中第一个连接到“I+”和“M+”，第2个连接到“I−”，第3个连接到“M−”，如图1-43（b）所示。

③ 四线制信号。RDT 上有 4 个接线端子，其中 2 个连接到信号端子“I+”和“I–”，另外 2 个连接到电源端子“M+”和“M–”，如图 1-43（c）所示。

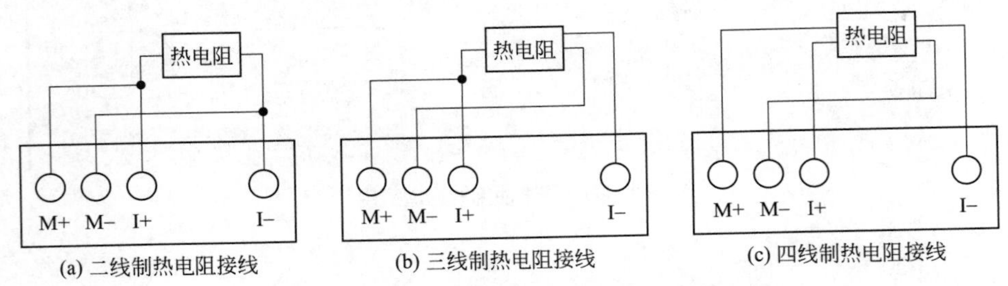

图 1-43　二线制、三线制、四线制信号热电阻接线

1.9 S7-1200 PLC的编程语言和数据类型

S7-1200 是通过程序来实现具体的控制功能的，PLC 的厂家和经销商一般不提供用户程序，用户程序是由用户根据工艺要求或生产流程自行设计，将工艺和流程编制成 PLC 能够识别的程序。

编制 S7-1200 的用户程序需要四个要素，一是编程语言；二是编程资源；三是编程指令；四是编程软件。本节主要介绍编程语言。

S7-1200 支持 3 种编程语言：梯形图（LAD）、功能块图（FBD）、结构文本（SCL）。不支持指令表（STL），也不支持顺序功能图（SFC）。

1.9.1 梯形图（LAD）

梯形图是一种图形化的编程语言，也是 S7-1200 程序设计中最常用的，与继电器电路类似的编程语言。由于电气工程技术人员对继电器控制电路非常熟悉，因此，梯形图编程语言很受欢迎，得到了广泛的应用。

梯形图的特点是：通过能流把 S7-1200 的编程组件连接在一起，用以表达 PLC 指令及其顺序。梯形图沿用了电气工程技术人员熟悉的继电器控制原理图，以及相关的一些形式和概念，例如继电器线圈、常开触点、常闭触点、串联、并联等术语和图形符号，如表 1-14 所示。在这里，输入触点的常开与常闭，输出线圈的得电与失电，都由 S7-1200 内部相应的变量代替。这些变量与计算机的特点结合，又增加了许多功能强大、使用灵活的指令，使得编程更为容易。所以，梯形图具有直观、形象等特点，分析方法也与继电器控制电路类似，只要具备电气控制系统的基础知识，熟悉继电器控制电路，就很容易接受它。

梯形图的连接有 2 种：一种是左侧和右侧的母线，另一种是内部的横线和竖线。左侧的母线表示开始执行指令，内部的横线和竖线则把一个又一个的梯形图指令、变量连接成指令组，以建立逻辑运算关系。最右侧放置输出类指令，以实现对设备的控制。

表1-14 继电器符号与梯形图编程软件

电路中的元器件	继电器符号	梯形图编程软件
继电器线圈		
时间继电器		K×× T×
常开触点		
常闭触点		
触点串联		
触点并联		

梯形图编程语言与原有的继电器控制不同之处是：梯形图中的连接不是实际的导线，能流不是实际意义的电流，内部的继电器也不是实际存在的继电器。实际应用时，需要与原有继电器控制的概念区别对待。

在S7-1200中，得力于TIA博途编程软件的支持，梯形图具有更加灵活的画法，编程的效率更高，主要体现在以下3个方面：

① 结构化的编程。可以按照控制功能，将用户程序分割为“块”的形式，例如FC块、FB块，再由主循环程序OB分别调用各个“块”。整个程序结构清晰，很有条理。

② 在程序块内部划分程序段。每个程序块内部又可以划分为若干个程序段，每个程序段中又可以编辑多个独立的分支，使程序更加紧凑。

③ 输出类指令后方可以继续编辑。输出类指令出现后，并不意味着一个分支的结束，可以继续在其后方添加其他指令。例如在图1-44中，当输入继电器I2.0的信号接通时，输出继电器Q2.0得电，而Q2.0之后又继续添加了2条指令，当Q2.0得电后，如果I2.1的信号接通，则Q2.1得电。这种布局使梯形图程序更为连贯。

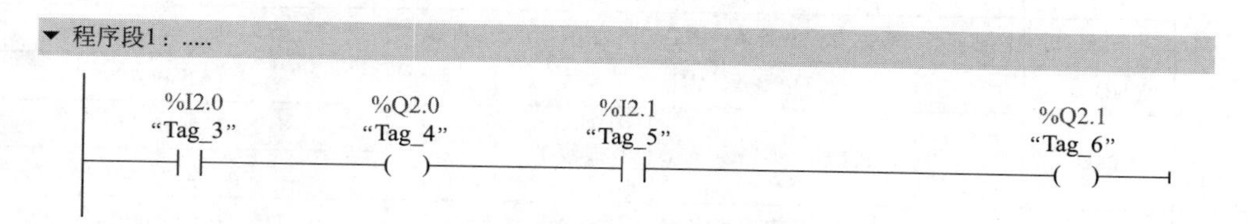

图1-44 在输出类指令后方继续添加其他指令

1.9.2 FBD和SCL

FBD是功能块图语言，SCL是结构文本语言。

一般来说，这两种语言所表达的PLC程序不太直观，较复杂的程序更是难以读懂，初学者也很不习惯，所以一般的PLC程序都采用梯形图的形式。学习S7-1200的电气技术人员，都必须首先掌握梯形图，在梯形图的基础上再学习FBD和SCL，所以在此不做介绍。

1.9.3 S7-1200 PLC 的数据类型

在 S7-1200 编程的过程中，需要定义变量，并设置变量的数据类型，指定数据的格式和大小。在使用各种指令时，需要按照操作数所要求的数据类型使用合适的变量。S7-1200 CPU 的数据类型有以下几种：

① 基本数据类型；

② PLC 数据类型（UDT）；

③ 复杂数据类型；

④ 参数数据类型（VARIANT）；

⑤ 系统数据类型；

⑥ 硬件数据类型。

下面对使用得比较多的基本数据类型、PLC 数据类型进行介绍。

（1）基本数据类型

基本数据类型可以进一步分为位、字节、字、双字、整数、浮点数、日期和时间、字符，它们具有确定的格式和长度。表 1-15 是基本数据类型的汇总。

表 1-15　基本数据类型汇总

类别	类型	注　释	取值范围
位	Bool	占据 1 位，例如 M0.1、I2.2、Q3.5、DB2.DBX4.6	true/1、false/0
字节	Byte	占据 1 个字节，例如 MB1、IB2、QB5、DB2.DBB10	16#00 ～ 16#FF
字	Word	占据 2 个字节，例如 MW1、IW2、QW5、DB2.DBW10	16#0000 ～ 16#FFFF
双字	DWord	占据 4 个字节，例如 MD1、ID2、QD5、DB2.DBD10	16#00000000 ～ 16#FFFFFFFF
整数	SInt	有符号整数，占据 1 个字节	−128 ～ 127
	Int	有符号整数，占据 2 个字节	−32768 ～ 32767
	DInt	有符号整数，占据 4 个字节	−2147483648 ～ 2147483647
	USInt	无符号整数，占据 1 个字节	0 ～ 255
	Uint	无符号整数，占据 2 个字节	0 ～ 65535
	UDint	无符号整数，占据 4 个字节	0 ～ 4294967295
浮点数（实数）	Real	占据 4 个字节，有 6 位有效数字	$\pm1.175495\times10^{-38}$ $\pm3.402823\times10^{38}$
浮点数（双精度）	LReal	占据 8 个字节，最多有 15 位有效数字（只支持符号寻址）	$\pm2.2250738585072014\times10^{-308}$ $\pm1.7976931348623158\times10^{308}$
日期和时间	Time	占据 4 个字节，时基为“ms”表示的有符号双整数	T#-24D20H31M23S648MS ～ T#24D20H31M23S647MS
	Date	占据 2 个字节，将日期作为无符号整数保存	0 ～ 65535 对应 D#1990-01-01 ～ D#2169-06-06
	Time-Of-Day	占据 4 个字节，指定从 00:00:00 开始的“ms”数	TOD#00:00:00.000 ～ TOD#23:59:59.999
字符	Char	占据 1 个字节，常量举例："a" 或 CHAR#"a"	ASCII 编码 16#00 ～ 16#7F
	WChar	占据 2 个字节，支持中文，常量举例：WCHAR#"中"	UNICODE 编码 16#0000 ～ 16#FFFF

（2）PLC 数据类型（UDT）

UDT 是一种由多个不同数据类型元素所组成的数据结构。这些元素可以是基本数据类型，也可以是结构（Struct）、数组等复杂数据类型或其他的 PLC 数据类型。UDT 类型也可以嵌套 UDT 类型，嵌套的深度限制为 8 级。

UDT 类型可以在 OB/FC/FB 块的接口区、数据块 DB、PLC 变量表的输入/输出（I/O）等处使用。它也可以在程序中统一更改，重复使用。如果进行了修改，执行软件需要全部重建。还可以自动更新所有应用该 UDT 的变量。

下面举例说明如何创建一个名称为“UDT-A”的 PLC 数据类型，以及怎样在程序中使用它，步骤如下：

① 新建一个名称为“UDT-A”的 PLC 数据类型。在项目树下，点击 PLC 站点下面的“PLC 数据类型”→“添加新数据类型”，在下面出现“用户数据类型 _1”，如图 1-45 所示。

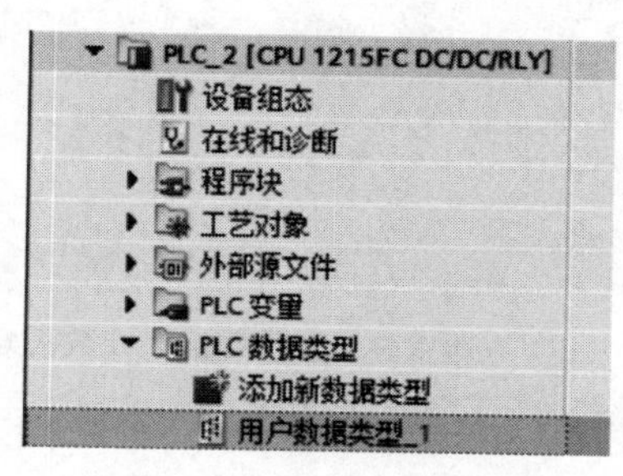

图 1-45 创建 PLC 数据类型

② 用右键点击图中的“用户数据类型 _1”，选择“属性”，弹出图 1-46 所示的画面，在“常规”选项下面的“名称”栏目中，将名称由默认的“用户数据类型 _1”更改为“UDT-A”，并予以确定。

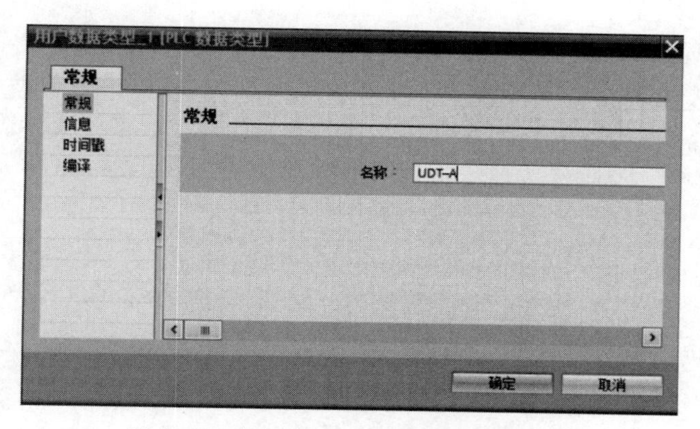

图 1-46 为新建的 PLC 数据类型确定名称

③ 在 UDT-A 的工作区中，添加变量、数据类型、注释，如图 1-47 所示。

④ 在新建数据块 DB 时，可以直接创建 UDT 类型的 DB，这个 DB 中只包含一个 UDT 类型的变量。具体的操作方法是：在 PLC 站点下面，新建一个全局数据块 DB，在 DB 的静态变量 Static 下面添加变量 Static-1、Static-2，数据类型选用 UDT-A，如图 1-48 所示。此时，在图 1-47 的 UDT-A 工作区中的各项元素都显示在了 Static-1 和 Static-2 下面。

UDT-A

		名称	数据类型	默认值	可从 HMI..	从 H...	在 HMI ...	设定值	注释
1	◀▣	启动信号	Bool	false	☑	☑	☑	☐	扫描变量
2	◀▣	赋值线圈	Bool	false	☑	☑	☑	☐	上升沿
3	◀▣	次数	UInt	0	☑	☑	☑	☐	上升沿次数`
4	◀▣	沿检测位	Bool	false	☑	☑	☑	☐	上一周期变量
5	◀▣	▸ 时间	Array[0..1]...		☑	☑	☑	☐	数据
6		<新增>			☐	☐	☐	☐	

图 1-47　在 UDT-A 的工作区中添加变量、数据类型、注释

DB1-UDT

		名称	数据类型	起始值	保持
1	◀▣	▾ Static			☐
2	◀▣	▪ ▾ Static-1	"UDT-A"		☐
3	◀▣	▪ 启动信号	Bool	false	☐
4	◀▣	▪ 赋值线圈	Bool	false	☐
5	◀▣	▪ 次数	UInt	0	☐
6	◀▣	▪ 沿检测位	Bool	false	☐
7	◀▣	▪ ▸ 时间	Array[0..1] of Bool		☐
8	◀▣	▪ ▾ Static-2	"UDT-A"		☐
9	◀▣	▪ 启动信号	Bool	false	☐
10	◀▣	▪ 赋值线圈	Bool	false	☐
11	◀▣	▪ 次数	UInt	0	☐
12	◀▣	▪ 沿检测位	Bool	false	☐
13	◀▣	▪ ▸ 时间	Array[0..1] of B...		☐

图 1-48　在数据块 DB 中添加 PLC 数据类型

⑤ 在程序中使用 UDT 类型。在 S7-1200 的程序中，UDT 类型的变量在梯形图中可以整体使用，如图 1-49 中的程序段 1；也可以单独使用 UDT 中的某一个元素，如图 1-49 中的程序段 2。

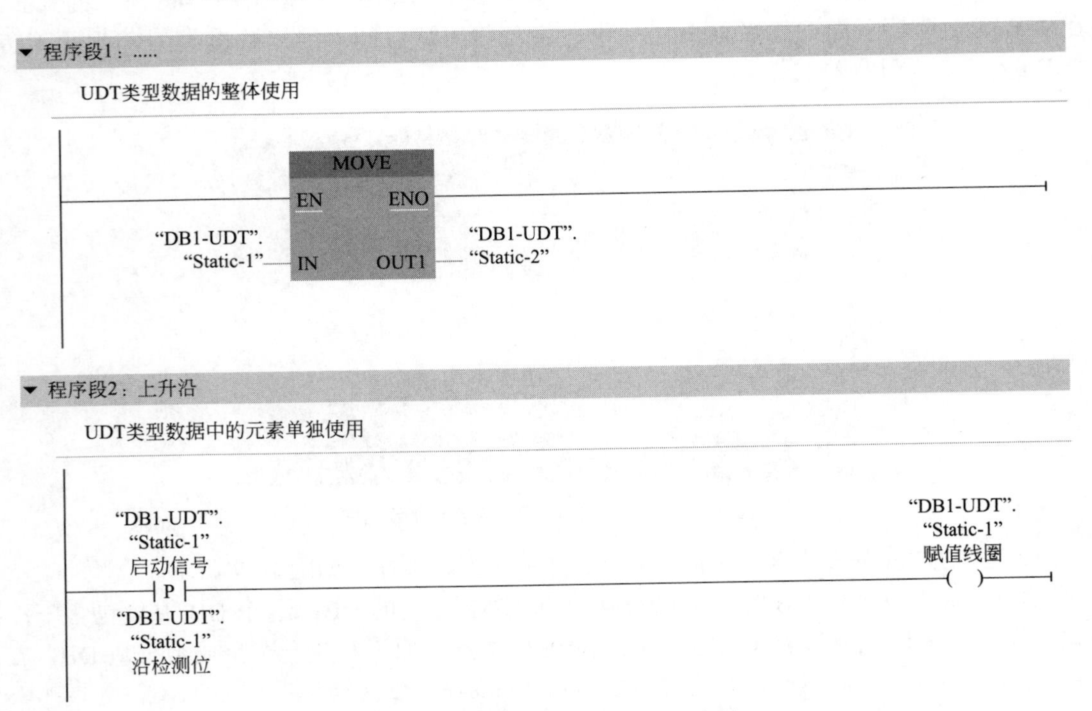

图 1-49　在程序中使用 UDT 数据类型

1.10 S7-1200 PLC的数据访问

1.10.1 CPU 存储器数据的汇总

在 S7-1200 CPU 中，存储器划分为不同的地址区（器），地址区包括输入过程映像存储区（I），输出过程映像存储区（Q）、位存储区（M）、数据块（DB）、临时存储区（L）。这里将它们汇总列表，如表 1-16 所示。

表 1-16 S7-1200 CPU 存储器中的数据

地址符号	地址区	可访问的地址单位	单位符号	示 例
I	过程映像区	输入（位）	I	%I0.0
		输入（字节）	IB	%IB0
		输入（字）	IW	%IW0
		输入（双字）	ID	%ID0
Q	过程映像区	输出（位）	Q	%Q0.0
		输出（字节）	QB	%QB0
		输出（字）	QW	%QW0
		输出（双字）	QD	%QD0
M	位存储区	存储器（位）	M	%M0.0
		存储器（字节）	MB	%MB0
		存储器（字）	MW	%MW0
		存储器（双字）	MD	%MD0
DB	数据块	数据位	DBX	%DB1.DBX0.0
		数据字节	DBB	%DB1.DBB0
		数据字	DBW	%DB1.DBW0
		数据双字	DBD	%DB1.DBD0
L	临时存储区	局部数据位	L	%L0.0
		局部数据字节	LB	%LB0
		局部数据字	LW	%LW0
		局部数据双字	LD	%LD0

1.10.2 输入过程映像区（I）

（1）影响程序运行速度的因素

在一般的 PLC 中，如果执行图 1-50 这样的程序，在程序段 1 中，CPU 首先要向输入单元发送一条命令，查询变量 I2.0，得知 I2.0 的状态之后，再执行逻辑运算，最后将运算结果发送到输出单元的 Q2.0 中。在程序段 2 中也是如此，每一个输入变量都需要这样去查询。这样一来，在梯形图中只要遇到 I/O 点，程序就要中断一下，去扫描一次外部输入，整个程序的运行可谓走走停停，运行速度上不去。

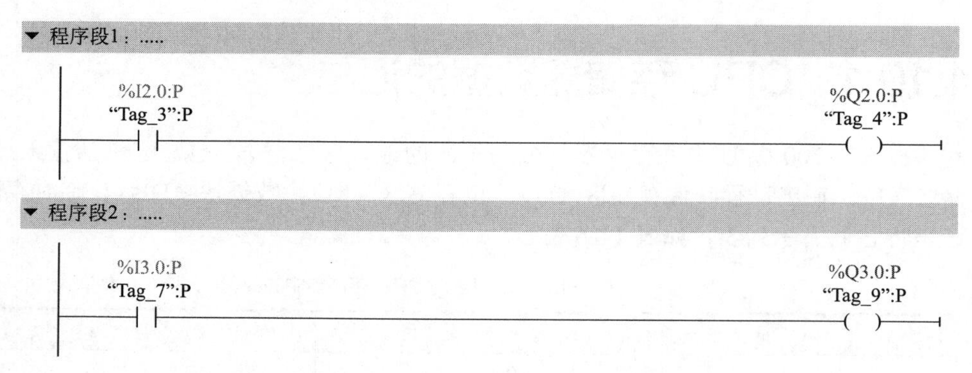

图 1-50　直接查询外部的 I/O 变量

（2）提高程序运行速度的方法

在 S7-1200 中，通过使用输入、输出过程映像存储器，较好地解决了 PLC 的这一不足之处，使程序的运行更为流畅，具体方法是：

① 划分出过程映像存储区。在 CPU 模块内部，划分出一块过程映像存储区，用于转接输入端子和输出端子的状态信号。

② 刷新输出过程映像区。在每段程序开始循环之前，CPU 统一扫描所有的外部设备。它首先刷新输出过程映像区，也就是将输出过程映像区中的数据，即前面一个程序运行周期的结果全部传送到输出单元。

③ 刷新输入过程映像区。将所有外部输入点的状态存入到输入过程映像区中。

④ 运行循环程序。程序中使用输入点的地方，直接从输入过程映像区中读取；程序中写入输出点的地方，直接写入到相应的输出过程映像区中。

由此可见，在使用了输入、输出过程映像存储区之后，S7-1200 的一个循环周期包括 3 个步骤：第 1 步是刷新输出过程映像区；第 2 步是刷新输入过程映像区；第 3 步是运行循环程序，进行逻辑运算。这个过程可以用图 1-51 来表达。

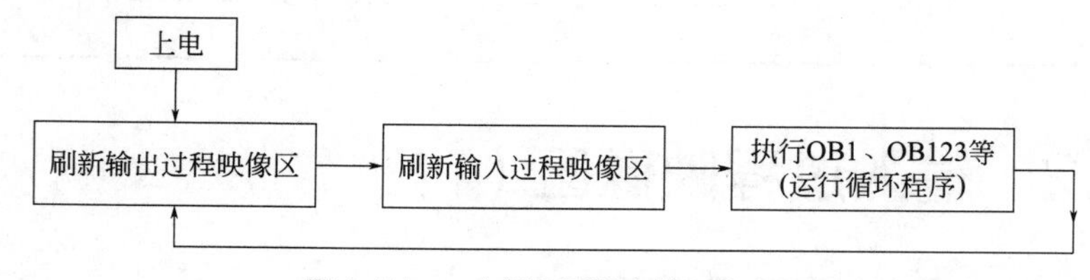

图 1-51　一个循环周期中的 3 个步骤

可见，在设置了输入过程映像区之后，输入信号可以取自输入过程映像区，它是接收外部开关量信号的窗口。

PLC将输入信号的状态读入后，存储在对应的输入继电器中。外部组件接通时，对应的输入继电器的状态为“1”，也就是ON。此时相应的LED指示灯亮，它表示输入继电器的常开触点闭合，常闭触点断开。输入继电器的状态取决于外部输入信号，不受用户程序的控制，因此在梯形图中绝对不能出现输入继电器的线圈。

在PLC内部，输入继电器是电子类继电器，它通过光电耦合器件与输入端子相隔离，其常开、常闭触点可以无数次地反复使用。

S7-1200的输入变量由字母I和八进制数字表示，其绝对地址与输入接线端子的编号一致。对于数字量的输入变量，一般按“位”寻址，绝对地址是I0.0～I0.7、I1.0～I1.7等。对于模拟量的输入变量，必须按“字”或“双字”寻址，绝对地址是IW0、ID0等。

1.10.3 输出过程映像区（Q）

在S7-1200中，为输出变量设置了输出过程映像区，输出变量可以存放于输出过程映像区，它类似于其他PLC中的输出继电器，是PLC向外部负载发送控制信号的唯一窗口。输出信号传送给输出过程映像区，再由输出接口电路驱动外部负载。输出接口电路通过继电器或光电耦合器件与外部负载隔离。

输出继电器的线圈一般只能使用一次。其常开、常闭触点供内部程序使用，可以使用无数次而不受限制。

S7-1200的输出变量由字母Q和八进制数字表示，其绝对地址与输出接线端子的编号一致。对于数字量的输出变量，一般按“位”寻址，绝对地址是Q0.0～Q0.7、Q1.0～Q1.7等。对于模拟量的输出变量，必须按“字”或“双字”寻址，绝对地址是QW0、QD0等。

S7-1200在实际运行时，所读写的I/O变量基本上都在输入/输出过程映像存储区，读写之后再统一向外部设备刷新，而不是直接读写I/O端子。

当然，在运行某些程序时，又需要及时地对外部设备进行读写操作。S7-1200也支持这种功能，可以直接去访问外部设备的I/O端子。设置方法是：在I/O点的符号地址或绝对地址后面加上“：P”的标记。图1-50中的I/O点就带有这样的标记，它就是直接访问I/O端子的实际例子。

直接对外部设备进行访问，会降低S7-1200程序的运行速度。特别是在分布式输入/输出设备中，I/O端子所连接的设备往往比较分散，运行速度会进一步下降。直接访问还会加大总线周期，降低总线的效率。所以，一般情况下，不建议直接访问外部设备。S7-1200内部的过程映像区设计得足够大，不必担心它的容量问题。

1.10.4 位存储区（M）

位存储区的另外一个名称是位存储器，它是存放内部数据的一块区域，相当于继电器控制系统中的中间继电器，也相当于其他品牌PLC中的内部继电器。它用于存储程序的中间状态或其他信息。位存储区与外部的输入、输出端子没有联系，只能在程序内部使用，不能连接输入信号，也不能驱动外部负载。

同输出继电器一样，位存储区的线圈由 PLC 内部编程元件的触点驱动，线圈一般只能使用一次。其常开、常闭触点供内部程序使用，使用次数不受限制。

在位存储区中，用户可以建立变量，也可以存放数据。在使用这个存储区时，直接写入字母“M”再加上地址就行了。可以分别使用位地址、字节地址、字地址、双字地址。最小的存储单位是“位”，即存放一位二进制数。例如：

M0.2：表示“位”存储区，即第 0 字节中的第 2 位（从 0 位开始）。如果把它写完整，应该是 MB0.2，但是在表示“位”存储区时，将字节的符号“B”省略不写。

MB0：表示“字节”存储区，即第 0 字节，一个字节有 8 位，从 M0.0 到 M0.7。

MW0：表示“字”存储区，即第 0 字节开始的一个字。一个字包括 2 个字节——MB0 字节和 MB1 字节。后面的一个字节 MB1 不写出来，但是不能把它遗忘了。一个字中有 16 位。

MD0：表示“双字”存储区，即第 0 个字节开始的一个双字，一个双字包括 2 个字，MD0 和 MD2。所以这个双字涵盖了 MB0、MB1、MB2、MB3 4 个字节，后面的 3 个字节都不写出来，但是不能把它们遗忘了。一个双字中有 32 位。

位、字节、字、双字的关系，在表 1-17 中一目了然。

表 1-17 位、字节、字、双字的关系

双字	字	字节	位							
MD0	MW0	MB0	M0.0	M0.1	M0.2	M0.3	M0.4	M0.5	M0.6	M0.7
		MB1	M1.0	M1.1	M1.2	M1.3	M1.4	M1.5	M1.6	M1.7
	MW2	MB2	M2.0	M2.1	M2.2	M2.3	M2.4	M2.5	M2.6	M2.7
		MB3	M3.0	M3.1	M3.2	M3.3	M3.4	M3.5	M3.6	M3.7

表 1-17 所示的 4 种存储地址，也适用于其他的一些变量，特别是数据块中的变量。在确定变量的类型时，要注意变量的存储地址，否则不能正确地编程。例如，对于 I/O 类的变量，一般需要选用位存储区。

在位存储区中，M0.0 ~ M0.7 被用于时钟存储器位，M1.0 ~ M1.3 被用于系统存储器位，它们属于特殊的存储区，可以执行特定的功能，但是要通过设置才能确定是否使用。操作方法是：在项目树下，依次双击“PLC”→“设备组态”，在编辑区中打开设备组态界面，通过右键调出 CPU 的属性菜单，在“常规”选项卡下面，点击“系统和时钟存储器”，将它展开在编辑区中。

在系统存储器位，勾选“启用系统存储器字节”，也就是把 M1.0 ~ M1.3 作为系统存储器位使用，如图 1-52 所示。

在时钟存储器位，勾选“启用时钟存储器字节”，也就是把 M0.0 ~ M0.7 作为时钟存储器位使用，如图 1-53 所示。

在编程过程中，如果使用位存储区，应该避开特殊存储器区域，以避免地址发生冲突。

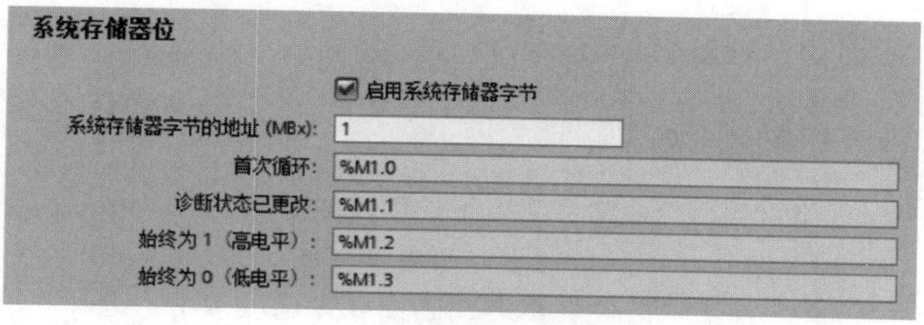

图1-52 启用系统存储器字节

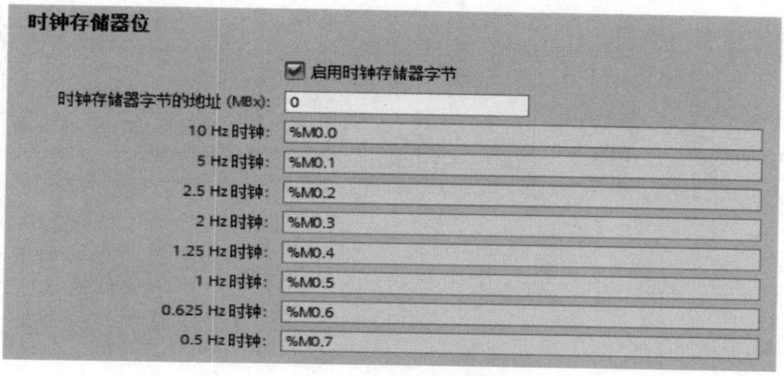

图1-53 启用时钟存储器字节

1.10.5 数据块（DB）

数据块的英文是 Data blok，简称为“DB”块，用于存储程序中的数据。在新建数据块时，默认的状态是“优化的块访问”，而且数据块中存储变量的属性是非保持的。

数据块可以存储在装载存储区或工作存储区中，它与 M 存储区的功能类似。但是 M 存储区的大小已经在 CPU 技术规范中定义了，并且不能扩展，而且相似功能的变量不容易分组管理，使用起来不够方便。而数据块可以由用户自行定义，最大不能超过数据的工作存储区和装载存储区。

1.10.6 临时存储区（L）

在 S7-1200 的 CPU 模块中，当运行某个程序块时，有时需要临时存储某个数据，这时可以使用某个堆栈，因此为每个数据块（OB）都分配了一个堆栈，用于存放这一类临时数据。

例如，需要计算 3×2 ＋ 4×8 这个混合算式，可以先计算 3×2，将结果临时存放在 L 堆栈中，再去计算 4×8，导入存储在 L 堆栈中的 3×2 的结果，最后再做加法运算，这就是 L 堆栈的用途。

在使用 L 堆栈时，总是先向 L 堆栈中写入数据，然后在本程序段中读出。这样在每段程序中，可以使用相同的 L 堆栈临时储存本段的数据，互不影响，这种临时存储比位存储区更为方便。

1.10.7 全局常量和局部常量

（1）全局常量

全局常量包括用户常量和系统常量。

① 用户常量。在项目树下，双击 PLC 站点下面的“PLC 变量”→“显示所有变量”，弹出“PLC 变量”的画面。在选项卡中，选择“用户常量”，在窗口中设置变量的名称、数据类型、数值，如图 1-54 所示。

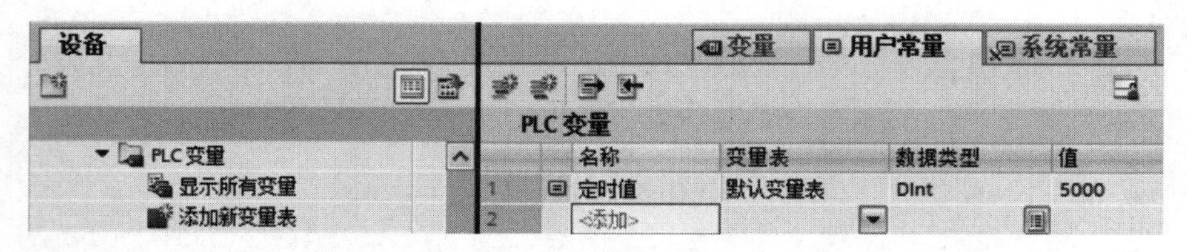

图 1-54 显示变量的画面

名为“定时值”的这个常量，可以引用到 PLC 程序中，如图 1-55 所示。

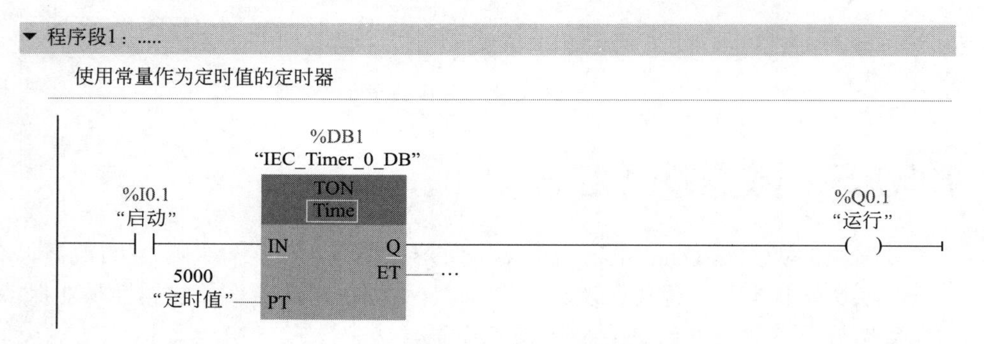

图 1-55 在定时器中使用常量作为定时值

② 系统常量。在进行硬件组态的过程中，所添加的硬件模块、通信总线等，都会自动产生一个标识符，也就是一个数字，它与硬件模块、通信总线等一一对应，一旦确定之后就不能变更，所以称为“系统常量”。

系统常量一般用于诊断程序中。例如，如果检测到某个硬件发生了故障，就会反馈这个模块所对应的标识符，也就是系统常量。通过这个标识符，可以很快地诊断出哪个模块发生了故障。也可以在硬件检测指令中，先输入一个标识符，然后对其所对应的那个模块进行诊断，判断其是否正常。

在图 1-54 中，点击选项卡“系统常量”，就可以对硬件模块和通信接口等进行寻址，并查询 CPU 的所有系统常量。

例如，需要查询 PLC 中高速计数器 HSC_1 的标识符（值），点击“系统常量”选项卡，弹出图 1-56 所示的图表，从中可以看到 HSC_1 的标识符是 257。

此外，在项目树的 PLC 站点下点击“设备组态”，接着在设备组态界面中右击 CPU，调出其右键菜单，然后依次点击属性→常规→高速计数器→ HSC_1 →硬件标识符，如图 1-57 所示，同样也是 257。

变量 | 用户常量 | 系统常量

PLC变量

	名称	数据类型	值
17	Local~HSC_1	Hw_Hsc	257
18	Local~HSC_2	Hw_Hsc	258
19	Local~HSC_3	Hw_Hsc	259
20	Local~HSC_4	Hw_Hsc	260
21	Local~HSC_5	Hw_Hsc	261
22	Local~HSC_6	Hw_Hsc	262

图1-56　在“系统常量”选项卡中查看标识符

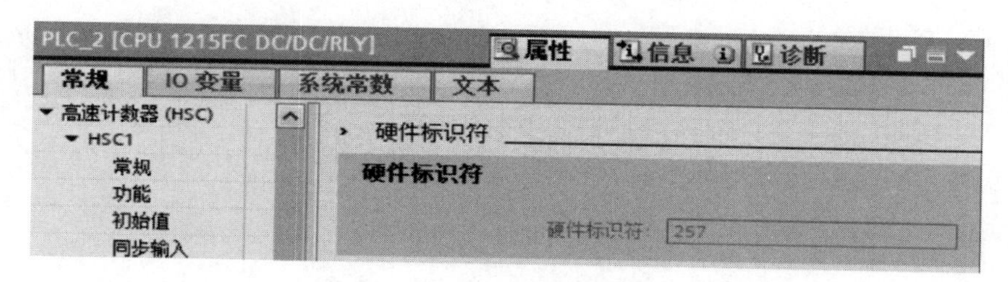

图1-57　在设备组态中查看标识符

（2）局部常量

局部常量是在OB、FC、FB的接口数据区“Constant”中声明的常量，如图1-58所示，它应用于该局部常量所在的程序块中。

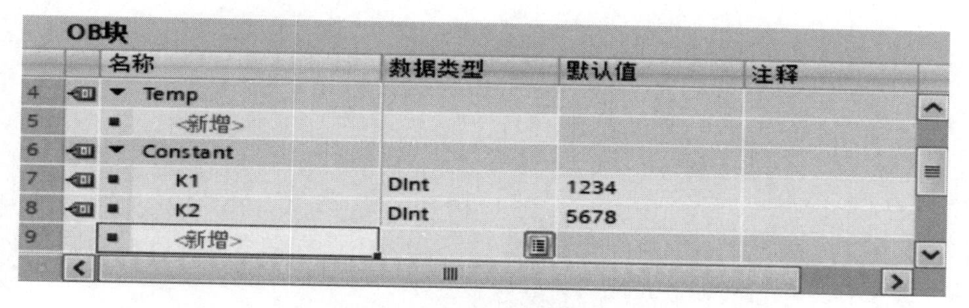

OB块

	名称	数据类型	默认值	注释
4	▼ Temp			
5	<新增>			
6	▼ Constant			
7	K1	DInt	1234	
8	K2	DInt	5678	
9	<新增>			

图1-58　接口数据区中声明的常量

1.10.8　变量的寻址

（1）访问I/O地址的两种方法

① 过程映像区访问。它是使用地址标识符I/O（不区分大写和小写）访问过程映像区。采用这种访问方式，可以保证在一个扫描周期之内的信号不发生变化。

② 直接物理访问。它是在地址标识符I/O后面加上“：P”，例如%I0.1：P、%Q0.1：P。如果需要对输入和输出地址实时访问，应该采用这种访问方式。

（2）存储区寻址

对于全局变量（I、Q、M、DB），可以在 CPU 中被所有程序块使用。

对于局部变量（L），也就是程序中的 Temp 变量，只能在所属程序块的内部使用，不能被其他程序块使用。局部变量的数据仅仅在这个块的当次调用中有效。

第2章

TIA博途编程软件的操作

SIEMENS

2.1 TIA Portal编程软件的技术优势

TIA 是 Totally integrated automation 的缩写，就是全集成自动化的意思。“Portal”的英文词义是“入口”，也就是“开始的地方”。TIA Portal 被称为 TIA 博途，寓意为全集成自动化的入口。

TIA 博途编程软件秉承西门子公司的自动化技术和各种新产品的发展理念，面向全集成自动化的目标，在品质和功能上进行了大幅度的提升。

TIA 博途编程软件于 2009 年发布第一款，其名称是 SIMATIC STEP7 V10.5，即 STEP 7 basic。现在已经有 V10.5、V11、V12、V13、V14、V15 等版本。它们支持西门子最新的 PLC 控制器 S7-1200、S7-1500，并向下兼容 S7-300、S7-400 等系列 PLC，以及 WinAC 控制器。

在传统的电气自动控制系统中，编辑 PLC 程序需要一款软件，编辑 HMI（人机界面）也需要一款软件，而配置现场设备（变频器、运动部件等）还需要另外的软件。各个环节必须紧密联系，才能构成一个控制系统。而 TIA 博途编程软件将这几款软件集成在一起，进行资源共享，统一进行配置、编程和调试。在这种背景下，优化了很多功能，又增加了很多新颖的、实用的功能，大大降低了成本。

TIA 博途编程软件的主要特点如下：

① 高度集成化。各个设备的组态、配置和编程高度集成，各部分的数据统一管理，因此操作层、控制层、现场层的各种参数和变量可以高度共享。例如，PLC 中的变量可以直接拖拽到 HMI 的界面上。此外，所有部件之间的通信设备也是集成配置和管理的，只要把通信方案组态好，通信的双方就可以自动地配置相关的协议，可以实现更为高效的通信。

② 友好的编程界面。在编程软件的界面上，以左边的项目树为核心，项目中的所有文件通过树状逻辑结构，合理地分布在项目树中。单击项目树中的某一个文件，就可以在编辑区中打开该文件的编辑窗口。同时，下方的巡视窗口会显示相应的属性和其他信息。最右边是资源卡，它分为多个选项。内容相当丰富，包括 CPU 和扩展模块的各种型号、各种编程指令、HMI 的各种控件等。随着编辑区工作内容的不同，资源卡中的编程元件也“随机应变”，可以非常方便地选择当前所需要的资源。

在编程界面中，每个窗口都可以固定位置，也可以拖拽到主窗口之外的任意位置，以便于分屏编辑。

③ 实行结构化的编程。按照整个系统的控制要求，可以将一个复杂的程序，按照控制功能分解成一些比较小的子程序，这些子程序被称为“块”。通过组织块（OB）、功能块（FC/FB）、数据块（DB）分别进行编程，并根据需要分别进行调用。整个程序结构清晰，便于查找、编辑和调试。

④ 丰富的指令系统。在 TIA 博途编程软件的指令库中，对指令系统进行了全新的规划，不仅整合了经典 STEP7 中的多种指令，还增加了一些 IEC 标准指令、工艺指令、内部可以转化的指令。

⑤ 灵活多变的指令添加方式。编程指令的添加有多种方式，可以从指令资源卡中拖拽；从收藏夹的指令中拖拽；从空功能框中选取。还可以就地更换指令，从程序中复制指令。

⑥ 灵活多变的变量添加方式。变量的添加也有多种方式，可以从变量表中拖拽/复制；从数据块中拖拽/复制；在程序块中拖拽；从硬件组态界面中拖拽。

⑦ FB 的调用和修改更加方便。当 FB 被建立或删除时，软件可以自行管理背景数据块的建立、删除和分配。当 FB 被修改后，其对应的背景数据块也会自动更新。

⑧ SCL、Graph 语言的使用更加灵活。SCL 是 Structured Control Languagr（结构化控制语言）的缩写，Graph 是顺序功能图。它们在 TIA 环境中编辑时，不需要任何附加软件，就可以直接建立程序块。

⑨ 综合了 HMI 人机面板下的一些常用功能。例如时间同步、在 HMI 上显示 CPU 诊断缓存等功能。这些功能通过简单的设置就可以完成，不再需要烦琐的程序和设置。

⑩ 更加方便的帮助系统。TIA 软件中设置了大量的帮助信息，并进行了合理的编排，便于查询。在编程过程中，如果某个元件或指令需要获取帮助，只需要将鼠标放在它的上方，就会显示一个笼统的帮助信息。单击这个帮助信息，就会展开一个更为详细的帮助信息。如果再次单击其中的链接，就会获取与其关联的更多知识。

⑪ 具有更好的程序保护措施。对于 S7-1200、S7-1500 型 PLC，程序的加密功能进一步提高。一段程序可以和 SD 卡上的序列号绑定，也可以与 CPU 序列号绑定。加密的程序即使被其他人整体复制，也不能在其他 PLC 中运行。

⑫ 更加丰富的调试工具。TIA 博途软件不仅优化了原有的调试功能，还增加了许多新的、实用的调试功能，例如跟踪功能。它可以按照某个 OB 的循环周期，采样记录某个变量的变化情况。

2.2 TIA博途编程软件的类型

TIA 博途编程软件包括 TIA 博途 STEP 7、TIA 博途 WinCC、TIA 博途 Startdrive、TIA 博途 SCOUT。用户可以根据需求，购买其中的一种或多种软件产品。

（1）TIA 博途 STEP 7

TIA 博途 STEP 7 用于对 S7-1200 PLC、S7-1500 PLC、S7-300/400 PLC、WinAC 软件控制器进行组态和编程。

TIA 博途 STEP 7 具有两种版本：

① TIA 博途 STEP 7 基本版（STEP 7 Basic），用于 S7-1200 PLC。

② TIA 博途 STEP 7 专业版（STEP 7 Professional），用于 S7-1200 PLC、S7-1500 PLC、S7-300/400 PLC、WinAC 软件控制器。

（2）TIA 博途 WinCC

TIA 博途 WinCC 是全新的 SIMATIC WinCC，适用于大多数人机界面的编程，包括 SIMATIC 触摸型和多功能型面板、新型 SIMATIC 人机界面精简及精智系列面板，也支持基于 PC 多用户系统上的 SCADA（数据采集与监视控制系统）应用。

TIA 博途 WinCC 目前有 4 种版本，可以根据控制系统的需要进行选用。

① TIA 博途 WinCC 基本版（WinCC Basic），它包含在 TIA 博途 STEP 7 产品中，用于组态精简系列面板。

② TIA 博途 WinCC 精智版（WinCC Comfort），它用于精简面板、精智面板、移动面板，在当前基本上可以组态所有的面板。

③ TIA 博途 WinCC 高级版（WinCC Advanced），它除了组态面板之外，还可以组态基于单站 PC 的项目。

④ TIA 博途 WinCC 专业版（WinCC Professional），它除了具备 WinCC 高级版的功能之外，还可以组态 SCADA 系统。

（3）PLCSIM V14 SP1

PLCSIM V14 SP1 是博途中的仿真分析软件，在梯形图或其他形式的程序编辑之后，可以用它来进行仿真分析，在不连接实际 PLC 的情况下，就可以对许多程序进行检查和调试。

（4）TIA 博途 Startdrive

TIA 博途 Startdrive 用于配置和调试西门子 G 系列变频器。这类变频器是 MM4 系列变频器的替代升级产品，主要用于交流异步电动机的调速控制。

（5）TIA 博途 SCOUT

TIA 博途 SCOUT 用于精密型的运动控制，例如伺服电动机的精确定位控制。

2.3 TIA博途编程软件的安装

2.3.1 TIA 博途编程软件对计算机的要求

扫一扫 看视频

TIA 博途 STEP 7 V13 SP2 和 TIA 博途 STEP 7 V14 SP1 都支持 Microsoft Windows 10 操作系统。

如果使用 TIA 博途 STEP 7 专业版，即 TIA 博途 STEP 7 V14 SP1, 则推荐计算机的硬件配置如下：

① 微处理器：i7 以上。

② 运行内存：8G 以上。

③ 硬盘：固态硬盘。

④ 显示器：15.6in（1in=25.4mm），图形分辨率最小 1920×1080 像素。

2.3.2 TIA 博途编程软件的授权

（1）安装自动化授权管理器

在安装 TIA 博途编程软件时，必须安装自动化授权管理器，该管理器可以对受权进行传送和检测。

自动化授权管理器是一种软件，用于管理许可证密钥。在使用许可证密钥时，有关的软件会自动地将许可证要求报告给自动化授权管理器，自动化授权管理器一旦发现该软件的有效授权密钥，就可以根据授权协议的规定允许使用该软件。

（2）安装许可证

在安装 TIA 博途编程软件期间，可以安装许可证密钥。有些编程软件自动地安装了所需要的许可证密钥。也可以在 TIA 博途编程软件安装完成之后，用自动化授权管理器传送许可证密钥。

在自动化授权管理器中，可以通过下面几种方法传送许可证密钥：

① 使用“传送”命令传送；

② 使用“离线传送”命令传送；

③ 使用拖放功能传送；

④ 通过剪切、粘贴方式传送；

2.3.3 TIA 博途编程软件的安装步骤

TIA 博途编程软件有多种版本，这里以最为典型的 V14 SP1 版本为例，介绍它的安装步骤，其他版本的软件安装也可以以此为借鉴和参考。

TIA 博途编程软件可以由光盘提供，通过光盘安装。也可以从西门子工业自动化网站上下载，然后进行安装。这里以光盘安装为例进行说明。

第一步，将安装光盘插入光盘驱动器，安装程序将自行启动。如果没有自动启动，则可以双击安装文件“Start.exe”手动启动。

第二步，初始化完成后，将出现安装界面，如图 2-1 所示。在“请选择安装语言”栏中选择“安装语言：中文（H）”，并根据提示读取安装注意事项，读取产品信息，阅读后关闭这两个帮助文件。

第三步，单击图 2-1 的“下一步”按钮，打开选择产品语言的对话框，如图 2-2 所示。在这里选择用户界面需要使用的语言，例如“中文”。另外，还要始终将“英语”作为基本产品语言安装，不能将它取消。

第四步，单击图 2-2 中的“下一步”按钮，打开选择产品组态的对话框，如图 2-3 所示，选择需要安装的产品，也就是选择一款具体的编程软件。

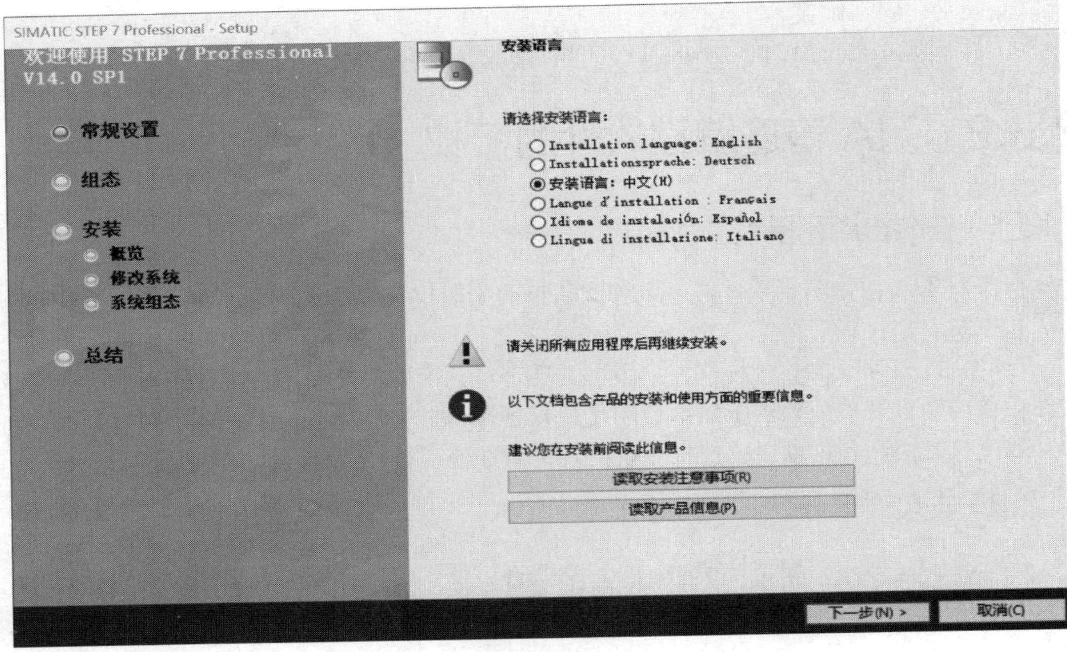

图 2-1　TIA 博途编程软件安装的初始化界面

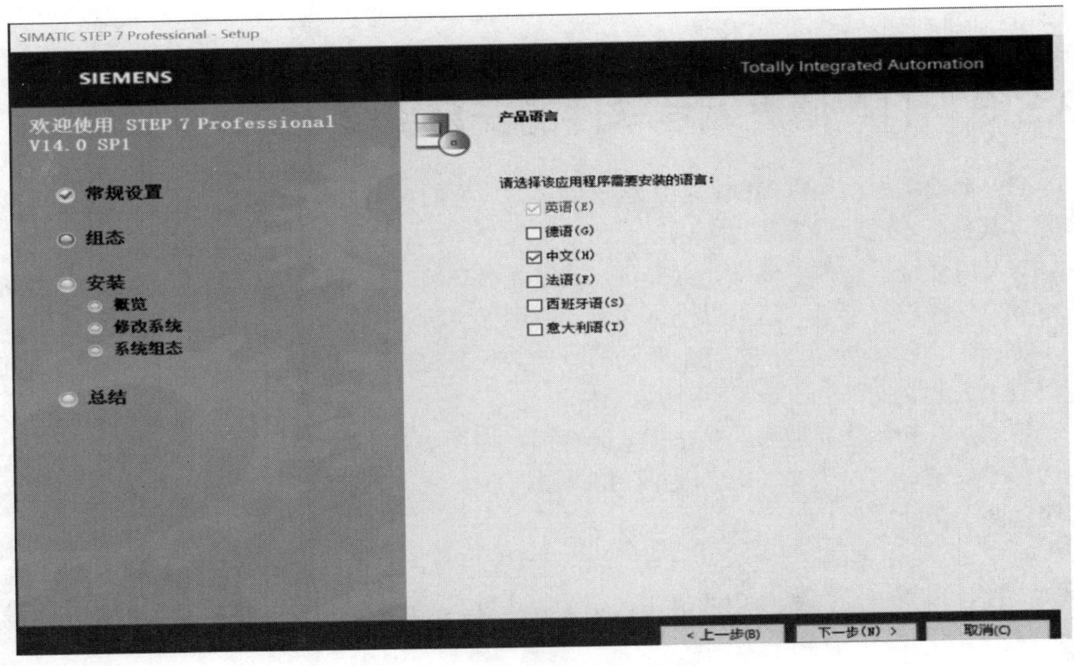

图 2-2　选择产品语言的对话框

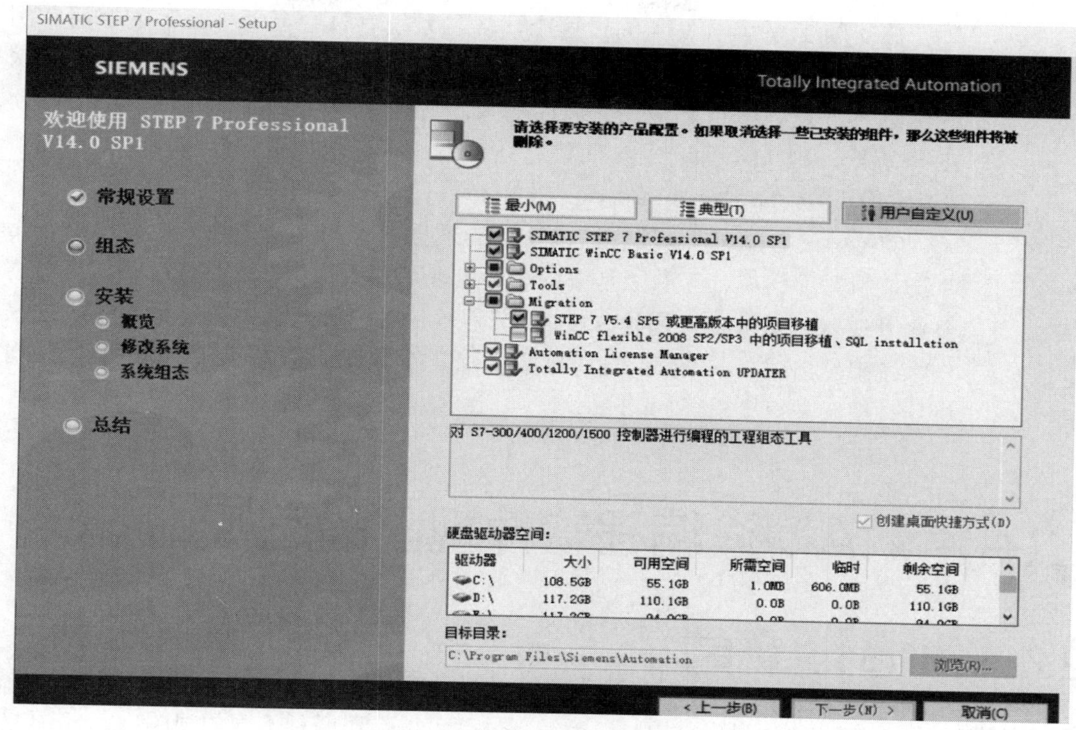

图 2-3　选择需要安装的编程软件

① 单击“最小”按钮，将以最小的配置安装程序；

② 单击“典型”按钮，将以典型的配置安装程序；

③ 单击“用户自定义”按钮，将自主选择需要安装的产品；

④ 勾选“创建桌面快捷方式”复选框，可以在桌面上放置快捷方式；

⑤ 单击“游览”按钮，可以更改编程软件的安装路径，安装路径的长度不能超过 89 个字符。

第五步，单击图 2-3 中的“下一步”按钮，将打开许可证条款对话框。要继续安装，必须阅读并接受所有许可协议。

第六步，单击“下一步”按钮，将打开安全控制对话框。要继续安装，需要接受安全和权限设置的更改。

第七步，单击“下一步”按钮，将显示安装设置概览界面，检查所选择的安装设置。如果需要进行更改，则单击“上一步”按钮，找到需要进行更改的对话框位置进行更改。更改之后，再单击“下一步”按钮，返回到安装设置概览界面。

第八步，单击“安装”按钮，安装正式开始。

在安装过程中，如果没有在计算机上找到许可证密钥，可以通过外部导入的方式将许可证密钥传送到计算机中。如果跳过外部导入许可证密钥，稍后可以通过自动化授权管理器进行传送。在安装过程中，有时可能出现一些意外的、读者不太理解的问题，这些问题有的可以忽略掉继续进行安装。如果出现“需要重新启动计算机”的提示，此时需要选择“是”，重新启动计算机，重启之后会继续进行安装，直到安装完成为止。

第九步，安装结束，单击“关闭”按钮，退出安装。

在安装 TIA 博途 V14 的过程中，信息系统有时会显示不正确的字符，例如不能显示中文字符、不能显示特殊的字符和符号。这是因为 TIA 博途 V14 的信息系统是以微软 IE 浏览器为背景工作的，如果安装了一个旧版本的微软 IE 浏览器，则 TIA 博途 V14 的信息系统不能正确地显示。此时，需要安装新版本的浏览器“Microsoft Internet Explorer 11”。

TIA 博途 STEP 7 编程软件在使用的过程中，偶尔会突然出现某个操作指令不能执行的情况，其原因是编程软件出现某种故障。在这种情况下，一般需要修复或重新安装 TIA 博途 STEP 7 编程软件。也可能是计算机的 Windows 操作系统突然出现某种故障，此时则需要修复或重新安装 Windows 操作系统。当然这种情况是很少出现的。

2.4 TIA博途编程软件视图的解析

2.4.1 Portal 视图

扫一扫 看视频

在自动化项目中，TIA 博途编程软件可以使用两种不同的视图：Portal 视图和项目视图。Portal 视图是面向工程任务的视图，项目视图则是项目中各个组件以及编辑区的视图。这两种视图之间可以进行切换。

双击 TIA 博途编程软件的快捷方式将软件打开，首先就会看到 Portal 视图的界面，如图 2-4 所示，它是面向工程任务的视图。

Portal 视图界面的主要功能是：

① 快速地确定工程任务。这些任务取决于所安装的软件产品。

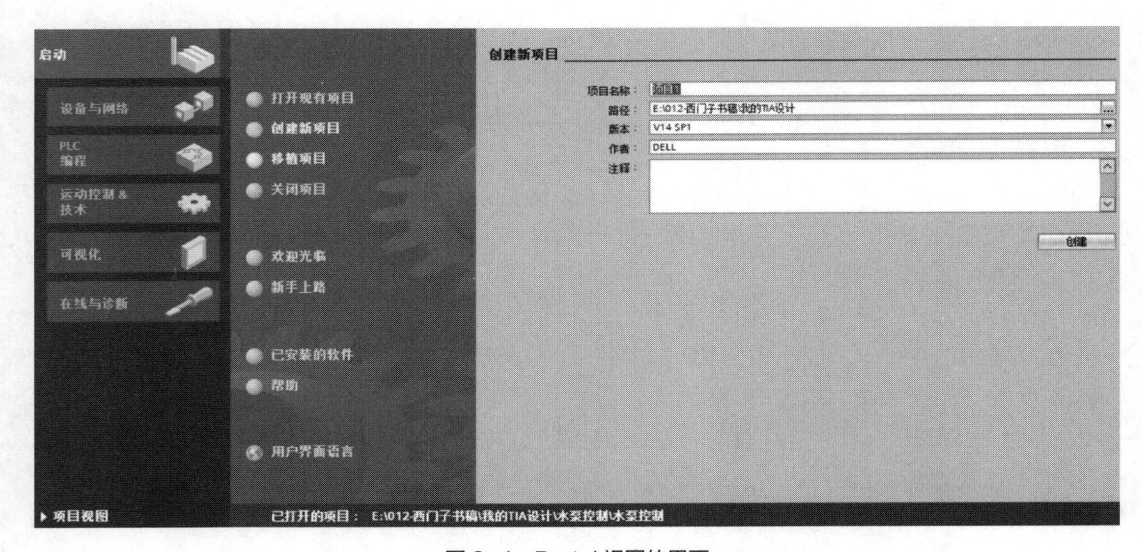

图 2-4 Portal 视图的界面

② 提供任务选项对应的操作。操作的内容根据所确定的工程任务变化，例如可以打开现有的工程项目，可以创建新的项目，也可以通过其他的途径移植项目。

③ 切换到项目视图。点击左下角的“项目视图”就可以立即切换到项目视图。

2.4.2 项目视图的结构

项目视图是项目中所有组件的结构化视图。

在项目树的 PLC 板块下，点击“设备组态”和“程序块”，或执行其他的一些操作，也可以打开项目视图，如图 2-5 所示。

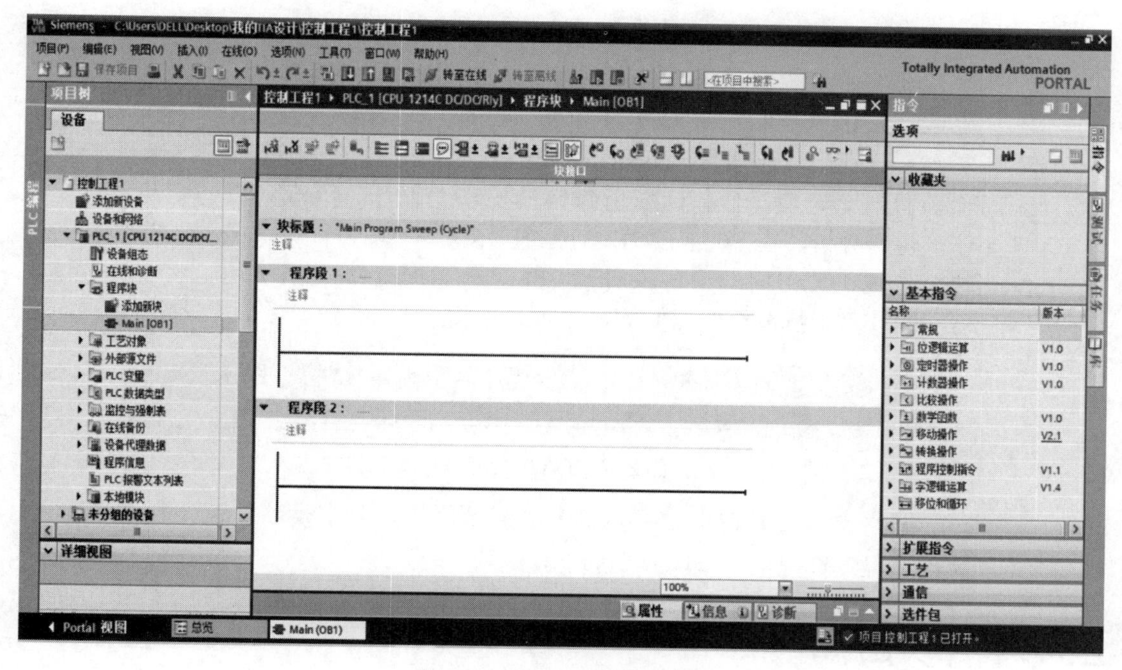

图 2-5 项目视图的整体布局

项目视图中的主要内容如下：

① 标题栏：显示工程项目的名称。

② 菜单栏：显示编程所需要的全部命令。

③ 工具栏：显示常用命令的快捷按钮，可以更快地执行这些命令。

④ 分隔线：分隔各个区域，可以使用其中的箭头显示或隐藏界面的相邻部分。

⑤ 项目树：通过项目树可以访问所有组件和项目数据。

⑥ 程序编辑区：视图中间面积最大的区域，进行设备组态、程序编辑、通信、调试。

⑦ 巡视窗口：显示操作对象的一些具体信息。

⑧ 资源卡：提供设备型号、编程指令、组态控件。

⑨ 状态栏：显示当前正在前台和后台运行的工作任务。

⑩ 切换 Portal 的按钮：可以快速地切换到 Portal 视图。

2.4.3 标题栏、菜单栏、工具栏

① 标题栏。在项目视图中最上面一行是标题栏，显示工程名称以及保存本工程的各级文件夹。

② 菜单栏。项目视图中的第二行是菜单栏，如图 2-6 所示。它包括 9 个菜单，分别是项目（P）、编辑（E）、视图（V）、插入（I）、在线（O）、选项（N）、工具（T）、窗口（W）、帮助（H）。这些内容与其他编程软件的菜单栏内容大同小异。

项目(P)　编辑(E)　视图(V)　插入(I)　在线(O)　选项(N)　工具(T)　窗口(W)　帮助(H)

图 2-6　TIA 博途编程软件的菜单栏

③ 工具栏。第三行是工具栏，在编程窗口中它排列成一行，为了看得清楚些，在这里我们把它拆分为两行，如图 2-7 所示。第一行有 15 个工具，从左到右分别是新建项目、打开项目、保存项目、打印、剪切、复制、粘贴、删除、撤销上一步操作、恢复所撤销的操作、编译、下载到设备、从设备中上传、仿真分析、在 PC 上启动运行系统。第二行有 9 个工具，分别是转至在线、转至离线、可访问的设备、启动 CPU、停止 CPU、交叉引用、水平拆分编辑器空间、垂直拆分编辑器空间、在项目中搜索。

图 2-7　TIA 博途编程软件的工具栏

编程窗口的其他部分可以划分为 4 个区域，分别是项目树、程序编辑区、巡视窗口、资源卡，下面对它们进行叙述。

2.4.4 项目树

如图 2-8 所示，它位于窗口的左侧，以树状形式展示出程序中的所有项目。在编程过程中，它起到资源管理和导航的作用，需要进行组态和编辑的项目，已经完成组态和编辑的项目，都会进入项目树中。项目树中的主要内容介绍如下：

① 工程项目中需要添加的设备，例如 PLC、人机界面等，可以在“添加新设备”中进行添加。设备之间需要组建网络，可以在“设备和网络”中进行。

② 在现有 PLC 中已经完成组态的设备，例如 CPU、信号模块等，可以在“设备组态”中查看，也可以继续组态这一类设备。

③ 编程计算机与 PLC 建立连接，可以在“在线和诊断”中进行。

④ 工程中所需要的控制程序，可以在 PLC 下面的“程序块”中进行编辑或修改。

⑤ 未分组的设备：项目中所有未分组的分布式 I/O 设备，都放置在这个文件夹中。

图2-8 项目树

⑥ 未分配的设备：某些分布式I/O设备，还没有分配给分布式I/O系统，它们放置在这个文件夹中。

⑦ 公共数据：这个文件夹中放置了多个设备使用的数据，例如公共信息、日志、脚本，等等。

⑧ 文档设置：指定项目文档的打印布局。

⑨ 语言和资源：确定项目的语言和文本。

⑩ 在线访问：这个文件夹中放置了所有的PG/PC接口，可以对它们进行查找和访问。

⑪ 读卡器/USB存储器：管理连接到PG/PC接口的所有读卡器，以及其他USB存储器。

⑫ 详细视图：显示一部分项目的细节。

在项目树中，某些项目的下方还有子项目，某些子项目中还嵌套着另外一层子项目。例如在PLC下面有设备组态、程序块、PLC变量等。在程序块、PLC变量下面还有更下层的子项目。当需要对某一项目进行编辑时，直接在项目树中找到对应的项目，在编辑区就会自动弹出相应的编辑窗口。

在图2-8的右上角，有一个矩形的按钮，它是项目树的“展开/折叠”按钮。按下这个按钮后，按钮会变得窄一些，此时如果鼠标在其他窗口中操作，即执行与项目树无关的操作，项目树就会自动向左侧收起，腾出编辑空间。再次按下这个按钮，按钮又会变得宽一些，同时项目树再次展开。在这个按钮的右边，还有一个白色的三角箭头，也可以用于收起或展开项目树。

2.4.5 程序编辑区

在图 2-5 中，中间最大的一块区域是程序编辑区，如图 2-9 所示。所有的设备组态都在这里进行，所有的程序编辑、仿真调试都在这里完成。

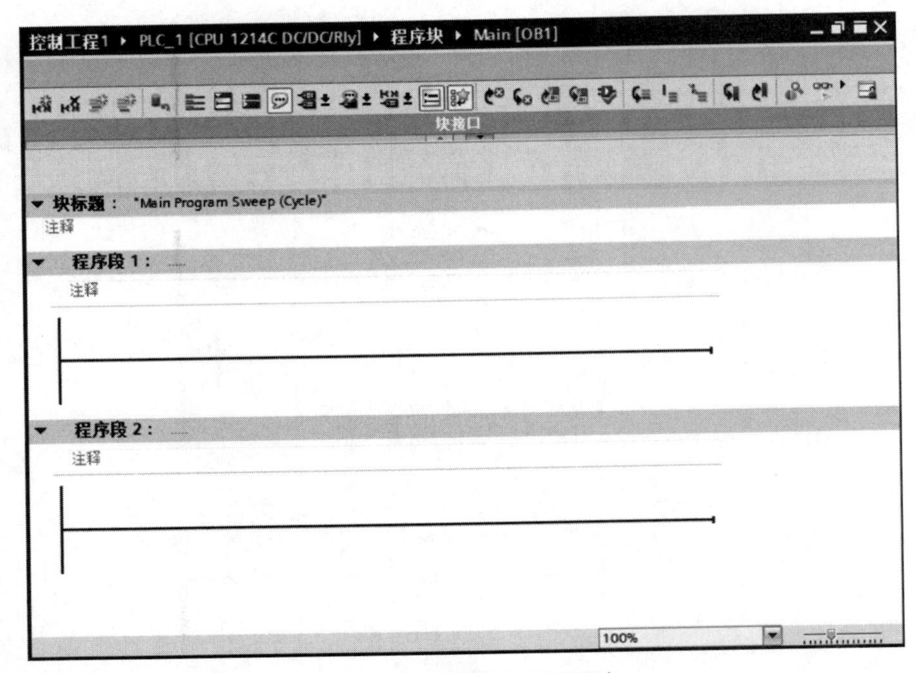

图 2-9　程序编辑区（待编辑）

（1）程序编辑区中的窗口操作按钮

在图 2-9 的右上方，有 4 个窗口操作按钮，它们排列在一起，从左到右分别是最小化按钮、浮动按钮、最大化按钮、关闭按钮，下面分别予以说明。

① 最小化按钮，是右上方最左边的按钮。如果单击这个按钮，程序编辑区就会最小化，收缩到编程软件的最下面一行中。

② 浮动按钮，就是右上方第二个按钮。单击这个按钮，程序编辑区就会跳出到编辑窗口之外，成为一个独立的窗口。这样可以腾挪出更多的位置，便于进行分屏编辑。当程序编辑区处于浮动状态时，再次按下这个按钮，程序编辑区就会返回到嵌入状态，即只能显示在原来的程序编辑区。

③ 最大化按钮，就是右上方第三个按钮。程序编辑区在嵌入状态下，如果按下这个按钮，程序在整个程序编辑区内就会最大化；程序编辑区在游离状态下，如果按下这个按钮，就会在整个显示屏内最大化。

④ 关闭按钮，就是第四个按钮，可以将整个编程窗口关闭。

图 2-9 的右下角有一个黑色的三角箭头，用于调整程序编辑区中内容的显示比例。显示比例从 50% 到 500%，分为 15 挡，默认的是 100% 挡。这个三角箭头的右边还有一个小标尺，可以左右滑动，连续地（不分挡）选择显示比例。

（2）程序编辑区的分屏显示

在图 2-5 的工具栏中，最右边有两个白色的方形图标，它们具有“分屏显示”的功能，这个功能会给编程带来很多便利。

① 垂直分屏。右边的按钮（两个白色的长方形块左右并排）用于“垂直拆分编辑器空间”。点击这个按钮，便开启了左右分屏功能，编辑区划分为左右两个区域，可以同时显示两个编辑窗口，如图 2-10 所示。在这里，左边的窗口是默认变量表窗口，右边是梯形图编程窗口，也可以是其他类型的编辑器组合。这样的分屏方式，可以直接将变量表中的变量直接拖拽到梯形图相应的位置上，提高了编程的效率。

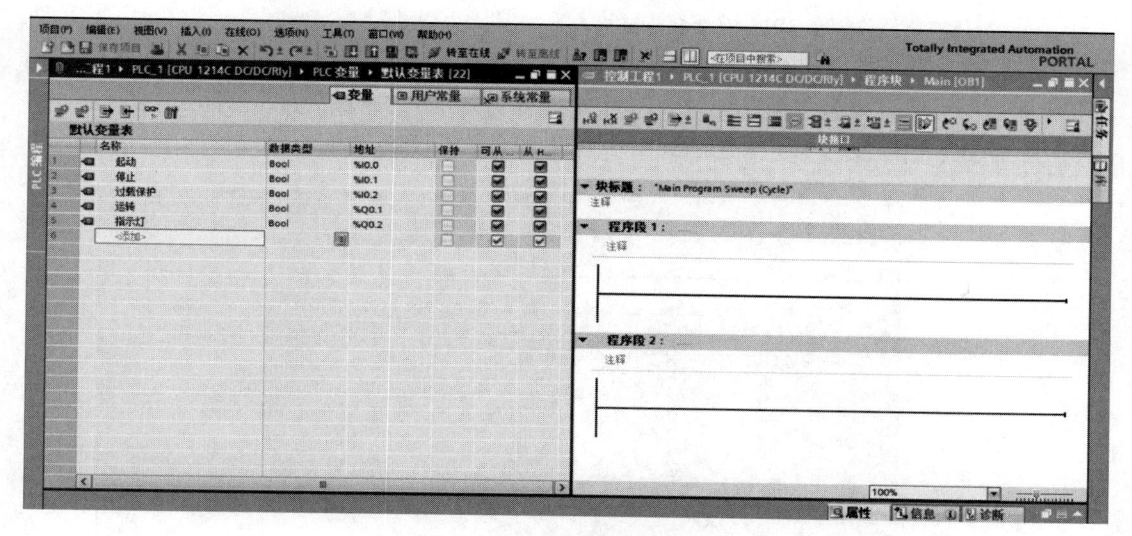

图 2-10　垂直拆分编辑器窗口

② 水平分屏。左边的按钮（两个白色的长方形块上下叠放）用于“水平拆分编辑器空间”。点击这个按钮，便开启了横向分屏功能，编辑区划分为上下两个区域，在水平方向可以同时显示两个编辑窗口。

在图 2-10 的两个编辑器窗口中，标题栏左侧各有一个“回形针”形状的按钮。其中左边的“回形针”是垂直向下的，表示这个窗口是锁死的，如果再打开第三个编辑窗口，不会覆盖它。右边的“回形针”是水平方向的，表示这个窗口没有锁死，如果再打开第三个编辑窗口，就会将它覆盖。点击“回形针”按钮，可以改变它的方向。

（3）程序编辑区宽度的调整

在程序编辑区与项目树之间，有一条比较粗的垂直分界线，将鼠标放在这条线上进行左右拖拽，可以改变项目树区域和程序编辑区的宽度。

在程序编辑区与资源卡之间，有一条比较粗的垂直分界线，将鼠标放在这条线上进行左右拖拽，可以改变程序编辑区和资源卡区域的宽度。

在程序编辑区与巡视窗口之间，有一条比较粗的水平分界线，将鼠标放在这条线上进行上下拖拽，可以改变程序编辑区和巡视窗口区域的高度。

2.4.6 巡视窗口

在图 2-5 中，下面部分为巡视窗口，它包括“属性”“信息”“诊断”3 个选项卡，但是具体的内容平时是隐藏的，按住鼠标的左键向上部拖拽，就可以将它的内容展开，向下部拖拽则可以收起。点击右上角的白色三角箭头，也可以展开或收起巡视窗口。

巡视窗口的作用是显示操作对象的一些具体信息。在 3 个选项卡中，最主要的选项卡是“属性”。对于已经组态的各种模块，当选中任何一个模块时，这个模块的属性就可以在巡视窗口中查看和修改。单击 CPU 模块，巡视窗口就会显示 CPU 模块的属性；单击某个扩展模块，就会显示该模块的属性；单击 CPU 模块中的 PROFINET 端口，就会显示 PROFINET 的相关属性。例如，选中数字量输入/输出模块 DI/DQ，打开其“属性”界面，其中展示了“常规”“IO 变量”“系统常数”“文本”等信息，如图 2-11 所示。

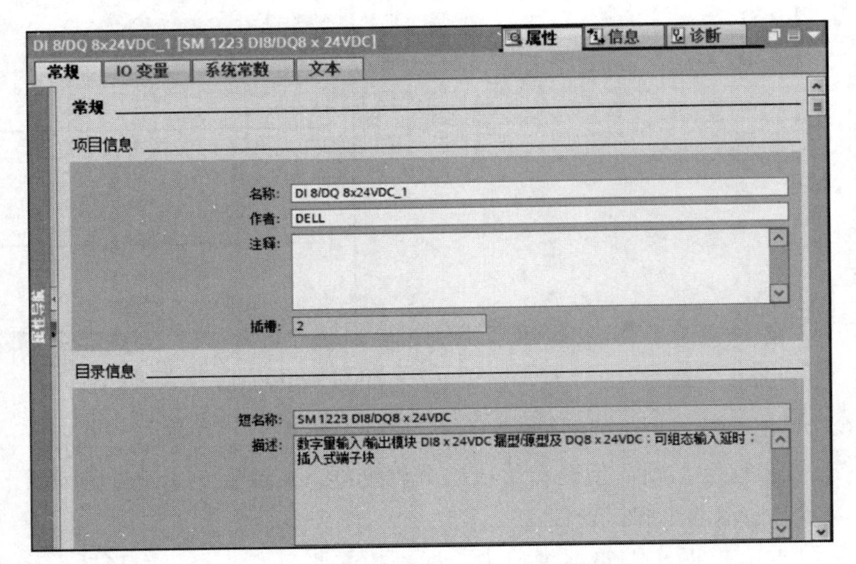

图 2-11 DI/DQ 模块的“属性”界面

此外，点击“信息”选项卡，可以显示“常规”“交叉引用”“编译”等信息。点击“诊断”选项卡，还可以显示“设备信息”“连接信息”“报警显示”等内容。

2.4.7 资源卡

（1）资源卡概览

在图 2-5 中，最右边是资源卡。在资源卡的最右边，显示或隐藏着一些按钮，例如“硬件目录”“指令”“工具箱”“在线工具”“任务”“库”等，它们把资源卡分为多个选项。随着程序编辑区中工作内容的不同，这些按钮也有所变化，视图中的具体内容也“随机应变”。

例如：在需要进行 PLC 的设备组态时，会出现“硬件目录”按钮，视图中自动显示 CPU 和各种模块的类型，如图 2-12 所示；

在需要进行 HMI 编程时，会出现“工具箱”按钮，自动地显示人机界面中的各种控件，如图 2-13 所示；

在需要编辑梯形图程序时，会出现“指令”按钮，自动地显示各种编程指令。

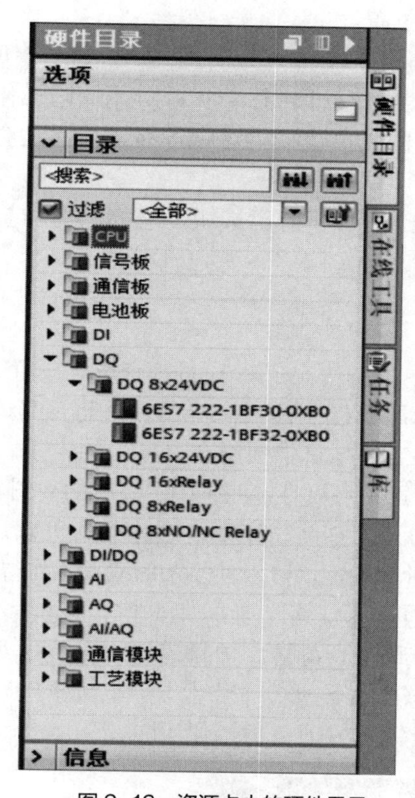

图 2-12 资源卡中的硬件目录

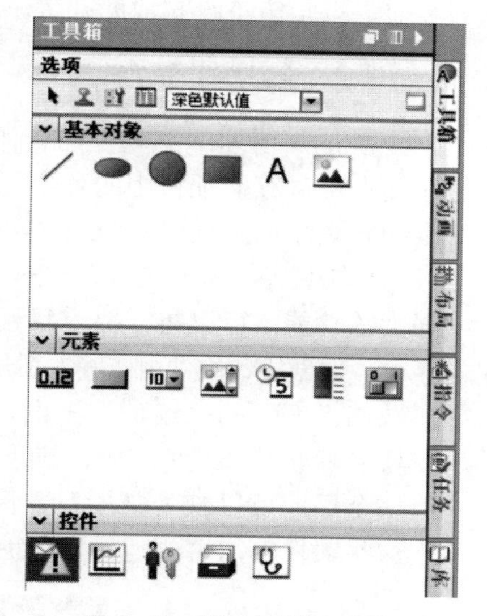

图 2-13 资源卡中的工具箱

因此，在资源卡中可以非常方便地选择与当前操作有关的资源。

以 PLC 的设备组态为例，用于组态的各种模块以树状形式展示在硬件目录中，可以用鼠标直接在其中查找所需要的模块，也可以在搜索框中搜索。搜索框位于资源卡目录的下方，可以在其中输入检索信息，一般是输入将要组态的模块的订货号，然后单击其右侧的“向下检索”或“向上检索”按钮进行检索。只要所输入的信息正确无误，就会在下方的硬件目录内找到所需要的模块。选中一个模块后，用鼠标双击它，模块便会自动地组态到机架上槽号最小的空白槽中。也可以用鼠标直接拖拽到相应的位置上。

在搜索栏下面有一个“过滤”框，勾选它后，资料卡中会自动地过滤掉无关的信息，只显示所有可能组态到当前编辑区机架上的模块。“过滤”框一般默认为使用状态。

资源卡的下方是“信息”区域，当一个模块被选中后，这里会显示出相关的信息。如果模块有不同的版本，可以在“版本”框中选择。初学者往往在模块的属性中修改版本号，这是不能实现的。需要先删除错误的版本号，然后在这里选择正确的版本号，重新添加到机架上。“信息”区域有时被隐藏，这时可以按住鼠标左键向上拖拽，把它展示出来。

在图 2-12 的右上方，排列着 3 个按钮，从左到右分别是浮动按钮、折叠按钮、展开按钮，下面分别予以说明。

① 浮动按钮，就是左侧的按钮，它是双层形状。按下这个按钮后，资源卡就会跳出原来的位置，此时用鼠标拖拽这个窗口的标题栏，可以将它移动到显示器的任意位置。当资源卡处于游离状态时，再次按下这个按钮，资源卡就会返回到嵌入状态，即返回到原来的位置。

② 自动折叠按钮，就是中间的矩形按钮。按下这个按钮后，按钮会变得窄一些，此时如果鼠标在其他窗口上操作，即执行与资源卡无关的操作，资源卡就会自动向右侧收起，腾出编辑空间。再次按下这个按钮，按钮又会变得宽一些，同时资源卡再次展开。

③ 收起/展开按钮，就是右边的白色三角箭头按钮，它的功能与折叠按钮类似，也是用于收起或展开资源卡。

（2）库功能简介

在 TIA 博途编程软件的资源卡中，每一个工程项目都包含了一个项目库，在其中可以存储项目中的各个元素。还可以创建多个全局库，将项目库或项目中的元素添加到全局库中。也可以在工程项目使用全局库中的元素。

单击资源卡最右边按钮中的“库”，就可以打开或关闭“库”的视图。库具有强大的功能，可以将需要重复使用的元素存储在库中，这些元素可以是各种程序块、数据块、硬件组态等。运用这种库功能，可以使复杂的编程工作得以简化。

在“库”的“选项”下面，有项目库窗格、全局库窗格、元素（全局库）窗格（默认状态为关闭）、信息（全局库）窗格。项目库可以分为类型和主模板，全局库可以分为类型、主模板、公共数据、语言和资源，如图 2-14 所示，在这些项目中，主要是类型和主模板，其他项目很少使用。

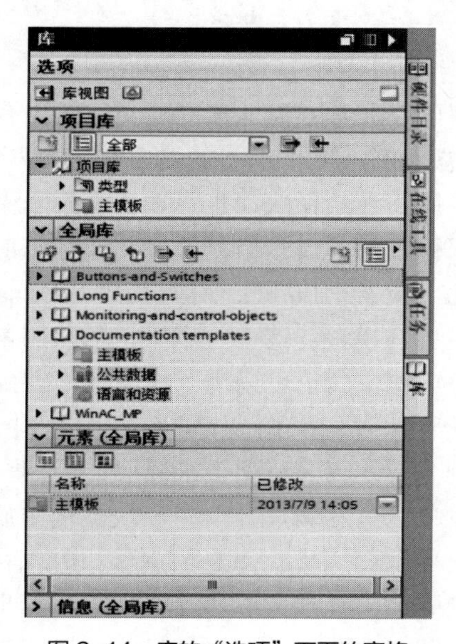

图 2-14　库的“选项”下面的窗格

项目库是各个工程项目自带的库，它与当前的项目同时打开、关闭和保存，在其中可以存储需要在该项目中多次使用的对象。在项目库下面有 2 个按钮，左边是创建新文件夹按钮，右边是打开或关闭元素视图按钮。

全局库是一个与具体项目没有关联的独立文件，可以将程序、组态等保存在全局库中，分享给其他用户。TIA 博途编程软件自带的库也放置在全局库中。在全局库下面有 8 个按钮，从左至右分别是创建新全局库、打开全局库、保存对库所作的更改、关闭全局库、导出文本、导入文本、创建新文件夹、打开或关闭元素视图。

在元素下面有 3 个按钮，从左至右分别是在详细信息模式下显示元素视图、在列表模式下显示元素视图、在总览模式下显示元素视图。

2.5 程序编辑区工具条的基本操作

扫一扫 看视频

在项目树→ PLC 站点的程序块下面，创建一个程序块（如 DB、OB、FC、FB）后，进入程序编辑区，如图 2-5 所示。下面以梯形图的编辑为例，介绍程序编辑区按钮的基本操作。

程序编辑区的最上面是设计文件的名称，名称下面是常用的工具条。这个工具条中是一些按钮，它们本来是排列为一排，为了看得更清楚一些，在此拆分为两排，如图 2-15 所示。

图 2-15　程序编辑区的工具条

在上面一排中，有 14 个工具按钮，从左至右分别是：插入程序段、删除程序段、插入行、添加行、复位启动值、扩展模式、打开所有程序段、关闭所有程序段、启用/禁用自由格式的注释、绝对/符号操作数、显示变量信息、变量信息的位置（LAD/ FBD）、启用/禁用程序段注释、在编辑器中显示收藏。

在下面一排中，也有 14 个工具按钮，从左至右分别是：转到上一个错误、转到下一个错误、返回读/写访问、转至读/写访问、更新不一致的块调用、导航到特定行、注释所选代码行、取消所选代码行的注释、转到下一个书签、转到上一个书签、详细比较、启用/禁用监视、激活存储器预留、保存窗口设置。

下面通过图 2-16 对一些经常使用的按钮进行说明。

插入程序段：在所选中的程序段的下方，再插入一个新的程序段。

删除程序段：删除所选中的程序段。

打开所有程序段：将所有的程序段全部展开。

关闭所有程序段：将所有的程序段收拢，仅显示程序段的序号。

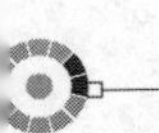

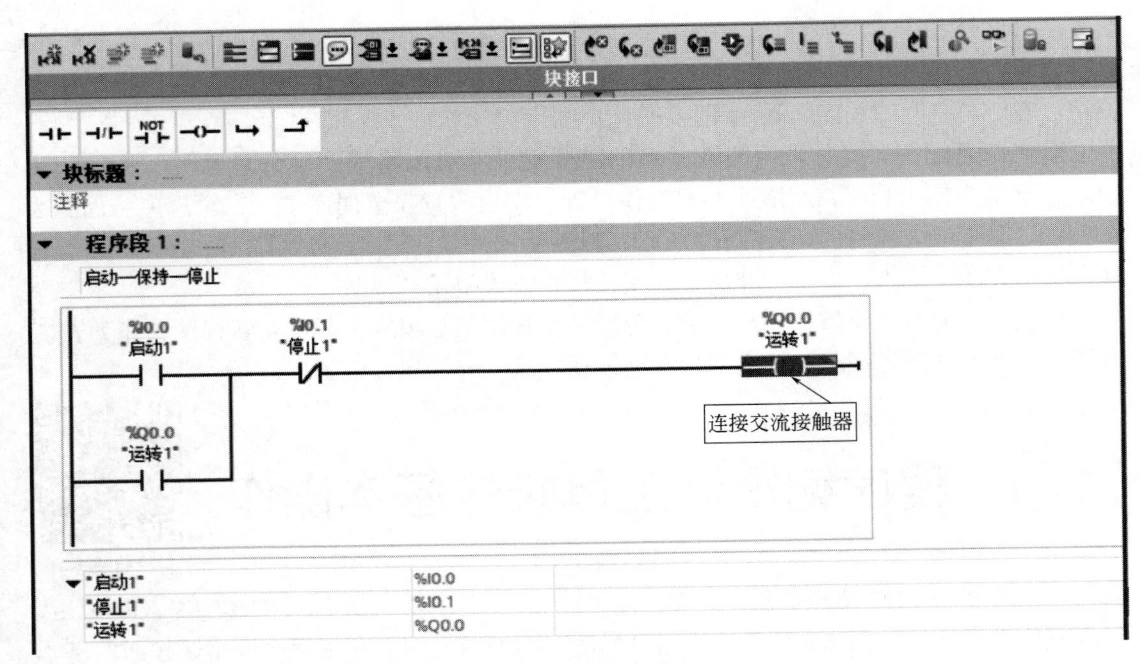

图 2-16　程序编辑区（编辑中）

启用/禁用自由格式的注释：所谓“自由格式的注释”，就是给某一指令加上一条注释，这个注释类似于 Word 文档中的文本框，可以根据需要自由地编写，也可以拖拽到程序中的任意位置。但是并不是所有的指令都可以添加注释，一般只能对“方框型”和“输出线圈”这类指令添加。例如，需要对图 2-16 中的输出线圈 Q0.0 添加注释，首先点击工具条中的按钮“启用/禁用自由格式的注释”，如果点中了，按钮的四周就会出现一个矩形框。再右击线圈，在弹出的菜单中点击“插入注释（M）”，弹出一个注释框，还有一个从注释框指向线圈的箭头。在注释框中添加文字注释，最后调整注释框的大小，并拖拽到合适的位置。

绝对/符号操作数：通过这个按钮的操作，使梯形图中的各项指令仅显示绝对地址，或者仅显示符号地址，或者将绝对地址和符号地址同时显示。

显示变量信息：在每一个程序段的下方都有一个变量表，在其中罗列出该程序段中所使用的全部变量和常量，包括它们的绝对地址、符号地址、注释等。点击这个工具按钮，可以显示或隐藏这些变量。

启用/禁用程序段注释：在图 2-16 中，程序段 1 下面添加了该程序段的注释“启动—保持—停止”。通过这个按钮，可以显示或隐藏这一类的注释。

在编辑器中显示收藏：这个按钮用于打开或关闭常用指令条。为了提高编程效率，通常将一些常用的指令从指令资源库中拖拽出来，排列在工具条的下方（块标题上方），同时也显示在资源库上部的收藏夹中，以便就近取用。例如图 2-16 中，在工具条下方就汇集了 6 条指令。点击这个按钮，可以将这些指令显示或收藏起来。

更新不一致的块调用：这个按钮的用途是“刷新被调用的程序块”。如果某个程序块调用了一个FC或FB后，被调用的块又进行了改动，并且涉及接口参数的修改，此时可以使用这个按钮，对被调用的FC或FB进行刷新。

启用/禁用监视：这个按钮的作用是在程序调试过程中，对当前的程序块进行在线监控或取消监控。

2.6 编程指令的添加

扫一扫 看视频

编程指令的添加是编程的基本内容之一，通常有以下几种添加方法。

2.6.1 从指令资源卡中拖拽

在2.4.7中已经对资源卡进行了介绍。当进入编辑梯形图的界面时，指令资源卡会自动显示出编程指令，如图2-17所示。这些指令用文件夹进行分类。点击文件夹左边的三角箭头可以把文件夹打开，展示出丰富多彩的指令。选中所需要的指令后，可以直接拖拽到梯形图相关的程序段中。

2.6.2 从收藏夹中拖拽

（1）从资源卡的收藏夹中拖拽

在资源卡的上方有一个收藏夹。对于一些常用的指令，可以将它们从指令资源库中选取出来，放置在这个收藏夹中，以免总去查找。例如图2-18所示的收藏夹就汇集了若干条指令，可以直接从中拖拽。

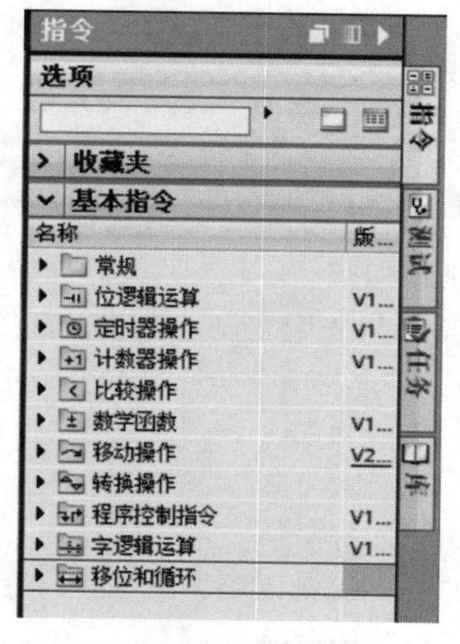

图2-17 显示编程指令的资源卡

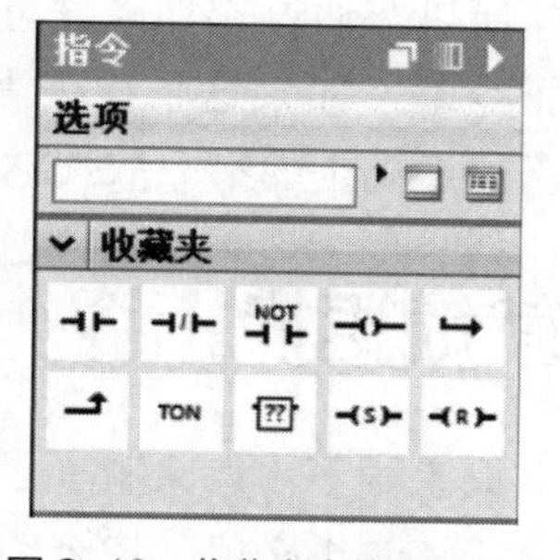

图2-18 收藏夹中放置的指令

（2）从常用指令条中拖曳

常用指令条位于程序编辑工具条的下方（块标题上方）。从资源库向收藏夹添加指令时，这些指令也同时放置到了常用指令条中，如图 2-19 所示的工具条下方就汇集了一些指令，编程时可以就近取用。

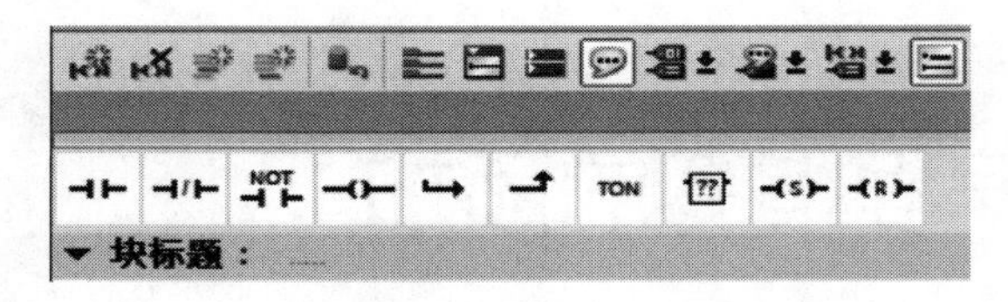

图 2-19 常用指令条

点击程序编辑工具条中的“在编辑器中显示收藏”按钮，可以同时将收藏夹和常用指令条显示或收藏起来。

2.6.3 从空功能框中选取指令

在指令资源卡→基本指令→常规下面有一条指令，其图标是在矩形框中带有“??”，这就是空功能框指令，严格地说它算不上指令，但是很有用处。

将这个空功能框拖拽到梯形图的程序段中，如图 2-20 所示，点击框中的“??”，在空功能框上方弹出一个小对话框，点击对话框右边的矩形按钮，就弹出指令表，它包括 TIA 博途编程软件的全部编程指令。拖拽表右侧的滚动条，选取某一条所需要的指令，这条指令便放置在空功能框所在的位置上，空功能框就被它取代了。

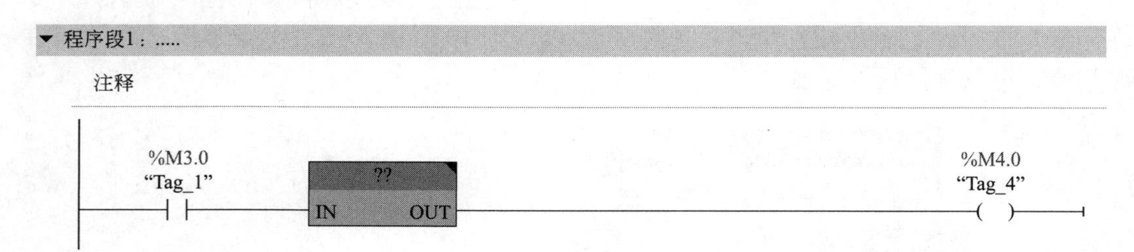

图 2-20 空功能框指令

所以，通过空功能框可以方便地添加指令。此外，当程序中需要使用某一条指令时，如果这条指令尚未确定，可以先把空功能框放置在指定的位置上，以后再用确定的指令取代它。

2.6.4 就地更换指令

如果程序中原来就显示了某条指令，现在需要将它更改为另外一条类似的指令，这时不必删除原来的指令，可以就地更换。

例如，在图 2-21 中，原来的输出指令是赋值线圈，现在需要更改为置位输出指令（S）。选中这个线圈后，它变成深颜色，并且右上角出现一个小的橙色三角块，单击这个小块，便出现一个选择列表，列表中显示出一些类似的指令，可用于就地更换。原来的赋值线圈属于“位”指令，列表中的指令也都是“位”指令，比如置位输出（S）、复位输出（R）等。可以从中选择所需要的置位输出指令（S）。

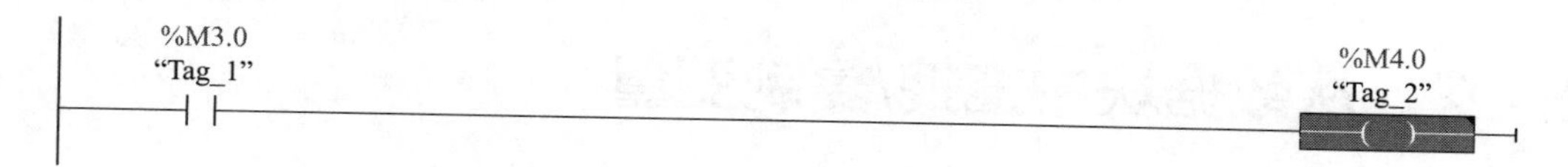

图 2-21 需要就地更换的指令

2.6.5 从程序中复制指令

梯形图中往往需要使用同一种指令，例如常开触点、常闭触点、赋值线圈等指令经常反复使用。此时可以从邻近的程序段中，直接复制、粘贴所需要的指令。

2.7 变量的添加

扫一扫 看视频

在 TIA 博途编程软件中，每一段 PLC 程序都是由一系列的指令和变量共同组成。变量就是指令的具体操作者，通常称为操作数，它包括绝对地址、符号地址等。

变量可以直接在程序中输入，也可以通过多种拖拽的方式进行添加。变量的拖拽和复制是 TIA 博途编程软件的一个亮点，可以采用以下几种方法。

2.7.1 从变量表中拖拽/复制变量

依次打开项目树→ PLC → PLC 变量，再打开某个变量表（例如默认变量表），在项目树下方的详细视图中会显示该变量表中所有的变量和常量，如图 2-22 所示。

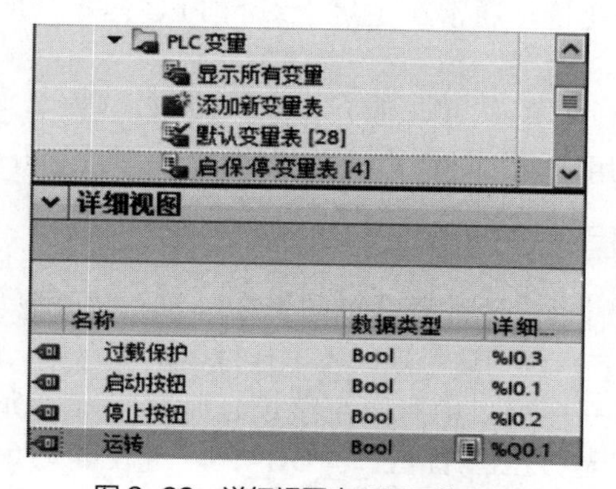

图 2-22 详细视图中所显示的变量

用鼠标从中选取所需的变量，直接拖拽到程序中的相应位置即可。

详细视图可以打开或关闭。在主菜单的“视图”下面，有一项是“详细视图”，勾选它就可以显示详细视图，不勾选就关闭。

此外，也可以将这个变量表显示在程序编辑区中，从中选中所需的变量后，直接复制到程序中的相应位置。

2.7.2 从数据块中拖拽/复制变量

在程序中，某些指令需要使用数据块中的数据（名称、偏移量等）作为变量。当这个数据块建立好之后，可以从项目树中选取它，将它的内容展示在详细视图中，然后将具体的内容拖拽或复制到程序中的相应位置，图 2-23 就是这样的实例。

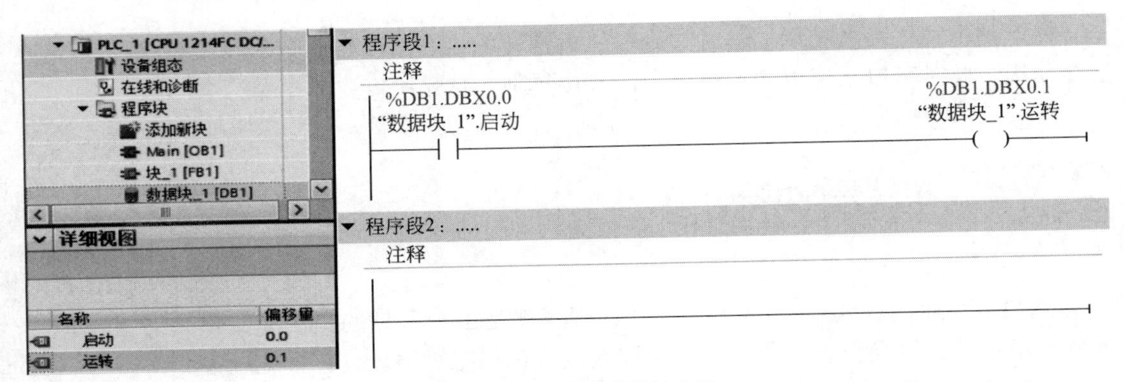

图 2-23　从数据块中拖拽变量

2.7.3 在程序块中拖拽/复制变量

（1）在程序块之间拖拽/复制变量

在编程时可以同时打开多个程序块，并进行分屏显示，在程序块之间自由地拖拽或复制变量。通常在主屏上编辑 PLC 程序，所需要的变量从副屏上直接拖拽或复制。

除此之外，HMI（人机界面）中的变量、监视表中的变量、强制表中的变量，都可以互相调用，直接进行拖拽或复制。

（2）在程序块内部剪切/复制变量

在使用定时器、计数器之类的指令时，经常要把它们的输出信号使用到程序中的其他地方，否则这个定时器、计数器就没有什么用。怎么使用呢？图 2-24 举例说明：在程序段 1 中有一个接通延时定时器 TON，其符号地址显示在定时器上面，就是“IEC_Timer_0_DB_1”。现在要取用其输出信号，作为变量添加到程序段 2 中的常开触点指令上，以控制输出线圈 M4.1。这个变量就是在

“IEC_Timer_0_DB_1” 后面再加上 “.Q”，如果把它的字符逐个键入，显得很麻烦，又容易出错。可以采用剪切/复制的办法，直接把 “IEC_Timer_0_DB_1” 从定时器指令上面剪切下来，再复制到程序段 2 中，后面再加上 “.Q”，这样既简便又不容易出错。

▼ 程序段1：.....

%DB2
“IEC_Timer_0_DB_1”
TON
Time
%M3.0
“Tag_1”
IN
Q
T#3S
PT
ET
%MD2
“Tag_2”

▼ 程序段2：.....

“IEC_Timer_0_DB_1”.Q
%M4.1
“Tag_3”

图 2-24　在程序块内部剪切/复制变量

2.7.4　从硬件组态界面中拖拽变量

在图 2-25 中，采用分屏显示的方式，将硬件组态界面和程序编辑界面同时显示在程序编辑区中，并将硬件组态界面放大到一定的程度，以显示出其中各个输入/输出变量的具体地址。然后从 PLC 的面板上，选取所需要的变量，拖拽到程序编辑界面的相应位置上。

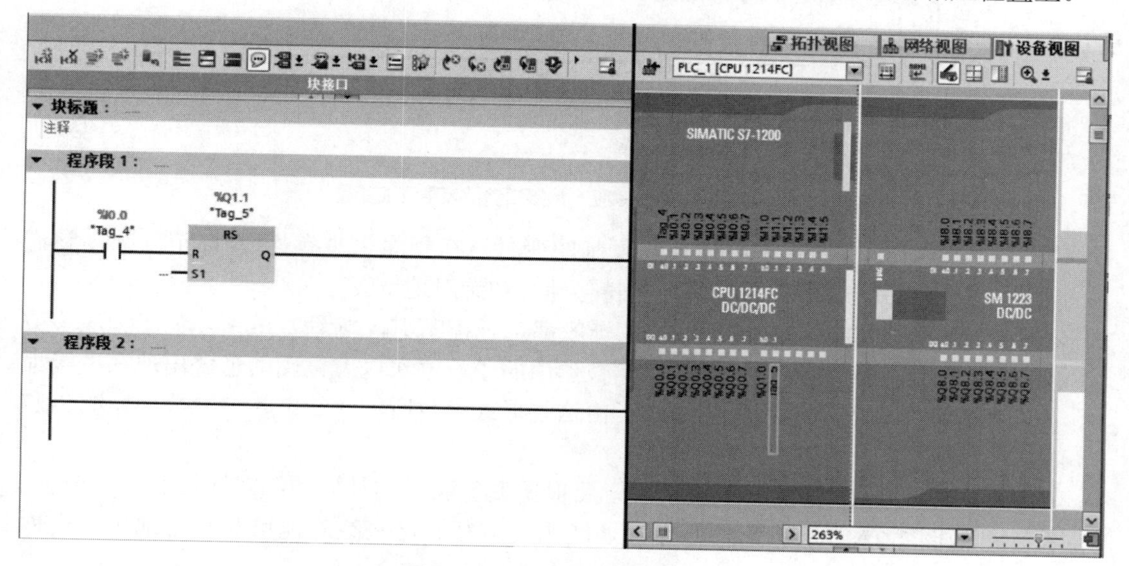

图 2-25　从硬件组态界面中拖拽

2.7.5 从接口参数表中拖拽变量

如果希望用 FC 或 FB 中的一套程序去控制多台设备，那么这套程序中的变量就不是针对某一台设备的具体变量，而是形式上的变量，这种变量也称为“形式参数”。建立这种形式参数的工具就是接口参数表。

在 FC、FB 编辑区的顶部，有一个“块接口”按钮，点击该按钮，或单击按钮下面的黑色小三角上下箭头，可以展开或收起接口参数表的编辑区。

在这个编辑区中，可以设置多项参数，例如 Input（入口参数）、Output（出口参数）、InOut（出入口参数）、Static（静态变量）、Temp（临时变量）、Constant（局部常量）。这些参数就是形式参数。当程序中需要时，可以将接口参数表展开或向下拉开一段，将所需要的形式参数拖拽或复制到程序中，如图 2-26 所示。

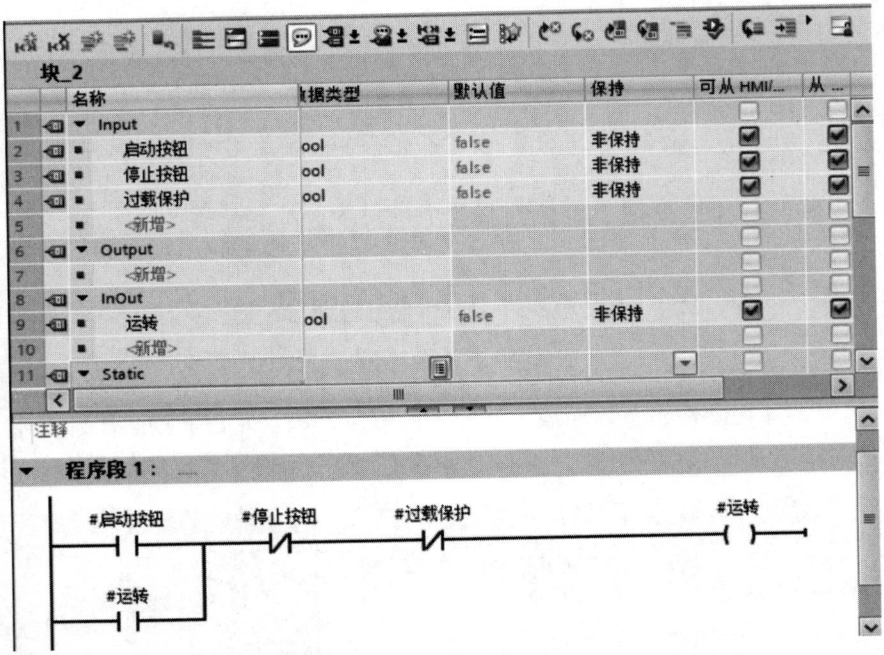

图 2-26 从接口参数表中添加变量

从接口参数表中拖拽或复制的变量，在程序中带有“#”标记。因为它们是“形式参数”，没有具体的符号地址和绝对地址。

这些变量所在的程序块，一般都是子程序块。当图 2-26 所示的子程序块被组织块或其他程序块调用时，被调用的子程序块以方框图的形式出现在上级程序块中。在方框图中，显示了由这些形式参数所标注的出入口参数，如图 2-27 所示。

在图 2-27 的出入接口中，要根据变量表添加具体的绝对地址和符号地址，如图 2-28 所示。此时的程序才能正常运行。这些绝对地址和符号地址，也称为实际参数。

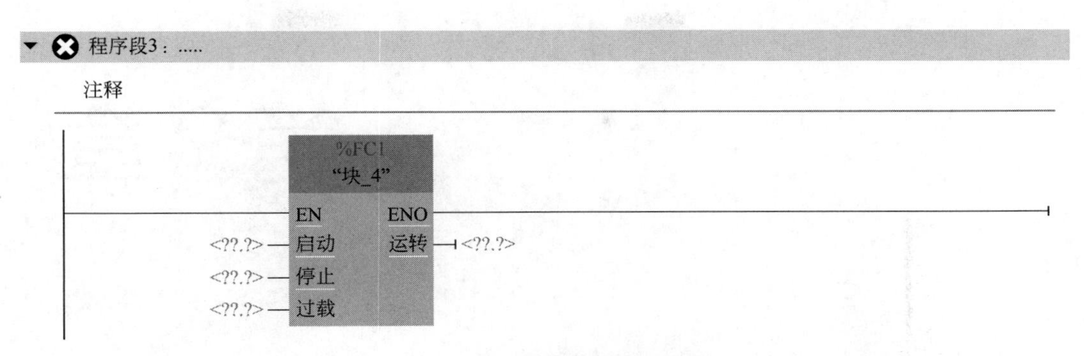

图 2-27　子程序块被调用时显示的方框图

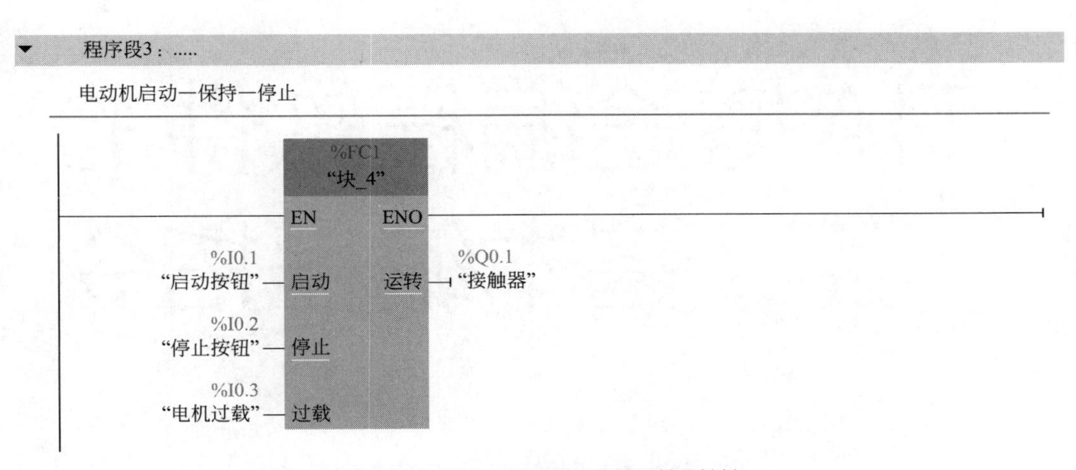

图 2-28　出入口添加绝对地址和符号地址

2.7.6　从 Excel 表格中复制变量

在 Office 办公软件的 Excel 表格中，也可以编写所需的变量，然后复制到梯形图中相关的指令上。

第3章

TIA博途编程软件的基本编程指令

SIEMENS

TIA 博途编程软件具有丰富的指令系统。它对指令系统进行了全新的、统一的规划，不仅整合了经典 STEP7 中的多种指令，还增加了一些 IEC 标准指令、工艺指令、内部可以转化的指令。

整个指令系统划分为基本指令、功能指令和工艺指令。基本指令反映了继电器控制电路中各组件的基本连接关系，初学者容易理解。本书的出发点是引导电气工程技术人员和其他初学者入门，因此重点介绍基本指令。功能指令（又称为应用指令）和工艺指令则比较复杂、抽象，初学者不容易理解，在本书中一般不涉及。在弄懂基本指令的基础上，可以通过多种途径再深入地学习功能指令和工艺指令。

扫一扫 看视频

3.1 位逻辑指令

使用位逻辑指令，可以进行最基本的位逻辑操作。位逻辑指令包括常开触点、常闭触点、赋值线圈、置位、复位、沿指令等。

梯形图中的常开触点、常闭触点、赋值线圈，模仿继电器-接触器电路中对应的元器件，在这里它们统称为“变量”，也就是“变化的量”。下面通过图 3-1 予以说明。

%I0.0
“启动”
%I0.1
“停止”
%Q0.0
“运转”
%Q0.0
“运转”

图 3-1 常开触点、常闭触点、赋值线圈

（1）常开触点

常开触点代表某个输入元件（按钮、接近开关等）的状态，或代表某个输出元件（如继电器）的状态。当对应的输入元件接通时，或输出元件得电时，常开触点闭合，允许信号通过。

图 3-1 中有两个常开触点，第一个是“I0.0”，它代表启动按钮的状态。第二个是左边的“Q0.0”，它代表赋值线圈 Q0.0 触点的状态。当启动按钮按下，处于闭合状态时，I0.0 为“1”，也处于闭合状态，赋值线圈 Q0.0 得电，此时 Q0.0 的常开触点也闭合，执行自锁功能。

（2）常闭触点

在梯形图中，常闭触点代表某个元件常闭触点的状态。图 3-1 中的 I0.1 表示停止按钮的状态。当停止按钮断开时，I0.1 闭合，允许电动机运转；当停止按钮闭合时，I0.1 断开，Q0.0 失电。

（3）赋值线圈

赋值线圈相当于其他类型 PLC 梯形图中的输出线圈，它是梯形图中一段程序的输出。

当线圈左边的信号全部接通时，线圈被赋值，处于得电状态。

在梯形图中，这些编程元件的上方一般都要标注一个布尔量的地址，称为绝对地址，例如图 3-1 中的 I0.0、I0.1、Q0.0。此外，为了便于记忆和识别，还应该标注符号地址，例如图 3-1 中的启动、停止、运转。如果没有标注符号地址，系统会自动给它们分配一个符号地址，例如“Tag_1”、“Tag_2”等。

（4）置位指令“-(S)-”

图 3-2 中的“-(S)-”是置位指令。在它的上方需要标注一个布尔型变量作为操作数，例如本图中的 M4.0。当左侧的控制信号 M3.0 接通时，赋值线圈 M4.0 被赋值为“1”，也就是被置位，相当于启动-保持-停止（启-保-停）电路中的自动保持。

当线圈 M4.0 左侧没有信号时，不对输出进行任何操作，M4.0 保持原来的状态。原来是“1”就保持为“1”；原来是“0”就保持为“0”。

图 3-2　置位指令和复位指令

（5）复位指令“-(R)-”

图 3-2 中的“-(R)-”是置位指令，它也需要标注一个布尔型变量作为操作数。当左侧的控制信号 M3.1 接通时，赋值线圈 M4.0 被赋值为“0”，也就是被复位。

当线圈 M4.0 左侧没有信号时，不对输出进行任何操作，M4.0 保持原来的状态。原来是“0”就保持为“0”；原来是“1”就保持为“1”。

在 PLC 的控制程序中，置位指令和复位指令总是成双成对地使用。

（6）置位优先触发器（RS）

在 TIA 博途编程软件中，置位优先触发器（RS）和复位优先触发器（SR）的逻辑类似于数字电路中的 RS 触发器。

图 3-3 是置位优先触发器（RS），它有两个入口参数：一个是复位端“R”，另一个是置位端“S1”，它们都需要连接一个布尔型变量。指令的上方也需要

连接一个布尔型变量，以作为操作数。指令还提供了一个出口参数“Q”，以便于在后面继续编辑梯形图逻辑。“Q”端可以不填写任何变量。

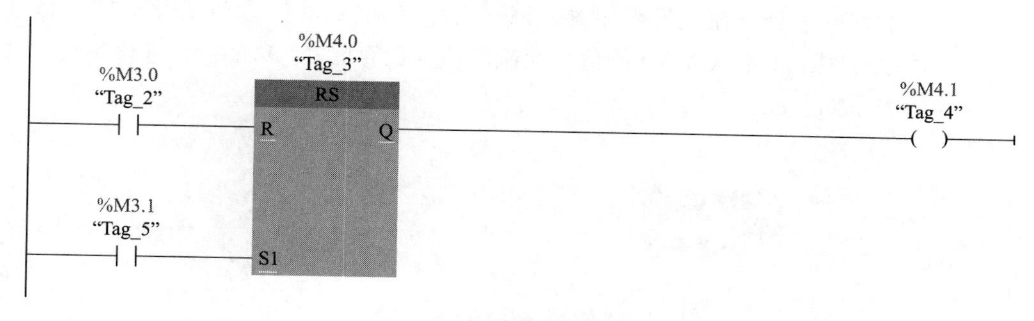

图 3-3　置位优先触发器（RS）

当入口参数“S1”有信号、“R”无信号时，触发器置位，“Q”端有输出信号。

当入口参数“R”有信号、“S1”无信号时，触发器复位，“Q”端无输出信号。

当“S1”和“R”都有信号时，触发器执行“置位优先”功能，按置位处理，“Q”端有输出信号。

当“S1”和“R”都无信号时，触发器不执行操作，“Q”端保持原来的状态不变。

（7）复位优先触发器（SR）

图 3-4 是复位优先触发器（SR），它有两个入口参数：一个是置位端“S”，另一个是复位端“R1”，它们都需要连接一个布尔型变量。指令的上方也需要连接一个布尔型变量，以作为操作数。指令还提供了一个出口参数“Q”，以便于在后面继续编辑梯形图逻辑。“Q”端可以不填写任何变量。

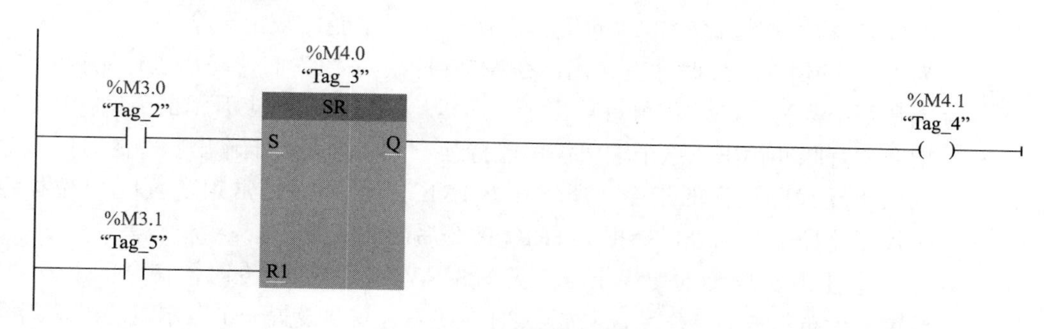

图 3-4　复位优先触发器（SR）

当入口参数“S”有信号、“R1”无信号时，触发器置位，“Q”端有输出信号。

当入口参数“R1”有信号、“S”无信号时，触发器复位，“Q”端无输出信号。

当“S”和“R1”都有信号时，触发器执行“复位优先”功能，按复位处理，“Q”端无输出信号。

当“S”和“R1”都无信号时，触发器不执行操作，“Q”端保持原来的状态不变。

（8）上升沿检测指令

当一个信号从“0”跳变到“1”的瞬间，触发一个输出，这就是上升沿检测指令。

① 上升沿检测指令（P-TRIG）。图 3-5 是上升沿检测指令（P-TRIG）。在指令的下方，需要设置一个布尔量的沿检测位，例如本图中的 M3.1，它是这条指令的特殊之处。在执行程序时，每一次都将 M3.0 的值自动赋给 M3.1，以便再次运行时，将本次 M3.0 的值与上次的值（已存储在 M3.1 中）进行比较，其逻辑关系如下：

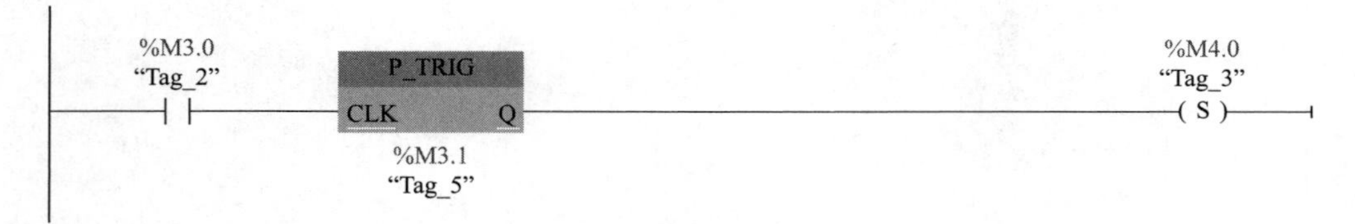

图 3-5 上升沿检测指令（P-TRIG）

a. 如果上次的值为“0”、本次的值为“1”，说明 M3.0 出现了上升沿，P-TRIG 指令有输出。

b. 如果上次的值为“0”、本次的值也为“0”，说明 M3.0 一直为“0”，没有上升沿，P-TRIG 指令无输出。

c. 如果上次的值为“1”、本次的值也为“1”，说明 M3.0 一直为“1”，没有上升沿，P-TRIG 指令无输出。

d. 如果上次的值为“1”、本次的值为“0”，说明 M3.0 出现下降沿，P-TRIG 指令也无输出。

当 P-TRIG 指令有输出时，赋值线圈 M4.0 置位。

这里需要注意：控制信号 M3.0 从“0”变为“1”后，只有在变化的时刻，P-TRIG 指令通过比较本次的值和上次的值，才能比较出一个为“0”、另一个为“1”的情况，此时才有输出。在 M3.0 持续为“1”时，随后进行比较的结果就是两个都为“1”，不再有输出了。所以，只有在出现上升沿的瞬间，P-TRIG 指令才有脉冲输出，这个输出仅仅能持续一个周期。由于输出脉冲的时间极短，难以驱动线圈这样的指令，所以在 P-TRIG 指令后面经常跟随置位/复位指令。在程序监控中，也难以捕捉 P-TRIG 指令后面的信号。

② 上升沿检测的便捷指令。见图 3-6，使用这个指令时，在它的上方需要设置一个布尔量的操作数，例如 M3.1；在下方需要设置一个布尔量的沿检测位，例如 M3.2。当前方通路上有信号，而且上方的操作数出现上升沿时，后方的通路导通，并持续一个周期。注意：同 P-TRIG 指令一样，在该指令后面不要连接普通的赋值线圈，要跟随一个置位/复位指令。

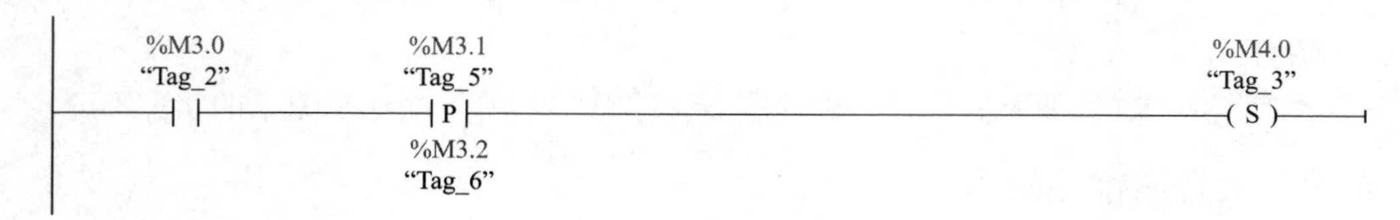

图 3-6 上升沿检测的便捷指令

③ 上升沿线圈指令。上升沿线圈指令如图3-7所示，相当于把上升沿检测指令与赋值线圈指令集合在一起。在它的上方需要添加一个布尔型变量作为操作数，例如图中的M4.0。在它的下方也需要添加一个布尔型变量作为沿检测位，例如图中的M4.1。当前方通路上的信号M3.0接通时，上方的操作数M4.0被赋值为“1”，并持续一个周期，然后恢复为“0”。没有检测到上升沿时，M4.0被赋值为“0”。

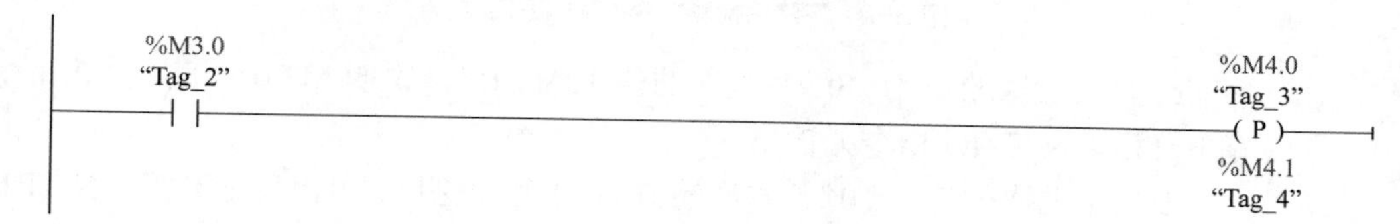

图3-7 上升沿线圈指令

④ 带背景数据块的上升沿检测指令（R-TRIG）。在使用上升沿检测指令时，每一次都需要分配一个布尔量作为沿检测位。为了避免这个布尔量被重复使用产生错误，系统需要检测每一个存储位是否被使用，这样非常麻烦。沿检测位所存储的信息是上一次循环时的状态，而背景数据块适用于存放状态数据，TIA博途编程软件正好具有自动建立和分配背景数据块的功能。利用这些背景数据块，就可以实现沿检测位的功能，不必去编写相应的FB，编程的效率进一步提高。具有这种功能的指令就是“带背景数据块的上升沿检测指令”。

图3-8就是这条指令，将它放入梯形图中，系统便自动提示建立一个背景数据块，类似于建立一个FB，所以不需要沿检测位。在入口参数“CLK”的端子上，需要输入一个操作数；在出口参数“Q”的端子上，也需要输入一个操作数。当“CLK”端出现上升沿时，“Q”端所连接的变量被赋值为“1”，并持续一个周期。

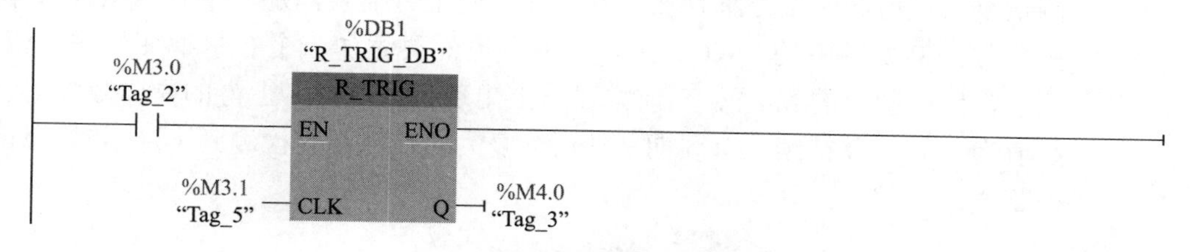

图3-8 带背景数据块的上升沿检测指令

（9）下降沿检测指令

当一个信号从“1”跳变到“0”的瞬间，触发一个输出，这就是下降沿检测指令。

① 下降沿检测指令（N-TRIG）。图3-9就是下降沿检测指令。在指令的下方，同样需要设置一个布尔量的沿检测位，例如本图中的M3.1。在执行程序时，每一次都将M3.0的值自动赋给M3.1。以便再次运行时，将本次M3.0的值与上次的值（已存储在M3.1中）进行比较，其逻辑关系如下：

a. 如果上次的值为“1”、本次的值为“0”，说明M3.0出现了下降沿，N-TRIG指令有输出。

b. 如果上次的值为“1”、本次的值也为“1”，说明M3.0一直为“1”，没有下降沿，N-TRIG指令无输出。

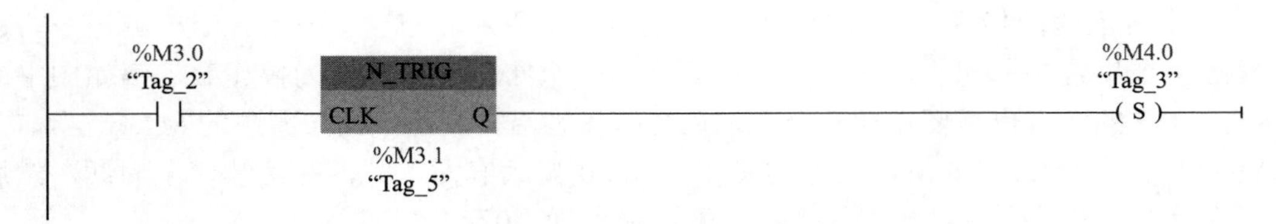

图 3-9　下降沿检测指令（N-TRIG）

c. 如果上次的值为“0”、本次的值也为“0”，说明 M3.0 一直为“0”，没有下降沿，N-TRIG 指令无输出。

d. 如果上次的值为“0”、本次的值为“1”，说明 M3.0 出现上升沿，N-TRIG 指令也无输出。

当 N-TRIG 指令有输出时，赋值线圈 M4.0 置位。

② 下降沿检测的便捷指令。见图 3-10，当前方通路上有信号，而且上方的操作数出现下降沿时，后方的通路导通，并持续一个周期，此时赋值线圈 M4.0 被置位。

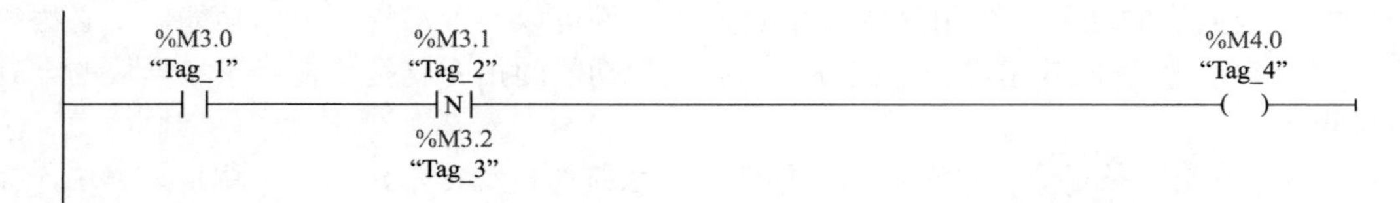

图 3-10　下降沿检测的便捷指令

③ 下降沿线圈指令。下降沿线圈指令如图 3-11 所示，相当于把下降沿检测指令与赋值线圈指令集合在一起。在它的上方需要添加一个布尔型变量作为操作数，例如图中的 M4.0。在它的下方也需要添加一个布尔型变量作为沿检测位，例如图中的 M4.1。当前方通路上出现下降沿时，上方的操作数 M4.0 被赋值为“0”，并持续一个周期，然后恢复为“1”。没有检测到下降沿时，M4.0 被赋值为“1”。

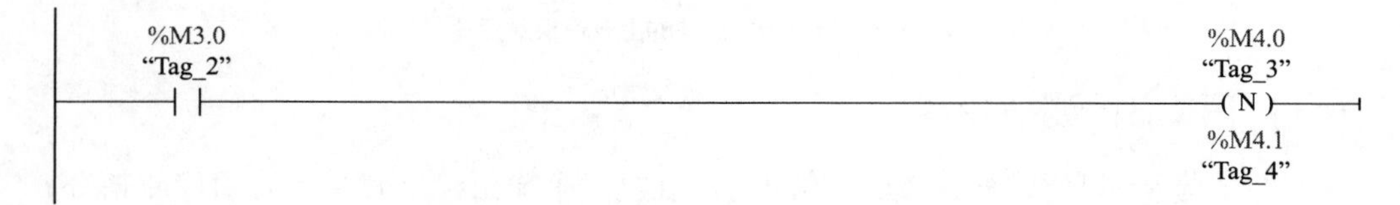

图 3-11　下降沿线圈指令

④ 带背景数据块的下降沿检测指令（F-TRIG）。图 3-12 所示的就是这条指令，将它放入梯形图中，系统便自动提示建立一个背景数据块，类似于建立一个 FB，所以不需要沿检测位。在入口参数“CLK”的端子上，需要输入一个操作数；在出口参数“Q”的端子上，也需要输入一个操作数。当“CLK”端出现下降沿时，“Q”端所连接的变量就被赋值为“1”，并持续一个周期。

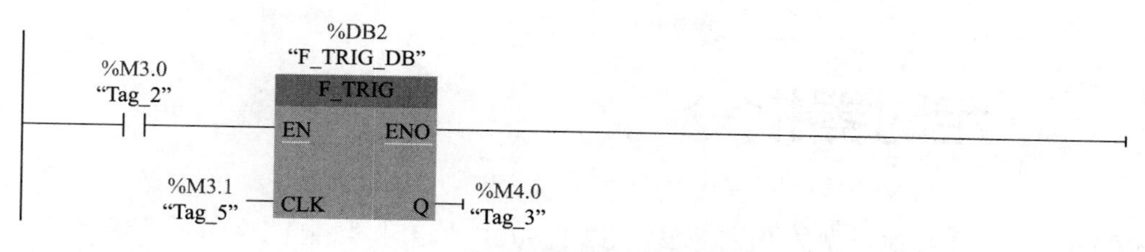

图 3-12 带背景数据块的下降沿检测指令

(10)取反指令

图 3-13 中的"NOT"是梯形图中的取反指令。如果它左侧的 M3.0 接通，即左侧信号为"1"，经过"NOT"取反后，它右侧的信号为"0"，线圈 M4.0 不得电。反之，如果左侧的 M3.0 信号为"0"，经过取反后，右侧的信号为"1"，线圈 M4.0 得电。

图 3-13 取反指令（NOT）

(11)赋值取反指令

赋值取反指令见图 3-14 中的程序段 1，在它的上方需要添加一个布尔型变量作为操作数，例如图中的 M4.0。

当前方通路上的 M3.0 没有控制信号时，M4.0 被赋值为"1"，当 M3.0 有控制信号时，M4.0 被赋值为"0"。可见，M4.0 的赋值与普通的赋值线圈刚好相反。

赋值取反指令等效于先用"NOT"指令对前方的信号取反，然后再用普通的赋值线圈进行赋值，如图 3-14 中的程序段 2。

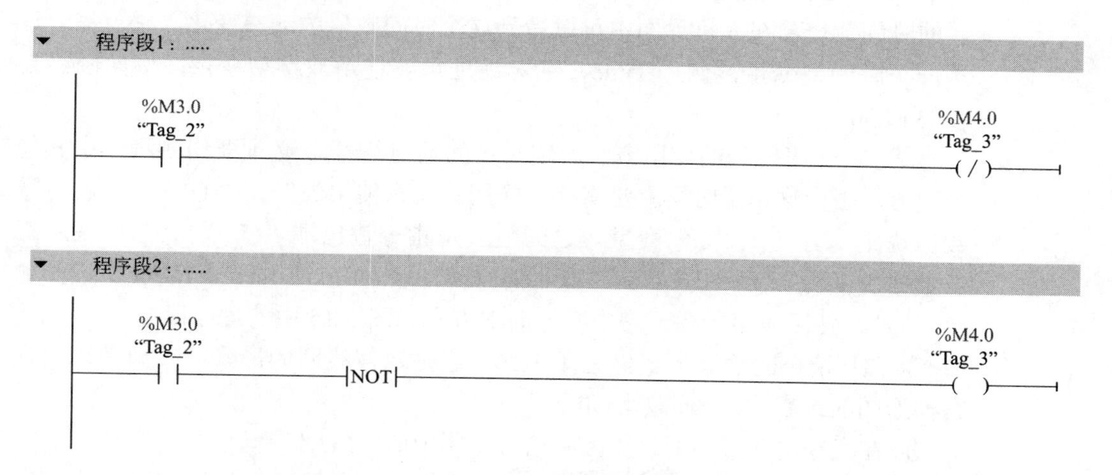

图 3-14 赋值取反指令

3.2 定时器指令

扫一扫 看视频

同其他类型的 PLC 一样，S7-1200 中的定时器相当于继电器控制系统中的时间继电器，用于时间控制方面的逻辑。

S7-1200 型 PLC 中的定时器为 IEC 标准的定时器，具有以下几个特点：

① 采用正向计时的方式，符合人们的习惯，也便于编程。

② 定时更为精确，时间更长。

③ 每次使用时，系统都会自行分配一个背景数据块，设计工程师不必考虑定时器资源的配置问题。

本节中介绍的定时器指令都是 IEC 标准的。

（1）脉冲定时器指令（TP）

① TP 指令的结构。打开编程界面右侧的资源卡，在“指令”→“基本指令”→“定时器操作”中，找到脉冲定时器指令“TP”，拖拽到图 3-15 中的程序段 1 中，就自动生成了一个 TP 指令，它的形状是一个矩形的方框。系统自动为它分配了一个背景数据块 DB6，并自动分配了一个符号地址“IEC_Timer_0_DB_6”。方框的最上方有“TP”标记，“TP”的下方有单词“Time”。

在“PT”端，需要设置一个时间立即数（比如 3s），或者一个时间型的变量，以作为预置的时间。如果在“PT”端输入一个常数，比如“3000”（单位默认为 ms），系统会自动将它转换为 IEC 的时间标识方式“T#3S”。除 ms（毫秒）之外，在 PT 端还可以直接输入 s（秒）、M（分）、H（小时），此时既要输入时间立即数，又要输入时间的单位。

“IN”是输入使能端，用于连接控制信号。“ET”端是计时端，用于记录当前的时间数值，在人机界面中可以看到这个时间数值的动态变化，它也需要连接一个时间型变量，例如 Time，绝对地址需要使用双字型变量，例如图 3-15 中的 MD0。

② TP 输出信号的使用方法。定时器的输出信号 Q 必须要用到程序中其他的地方，否则这个定时器就没有什么作用。怎么使用呢？在“TP”指令的背景数据块中，有一个“Q”变量，它的值就是指令输出端“Q”的状态。调用背景数据块中的“Q”变量，就是在它的符号地址“IEC_Timer_0_DB_6”后面加上“.Q”，然后应用于梯形图中其他的地方，如图 3-15 中的程序段 2。

③ TP 指令的缩写形式。见图 3-16，它是赋值线圈的形式。线圈必须放置在梯形图的最右边。编辑方法如下：

a. 在指令的前端需要设置控制信号，图中的“M3.1”就是控制信号。

b. 在项目树→ PLC →程序块下面，建立一个全局数据块，例如图中“数据块 _1”，它就是这个定时器的符号地址。

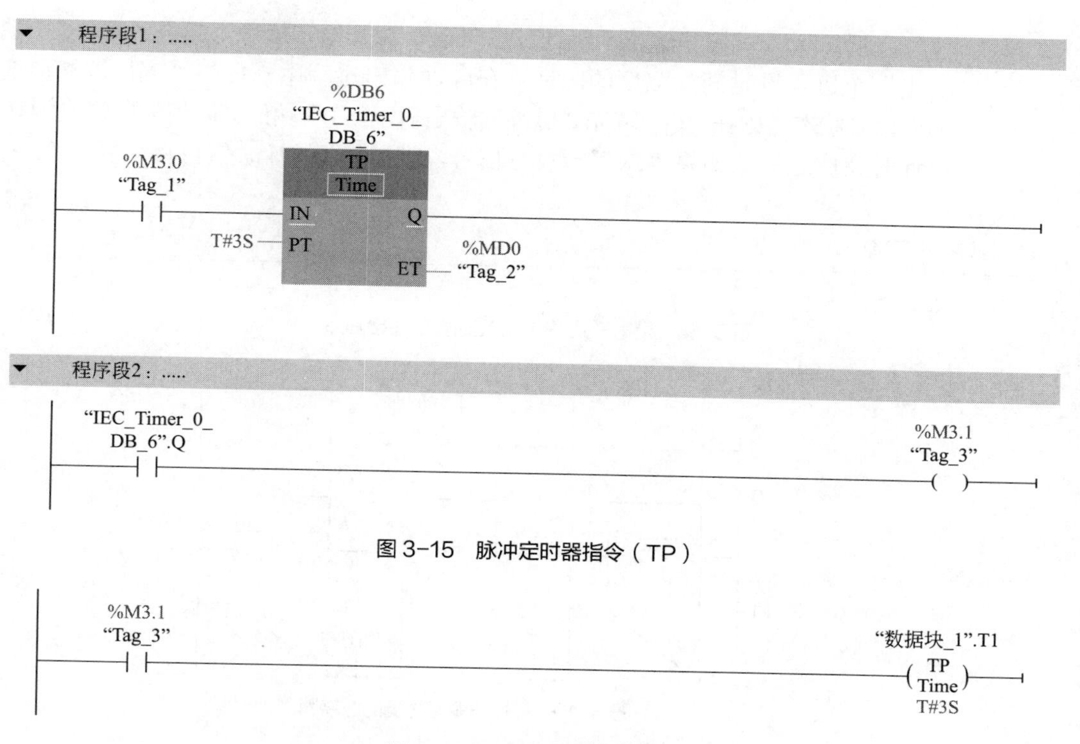

图 3-15　脉冲定时器指令（TP）

图 3-16　TP 指令的缩写形式

c. 在程序编辑区将这个数据块展开，在名称栏下面为这个定时器命名，例如“T1”，在数据类型中，选择“IEC_TIMER”。

d. 将 T1 所在的这一行复制/粘贴到定时器 T1 的上方。

e. 在定时器下方填写预设的定时时间，或链接一个时间变量。

在这种缩写形式中，输出信号 Q 的编辑方法与前面所述相同，但是也可以直接从“数据块 _1”中复制/粘贴。操作方法是：打开这个数据块，点击 T1 左边的小三角箭头，使箭头方向朝下，在这里展示了与 T1 有关的 4 个端子，其中最后一项就是输出端子“Q”，它是一个布尔类型的变量，如图 3-17 所示。可以从这里复制，然后粘贴到定时器 T1 的输出触点上，进行其他的逻辑控制，如图 3-18 所示。

数据块_1

	名称	数据类型	起始值	保持	可从 HMI/...	从 H...	在 HMI ...	设定值
1	▼ Static			☐	☐	☐	☐	☐
2	▪ ▼ T1	IEC_TIMER		☐	☑	☑	☑	☐
3	▪ PT	Time	T#0ms	☐	☑	☑	☑	☐
4	▪ ET	Time	T#0ms	☐	☑	☐	☑	☐
5	▪ IN	Bool	false	☐	☑	☑	☑	☐
6	▪ Q	Bool	false	☐	☑	☐	☑	☐

图 3-17　从数据块中复制定时器的输出端子 Q

④ TP 指令的时序图。如图 3-19 所示，当“IN”端子前面的常开触点接通，即状态为“1”时，“Q”端就开始输出。定时器从 0 开始计时，当计时到达预设值（“PT”端的设定

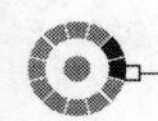

值）之后，“Q”端停止输出。因此，以“IN”端开始有信号为起点，在“Q”端输出一个以预设时间为宽度的脉冲。在脉冲输出过程中，如果“IN”端提前变为无信号状态，则在“Q”端完成脉冲的输出后，“ET”端的计时值立即恢复为0。在计时完成之后，如果“IN”端没有信号，“ET”端的计时值也将恢复为0。

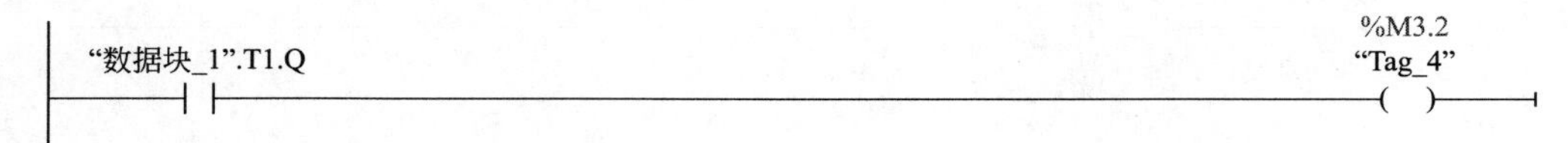

图 3-18　缩写形式 IP 指令定时器的输出触点

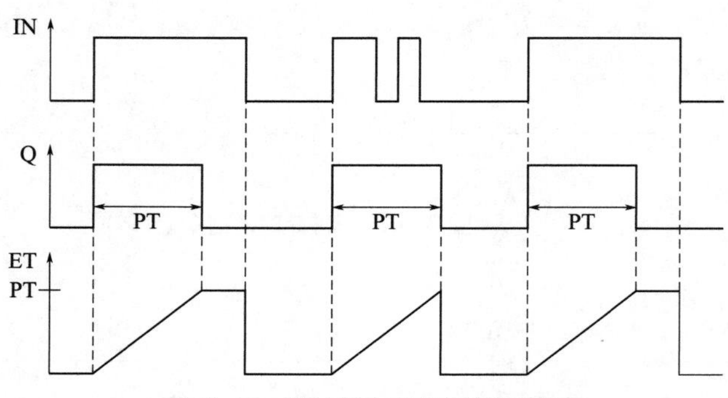

图 3-19　脉冲指令定时器的时序图

（2）延时接通定时器指令（TON）

① TON 指令的结构。见图 3-20 中的程序段 1，其添加方法与脉冲定时器指令 TP 相同。系统自动为它分配了另外一个数据块（DB5），以及另外一个符号地址（IEC_Timer_0_DB_4），方框上方的标记变成了“TON”。这个符号地址用起来不太方便，可以按中文的形式重新命名，例如“定时器 ××”。

② TON 指令的缩写形式。见图 3-20 中的程序段 2，它是赋值线圈的形式，也采用 IEC 类型。上方是符号地址，下方是预设时间。

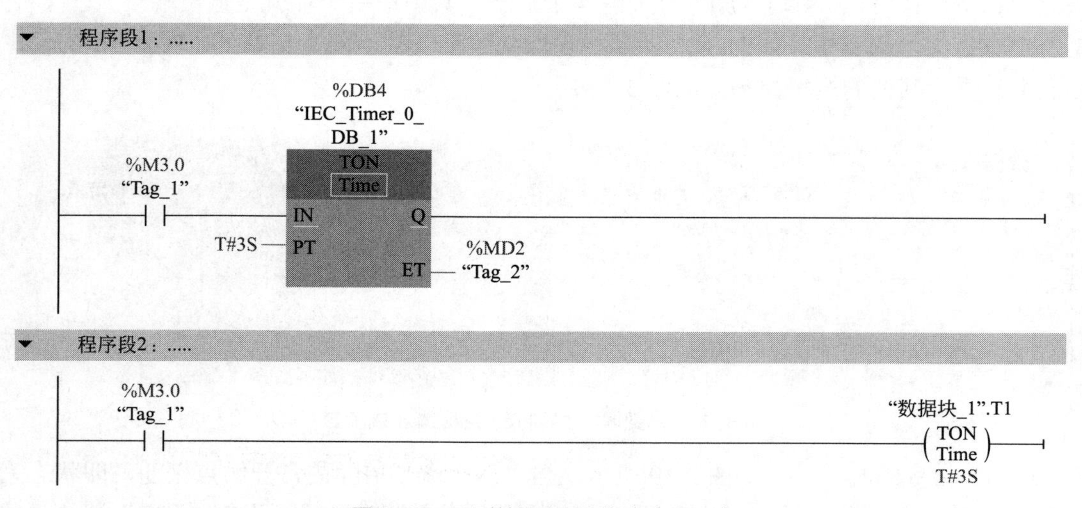

图 3-20　延时接通定时器指令（TON）

使用这个定时器的输出触点时，编辑方法与 TP 定时器相同。

③ TON 指令的时序图。如图 3-21，当“IN”端出现高电位信号时，定时器从 0 开始往上计时。计时值达到设定值时，“Q”端输出信号。可见，“Q”端的输出信号比“IN”端延迟了一段时间，这个时间在“PT”端子上设置。

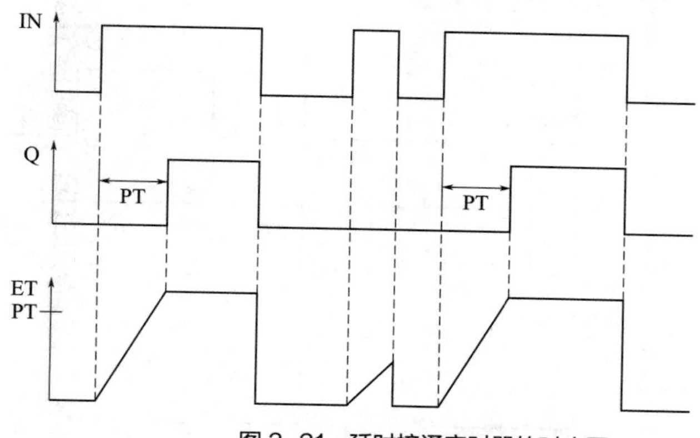

图 3-21 延时接通定时器的时序图

“IN”端出现高电位信号之后，如果这个信号消失，“Q”端便立即停止输出，“ET”端的计时值也恢复为 0。

（3）延时关断定时器指令（TOF）

① TOF 指令的结构。如图 3-22 中的程序段 1，其添加方法与脉冲定时器指令（TP）相同，方框上方的标记变成了“TOF”。系统也要自动地为它分配一个数据块，以及一个符号地址。“PT”端时间的设定方法、“ET”端和“Q”端的用途，都与 TP 指令相同。

② TOF 指令的缩写形式。见图 3-22 中的程序段 2，它是赋值线圈的形式。其上方的 IEC 类型定时器变量、下方的预设时间，均可参照脉冲定时器指令（TP）的缩写形式。

输出信号 Q 的使用，也是在符号地址后面加上“.Q”。

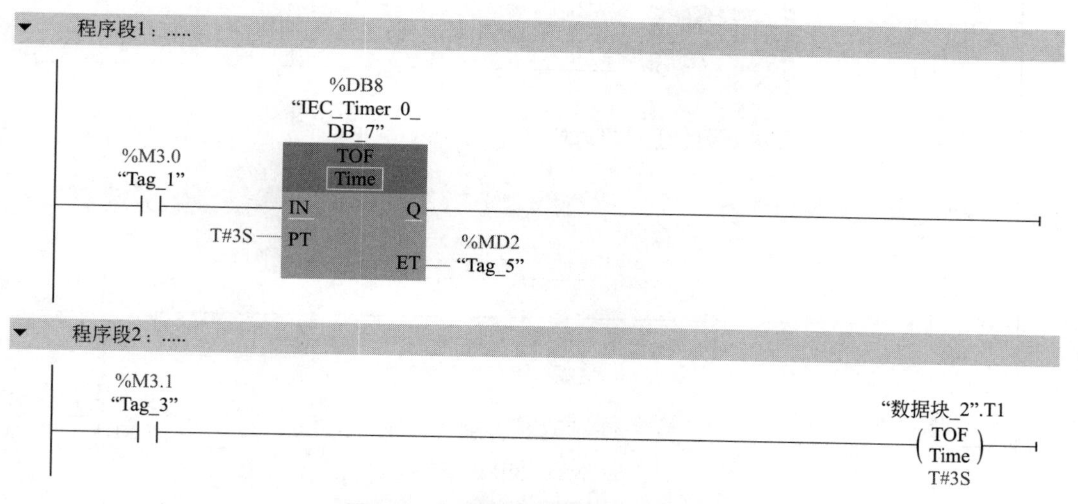

图 3-22 延时关断定时器指令（TOF）

③ TOF 指令的时序图。见图 3-23，当“IN”端出现高电位信号时，“Q”端立即跟随着输出信号，而定时器此时并不运行。“IN”端信号消失后，“Q”端继续输出信号，这时定时器才开始从 0 往上计时。计时值达到设定值时，“Q”端关断输出信号。可见，“Q”端关断输出信号比“IN”端延迟了一段时间，这个时间在“PT”端子上设置。

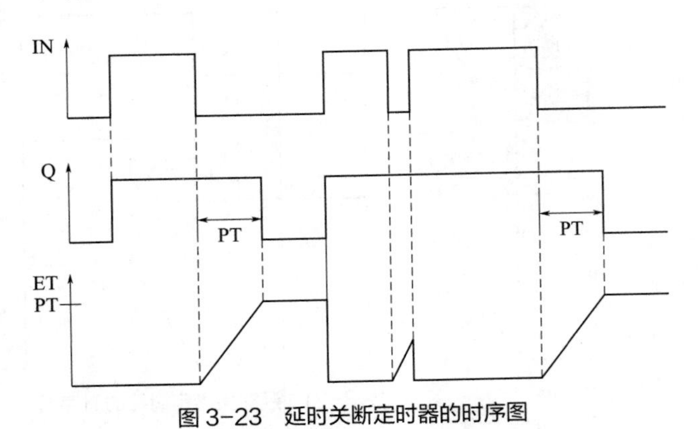

图 3-23　延时关断定时器的时序图

在“IN”端出现高电位信号的时刻，“ET”端的定时值变为 0。等到“IN”端信号消失时，“ET”端开始向上计时。计时值未到达设定值之前，如果“IN”端恢复高电位信号，定时值也会立即变为 0，而“Q”端始终有信号输出。

（4）时间累加定时器指令（TONR）

① TONR 指令的结构。如图 3-24 中的程序段 1 所示，其添加方法与脉冲定时器指令（TP）相同。方框上方的标记变成了“TONR”。系统也要自动地为

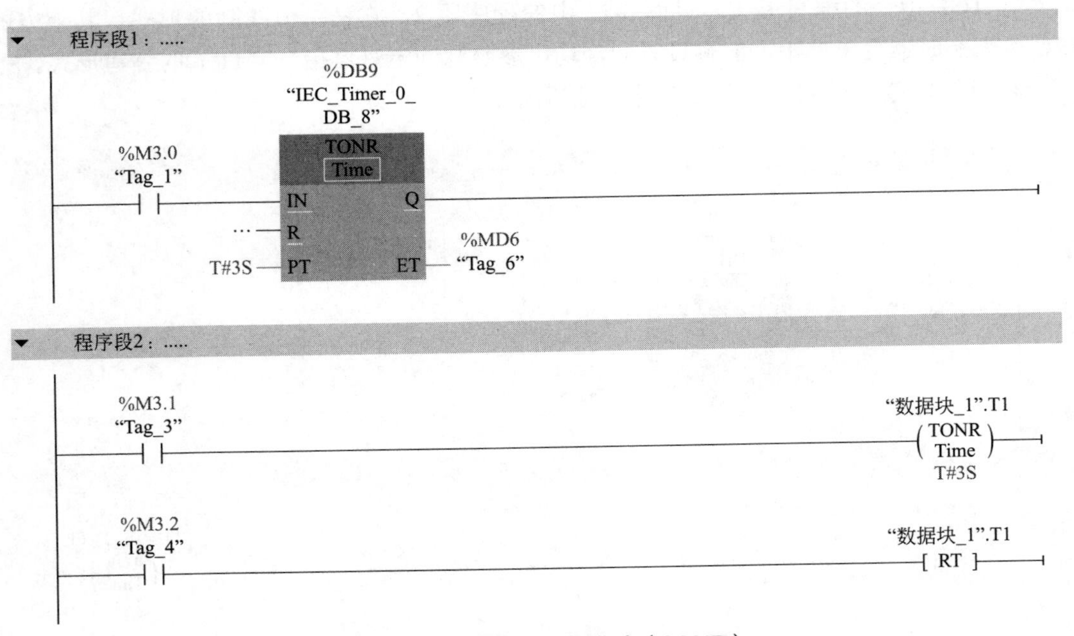

图 3-24　时间累加定时器指令（TONR）

它分配一个数据块，以及一个符号地址。“PT”端时间的设定方法、“ET”端和“Q”端的用途，都与脉冲定时器指令相同。图中增加了一个复位端“R”。

② TONR 指令的缩写形式。见图 3-24 中的程序段 2，它是赋值线圈的形式。其上方的符号地址、下方的预设时间，均可参照脉冲定时器指令的缩写形式。

细心的读者会发现，这个缩写形式中没有复位端“R”，那么当计时时间累加达到预设值之后，就一直处于输出状态，这样它只能工作一次。因此必须给这个定时器复位，复位程序“-[RT]-”就编辑在缩写指令的下面一行。

输出信号 Q 的使用，也是在符号地址后面加上“.Q”。

③ TONR 指令的时序图。见图 3-25，在复位端“R”没有信号的情况下，当“IN”端出现高电位信号时，定时器开始计时。“IN”端信号一旦消失，定时器便停止计时，但是定时器并不清零。等到下次“IN”端再来信号时，定时器紧接着上次的定时值继续计时，直到定时值累加到设定值时，“Q”端才有信号输出。

当“R”端有信号时，“ET”端的定时值恢复到 0，定时器处于复位状态。

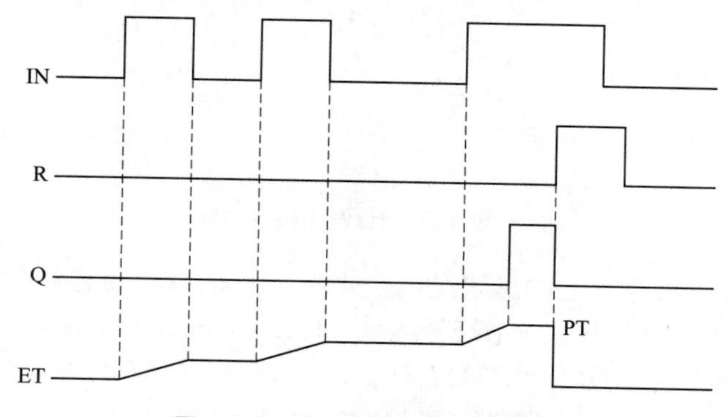

图 3-25 时间累加定时器的时序图

3.3 计数器指令

在自动控制系统中，有时需要记录某个事件出现的次数，或记录一段时间之内脉冲信号的个数，此时就需要使用计数器。TIA 博途编程软件不仅设置了传统的 S5 计数器，还支持 IEC 标准计数器。S7-1200 型 PLC 也支持这两种计数器。IEC 标准计数器最大可支持 64 位无符号整数 ULInt 型变量作为计数值，同时其使用背景数据块进行状态记录，软件可以自行创建和分配背景数据块，不需要去管理系统计数器资源。

下面介绍的计数器指令都是 IEC 标准的。

(1) 向上计数器指令（CTU）

向上计数器也称为加计数器。

① CTU 指令的结构。打开编程界面右侧的资源卡，在“指令”→“基本指令”→“计数器操作”中，找到向上计数器指令“CTU”，拖拽到图 3-26 中的程序段 1 中，就自动生

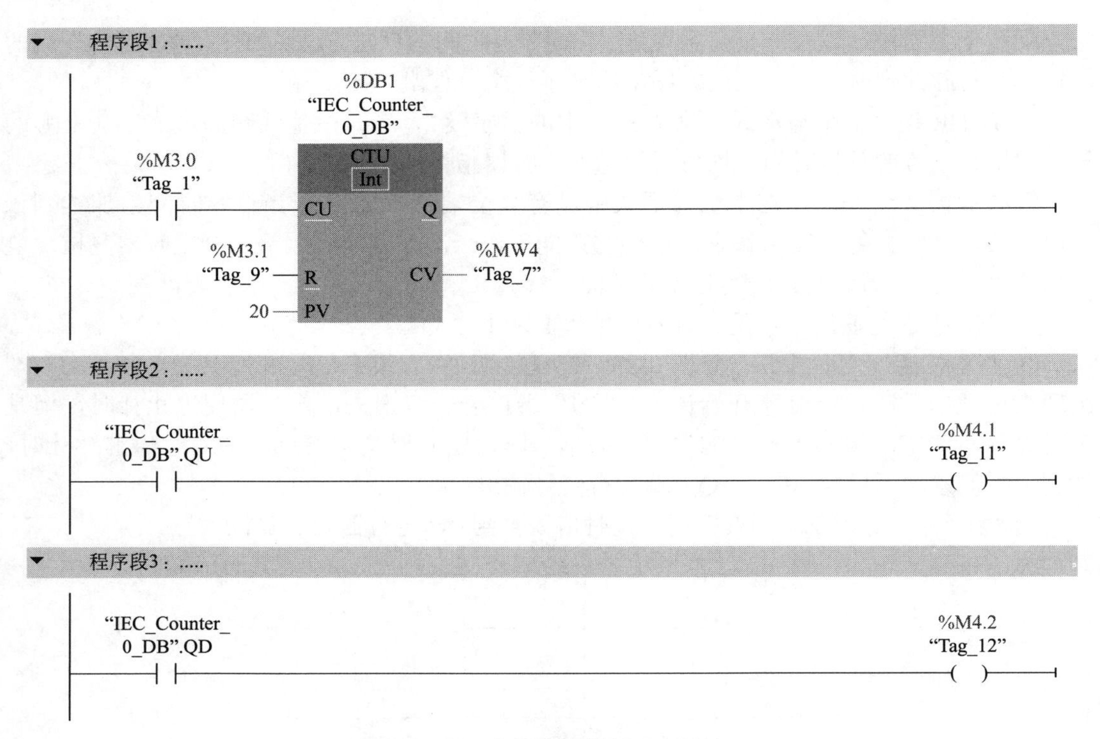

图 3-26 向上计数器指令（CTU）

成了 CTU 指令，它的形状是一个矩形。系统自动为它分配了一个背景数据块 DB1，并自动分配了一个符号地址“IEC_Counter_0_DB”。

方框的最上方有“CTU”标记，“CTU”的下方有单词“Int”。点击“Int”，其右边出现一个三角箭头，可以向下拉开，以选择某一种类型的整型变量进行计数。再按照整型变量的类型，在“PV”端和“CV”端填写相应类型的变量。“PV”端是计数值的设定端，需要设置一个立即数。“CV”端则需要填写一个变量，用于显示当前的计数值。如果计数值不需要显示，也可以不填写这个端子。“R”是复位端，需要填写一个二进制的布尔量，用于计数器的复位。

需要注意的是，TIA 博途编程软件中有多种类型的 IEC 计数器。在计数器指令中，针对不同类型的整形变量，对应背景数据中的数据类型也不同。如果使用的是背景数据块，当指令类型改变后，软件可以自动更改背景数据块。如果该指令的背景数据是用户自行创建的，则需要用户自行调整，使背景数据中的 IEC 计数器类型与选中的指令类型相匹配。

加上计数器的初始值为 0。当复位端“R”为“0”时，每当指令输入端“CU”出现一次上升沿，“CTU”指令就将计数值加 1，当“CV”端的计数值等于或大于设定值时，输出端“Q”就有输出信号。

当复位端“R”为“1”时，计数器停止工作，计数值恢复为 0。

② 输出信号的使用方法。计数器的信号也需要输出，以用于程序的其他地方。在 TIA 博途编程软件中，IEC 计数器输出信号的使用方法与定时器类似，就是在计数器的符号地址后面加上“.Q”。但是要特别注意：在图 3-26 所示的

IEC计数器内部（或背景数据块内部）有两个变量，一个是“QU”，另一个是“QD”，相应的输出信号也有两个：

a. "IEC_Counter_0_DB".QU：见图3-26中的程序段2，当“CV”端的计数值等于或大于设定值时，其状态为“1”，即有输出信号。此时，如果“CU”端的信号消失，输出为“1”的状态仍然保持。但是，复位端“R”有信号时，输出信号的状态变为“0”。显然，这个信号的输出逻辑与“Q”端的输出逻辑一致，可以引用到程序的任何位置。

b. "IEC_Counter_0_DB".QD：见图3-26中的程序段3，当“CV”端的计数值为“0”时，它的状态为“1”，否则状态为“0”。

（2）向下计数器指令（CTD）

向下计数器也称为减计数器。

① CTD指令的结构。在梯形图中添加的CTD指令显示在图3-27的程序段1中。CTD指令在背景数据块的使用、变量类型的选择、“PV”端和“CV”端的设置和连接方面，均与向上计数器相同，这里不需要重复讲解。

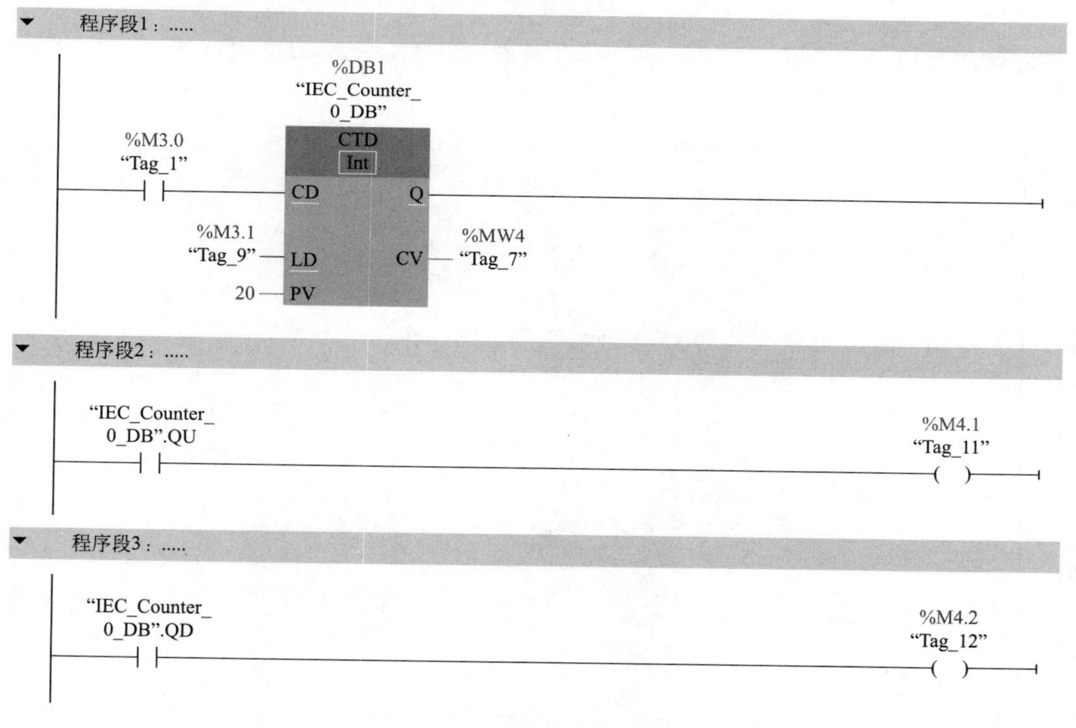

图3-27 向下计数器指令CTD

与向上计数器指令不同的是：CTD指令中没有复位端“R”，但是有一个“LD”端，当“LD”端有信号时，“PV”端的设定值被送入计数器中，并显示在“CV”端子上，作为当前的计数值。计数器的初始值为0。当“LD”端无信号时，如果“CD”端出现上升沿信号，则计数值减1。

② 输出信号的使用方法。输出信号是在计数器的符号地址后面加上“.Q”，但是有“QU”和“QD”两个变量，相应的输出信号是两个：

a.“IEC_Counter_0_DB”.QU：见图 3-27 中的程序段 2，当“CV”端的计数值与“PV”端的设定值相等时，“QU”的状态为“1”。

b.“IEC_Counter_0_DB”.QD：见图 3-27 中的程序段 3，如果“CV”端的计数值小于或等于 0，输出端 Q 就有状态为“1”的输出信号，这个信号可以引用到程序的任何位置。

（3）双向计数器指令（CTUD）

双向计数器可以在上、下两个方向计数。

在梯形图中添加的 CTUD 指令显示在图 3-28 的程序段 1 中。CTUD 指令在背景数据块的使用、变量类型的选择、“PV”端和“CV”端的设置和连接方面，均与向上计数器相同，可以参照执行。

计数器的初始值为 0，在“R”端和“LD”端都没有信号的情况下，如果“CU”端出现上升沿，“CV”端的计数值就加 1。如果“CD”端出现上升沿，“CV”端的计数值就减 1。

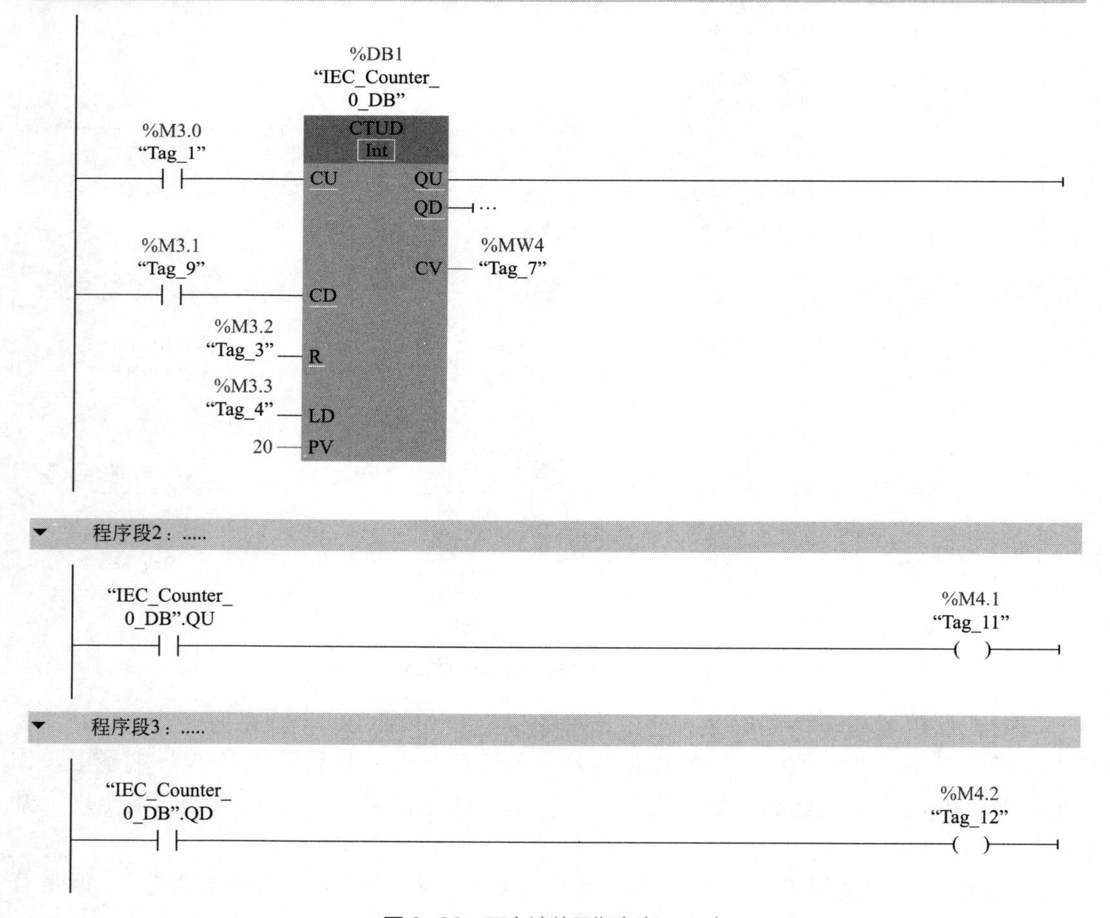

图 3-28　双向计数器指令（CTUD）

当“LD”端有信号时，“PV”端的设定值送入计数器，作为当前的计数值。

当“R”端有信号时，计数器清零。

当“LD”端和“R”端都有信号时，计数器也清零。

如果“CV”端的计数值大于“PV”端的设定值，“QU”端有输出信号；如果计数值小于0，“QD”端有输出信号。

3.4 比较操作指令

（1）普通比较指令

比较指令的作用是将两个变量（通常是两个数据）进行比较，操作过程如下：

① 建立共享数据块DB。在比较之前，先要建立一个共享数据块DB，将参与比较的两个数据放入数据块中，以便于在比较过程中调用。

例如，参与比较的两个数据，第一个数据的类型是Real（实型），第二个数据的类型是Int（整型），建立数据块的具体步骤是：点击项目树→PLC→“程序块”→“添加新块”→“数据块”→“全局DB”，在“名称”栏目下面的第二行中输入real01，对应的数据类型是Real；在第三行中输入int01，对应的数据类型是Int。这样数据块就建好了，如图3-29所示。

数据块_1

	名称	数据类型	起始值	保持
1	▼ Static			
2	real01	Real	0.0	
3	int01	Int	0	

图3-29 将参与比较的两个数据放入数据块中

② 添加比较操作指令。打开指令资源卡，在“基本指令”→“比较操作”的下方，有一些以字母“CMP”开头的指令，它们就是比较操作指令，使用时将它们拖拽到梯形图中，如图3-30所示。

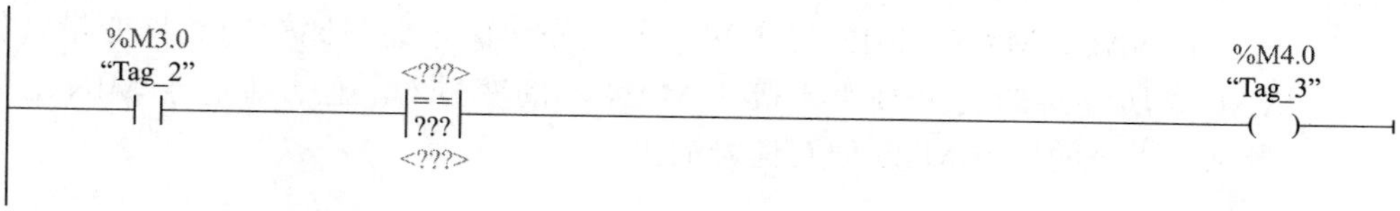

%M3.0 “Tag_2”　<???> == ??? <???>　%M4.0 “Tag_3”

图3-30 添加比较操作指令

在指令内部有两行符号，上面一行选择一种比较类型，选项有6个，分别是“==”(等于)、“＜＞”（不等于）、“＞＝”（大于等于）、“＜＝”（小于等于）、“＞”（大于）、“＜”（小于）。下面一行将自动添加参与比较的两个数据的类型。

③ 添加操作数据。在指令的上方，需要填写一个操作数据，就是参与比较的第一个数据。下面需要将图3-29中的第一项加载到这里，具体方法是：在图3-29所示的数据块_1

中，选中实数 real01 所在的行，然后直接复制、粘贴到指令的上方，它就自动地生成了图 3-31 中的“数据块 _1”.real01。同样，在指令的下方也需要填定一个操作数，这里指参与比较的另一个数据。下面将图 3-29 中的第二项复制、粘贴到这里，它就自动地生成了图 3-31 中的“数据块 _1”.int01。

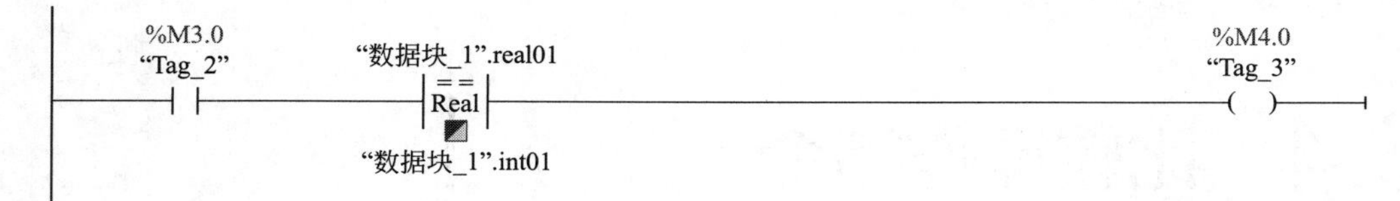

图 3-31　在比较指令中添加操作数据

当填写完两个操作数据后，系统会自动在指令内部的下面一行中填写数据类型。如果两个变量的类型相同，就自动地直接填写这个类型。如果类型不同，则自动地填写较复杂的那种类型，例如图 3-31 中的“Real”。

④ 转换数据类型。在图 3-31 中，上方操作数类型为 Real（实型变量），下方操作数类型为 Int（整型变量）。在下方操作数上，出现了一个小方块，它按对角线分成了两个不同颜色的区域，一边是深灰色，另一边是浅灰色。这个小方块提示在执行这条比较指令时，该变量自动转换了类型。先将下方的操作数转换为实型，这样上下两个操作数都是实型，可以进行比较了。这种变量类型的转换称为“隐形转换”，它是 TIA 博途编程软件的一个特点。在其他比较指令和数学运算指令中，也都支持隐形转换，以便于程序的编辑。

比较普通指令在运行时，始终是用上方的操作数来比较下方的操作数，看上方操作数是否大于下方操作数，或小于、等于下方操作数。比较之后如果结果成立，则后方有信号输出，否则没有信号输出。

（2）范围比较指令

① 范围内比较指令（IN_RANGE）。IN_RANGE 指令见图 3-32，其作用是比较某一个变量的值是否在某一范围之内。与图 3-29 类似，在比较之前，先要建立一个共享数据块 DB，将参与比较的两个数据放入数据块中，以便于在比较过程中调用。

在 VAL、MAX、MIN 三个端子上，分别输入参与比较的数据变量。如果 VAL 端所连接的变量 B 小于等于 MAX 端的变量 C，且大于等于 MIN 端的变量 A，指令的后方 M4.0 便有信号输出。

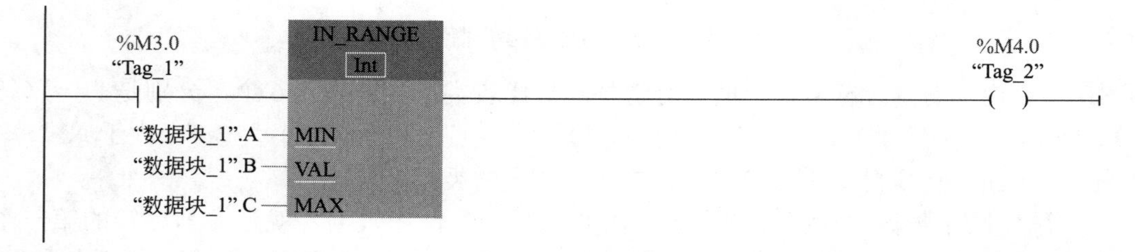

图 3-32　范围内比较指令（IN_RANGE）

② 范围外比较指令（OUT_RANGE）。OUT_RANGE 指令见图 3-33，其作用是比较某一个变量的值是否在某一范围之外。如果 VAL 端所连接的变量 B 大于 MAX 端的变量 C，或小于 MIN 端的变量 A，指令的后方 M4.0 便有信号输出。

%M3.0
"Tag_1"
OUT_RANGE
Int
%M4.0
"Tag_2"
"数据块_1".A
MIN
"数据块_1".B
VAL
"数据块_1".C
MAX

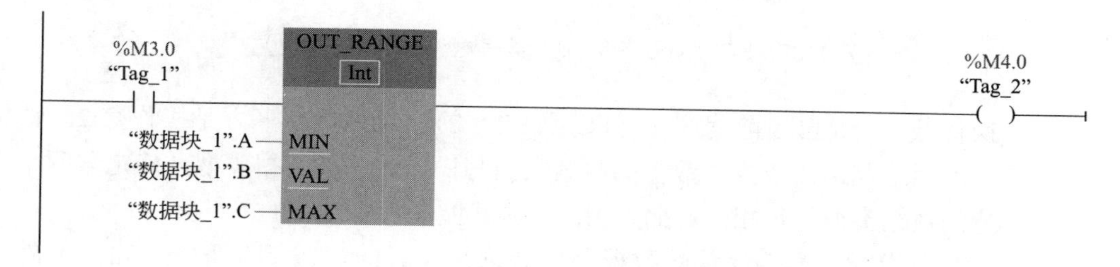

图 3-33　范围外比较指令 OUT_RANGE

（3）检查有效性指令

检查有效性指令和检查无效性指令用于判断一个实型变量（浮点数）是否可以有效地解码出一个实数。在 S7-1200 型 PLC 中，实型变量（浮点数）使用 IEC754 标准的编码结构。在这种结构中，并不是所有的 32 位二进制数据都能对应一个实数。

图 3-34 为检查有效性指令。在该指令的上方，需要填写一个实型数据变量作为操作数，如果变量为有效，则指令后方有输出。

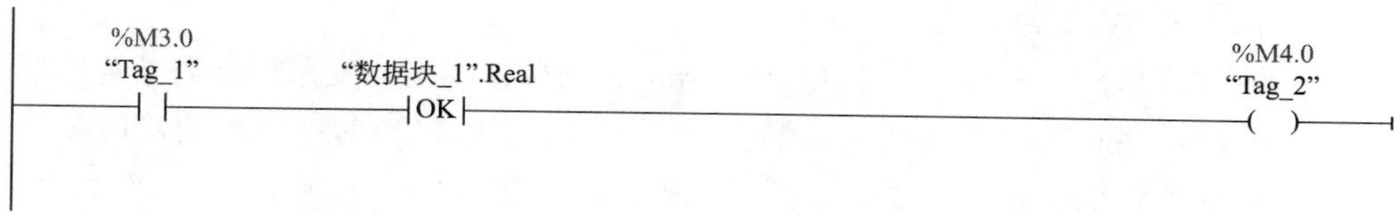

%M3.0
"Tag_1"
"数据块_1".Real
OK
%M4.0
"Tag_2"

图 3-34　检查有效性指令

（4）检查无效性指令

图 3-35 为检查无效性指令。在该指令的上方，需要填写一个实型数据变量作为操作数，如果变量为无效，则指令后方有输出。

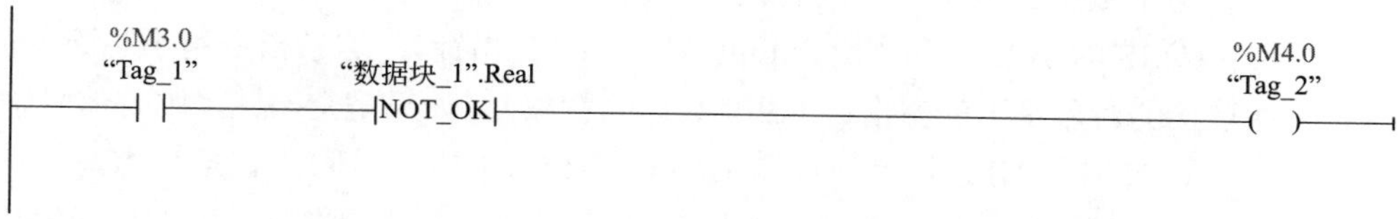

%M3.0
"Tag_1"
"数据块_1".Real
NOT_OK
%M4.0
"Tag_2"

图 3-35　检查无效性指令

（5）变量比较指令

当 FC 或 FB 中引入变量对象后，可以在程序块内添加一类判断指令，以判断当前连接的这个变量是否满足条件。这类指令包括以下几种：

① EQ_Type 指令（比较数据类型与变量数据类型是否相同）：见图 3-36，它的上方是

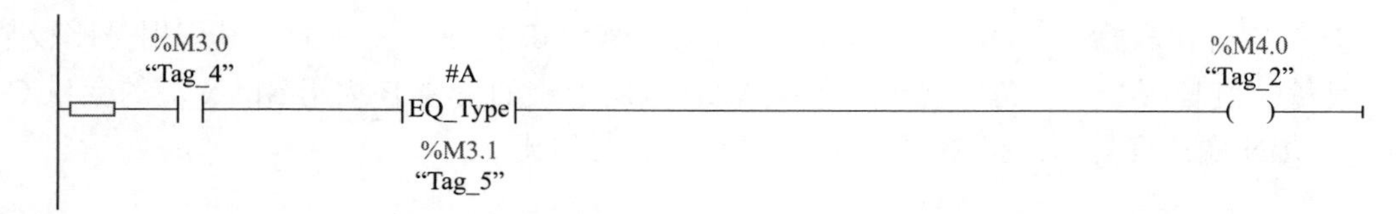

图 3-36　EQ_Type 指令（比较数据类型与变量数据类型）

操作数 1，取自当前程序块（FC 或 FB）的接口参数；下方是操作数 2。该指令的用途是：比较操作数 1 的数据类型与操作数 2 的数据类型，确定这两个变量的数据类型是否相同。如果相同，则线圈 M4.0 有输出。

在指令上方，变量的数据类型必须是 Variant。在指令下方，输入另外一个变量，其数据类型是位字符串、整数、浮点数、定时器、日期和时间、字符串、Array、PLC 数据类型。

初学者对数据类型“Variant”不太理解。它是一种不确定的变量类型，可以动态地改变。我们先定义这个变量，但是并不确定将来对它进行什么类型的操作，所以暂时向内存借一个变量，等以后实际操作的时候，再根据需要赋予具体的变量类型。

② NE_Type 指令（比较数据类型与变量数据类型是否不同）：这条指令与 EQ_Type 指令的使用方法相同，但是逻辑刚好相反。如果两个变量的数据类型不同，则有信号输出。

③ EQ_ElemType 指令（比较 Array 元素数据类型与变量数据类型是否相同）：在 EQ_ElemType 指令上方，输入操作数 1，它取自当前程序块的接口参数，数据类型是 Variant，需要一个数组。操作数 2 是另外一个变量。

该指令的用途是：比较操作数 1（数组）的数据类型与操作数 2 的数据类型，确定数组中元素的变量类型与操作数 2 的数据类型是否相同。如果相等，则有信号输出。

④ NE_ElemType 指令（比较 ARRAY 元素数据类型与变量数据类型是否不同）：这条指令与 EQ_ElemType 指令的使用方法相同，但是逻辑刚好相反。如果两个数据类型不同，则有信号输出。

⑤ IS_NULL 指令（检查 EQUALS NULL 指针）：这条指令用于判断 Variant 所连接的对象是否为空指针（没有具体的对象），如果是空指针，则有信号输出。

⑥ NOT_NULL 指令（检查 UNEQUALS NULL 指针）：这条指令与 IS_Null 指令的使用方法相同，但是逻辑刚好相反，如果不是空指针，则有信号输出。

⑦ IS_ARRAY 指令（检查 ARRAY）：在这条指令中，操作数取自当前程序块中的某一个接口参数，数据类型必须是 Variant。如果 Variant 的具体对象是一个数组，则有信号输出，否则没有信号输出。

3.5 数学函数指令

（1）计算指令（CALCULATE）

在使用计算指令进行计算之前，先建立一个共享数据块 DB，将参与比较的数据放入数据块中，并选择它的数据类型，以便于在计算过程中进行调用。同时，在数据块中也要为这个指令的输出端“OUT”设置一个地址。所建立的数据块如图 3-37 所示。

数据块_1

	名称	数据类型	起始值	保持
1	▼ Static			
2	int01	Int	0	
3	int02	Int	0	
4	int03	Int	0	
5	int04	Int	0	
6	out1	Real	0.0	
7	<新增>			

图 3-37 计算指令所用的数据块

接着，在梯形图中添加计算指令，如图 3-38 所示。

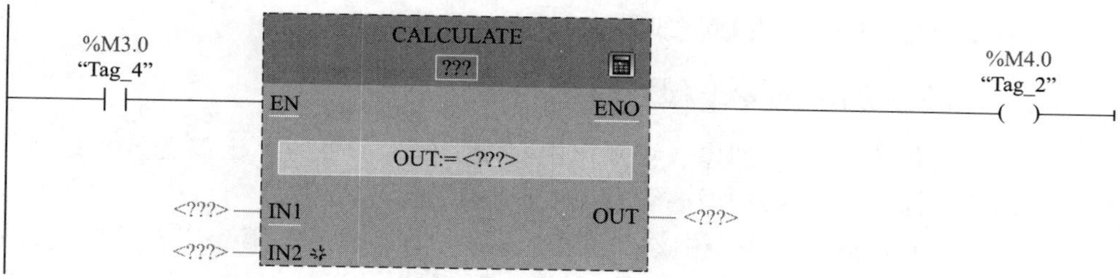

%M3.0 "Tag_4"
CALCULATE ???
EN ENO
%M4.0 "Tag_2"
OUT:= <???>
<???> IN1 OUT <???>
<???> IN2

图 3-38 计算指令

在计算指令中，“???”用于选择运算所使用的数据类型，例如 Int。“IN1”“IN2”分别表示第一个、第二个入口参数所连接的变量。初始状态只有 2 个入口参数，单击入口参数右边的黄色星状标志，可以再添加一个入口参数“IN3”，再次单击还会添加“IN4”（在其他指令中，很多都用黄色星状标志作为添加接口参数的标志）。

接着，从图 3-37 的数据块中取出相应的变量，添加到各个入口和出口。然后单击计算指令右上角的计算器图标，弹出输入公式的对话框，如图 3-39 所示。

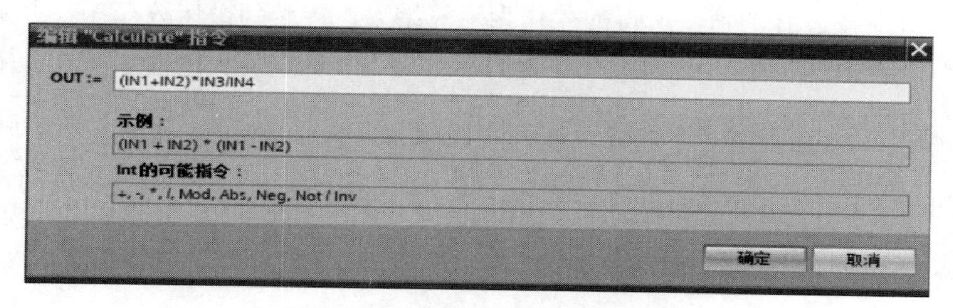

图 3-39 计算指令的输入公式对话框

在对话框中，直接输入一个计算公式，例如本例中的“（IN1+IN2）*IN3/IN4”，公式中的 IN1 ～ IN4 表示它们所连接的变量。在公式中不必考虑变量的数据类型是否统一，系统在执行指令时可以自动地进行隐形转换。

在添加了入口、出口参数变量和计算公式之后，构成了完整的计算指令，如图 3-40 所示。

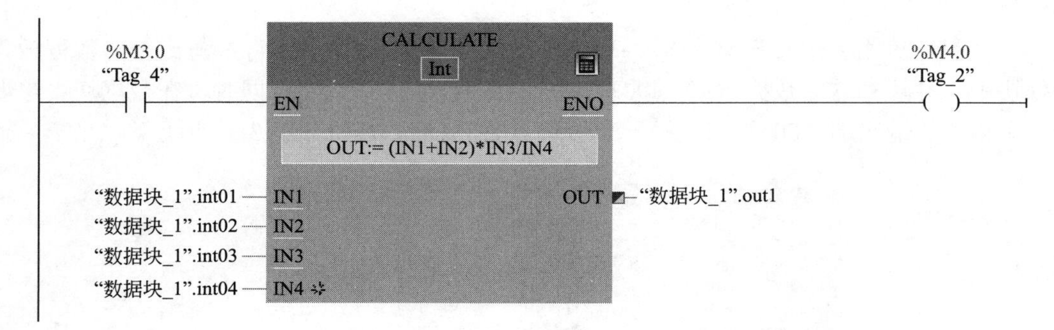

图 3-40　添加入口、出口参数变量和计算公式之后的计算指令

在图 3-40 中，如果 M3.0 的状态为“1”，则执行计算指令，将 int01 的值与 int02 的值相加，求出的和再与 int03 的值相乘，求出的积再除以 int04 的值，求得的商作为最终结果，传送到操作数 out1 中，并复制到端子“OUT”上，最后使能端“ENO”和赋值线圈 M4.0 有信号输出。

（2）加法指令（ADD）

先仿照图 3-37 创建一个数据块，添加好入口变量、出口变量和数据类型，然后在梯形图中添加加法指令，如图 3-41 所示。

接着，在加法指令中添加变量。在“IN1”端添加第一个入口变量 A；在“IN2”端添加第二个入口变量 B；在“OUT”端添加出口变量 C。初始的入口参数只有两个，可以通过指令下方的黄色星状标志继续添加。

在图 3-41 中，如果 M3.0 的状态为“1”，则执行加法指令，将 A 的值与 B 的值相加，所得的和作为运算结果，传送到操作数 C 中，并复制到端子“OUT”上，最后使能端“ENO”和赋值线圈 M4.0 有信号输出。

（3）减法指令（SUB）

减法指令见图 3-42，如果 M3.0 的状态为“1”，则执行减法指令，从 A 的值中减去 B 的值，所得的差作为运算结果，传送到操作数 C 中，并复制到端子“OUT”上，最后使能端“ENO”和赋值线圈 M4.0 有信号输出。

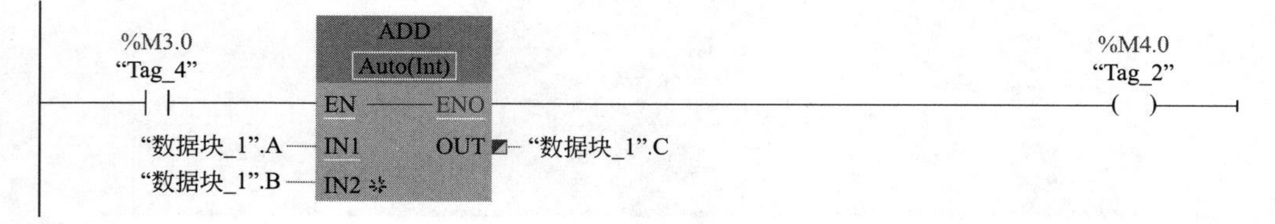

图 3-41　加法指令

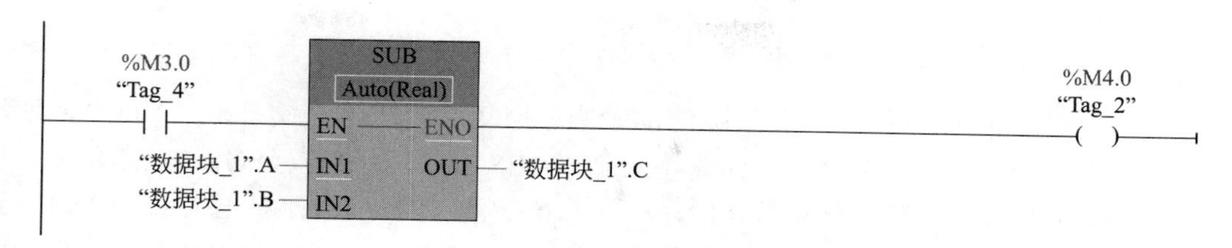

图3-42 减法指令

（4）乘法指令（MUL）

乘法指令见图3-43，如果M3.0的状态为“1”，则执行乘法指令，A的值与B的值相乘，所得的积作为运算结果，传送到操作数C中，并复制到端子“OUT”上，最后使能端“ENO”和赋值线圈M4.0有信号输出。

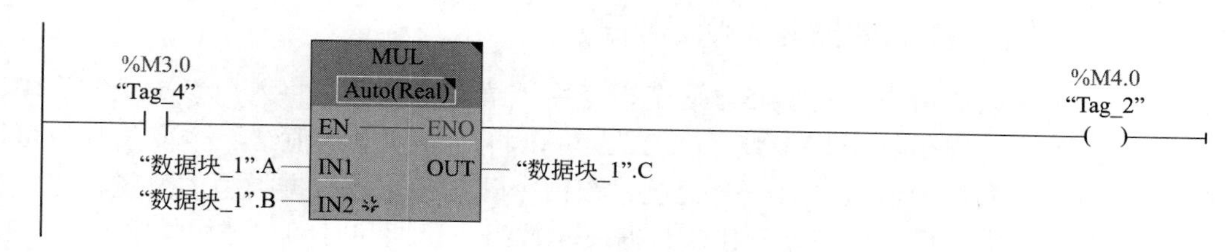

图3-43 乘法指令

（5）除法指令（DIV）

除法指令见图3-44，如果M3.0的状态为“1”，则执行除法指令，A的值除以B的值，所得的商作为运算结果，传送到操作数C中，并复制到端子“OUT”上，最后使能端“ENO”和赋值线圈M4.0有信号输出。

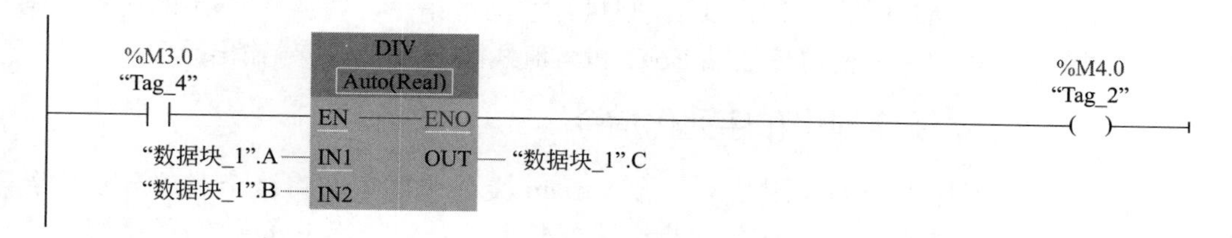

图3-44 除法指令

（6）取值和限值指令

① 取最小值指令MIN。这个指令允许添加多个输入参数，并连接多个变量，但是只有一个出口参数。指令运行时，自动输出所有输入量中最小的一个值。

② 取最大值指令MAX。这个指令允许添加多个输入参数，并连接多个变量，但是只有一个出口参数。指令运行时，自动输出所有输入量中最大的一个值。

③ 限值指令LIMIT。这个指令用于将某一个值的变化限制在某一个范围之内。在入口参数“MN”处输入一个下限值，在入口参数“MX”处输入一个上限值，在入口参数“IN”处输入一个整型或实型变量。当变量大于“MX”的值时，输出上限值。当变量小于“MN”的值时，输出下限值。当变量在“MX”与“MN”之间时，直接输出这个变量。

（7）其他计算指令

其他计算指令：返回除法的余数（MOD）、求二进制补码（NEG）、递增（INC）、递减（DEC）、计算绝对值（ABS）、计算平方（SQR）、计算平方根（SQRT）、计算自然对数（LN）、计算指数值（EXP）、计算正弦值（SIN）、计算余弦值（COS）、计算正切值（TAN）、计算反正弦值（ASIN）、计算反余弦值（ACOS）、计算反正切值（ATAN）、返回小数（FRAC）、取幂（EXPT）。

3.6 移动操作指令

（1）移动值指令（MOVE）

移动值指令见图 3-45。这个指令用于给变量赋值。将入口参数“IN”中所输入的值赋值给出口参数“OUT”。可以将一个常量赋值给一个变量，也可以将一个变量的值赋给另一个变量。该指令既支持基础数据类型的变量，也支持PLC 数据类型、字符串、IEC 数据块、数组、日期和时间、结构体等。

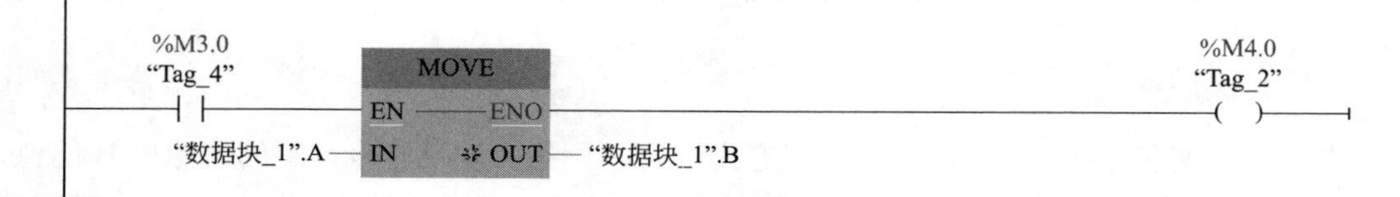

图 3-45　移动值指令

如果 M3.0 的状态为“1”，则执行移动值指令，将操作数 A 的内容复制到操作数 B 中，并使得使能端 ENO 和赋值线圈 M4.0 有信号输出。

（2）反序列化和序列化指令

序列化指令的作用是取一个 Variant 类型的对象，将这个对象分解成若干个 Byte 类型的数。反序列化指令刚好相反，是将一串 Byte 类型的数组合为一个整体。有时需要通过串口传输一个复杂的 PLC 数据类型，可以使用这两条指令。先使用序列化指令将这个复杂的 PLC 数据类型转变为若干个字节，然后按字节进行串口传输，收到数据的一方再使用反序列化指令将若干个字节合并成一个复杂的 PLC 数据类型。

（3）块移动指令（MOVE_BLK）

块移动指令的用途是将存储器的某个区域（源区域）内的数据复制到另外一个区域（目标区域）中，例如，将某个数组中的部分或全部变量复制到另外的数组中。

首先要把源区域和目标区域的数据都准备好，也就是建立源区域数据、目标区域数据，并确定数据类型。具体操作方法是：

① 建立一个程序块 FC（也可以是 FB）；
② 展开 FC 的接口；
③ 在块接口的“Input”下面键入输入变量的名称，例如“A”；
④ 在块接口的“output”下面键入输出变量的名称，例如“B”；
⑤ 在数据类型中，选择数组“Array [lo .. hi] of type”；
⑥ 将数组“Array [lo .. hi] of type”右边的小三角箭头往下方拉，弹出一个小对话框；
⑦ 从对话框中选择具体的数据类型（比如 Int）、数组限值（比如 1..10）。
建立好的块接口参数如图 3-46 所示。

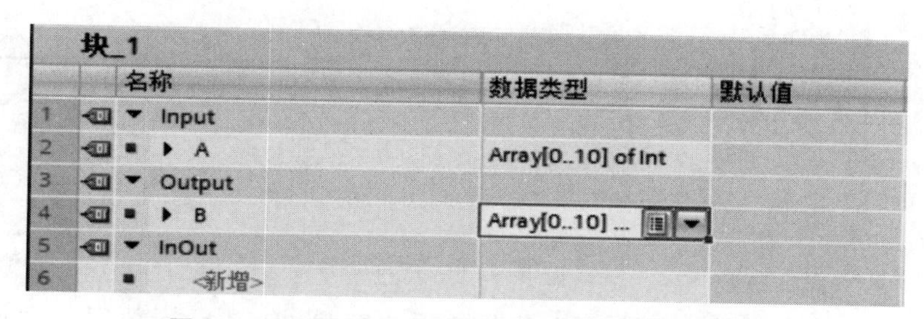

图 3-46　为块移动所准备的源区域和目标区域的数据

接着，在梯形图中添加块移动指令。在“IN”处输入 A[2]，在“OUT”处输入 B[6]（系统自动将它们变成 #A[2]、#B[6]，表示它们是 A、B 数组中的一个变量），如图 3-47 所示。

在图 3-47 中，“IN”处的 #A[2] 表示在源数组中，从第 2 个元素开始，向目标数组复制数据。“OUT”处的 #B[6] 表示在目标数组中，从第 6 个元素开始赋值。另外，在 COUNT 端子上输入一个数值“3”，表示需要复制 3 个元素。

因此，图 3-47 中块移动指令的具体含义是：当控制端 M3.0 有信号时，块移动指令开始执行，将输入端的 3 个变量 #A[2]、#A[3]、#A[4] 分别赋值给输出端的 3 个变量 #B[6]、#B[7]、#B[8]。如果指令正确地执行，则使能端子 ENO 和赋值线圈 M4.0 有信号输出。

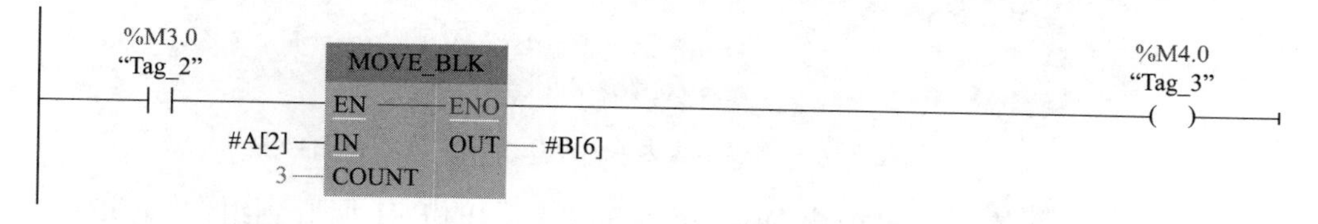

图 3-47　块移动指令

（4）存储区移动指令（MOVE_BLK_VARIANT）

存储区移动指令的作用与块移动指令相似，它支持通过 Variant 对象方式连接源数组和目标数组。

先建立一个 FC1 程序块，加入存储区移动指令。在其接口参数中，建立两个数据类型为 Variant 的变量 A 和 B。将 #A 添加到指令的“SRC”端，将 #B 添加到“DEST”端，如图 3-48 所示。“SRC_INDEX”端子上设置源区域中第 1 个待复制元素的编号，“DEST_INDEX”端子上设置目标区域中第 1 个被复制元素的编号，“COUNT”端子上设置需要复制元素的个数。

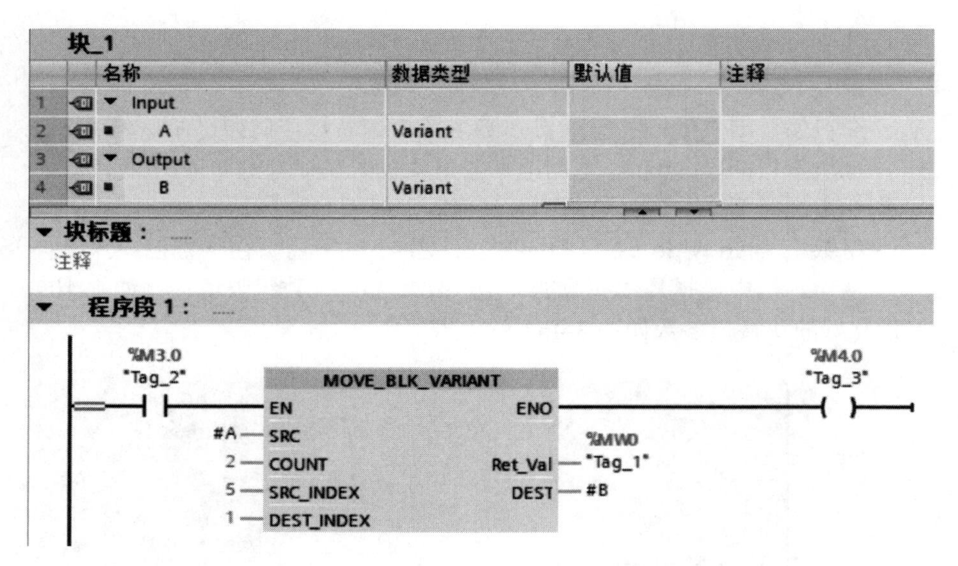

图 3-48　存储区移动指令

在图 3-48 中，变量 #A 是源数组，变量 #B 是目标数组，它们只是代号，还不知道具体的数组是什么，下面对它们进行赋值。具体步骤是：

① 建立一个新的 PLC 数据类型。依次点击项目树→ PLC → PLC 数据类型→添加新数据类型，将文件夹下面出现的“用户数据类型”重新命名为“UDT”；

② 在项目树→ PLC →程序块下面新建一个全局数据块；

③ 将这个全局数据块展开在编辑区中，在“名称”的“Static”（静态参数）下面设置两个变量 C 和 D，其数据类型是 Array[0..10] of“UDT”，如图 3-49 所示；

数据块_1

	名称	数据类型	起始值	保持
1	▼ Static			
2	▶ C	Array[0..10] of "UDT"		
3	▶ D	Array[0..10] of "UDT"		

图 3-49　数据类型为 Array[0..10] of “UDT” 的变量

④ 新建一个组织块 OB，将图 3-48 所示的 FC1 调取到组织块 OB 中，如图 3-50 所示。此时接口中的两个变量 A 和 B 还没有赋值，显示为“???”；

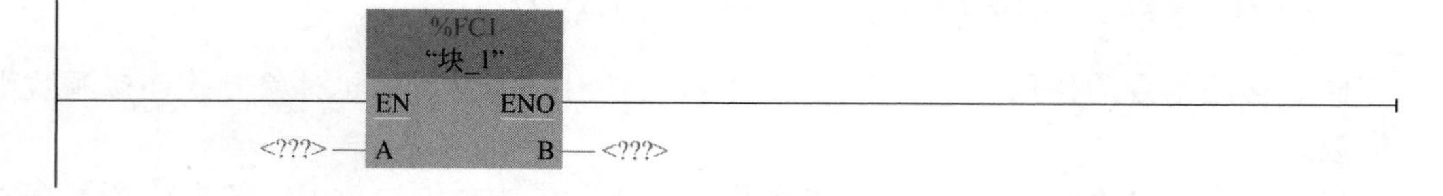

图 3-50　向 OB 块中调取程序块 FC1

⑤ 将图 3-49 中的变量 C 复制、粘贴到图 3-50 中的 A 处，变量 D 复制、粘贴到图 3-50 中的 B 处，如图 3-51 所示。A 和 B 原来是数据类型为 Variant 的变量，现在它们都已经被赋值了。

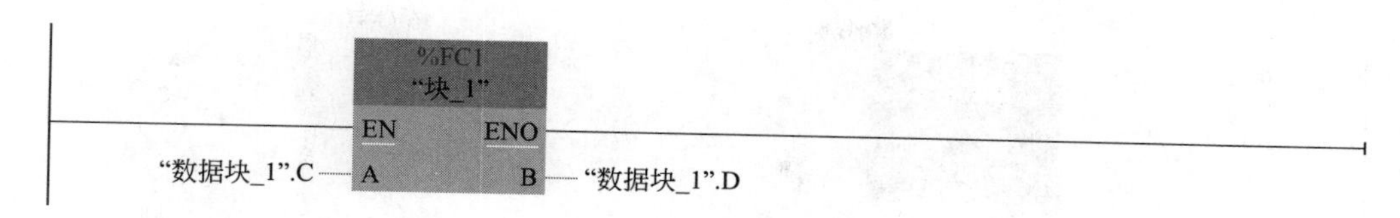

图 3-51 为接口参数 A 和 B 赋值

综合图 3-48 ～图 3-51，可知存储区移动指令的功能是：当控制端子 M3.0 有信号时，指令开始执行。假设源数组和目标数组的元素编号都是从 0 开始，则运行后的结果是：两个变量“数据块 _1”.C[5]、“数据块 _1”.C[6] 的值分别赋值给变量“数据块 _1”.D[1]、“数据块 _1”.D[2]。

（5）不可中断的块移动指令（UMOVE_BLK）

这条指令的功能与块移动指令相似，但是它在运行过程中，不会被其他中断程序打断。

（6）块填充指令（FILL_BLK）

块填充指令如图 3-52 所示，通过这个指令的运行，可以完成存储器中某个区域内变量的赋值。例如，将某个数组内的一部分或全体元素集体赋值。

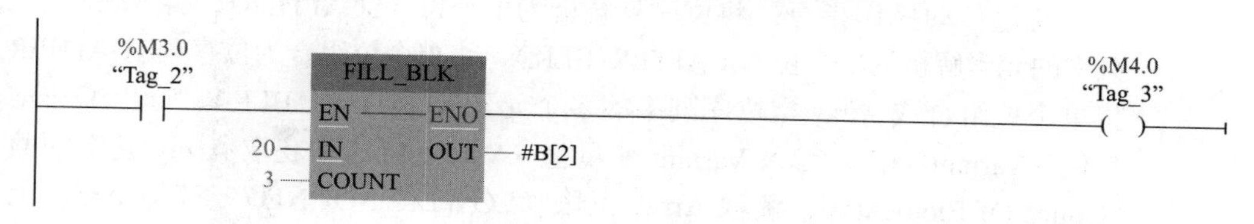

图 3-52 块填充指令

在图 3-52 中，“IN”处输入一个立即数或变量，表示给变量所赋的值。在“COUNT”处输入一个数值，表示要给几个变量赋值。在“OUT”处输入某个数组中的一个元素，表示从这个元素开始赋值。

当 M3.0 有控制信号时，指令开始执行，从数组 B 中编号为 2 的元素开始，向 B[2]、B[3]、B[4] 赋值，这 3 个变量都被赋值为 20。如果赋值完成，使能端子“ENO”和赋值线圈 M4.0 都有信号输出。

（7）不可中断的块填充指令（UFILL_BLK）

不可中断的块填充指令与块填充指令功能相似，但是在指令运行过程中，不会被其他中断程序打断。

（8）交换指令（SWAP）

交换指令如图 3-53 所示，它可以实现数据在大端模式与小端模式之间的转换。大端模式是指变量的高位存储在低地址区，变量的低位存储在高地址区；小端模式是指变量的高位存储在高地址区，变量的低位存储在低地址区。

可以用交换指令来更改“IN”所连接变量的字节顺序。例如，某一操作数的数据类型是 DWord（双字节），它的交换如图 3-54 所示。

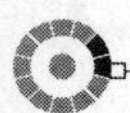

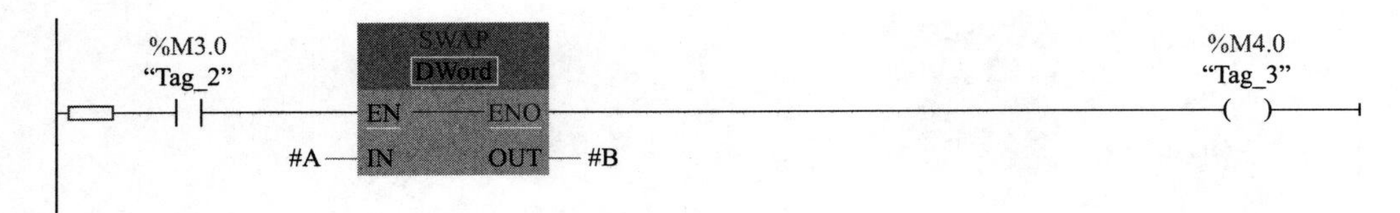

图 3-53 交换指令

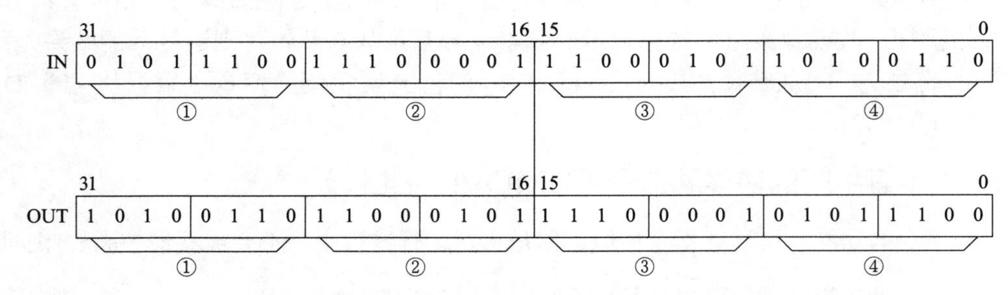

图 3-54 利用交换指令对 DWord 数据进行交换

（9）其他移动操作指令

其他移动操作指令：将位序列解析为单个位（SCATTER）、将 Array 型位序列中的元素解析为单个位（SCATTER_BLK）、将单个位组合为位序列（GATHER）、将单个位组合成 Array 型位序列中的多个元素（GATHER_BLK）、读出 Variant 变量值（VariantGet）、写入 Variant 变量值（VariantPut）、获取 Array 元素的数量（Count Of Elements）、读取 Array 下限（LOWER_BOUND）、读取 Array 上限（UPPER_BOUND）、读取域（Field Read）、写入域（Field Write）。在一般的控制系统中，这些指令使用得比较少，在此不一一介绍。

3.7 转换操作指令

（1）基本转换指令（CONV）

基本转换指令是一条非常灵活的指令，通过它可以选择适当的指令进行各种基础数据类型之间的转换。图 3-55 所示的指令是将 16 位整数转换为 32 位整数。它先读取“IN”端变量中 16 位整数的内容，转换为 32 位整数后，输出到“OUT”处。

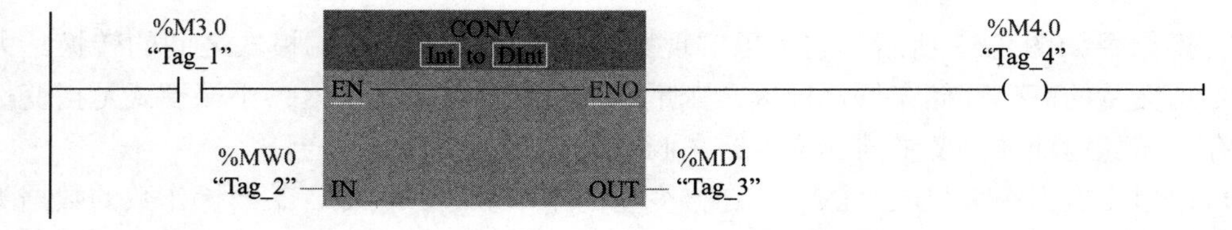

图 3-55 基本转换指令（16 位整数转换为 32 位整数）

（2）取整数指令（ROUND）

取整数指令见图3-56，实数变量添加在“IN”端，对其进行四舍五入后取出整数部分，并转换为整型变量，输出到“OUT”处。

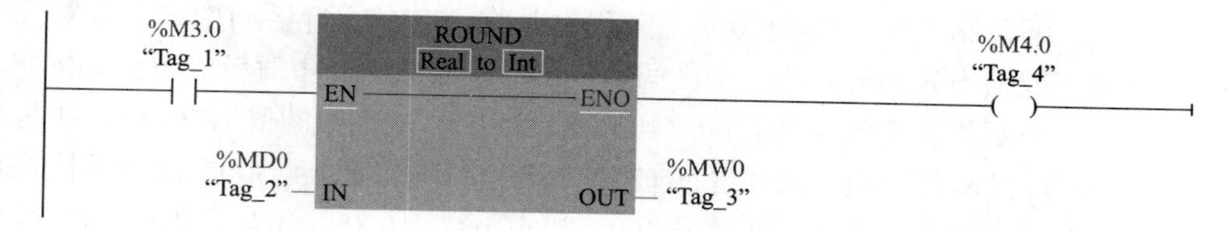

图3-56 取整数指令

（3）浮点数向上取整指令（CEIL）

浮点数向上取整指令见图3-57，浮点数变量添加在“IN”端，从中向上取出最大的整数部分，并转换为整型变量，输出到“OUT”处。

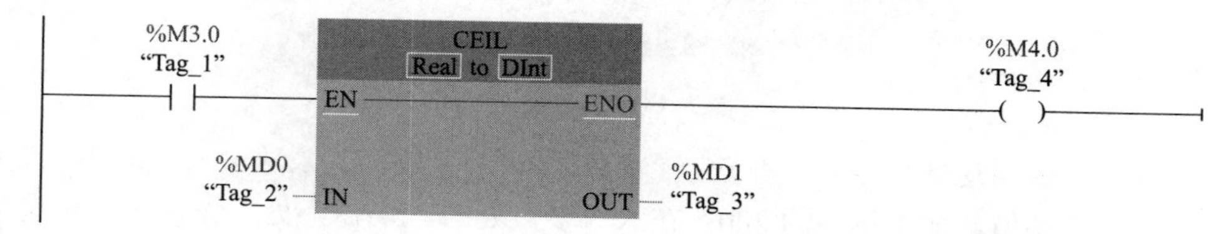

图3-57 浮点数向上取整指令

（4）浮点数向下取整指令（FLOOR）

浮点数向下取整指令见图3-58，浮点数变量添加在“IN”端，从中向下取出相邻的整数部分，并转换为整型变量，输出到“OUT”处。

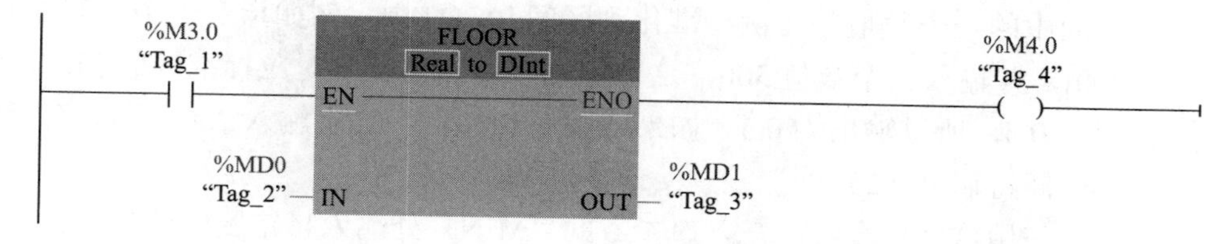

图3-58 浮点数向下取整指令

（5）截尾取整指令（TRUNC）

截尾取整指令见图3-59，“IN”端输入浮点数，指令仅选取这个浮点数的整数部分，并转换为整型变量，发送到“OUT”端。

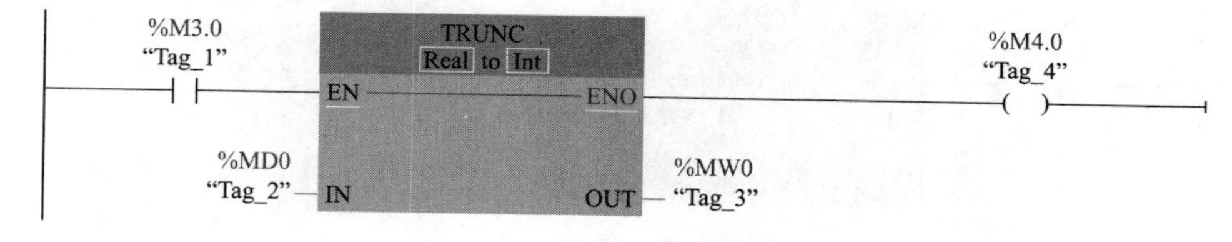

图3-59 截尾取整指令

(6)缩放指令(SCALE_X)

在模拟量控制系统中，将缩放指令与标准化指令配合使用，可以实现测量值与 AD 值之间的转换。

缩放指令如图 3-60 所示，其用途是将一个 [0，1] 区间中的小数等比例放大（或缩小）到另外的一个区间中，然后输出该区间中对应的数值。例如，将一个小数等比例放大到 [200，400] 的区间中，当小数的值为 0.5 时，正好处于 [0，1] 区间的中间，而在区间 [200，400] 中，中间值是 300，所以等比例放大到 [200，400] 区间后，数值是 300。如果小数为 0.25，那么它在 [0，1] 区间中，是处在靠近“0”端的 1/4 处，对应 [200，400] 区间的值为 250。

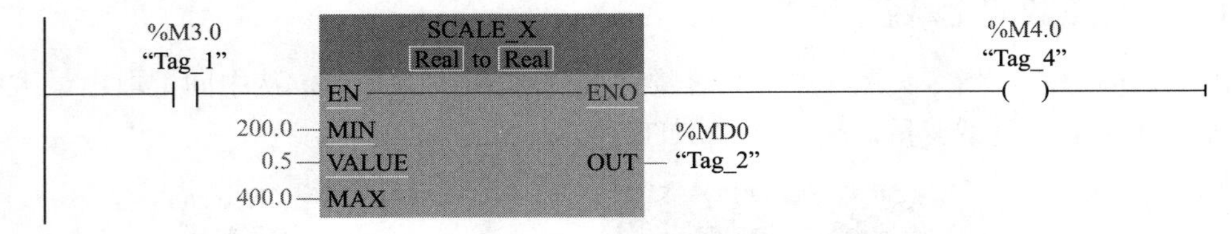

图 3-60 缩放指令

使用这条指令时，在入口参数的“MIN”处，输入放大（或缩小）后区间的最小值，如本例中的 200；在入口参数处的“MAX”处，输入放大（或缩小）后区间的最大值，如本例中的 400；在 VALUE 处输入 [0，1] 区间中的小数，例如 0.5；出口参数“OUT”输出计算的结果。

(7)标准化指令(NORM_X)

标准化指令如图 3-61 所示，它的功能与缩放指令正好相反，可以将指定区间中的一个数值等比例标准化到区间 [0，1] 中。例如指定一个区间为 [200，400]，并输入一个数值 300，这个值处于中间位置，对应标准区间 [0，1] 的位置是 0.5，所以输出为 0.5。如果在区间 [200，400] 中输入 250，那么对应的标准区间将输出 0.25。

使用这条指令时，在入口参数的“MIN”处输入指定区间的最小值，如本例中的 200；在入口参数“MAX”处输入指定区间的最大值，如本例中的 400；在 VALUE 处输入一个指定区间中的数值，如本例中的 300；出口参数“OUT”输出计算的结果，也就是将指定区间线性转化为标准区间 [0，1] 之后，标准区间中与“VALUE”端所对应的数值。

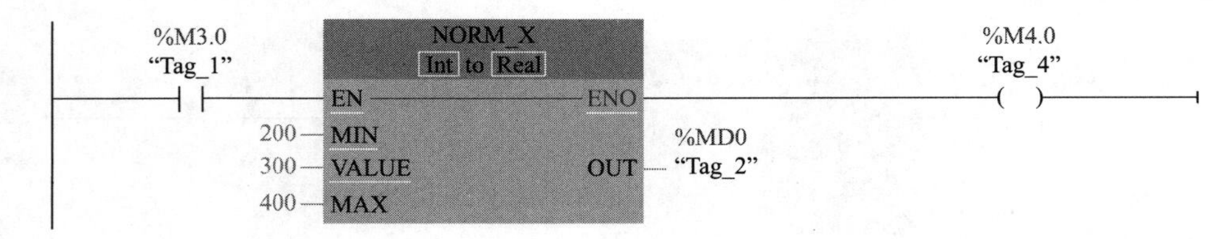

图 3-61 标准化指令

3.8 程序控制指令

（1）逻辑“1”跳转指令 [-(JMP)]

（2）跳转标签指令（LABEL）

这两条指令见图 3-62。在编程时，这两条指令必须同时使用。

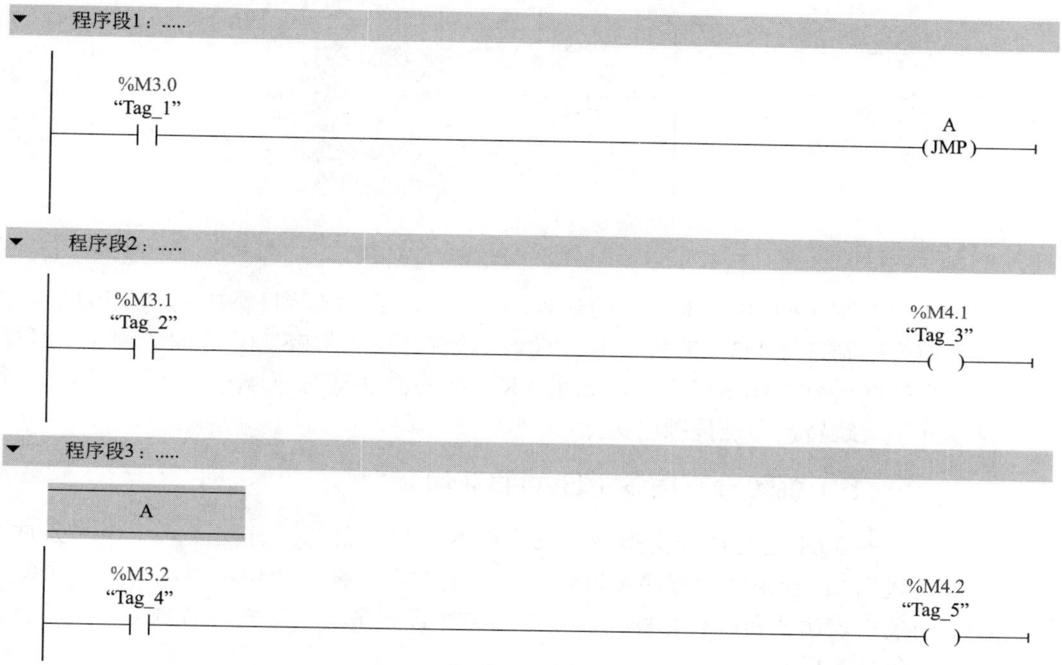

程序段1：.....

%M3.0 “Tag_1” —| |— A (JMP)

程序段2：.....

%M3.1 “Tag_2” —| |— %M4.1 “Tag_3” ( )

程序段3：.....

A

%M3.2 “Tag_4” —| |— %M4.2 “Tag_5” ( )

图 3-62 逻辑“1”跳转指令、跳转标签指令

在跳转指令（JMP）的上方，有一个标记“A”，它是跳转标签，明确地指示要跳转到哪个程序段。跳转标签是通过跳转标签指令添加的。在梯形图程序编辑完之后，将这个指令添加到跳转目标所在程序段的程序上，标签就会自动进入到该程序段的下方（在图 3-62 中程序段 3 的下方），然后再在 JMP 指令的上方标注这个标签“A”。

在图 3-62 中，当前方控制信号 M3.0 为“1”时，执行跳转指令。因为跳转标签在程序段 3 中，程序直接从程序段 1 跳转到程序段 3，中间的程序段 2 不执行。当 M3.0 无控制信号时，不执行跳转，系统按照程序段 1 →程序段 2 →程序段 3 的顺序执行。

跳转标签与指定跳转标签的指令必须位于同一数据块中，跳转标签的名称在块中只能分配一次。S7-1200 最多可以设置 32 个跳转标签。

（3）逻辑“0”跳转指令 [-(JMPN)]

这条指令与逻辑“1”跳转指令刚好相反，当前方控制信号为“0”时，执行跳转指令，

程序跳转到有跳转标签的程序段；当前方有控制信号时，不执行跳转，系统按照程序段的既定顺序执行。

（4）跳转列表指令（JMP_LIST）

图 3-63 是跳转列表指令。默认的出口参数只有两个（DEST0、DEST1），通过下方的黄色星状标记可以继续添加若干个出口参数作为跳转目标。每个跳转目标都必须连接一个 LABEL 标签。每个跳转目标都有一个号，编号从 0 开始，在图 3-63 中是 L0 ～ L3。“K”是指令的入口参数，连接一个无符号的整型变量。

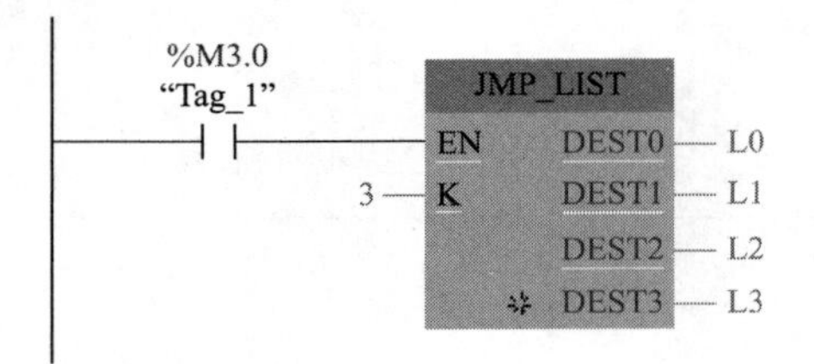

图 3-63　跳转列表指令

在图 3-63 中，“K”端的输入值“3”对应着跳转目标中的“DEST3”。当前方控制信号 M3.0 的状态为“1”时，该指令与“DEST3”之间的程序不运行，直接跳转到“DEST3”处。如果“K”端的值没有对应编号的跳转目标，则程序不会跳转，而是按顺序执行。

（5）跳转分支指令（SWITCH）

图 3-64 是跳转分支指令。在它的入口参数部分，分配了若干个“条件表达式”，符合条件的程序可以进行相应的跳转。在指令中可以添加若干个配对的条件表达式和跳转目标。在指令的左侧设置条件表达式，右侧填写跳转目标和各自的标签。

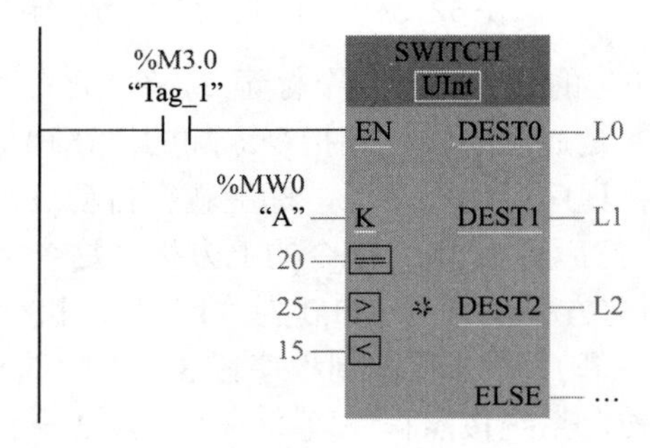

图 3-64　跳转分支指令

在图 3-64 中，入口参数处的“==”与跳转目标 DEST0 配对；入口参数处的“＞”与跳转目标 DEST1 配对；入口参数处的“＜”与跳转目标 DEST2 配对。当“K”处的输入值等于 20 时，跳转到标签 L0 处；当“K”处的输入值大于 25 时，跳转到标签 L1 处；当“K”处的输入值小于 15 时，跳转到标签 L2 处。

（6）返回指令 [-(RET)]

返回指令如图 3-65 所示，它添加在 FC 或 FB 中，在指令上方输入一个布尔量（例如图中的 M4.0）。当前方的 M3.0 有控制信号时，执行该指令，结束该 FC 或 FB 的调用，返回到上级的程序中。

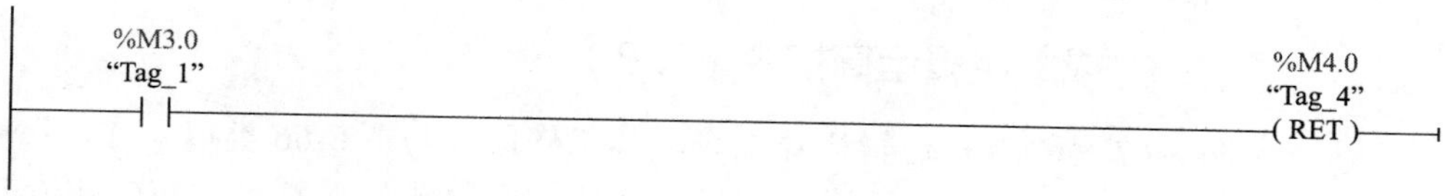

图 3-65 返回指令

如果返回指令上方的布尔量为“1”，则返回到上级程序后，FC 或 FB 的使能端“ENO”有信号输出，可以继续运行挂在“ENO”后方的程序。如果返回指令上方的布尔量为“0”，则返回到上级程序后，FC 或 FB 的使能端“ENO”没有信号输出。

（7）其他程序控制指令

其他程序控制指令：限制和启用密码验证（ENDIS_PW）、重置循环周期监视时间（RE_TRIGR）、退出程序（STP）、获取本地错误信息（GET_ERROR）、获取本地错误 ID（GET_ERR_ID）、测量程序运行时间（RUNTIME）。这些指令在控制系统中用得不多，在此不一一介绍。

3.9 字逻辑运算指令

这类指令的用途是对字节（Byte）、字（Word）、双字（DWord）、长字（LWord）之类的变量进行逻辑运算。

（1）“与”逻辑运算指令（AND）

图 3-66 是“与”逻辑运算指令。其中“IN1”和“IN2”是输入端，“OUT”是输出端。变量的数据类型是“字”。当前方的控制信号为“1”时，第一个字类型变量中的每一位，与第二个字类型变量中对应的位进行“与”运算，并将结果写到输出变量相对应的位中。

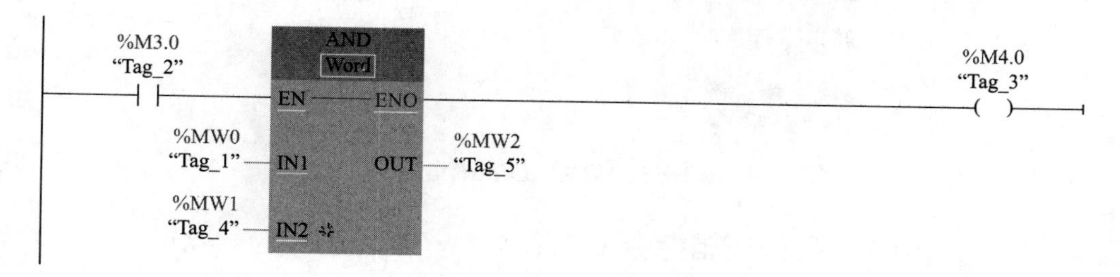

图 3-66 “与”逻辑运算指令

例如,“IN1”所连接变量的 0 位与“IN2”所连接变量的 0 位进行“与”运算,并将输出存储到“OUT”的 0 位中。其他位也都执行相同的“与”逻辑运算。参与逻辑运算的两个对应位中,如果信号均为“1”,“OUT”的对应位才为“1”,同时使能端“ENO”和赋值线圈 M4.0 也置“1”。如果某一个位的信号为“0”,输出端对应的位也为“0”。

(2)“或”逻辑运算指令(OR)

图 3-67 是“或”逻辑运算指令,其工作原理与图 3-66 类似。“IN1”所连接变量的 0 位,与 IN2 所连接变量的 0 位进行“或”运算,并将输出存储到 OUT 的 0 位中。其他位也都执行相同的“或”逻辑运算。参与逻辑运算的两个对应位中,如果有一个信号为“1”,“OUT”的对应位就为“1”,如果两个位的信号均为“0”,输出端对应的位也为“0”。

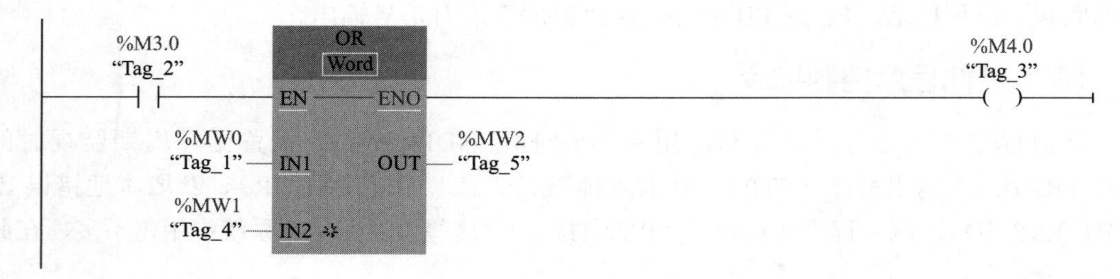

图 3-67 “或”逻辑运算指令

(3)“异或”逻辑运算指令(XOR)

图 3-68 是“异或”运算指令,其工作原理与“与”运算指令、“或”运算指令类似。“IN1”所连接变量的 0 位与 IN2 所连接变量的 0 位进行“异或”运算,并将输出存储到 OUT 的 0 位中。其他位也都执行相同的“异或”逻辑运算。参与逻辑运算的两个对应位中,如果有一个信号为“1”,另外一个为“0”,即两个信号相反,“OUT”的对应位就为“1”。如果两个位的信号均为“0”或者均为“1”,即两个信号相同,输出端对应的位就是“0”。

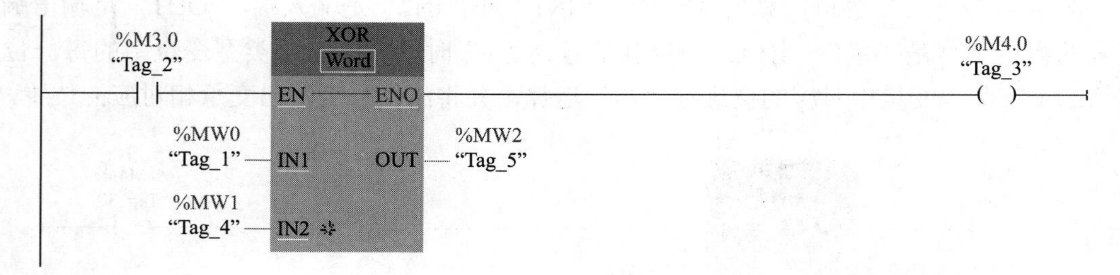

图 3-68 “异或”逻辑运算指令

(4)求反码逻辑指令(INV)

图 3-69 是求反码逻辑指令,它的用途是对入口参数“IN”所连接变量的

各个位逐个取反。“IN”的值输入后，程序自动地将它与一个十六进制的掩码（表示 16 位数的 W#16#FFFF 或表示 32 位数的 DW#FFFFFFFF）进行“异或”运算。其结果是各位的状态取反：所有的“1”都变为“0”，所有的“0”都变为“1”。

图 3-69　求反码逻辑指令

（5）编码指令（ENCO）

编码指令见图 3-70，它只有一个输入参数 IN 的一个出口参数 OUT。其作用是：读取输入参数 IN 中最低有效位的位号，并将它发送到 OUT 所连接的变量中。当控制信号 M3.0 为“1”时，对输入变量 MW0 的值从第 0 位开始往上数，最先出现“1”的位就是最低有效位，这个位的位号就是 OUT 的输出。

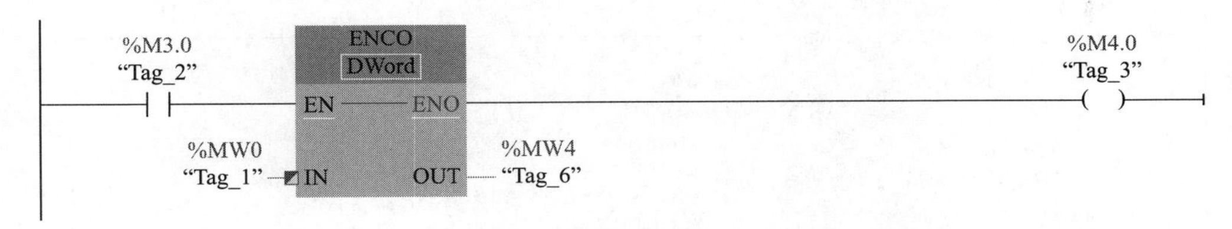

图 3-70　编码指令

这里通过图 3-71 对编码指令进行具体的说明。MW0 是连接到输入端“IN”的 32 位数，从第 0 位开始往后数，最先出现“1”的位是第 3 位，“3”就是最低有效位，也就是指令的输出。

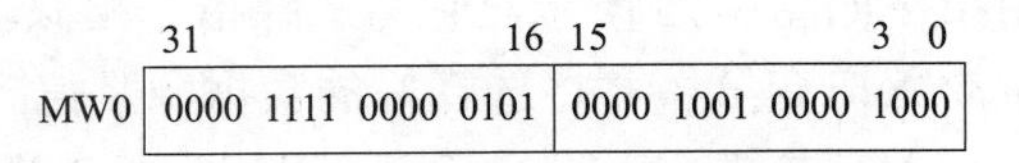

图 3-71　输入变量 MW0 最低有效位的读取

（6）解码指令（DECO）

解码指令见图 3-72，它只有一个输入参数 IN 的一个出口参数 OUT。指令先读取一个输入参数 IN 中的数值 N，然后将 OUT 中第 N 位（从 0 位开始计算）赋值为“1”，其他各位全部赋值为“0”。

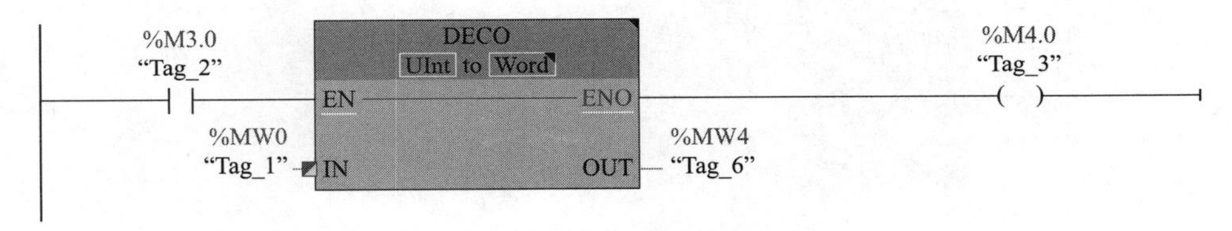

图 3-72　解码指令

下面通过图 3-73 对解码指令进行具体的说明。例如“IN”端输入的值是“3”，那么“OUT”的输出就是“1000”，即从 0 开始的第 3 位。如果输入的值大于 31，则 N 的取值为输入值除以 32 的余数。

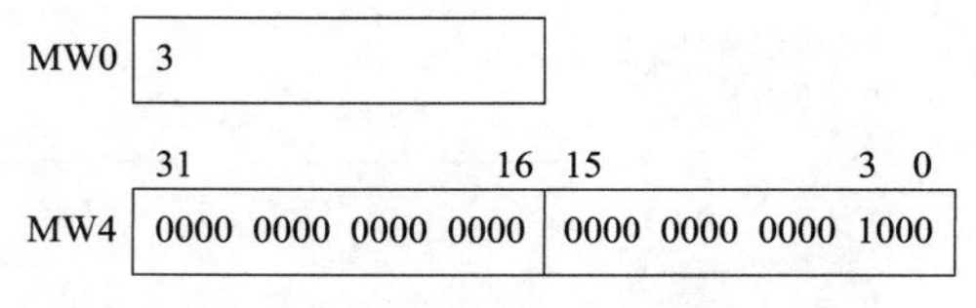

图 3-73　对解码指令的说明

（7）选择指令（SEL）

选择指令见图 3-74。图中有两个输入参数 IN0 和 IN1，一个输出参数 OUT。入口参数 G 处连接一个布尔型变量，当这个变量为“0”时，将 IN0 处输入的值赋值到 OUT 所连接的变量上；当这个变量为“1”时，将 IN1 处输入的值赋值到 OUT 所连接的变量上。

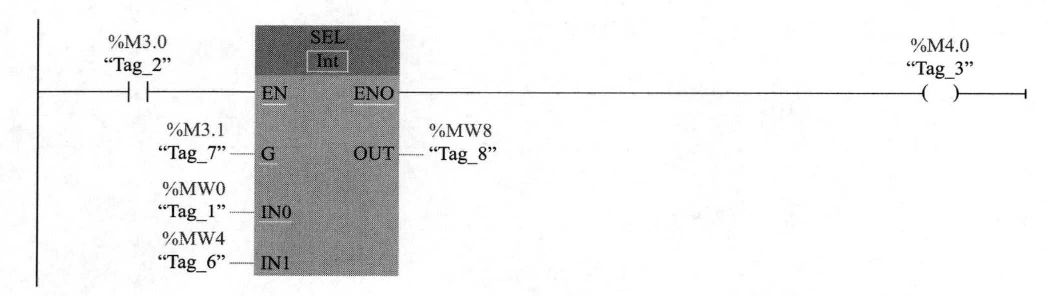

图 3-74　选择指令

（8）多路复用指令（MUX）

多路复用指令如图 3-75 所示，它与选择指令相似，但是功能更为强大。其用途是选择某个入口变量，并将选择好的数据源赋值到指定的变量上。在图中可以添加若干个入口参数（最多 32 个），以用于备选数据源。入口参数以“IN”开头，从 0 开始编号。连接变量时，需要在入口参数 K 处输入一个整型变量。“ELSE”“IN”“OUT”端子上输入相同类型的变量。

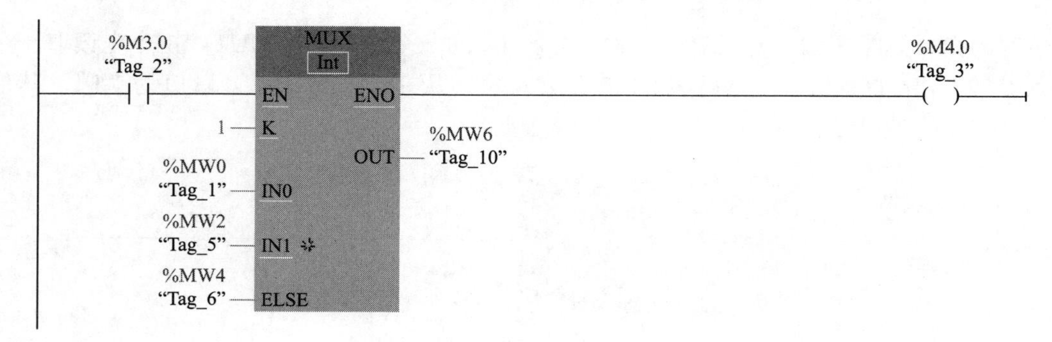

图 3-75　多路复用指令

当控制信号M3.0为“1”时，指令开始运行。在入口参数“IN”的编号中，如果与接口“K”处的值相同时，则将这个“IN”处变量的值赋值给“OUT”端子上的变量，这时使能端子“ENO”上有输出信号；如果没有相同的，就将“ELSE”上的值直接输送到“OUT”端子上，这时“ENO”端子上没有输出信号。

举例说明：如果“K”的值为“0”，那么就把“IN0”处的值赋值到“OUT”上；如果“K”的值为“1”，那么就把“IN1”处的值赋值到“OUT”上；如果“K”的值为“5”，而指令没有建立到“IN5”，那么就把“ELSE”处的值赋值到“OUT”上。在最后这种情况下，“ENO”使能端子没有输出。

（9）多路分用指令（DEMUX）

多路分用指令如图3-76所示，它与多路复用指令刚好相反。其用途是选择某个出口变量，并将指定的数据赋值到选择好的变量上。可以添加若干个出口参数，以用于数据输出目标的备选。出口参数以“OUT”开头，从0开始编号。连接变量时，需要在入口参数“K”处输入一个整型变量，并在“IN”处添加一个变量作为数据源。“ELSE”“IN”“OUT”端子上要添加相同类型的变量。

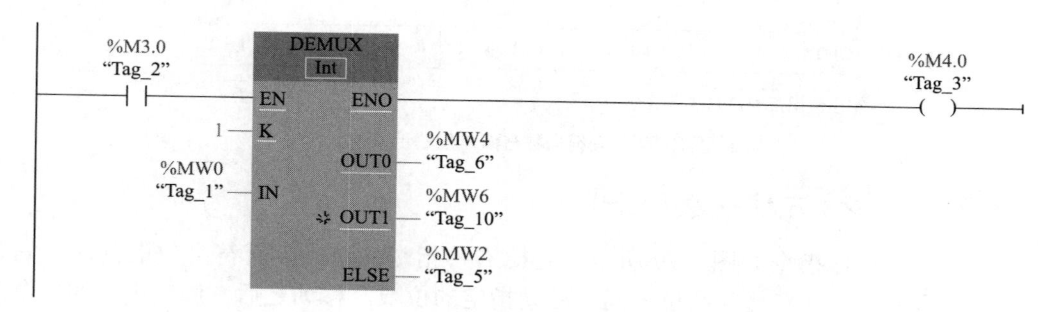

图3-76 多路分用指令

当控制信号M3.0为“1”时，指令开始运行。在出口参数“OUT”的编号中，如果与接口“K”处的值相同时，则将“IN”处变量的值赋值给这个“OUT”端子上的变量，其他“OUT”的值不变，这时使能端子“ENO”上有输出信号；如果没有相同的，就直接将“IN”上的值输送到“ELSE”端子上，这时“ENO”端子上没有输出信号。

举例说明：如果“K”的值为“0”，那么就把“IN”处的值赋值到“OUT0”上；如果K的值为“1”，那么就把“IN”处的值赋值到“OUT1”上；如果“K”的值为“5”，而指令没有建立到“OUT5”，那么就把“IN”处的值赋值到“ELSE”上。在最后这种情况下，“ENO”使能端子没有输出。

3.10 位移指令

（1）右移指令（SHR）

右移指令如图3-77所示，它将输入的操作数向右边（低位方向）移动指定的位数。图中的“N”如果为0，则“IN”的值复制到“OUT”的操作数中；如果“N”是大于0的某一个数值，则“IN”的操作数按这个数值向右移动。移动之后，左侧加入填充数。如果被移动的操作数为有符号数，则填充数就是未移动之前该操作数的符号位的值；如果被移动的操作数为无符号数，则填充数为“0”。

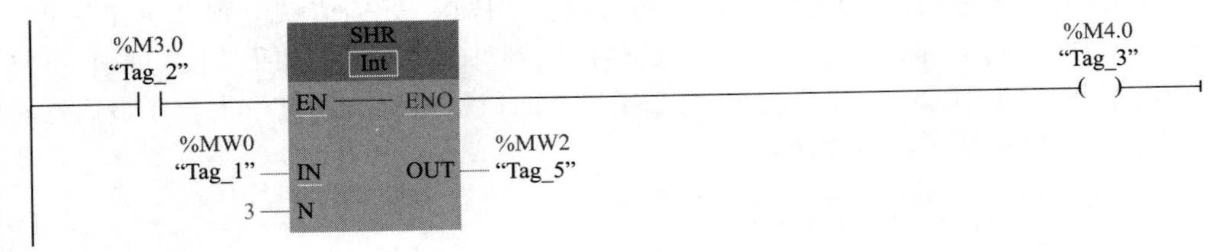

图 3-77　右移指令

图 3-78 所示为有符号数的操作数（整型数据）向右移动 4 位的示意图。

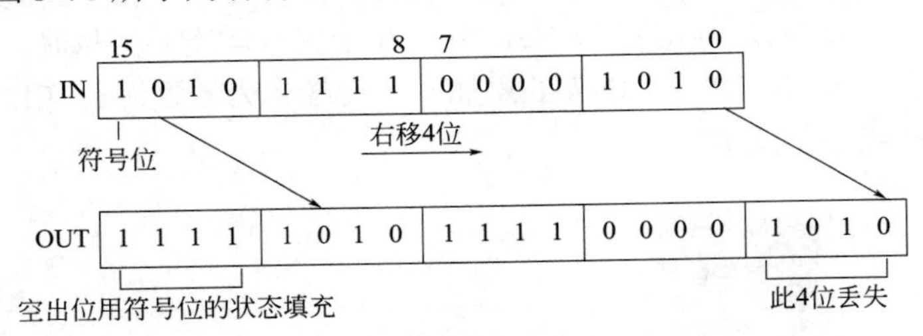

图 3-78　有符号数右移 4 位的示意图

（2）左移指令（SHL）

左移指令如图 3-79 所示，它比右移指令简单，没有符号位的问题。它是将操作数向左边（高位方向）移动指定的位数，移动之后右侧空出来的位全部填上“0”。图中的“N”如果为0，则“IN”的值复制到“OUT”的操作数中；如果“N”是大于0的某一个数值，则“IN”的操作数按这个数值向左移动。

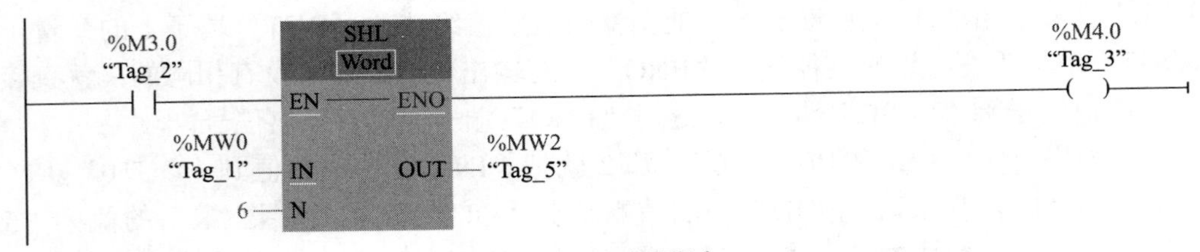

图 3-79　左移指令

图 3-80 所示为操作数（数据类型为 Word）向左移动 6 位的示意图。

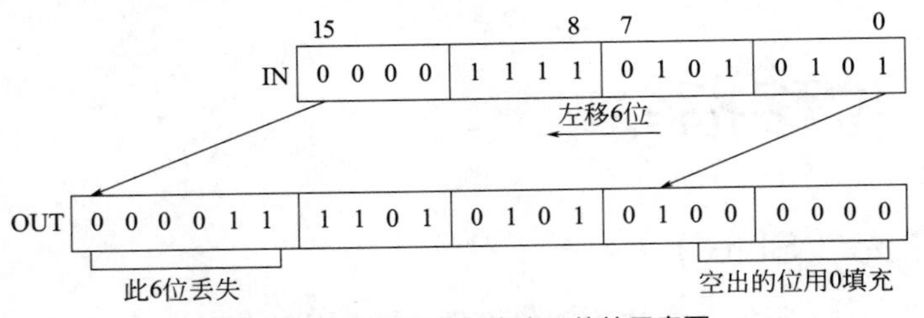

图 3-80　操作数向左移动 6 位的示意图

（3）循环右移指令（ROR）

循环右移指令见图3-81。它的用途是按照指定的位数，将“IN”端子上的操作数向右边循环移动。图中的“N”如果为0，则“IN”的值复制到“OUT”的操作数中；如果“N”是大于0的某一个数值，则“IN”的操作数按这个数值向右循环移动。

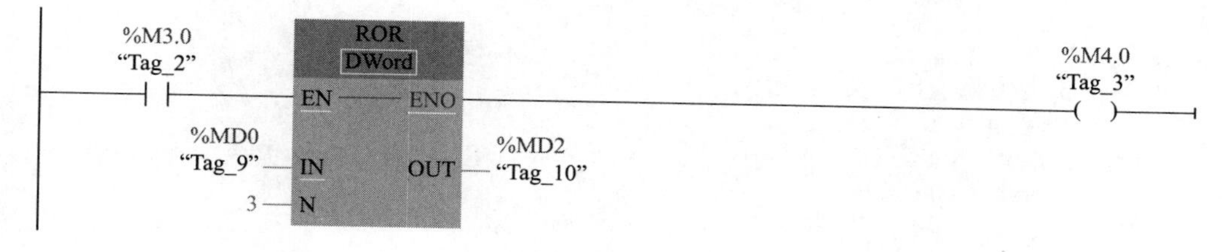

图3-81 循环右移指令

图3-82所示为操作数（数据类型为DWord）向右循环移动3位的示意图。

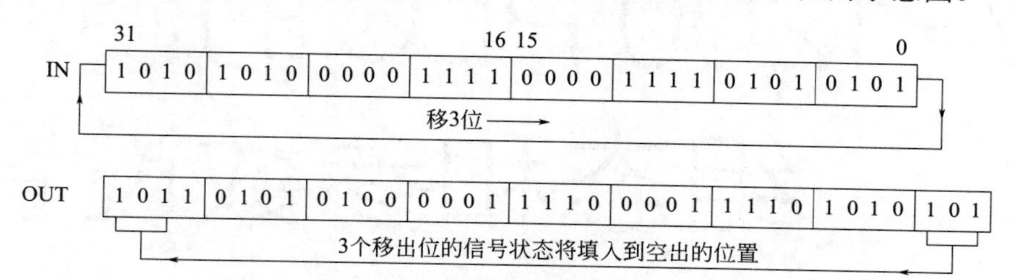

图3-82 操作数向右循环移动3位

（4）循环左移指令（ROL）

循环左移指令见图3-83。它与循环右移指令刚好相反，可以将操作数向左边循环移动指定的位数。图中的“N”如果为0，则“IN”的值直接复制到“OUT”的操作数中；如果“N”是大于0的某一个数值，则“IN”的操作数按这个数值向左循环移动。

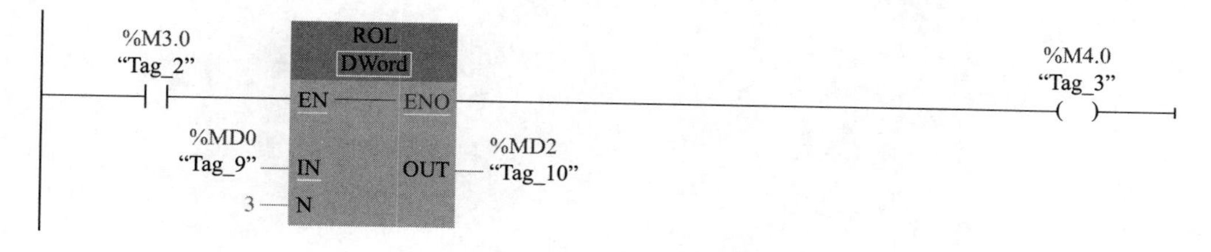

图3-83 循环左移指令

图3-84为操作数（数据类型为DWord）向左循环移动3位的示意图。

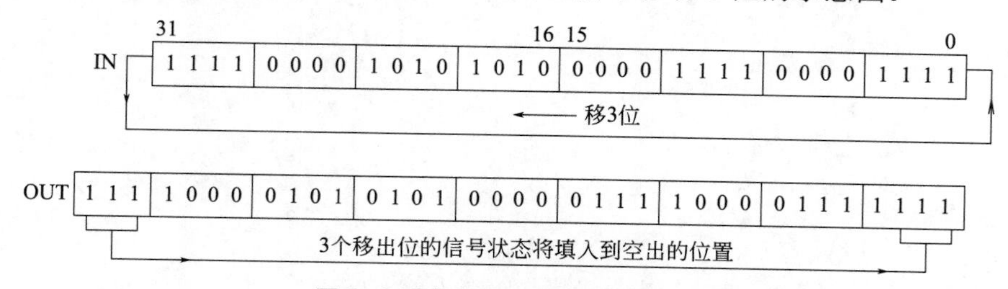

图3-84 操作数向左循环移动3位

第4章

S7-1200 PLC的硬件组态和参数设置

SIEMENS

4.1 S7-1200 PLC的硬件组态

扫一扫 看视频

在 TIA 博途环境下进行 S7-1200 的编程，首先要进行硬件组态。主要工作内容是：创建新的 S7-1200 设计工程、组态新的 CPU 机架、添加机架上的其他设备、构建设备的网络视图等。在某些情况下，还要启用模块暂存功能。下面对这些内容分别进行叙述。

4.1.1 创建新的 S7-1200 PLC 设计工程

打开 TIA 博途编程软件，点击主菜单栏中的“项目”→“新建”，弹出“创建新项目”对话框。在这个对话框中，根据工程的需要和我们自己的习惯，逐项进行设置。

在“项目名称”一栏中，设置工程项目的具体名称，例如“控制工程 1”。

在“路径”一栏中，选择设计文件的保存地址，以便于保存和调用这个文件。我们可以在桌面上设置一个“我的 TIA 设计”文件夹，在其中保存设计文件。

在“版本”一栏中，可以选择编程软件的版本为“V14”或“V14 SP1”。

最后点击“创建”按钮予以确认，如图 4-1 所示。

图 4-1 创建新项目对话框

用 TIA 博途编程软件 STEP 7 V14 SP1 创建新的工程项目时，有时候需要打开西门子早期编程软件所创建的工程项目，此时不能直接打开。正确的方法是：在编译和保存原来的项目之后，在 STEP 7 V14 SP1 中，通过两个菜单“编译→硬件（完全重建）”“编译→软件（重新编译所有块）”对项目进行完整地编译，再进行转换。这样有可能打开原来所创建的工程项目。

4.1.2 组态新的 CPU 机架

在项目树中点击“添加新设备”，弹出“添加新设备”对话框，如图 4-2 所示。在这里选择所要添加的设备。其中不仅有控制器（CPU），还有 HMI（人机界面）、PC（计算机）系统。

点击“控制器”，它就是 PLC 中的 CPU。这里有 SIMATIC S7-1200/S7-1500/S7-300/S7-400 等。如果要选取 SIMATIC S7-1200，则点击其左侧的小三角箭头和随即出现的“CPU”，弹出 S7-1200 的型号。点击有关的型号后，又会弹出 CPU 的订货号，例如 6ES7

214-1HE30-0XB0 等，选中所需的订货号，它就会展现在 CPU 列表的右边，并展示了版本号和有关的说明，从中可知这台 CPU 的基本配置。一般来说新版本的 CPU 性能比老版本更好，比如做仿真分析时就需要 V4.0 以上的版本，所以最好选用比较新的版本。最后别忘记点击右下角的“确定”。

完成 CPU 的添加后，在项目树中就会出现刚刚添加的设备。与此同时，TIA 博途编程软件会自动创建硬件组态界面，这个界面就是 CPU 的机架，如图 4-3 所示。

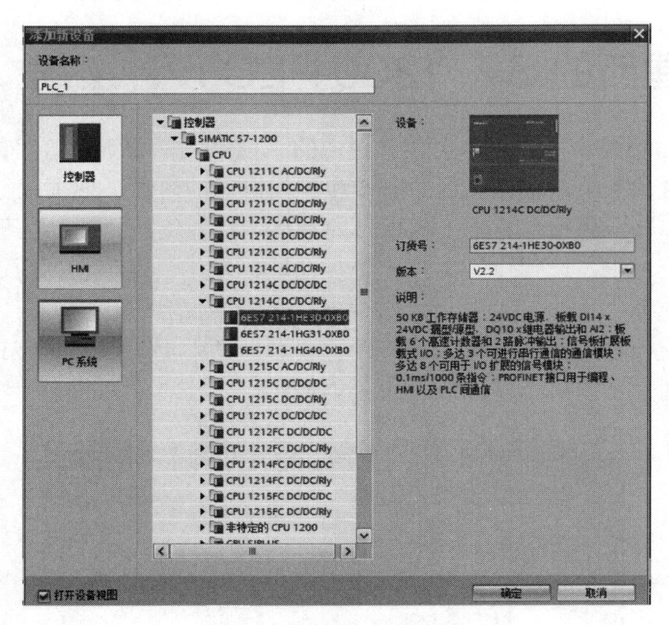

图 4-2　添加新设备对话框

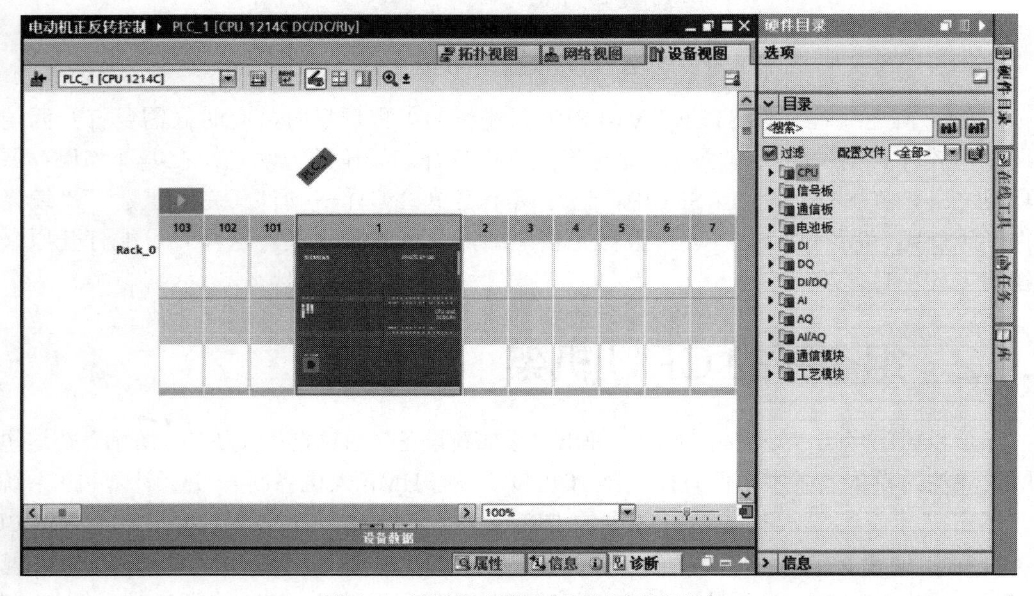

图 4-3　硬件组态界面（CPU 本体机架）

右击图4-3机架上的CPU本体模块，调出其属性菜单，展开“常规”选项卡下面的“目录信息”，就可以看到这个模块的有关信息，其中有短名称、描述、订货号、固件版本等，如图 4-4 所示。

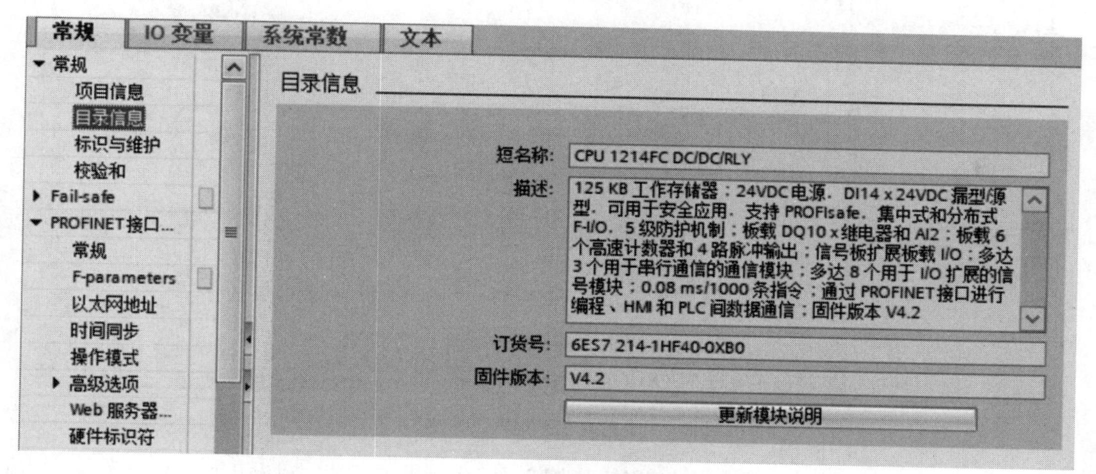

图 4-4　CPU 本体模块的目录信息

4.1.3　添加机架上的其他设备

组态了 CPU 机架后，在图 4-3 中显示了一排插槽，机架上其他的模块都在这里添加。CPU 模块的左边是通信模块的 3 个插槽（101 ～ 103），添加通信模块时从 101 号插槽开始。CPU 模块的右边是 I/O 模块的 8 个插槽，添加模块时从 2 号插槽开始。但是 CPU 1211C 的右边没有插槽，不能添加 I/O 模块；CPU 1212C 的右边只有 2 个插槽，只能添加 2 个 I/O 模块。

在图4-3组态界面右上角，出现了3个选项卡，分别是设备视图、网络视图、拓扑视图。

设备视图就在图 4-3 中，CPU 本体机架上所需的各种模块（CPU 模块、数字量输入/输出模块、模拟量输入/输出模块、通信模块等）都在这里组合。

在图 4-3 的右侧，显示了名为“硬件目录”的资源卡，提供用于组态的设备和各种模块。资源卡的上方有一个搜索栏，如果输入检索信息（通常是输入需要模块的订货号），然后单击右侧的“向上检索”或“向下检索”按钮，就会在硬件目录中检索到有关的信息。

在搜索栏下面，有一个“过滤器”复选择框，一般情况下使用它的默认状态。如果它被打钩，资源卡中只显示适用于当前工作区的各种模块；如果去掉勾，则会显示多种类型的模块，但是这些模块大部分在当前不需要使用。

接着，根据工程需要，在“硬件目录”资源卡中找到合适的模块，确定其订货号，然后直接拖拽至 CPU 机架上，放置在某一个槽上。通信模块放置在 CPU 左边，其他模块放置在 CPU 右边。也可以在资源卡中双击这个模块，使它直接进入到槽号最小的空白槽中。

下面，在图 4-3 的 CPU 本体上，添加了 3 个模块，从左至右分别是数字量输入模块 DI/DQ、模拟量输入模块 AI、模拟量输出模块 AQ、如图 4-5 所示。

已经组态在 CPU 机架上的各种设备可以在“设备概览”表中查看。

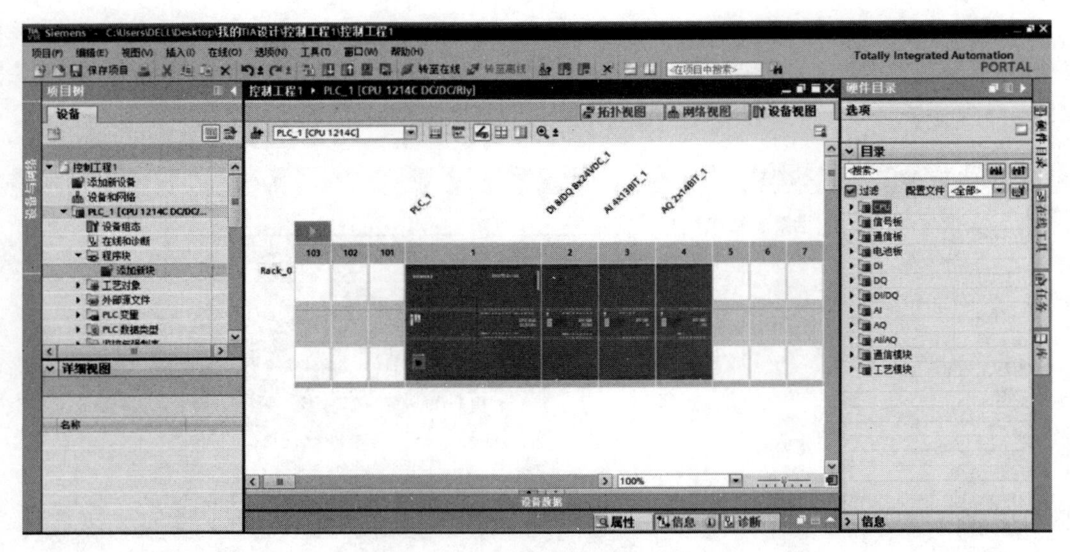

图 4-5　在 CPU 机架上添加模块

点击图 4-5 下方的“设备数据”按钮，或点击这个按钮上方的黑色小三角箭头，就会向上方弹出“设备概览”表。表中展示出已组态设备的一些概况，例如 CPU 型号、订货号、插槽、I/O 地址等，如图 4-6 所示。这些内容也可以在“设备概览”表中修改。

设备视图

设备概览

模块	插槽	I 地址	Q 地址	类型	订货号	固件
	101					
▾ PLC_1	1			CPU 1215FC DC/DC/RLY	6ES7 215-1HF40-0XB0	V4.2
DI 14/DQ 10_1	1 1	0...1	0...1	DI 14/DQ 10		
AI 2/AQ 2_1	1 2	64...67	64...67	AI 2/AQ 2		
	1 3					
HSC_1	1 16	1000...10...		HSC		
HSC_2	1 17	1004...10...		HSC		
HSC_3	1 18	1008...10...		HSC		
HSC_4	1 19	1012...10...		HSC		
HSC_5	1 20	1016...10...		HSC		
HSC_6	1 21	1020...10...		HSC		
Pulse_1	1 32		1000...10...	脉冲发生器 (PTO/PWM)		
Pulse_2	1 33		1002...10...	脉冲发生器 (PTO/PWM)		
Pulse_3	1 34		1004...10...	脉冲发生器 (PTO/PWM)		
Pulse_4	1 35		1006...10...	脉冲发生器 (PTO/PWM)		
▸ PROFINET接口_1	1 X1			PROFINET接口		
DI 8/DQ 8x24VDC_1	2	2	2	SM 1223 DI8/DQ8 x 24...	6ES7 223-1BH30-0XB0	V1.0
AI 4x13BIT_1	3	112...119		SM 1231 AI4	6ES7 231-4HD30-0XB0	V1.0
AQ 2x14BIT_1	4		128...131	SM 1232 AQ2	6ES7 232-4HB30-0XB0	V1.0
	5					

图 4-6　设备概览表

如果要收起“设备概览”表，可以点击表上方的黑色小三角箭头。

在图 4-5 的右下方，也有三个选项卡，分别是属性、信息、诊断。它们属于巡视窗口，具体内容已经在第 2 章的 2.4.6 中进行了介绍。

4.1.4 启用模块暂存功能

在进行 S7-1200 的硬件设备组态时，TIA 博途编程软件还提供了“模块暂存”功能，它为编程提供了方便。

在组态过程中，有时出现这样的情况：精心设置的串口模块，其中的各项参数都已经设置完毕，但是模块还没有到货。如果在忽略该模块的情况下先调试其他的部件，则必须在已经组态的设备中删除这个模块，这样会前功尽弃，以后还要重新设置各项参数。

这时，可以使用软件中的“模块暂存”功能，将已经设置好参数但是暂时没有到货的模块放入暂存区。待模块到货安装后，再从暂存区取出这个模块，拖拽到机架的相应位置上。

例如，在图 4-5 的机架上，数字量输入模块 DI/DQ、模拟量输入模块 AI 目前没有到货，需要将它们放入暂存区中。具体的操作方法是：在图 4-5 中，左上角 CPU 型号右边有一个“拔出的模块”按钮，单击该按钮，在机架上方出现一个模块暂存区。接着，将机架上已经组态的这 2 个模块拖拽到暂存区中，该模块便携带着其内部的参数一起存入到暂存区中，如图 4-7 所示。

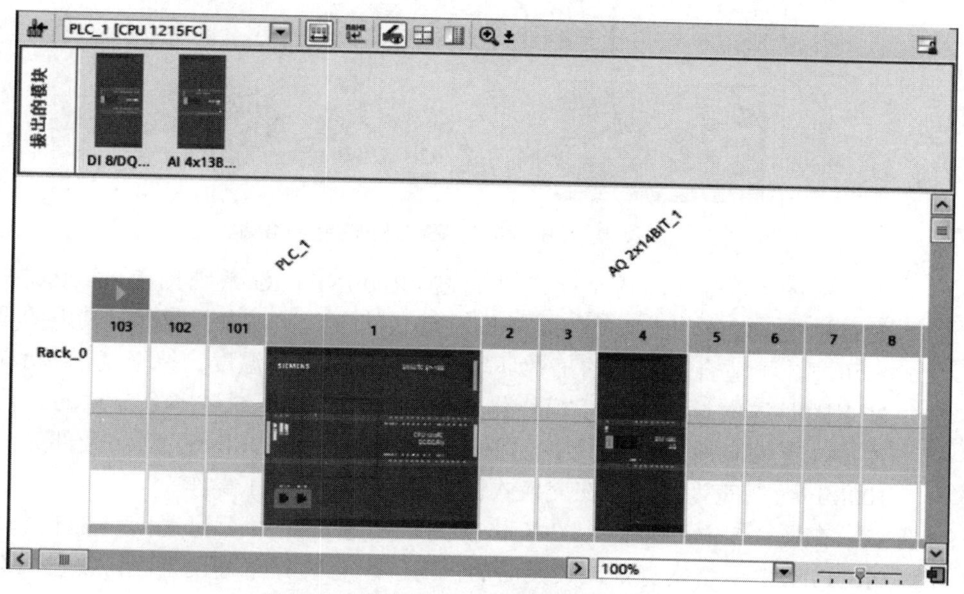

图 4-7　将机架上已经组态的模块放入暂存区

模块到货并在机架上完成硬件安装后，再用鼠标将暂存区中的模块拖拽到机架上，放入相应的槽号中。

4.1.5 构建设备的网络视图

在 TIA 博途环境下，可以同时对多个 S7-1200 型 PLC 进行硬件配置和软件编程。在实际工程中，除 CPU 本体和扩展模块之外，还可能添加分布式 I/O、HMI 等，这些设备都可以从资源卡中调取。当组态这些设备后，就必须建立它们与 CPU 之间的联系，以及多台 PLC 之间的联系，这就是构建网络视图。

点击图 4-5 上部的“网络视图”按钮，就可以构建网络视图。设计工程中的所有设备，包括多台 CPU、分布式 I/O 机架、HMI 等，都要在这里添加，并创建相互之间的连接关系。

如图 4-8 所示，有 2 台 PLC, 一台是 CPU 1215C，另外一台是 CPU 1212C，还有一个人机界面、一台分布式 I/O，对它们进行 PROFINET 网络连接。在各个组件中，都有一个绿色的小方块，一般是位于下方或左下角。用鼠标左键在这个小方块之间互相拖拽，然后松开鼠标，就会自动地将各个组件互相连接起来，构建成一个完整的网络。

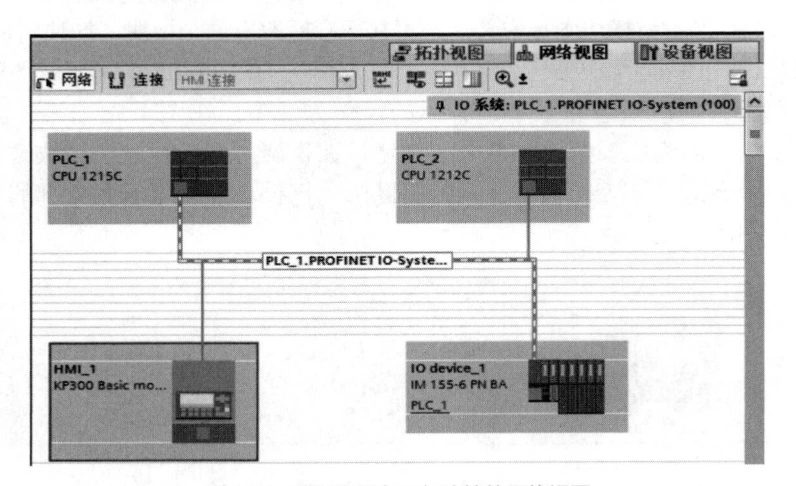

图 4-8　将所有设备互相连接的网络视图

从图 4-8 可知，这个网络是通过 PROFINET IO 系统构建的。PROFINET 的目标是：基于工业以太网，建立开放式的自动化以太网标准，其中的设备稳定可靠，更适合于复杂的工业环境（比如适应各种温度、抗干扰），允许所有站点随时访问。它实现了模块化、分布式的通信，通过多个节点的并行数据传输，更为高效地使用网络。PROFINET IO 是 PROFINET 的一个部分，它以 100Mbit/s 带宽为基础，在交换式以太网中进行全双工操作。

在图 4-5 中还有一个“拓扑视图”的选项，用于配置网络的拓扑结构。PROFINET 网络本身是比较灵活的，对于所有的分布式设备，只要它们都连接在一个网络下，就可以正常地使用，不需要严格地限制某个端口必须连接到另外一个特定的设备，所以一般情况下不需要在这个视图中进行配置。

4.2　设置CPU模块的各项参数

4.2.1　设置 PROFINET 通信参数

CPU 机架上的设备组态完毕后，就可以设置 CPU 的 PROFINET 参数。

在图4-3中，依次点击CPU模块→“属性”→“常规”→PROFINET接口，弹出图4-9所示的“PROFINET接口”界面，在其中进行以下栏目的设置：

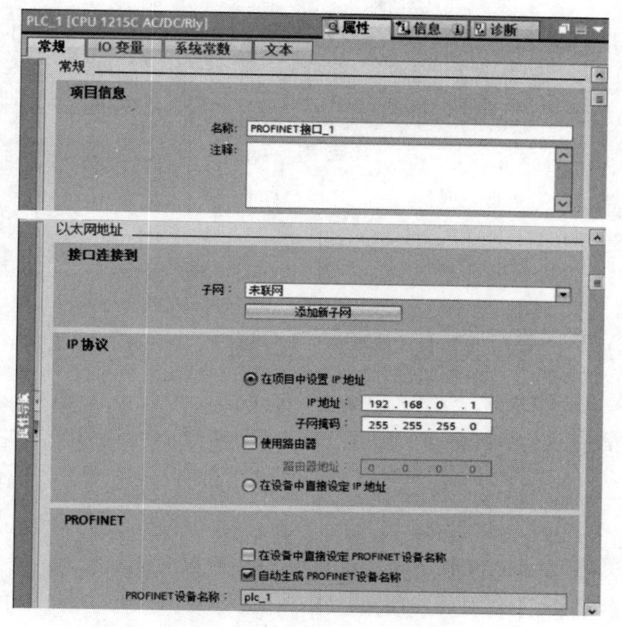

图4-9 设置CPU模块的PROFINET接口参数

① 在“名称”一栏中，选择“PROFINET接口_1”。

② 在“接口连接到”栏目中，所连接的子网是一套控制网络的名称。在建立连接关系之后，软件会自动建立下面的子网并设置其属性。

③ 在“IP协议”栏目中，选择“在项目中设置IP地址”，然后写入IP地址和子网掩码，子网掩码必须与在线设置保持一致。

④ 在“PROFINET”栏目中，有3种选择：

第一种是勾选“在设备中直接设定PROFINET设备名称”，此时设备名称需要由程序运行“T-CONFIG”指令，并在其中设置。

第二种是勾选“自动生成PROFINET设备名称”，此时由软件根据该设备在“通用”属性中的名称，自动生成PROFINET设备名称。

第三种是自行在下方的“PROFINET设备名称”中输入一个名称，这个名称必须与在线设置时所设定的名称一致，在这里我们选择“plc_1”。

4.2.2 设置CPU的启动参数

对于一般的PLC来说，模式开关在“STOP”位置就是停止，在“RUN”位置就是运行。但是对于S7-1200型PLC来说，当PLC上电后，即使模式开关在“RUN”位置，也不一定能运行。这是因为CPU模块的一个属性需要设置。

在硬件组态界面中，右击PLC模块打开其属性，在左边的“常规”选项卡下面找到“启动”选项，展开“启动”对话框，如图4-10所示。

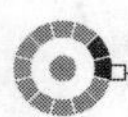

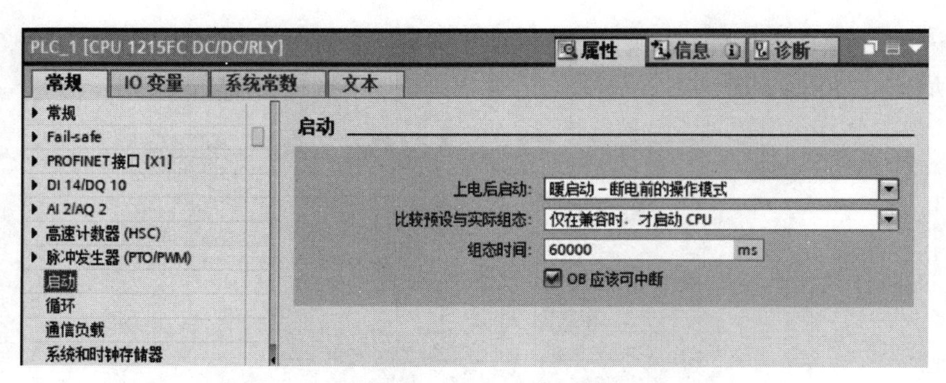

图 4-10　CPU 启动模式的选择

（1）“上电后启动”栏目的设置

在这个栏目中，列出了 3 种启动模式，可以从中选择一种。

① 暖启动-断电前的操作模式：这是默认的选项。CPU 上电后，仍然按照断电之前的操作模式启动。关机之前是什么状态，上电后仍然保持原来的状态。

② 暖启动 -RUN 模式：上电后直接进入 RUN 模式。

③ 不重新启动（保持为 STOP 模式）：CPU 上电后，直接进入 STOP 模式。

下面解释一下几种启动模式：

冷启动：断电后重新上电进行启动。

暖启动：PLC 上电后，CPU 的拨动开关由 STOP 位置拨到 RUN 位置，或者由原来的 STOP 设置改为 RUN 设置。

热启动：由 PG/PC 强制 CPU 从 RUN 模式进入 STOP 模式，然后再强制回到 RUN 模式。

这 3 种启动方式的区别是：冷启动时，CPU 从自检开始，调入程序数据，然后从头执行程序。暖启动时，CPU 不再进行自检，只是从头执行程序。热启动时，CPU 延续 STOP 模式之前的程序状态，继续执行下去。

（2）“比较预设与实际组态”栏目的设置

在这个栏目中，定义了 PLC 站的实际组态与当前组态不匹配时的启动特性。

①“仅在兼容时，才启动 CPU”：所组态的模块与实际模块兼容时，才能启动 CPU。

②“即便不兼容时，也启动 CPU”：所组态的模块与实际模块不兼容时，也能启动 CPU。在这种情况下，用户程序不能正常运行，所以要慎重选择该项。

匹配（兼容性）是指所组态模块与当前模块的输入和输出通道相匹配，而且电气功能特性也匹配，或功能更多。此时兼容模块完全可以替换已组态的模块。

例如，某数字量输入模块具有 16 个通道，它可以兼容并替换 8 个通道的数字量输入模块，反之则不能兼容和替换。16 个通道的晶体管数字量输出模块，也不能兼容和替换 16 个通道的继电器数字量输出模块。

（3）“组态时间”栏目的设置

在这个栏目中，为集中式和分布式I/O分配启动时间，包括为CM和CP提供电压和通信参数的时间。如果在设置的“组态时间”内完成了集中式和分布式I/O的参数分配，则CPU立即启动；如果在设置的“组态时间”内未能完成参数分配，则CPU自动切换到RUN模式，但不会启动集中式和分布式I/O。

（4）“OB应该可中断”选项

勾选这一项之后，在OB运行时，优先级更高的中断可以中断当前的OB。在优先级更高的中断处理完毕后，会继续处理被中断的OB。如果不勾选这一项，则优先级大于2的任何中断只能中断循环OB，而优先级为2～25的OB不会被优先级更高的OB所中断。

4.2.3 CPU不能启动的问题

① CPU断电后，再次上电，CPU并没有报告任何错误，但是不能运行。这种情况一般有两种原因：

一是CPU没有硬件开关用于启动/停止控制，上电之后的启动/停止是由CPU属性中的“启动”选项来决定，见图4-10。其中默认的选项是“暖启动-断电前的操作模式”，如果在断电之前CPU因故障而停止，那么再次上电之后，即使没有故障，CPU也会保持断电之前的状态，保持STOP模式。

二是在图4-10中设置为“不重新启动”，则在CPU上电后，直接进入STOP模式。

在这两种情况下，需要通过软件的在线功能重新启动CPU，将启动选项设置为“暖启动-RUN模式”，以保证在没有错误的情况下，上电后直接进入RUN模式。

②“启动”选项设置为“暖启动-RUN模式”，但是在下载组态后，CPU无法启动，而ERROR指示灯也没有报错。此时查看诊断缓冲区，通常可以发现报错：“没有可用于中央设备选件处理的数据记录或无效”。

造成这种错误的原因是：在CPU属性的“组态控制”中，已经激活了“允许通过用户程序重新组态设备”，但是所启动的OB并没有传送有效的组态数据，导致CPU从RUN模式返回到STOP模式，因而启动失败。

4.2.4 设置CPU模块的其他参数

在CPU的“属性”→“常规”选项卡下面，除了前面所述的一些参数之外，还有多种参数，其中很多参数可以采用默认值，有些参数则需要进行一些设置。用户可以根据实际情况，选择相关的参数并进行必要的设置。例如：

① 在“项目信息”中，可以编辑项目的名称、作者、注释等信息，如图4-11所示。

② 在“支持多语言”中，选取中文或其他语言，如图4-12所示。

③ 在“防护与安全”→“访问级别”中，设置CPU的访问级别、权限、密码等，如图4-13所示。

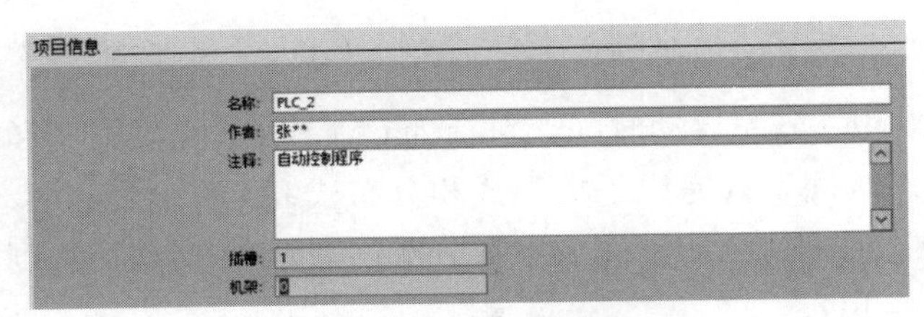

图 4-11　项目信息中的设置

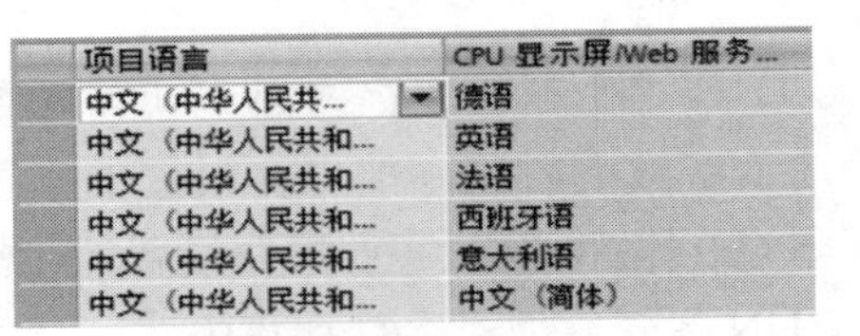

图 4-12　选取中文或其他语言

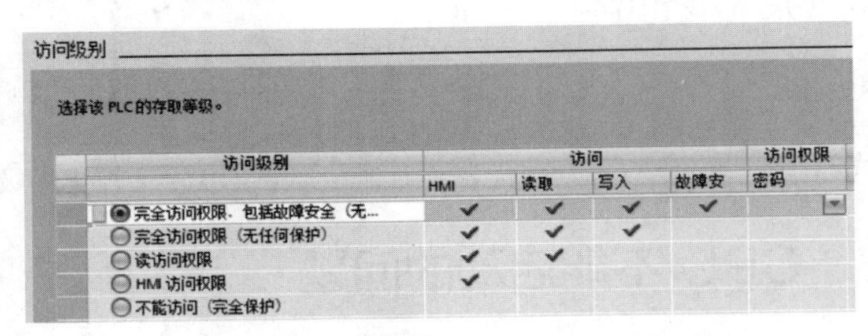

图 4-13　设置访问级别、权限、密码

④ 如果需要使用高速计数器（HSC），则选择其中的若干个通道，勾选“启用该高速计数器”，并设置其中的名称、注释、计数类型、工作模式等，如图 4-14 所示。

⑤ 如果需要使用脉冲发生器，则选择其中的若干个通道，勾选“启用该脉冲发生器”，并对脉冲选项进行设置，如图 4-15 所示。

⑥ 如果需要使用系统和时钟存储器，可以选择这一项。将位存储器 M1.0～M1.3 用于系统存储器，如图 1-52 所示。将 M0.0～M0.7 用于时钟存储器，如图 1-53 所示。

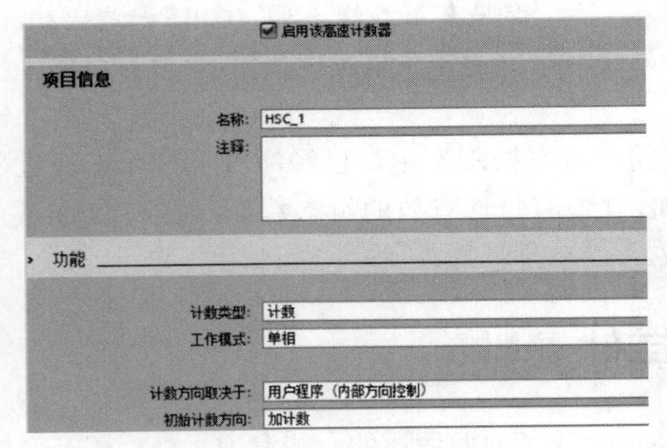

图 4-14　启用并设置高速计数器（HSC）

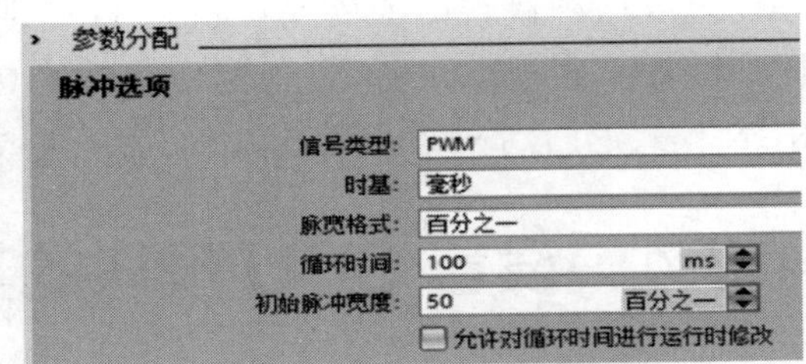

图 4-15　对脉冲发生器进行设置

第5章

TIA博途编程软件的梯形图编程

SIEMENS

在完成 S7-1200 型 PLC 各种模块的组态、设置 CPU 的有关参数之后，就可以进行梯形图程序或其他形式的程序的编辑。

5.1 分配模块的输入和输出地址

编程的第一项工作，就是分配各个通道的输入和输出地址，即 I/O 地址。各个模块都有默认的地址编号，但是往往不连贯，不便于编程。此外，PLC 的控制工程在调试过程中，经常需要调整 I/O 端子，此时需要修改 I/O 地址。

在西门子 S7-200 型 PLC 中，CPU 和扩展模块的地址是固定的。而 S7-1200 的硬件配置比较灵活，可以自由地寻址，即自由地选择 I/O 起始地址，在 0 ～ 1023 范围内都可以选择。

5.1.1 在设备概览表中修改 I/O 地址

图 4-6 所示的“设备概览”表中列出了机架上所有模块 I/O 地址的范围，可以根据需要进行修改。

例如，在输入/输出模块“DI 8/DQ 8×24VDC_1”中，默认的输入（I）地址是字节“2”，默认的输出（Q）地址也是字节“2”，可以将它们修改为其他地址。

5.1.2 在模块属性中修改 I/O 地址

在图 4-5 中，右击需要修改 I/O 地址的模块，弹出“属性”界面，在“常规”选项卡下面有两个选项，其中一个是“DI 8/DQ 8”（8 输入/8 输出的模块）。将它展开后，可以看到系统分配给这个模块的 I/O 地址，如图 5-1 所示

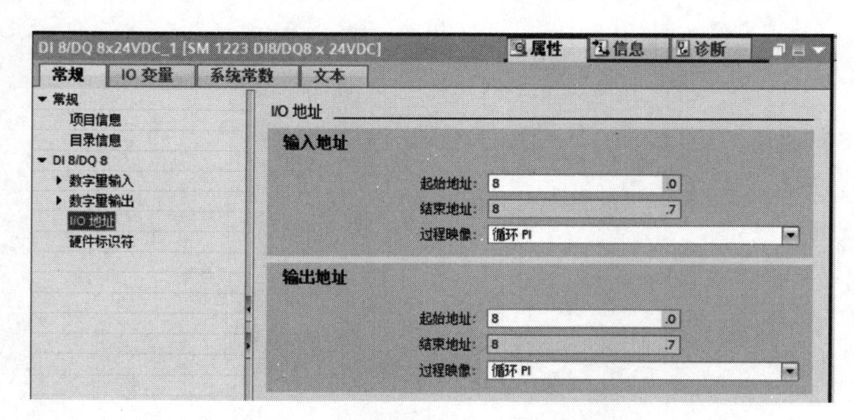

图 5-1　在模块的属性中修改 I/O 地址

从图中可以看到，模块的 I/O 地址都是字节 8。这个模块是紧靠 CPU 的，而在 S7-1200 型 PLC 的各种 CPU 模块中，输入 I 的地址都是字节 0 ～ 1，输出

Q 的地址也都是字节 0 ～ 1。可见，两个模块的 I/O 地址字节编号是脱节的，从“1”一下子跳到“8”。这是一种资源浪费，编程工程师也不习惯。

现在，我们可以在图 5-1 中，对 DI/DQ 模块的 I/O 地址进行修改。将字节地址都修改为“2”，使这个模块的地址与 CPU 的 I/O 地址紧密衔接。

在图 5-1 中，含有“IO 变量”的选项，有的初学者试图在这里修改 DI/DQ 模块的地址，这是不能实现的。

5.1.3 创建 I/O 地址分配表

修改模块的 I/O 地址后，根据工程的具体要求，创建 I/O 地址分配表。将所有的输入元件（按钮、转换开关、接近开关、行程开关、传感器等）都分配一个具体的输入端子。将所有的输出元件（继电器、小型接触器、电磁阀、指示灯等）都分配一个具体的输出端子。这样的表格一目了然，既便于编程使用，又不容易出错。表 5-1 就是一个实际的例子。

表 5-1 机械手搬运工件装置的 I/O 地址分配表

I（输入）				O（输出）			
元件代号	元件名称	地址	用途	元件代号	元件名称	地址	用途
SB1	按钮 1	I0.0	启动	YV1	电磁阀 1	Q0.0	上升
SB2	按钮 2	I0.1	停止	YV2	电磁阀 2	Q0.1	下降
SQ1	限位开关 1	I0.2	上限位	YV3	电磁阀 3	Q0.2	左行
SQ2	限位开关 2	I0.3	下限位	YV4	电磁阀 4	Q0.3	右行
SQ3	限位开关 3	I0.4	左限位	YV5	电磁阀 5	Q0.4	夹紧/放松
SQ4	限位开关 4	I0.5	右限位				
SQ5	限位开关 5	I0.6	工件检测				

5.2 变量表的创建和编辑

在完整的梯形图程序中，包括逻辑部分和变量部分。控制逻辑是通过组织块 OB、函数块 FB、函数 FC（也称为 FC 块）建立的；变量是通过变量表、数据块 DB 建立的。在这里首先介绍变量表的创建和编辑。

在 TIA 博途编程软件中，每一个编程元件都有两个要素，一个是编程指令，另外一个是变量。每一个变量又有 3 种地址：第一种是绝对地址，例如 I2.0、Q3.1、M4.5、DB5.DBW6 等；第二种是符号地址，就是对编程元件的中文注释，例如启动按钮、停止按钮、指示灯等；第三种是 ID，ID 隐藏在程序内部，我们看不到它，但是它与绝对地址和符号地址相对应，当绝对地址和符号地址被修改时，ID 是不变的。

变量如果是通过变量表添加，在编程之前，首先要创建变量表。

（1）创建新的变量表

在项目树下，依次操作 PLC →“PLC 变量”→“添加新变量表”，在其下方就会出现一个新的变量表。可以为它编号或者重新命名。然后双击这个新变量表，将它展示在编辑区中，点击右上方的“变量”按钮，就可以在其中添加我们所需要的各种变量。

在“名称”一栏中，可以输入变量的中文名称，这个名称就作为符号地址。

在“数据类型”一栏中，选择变量的数据类型。对于数字量的 I/O 端子、位存储器（M）等，需要选择 Bool 型（二进制数码）；对于模拟量的 I/O 端子，则需要选择 Word、DWord、Int、DInt 等变量。

在“地址”一栏中，选择变量的绝对地址，即变量在存储区中的具体地址，例如 I0.1、Q0.2、M3.0 等。

其他的栏目一般使用默认值，不需要填写。

图 5-2 就是这样一个具体的变量表。

变量表1

		名称	数据类型	地址	保持	可从 ...	从 H...	在 H...	注释
1	◀	启动	Bool	%I0.1	☐	☑	☑	☑	
2	◀	停止	Bool	%I0.2	☐	☑	☑	☑	
3	◀	接触器	Bool	%Q0.1	☐	☑	☑	☑	
4	◀	运行指示	Bool	%Q0.2	☐	☑	☑	☑	
5	◀	内部转换	Bool	%M2.0	☐	☑	☑	☑	

图 5-2　在变量表中进行变量的设置

在变量表编辑区的右上角，还有一个“用户常量”按钮，它用于定义变量的常数实际值。在一般情况下，我们只定义变量，很少去定义常量，在此不做详细介绍。

（2）默认变量表

在项目树的 PLC 文件夹下，有一个默认变量表，它是软件自动建立的变量表。如果在程序中为变量写入了绝对地址，但是没有添加符号地址，那么系统就会在这个默认变量表中，自动地添加一个由英文命名的符号地址，这个地址由字母“Tag”再加上编号所组成，例如“Tag_1”“Tag_5”。当然，这只是一个虚拟地址，对阅读梯形图没有什么帮助，我们可以将它更改为中文的符号名。

在默认变量表的右上角，有一个“系统常量”按钮，它是设备的硬件地址标识符，在设备组态后自动生成，用户可以查看，不需要编辑。

（3）整体变量表

在项目树的 PLC 文件夹下，还有一个“显示所有变量”的变量表，可以理解为是整体变量表，它也是软件自动建立的，其作用是对变量进行管理。

除数据块 DB 中的变量之外，其他的变量都需要建立绝对地址和符号地址，因此在变量表中显示的内容就比较多。为了便于管理，TIA 博途编程软件允许建立多个变量表，然后由整体变量表进行管理。

双击整体变量表，将它展现在编辑区中。在这里会显示各个变量表中当前已经设置的所有变量和常量，但是不包括 DB 中的变量。在“变量表”一列中，还会提示各变量或常量是来自哪一个变量表。

5.3 数据块DB的编辑

5.3.1 数据块 DB 的类型

数据块的类型有全局数据块、背景数据块、基于系统数据类型的数据块、基于 PLC 数据类型的数据块、CPU 数据块。

在创建数据块时，系统自动为新生成的数据块分配编号。当然也可以选择“手动”方式，由用户自行设置 DB 的编号。

（1）全局数据块

全局数据块是用户建立的一套变量。在整套 PLC 程序中，不光有输入变量、输出变量，还有一些用户自定义的中间变量。用户可以在程序中建立若干个数据块 DB，在其中既可以添加大量的变量，又便于管理。用户所建立的这种数据块就是全局数据块，也称为共享数据块，它可以供同一工程项目下的所有程序共同使用。

在项目树下面，依次操作 PLC →“程序块”→“添加新块”，在弹出的“添加新块”对话框中选择“数据块”，从中可以选择“全局数据块”，它的编号范围是 1 ～ 59999，必须事先定义才能在程序中使用。

打开数据块后，可以定义变量和数据类型、启动值、保持等属性。

在项目树下面，右击“数据块”→“属性”，打开图 5-3 所示的对话框，可以设置 DB 的访问方式。

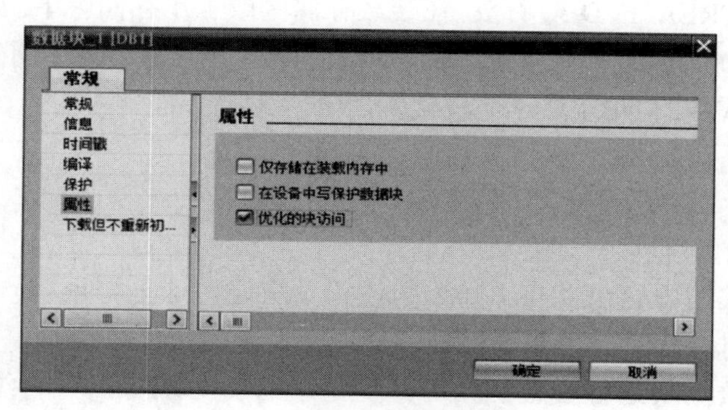

图 5-3　设置数据块的访问方式

在图 5-3 中有 3 个选项：

① 如果勾选“仅存储在装载内存中”，则 DB 下载后只存储在装载存储区中。可以通过指令“READ_DBL”将装载存储区的数据复制到工作存储区中，或通过指令“WRIT_DBL”将数据写入到装载存储区的 DB 中。

② 如果勾选“在设备中写保护数据块”，则 DB 只能进行读访问。

③ 如果勾选“优化的块访问”，则 DB 为优化访问方式。对于优化的数据块，可以优化 CPU 对存储空间的分配和访问，提升 CPU 的性能。如果不勾选，则为标准访问方式。详见 1.10.8 中的叙述。

（2）背景数据块

背景数据块与函数块 FB 相关联，它存储 FB 的输入、输出、输入/输出等参数和静态变量。当某个 FB 被其他程序块调用时，会自动地生成这个 FB 的背景数据块 DB。这个 DB 的内容依据 FB 内部的变量自动生成，不能人为地向其中添加或修改变量。

（3）基于 PLC 系统数据（UDT）的数据块

在 TIA 博途编程软件中，用户可以自定义数据类型（User-Defined Data Types），简称为 UDT。在博途 V14 等新软件中，则称之为 PLC 数据类型（PLC Data Types）。但是目前在行业中仍然习惯将它叫做 UDT，它是在程序中多次使用的数据结构。

在项目树中，打开 PLC 站点，点击“PLC 数据类型”→“添加新数据类型”，就可以创建 UDT 数据块。此时只需要创建一次 UDT，就可以将它作为项目中的数据模板。当对 UDT 进行更改时，会造成使用这个数据类型的数据块不一致。不一致的变量被标记为红色，可以通过程序编译或更新数据模块实现自动更新。

（4）CPU 数据块

CPU 数据块是在 CPU 运行期间，由指令“CREATE_DB”生成的，它不能在离线项目中创建，并具有写保护。在在线模式中，可以监视 CPU 数据块的变量值。与 CPU 数据块有关的指令是：

① CREATE_DB 指令：在装载存储区或工作存储区中创建新的数据块。

② DELETE_DB 指令：删除由“CREATE_DB”指令创建的数据块。

③ ATTR_DB 指令：读取数据块的属性。

5.3.2 DB 中变量的属性

有关的内容已经在 1.10.8 中进行了叙述，这里再说明一下在对 DB 进行标准访问时，变量的主要属性。

对数据块进行标准访问时，变量既有符号地址，又有绝对地址，如图 5-4 所示。

在这张图表中，变量的属性有名称、数据类型、偏移量等项。但是除了名称、数据类型、偏移量之外，其他的项目很少使用，平时可以把它们隐藏起来，所以不一一介绍了。右击任何一个属性项目，都可以调出“显示/隐藏”的设置菜单。还可以调出“调整宽度”的菜单，用以调整各列的宽度。

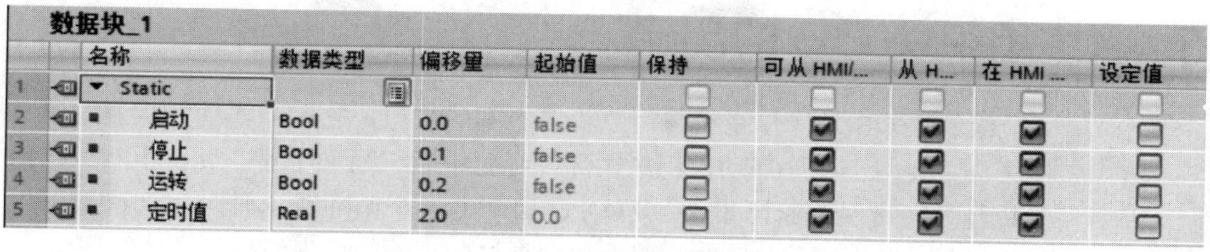

数据块_1

	名称	数据类型	偏移量	起始值	保持	可从 HMI/...	从 H...	在 HMI ...	设定值
1	▼ Static				☐	☐	☐	☐	☐
2	■ 启动	Bool	0.0	false	☐	☑	☑	☑	☐
3	■ 停止	Bool	0.1	false	☐	☑	☑	☑	☐
4	■ 运转	Bool	0.2	false	☐	☑	☑	☑	☐
5	■ 定时值	Real	2.0	0.0	☐	☑	☑	☑	☐

图 5-4　DB 中变量的各项属性

这里需要说明一下图 5-4 中的“偏移量”。“偏移量”就是变量的绝对地址，但是平时根本看不到它，这是因为 DB 的默认状态是优化访问。要想看到“偏移量”，就需要取消优化访问，进行标准访问，属性表中的“偏移量”就可以显示出来了。

5.3.3　在共享数据块 DB 中添加变量

在共享数据块 DB 中，需要添加一些变量以供编程使用，其方法是：在编辑区中打开共享 OB，在工具条的最左边，有“插入行”和“添加行”两个按钮，可用于添加变量。在“名称”栏目中，输入变量的名称。在“数据类型”栏目中，每一行的右边都会出现一个小小的矩形按钮，点击它可以选取数据类型。其他各个栏目一般不需要设置，直接使用默认值就行了。图 5-5 就是添加变量的一个具体例子。

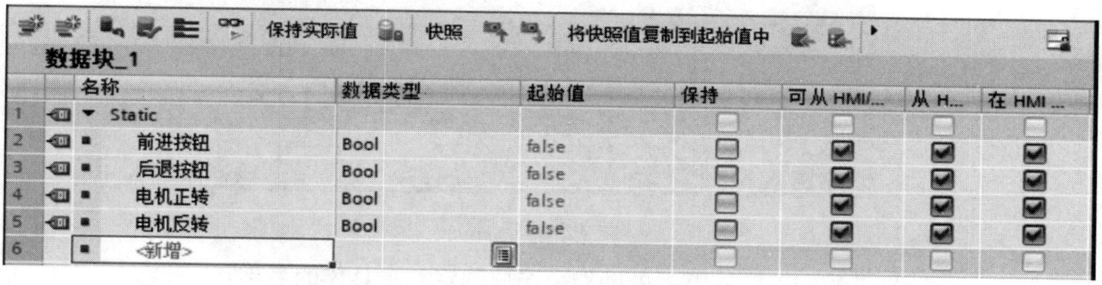

保持实际值　快照　将快照值复制到起始值中

数据块_1

	名称	数据类型	起始值	保持	可从 HMI/...	从 H...	在 HMI ...
1	▼ Static			☐	☐	☐	☐
2	■ 前进按钮	Bool	false	☐	☑	☑	☑
3	■ 后退按钮	Bool	false	☐	☑	☑	☑
4	■ 电机正转	Bool	false	☐	☑	☑	☑
5	■ 电机反转	Bool	false	☐	☑	☑	☑
6	■ <新增>			☐	☐	☐	☐

图 5-5　在共享数据块 DB 中添加变量

在图中，为变量所起的名称，比如“前进按钮”等，就是变量的符号地址。

5.4　组织块OB的编辑

在完成前面所叙述的各项准备工作后，就可以进行具体的梯形图程序编辑了。

TIA 博途编程软件实行结构化的编程。按照整个系统的控制要求，可以将一个比较复杂的程序按照控制功能分解成一些比较小的子程序，这些子程序被称为“块”。通过组织块 OB、功能块 FC、功能块 FB、数据块 DB 分别进行编程，并根据需要分别进行调用。在每一个程序块内部，又进行了进一步的划分，将程序块分为若干个程序段。整个 PLC 程序结构清晰，便于查找、编辑和调试。

5.4.1 组织块 OB 的创建

组织块 OB 是操作系统与用户程序之间的接口，它的基本功能是调用用户程序，主要用于程序启动、程序循环、延时中断、循环中断、硬件中断、诊断中断、时间错误中断等事件。当 CPU 启动、一个循环或延时时间到达、发生硬件中断、发生某种故障时，组织块根据这些事件的优先级执行具体的程序。

在完成硬件组态后，在项目树中会出现相应的 PLC 设备。依次点击 PLC →“程序块”→“添加新块”，弹出“添加新块”对话框，如图 5-6 所示。

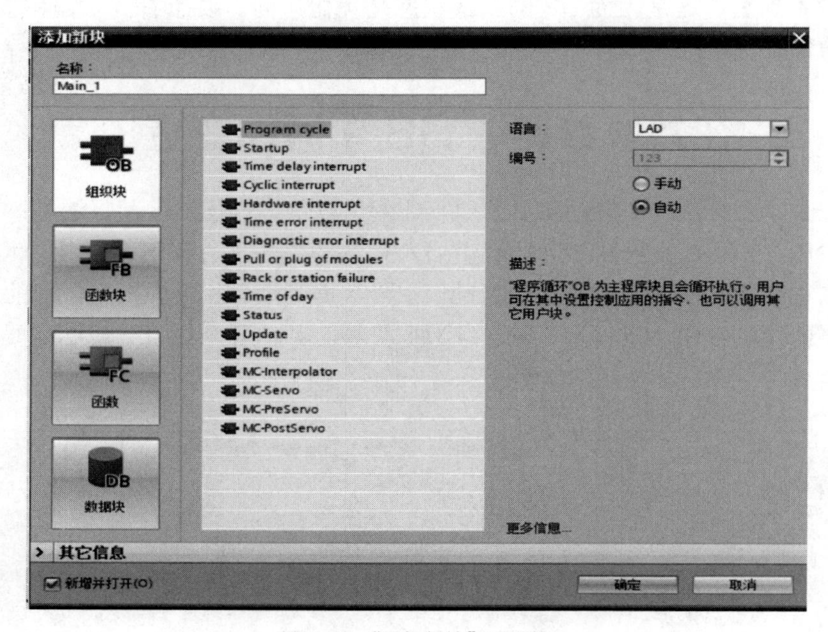

图 5-6 “添加新块”对话框

在“名称”栏目中，可以为程序块确定一个具体的名称。

在语言选项中，有 LAD（梯形图）、FBD（功能块图）、SCL（结构化语言）。这里没有 Graph（顺序功能图）和 STL（语句表），因为 S7-1200 不支持这两种语言。

我们准备编辑的程序类型是梯形图，所以选择“LAD”。

在左边一列由矩形块所显示的程序块类别中，有组织块、函数块、函数（也称为 FC 块）、数据块。下面我们需要创建用于“程序循环”的组织块，所以选择组织块中的第一项“Program cycle”，它就是常用的程序循环块“OB1”。确定以后，在项目树的程序块下方就会出现所创建的组织块 OB1。

5.4.2 OB 的编号、名称、优先级

组织块 OB 还有两个属性，即编号和优先级。编号小的组织块优先执行。优先级越高，中断级别就越高。

表 5-2 中展示了 S7-1200 所支持的各种 OB，将它们的编号、英文名称、中文名称、默认优先级一一列出。

表 5-2 S7-1200 支持的 OB 的编号、名称、默认优先级

编号	英文名称	中文名称	默认优先级
1，其他	Program cycle	程序循环	1
100，其他	Startup	启动	1
20 ～ 23，其他	Time delay interrupt	延时中断	3
30 ～ 38，其他	Cyclic interrupt	循环中断	8 ～ 17
40 ～ 47，其他	Hardware interrupt	硬件中断	18
80	Time error interrupt	时间错误中断	2
82	Diagnostic error interrupt	诊断错误中断	5
83	Pull or plug of modules	插入或拔出错误中断	6
86	Rack or station failure	机架错误中断	6
8 ～ 17，其他	Time of day	定期或一次启动时间	2
55	Status	状态中断	4
56	Update	更新中断	4
57	Profile	特定或配置文件特定中断	4
92	MC-Interpolator	监视运动控制中的设定值	24
91	MC-Servo	运动控制功能	25
67	MC-PreServo	在 MC-Servo 后面立即调用	
95	MC-PostServo	在 MC-Servo 后面立即调用	

在表 5-2 中，最主要的项目是程序循环、循环中断、错误中断。

5.4.3 组织块 OB 的启动

当 PLC 上电，操作系统从 STOP 模式切换到 RUN 模式时，系统先运行一次启动块 OB（即 OB100），用暖启动的方式把程序启动起来，启动完成后，再执行程序循环块 OB1（或 OB123 等）转入程序循环，如图 5-7 所示。

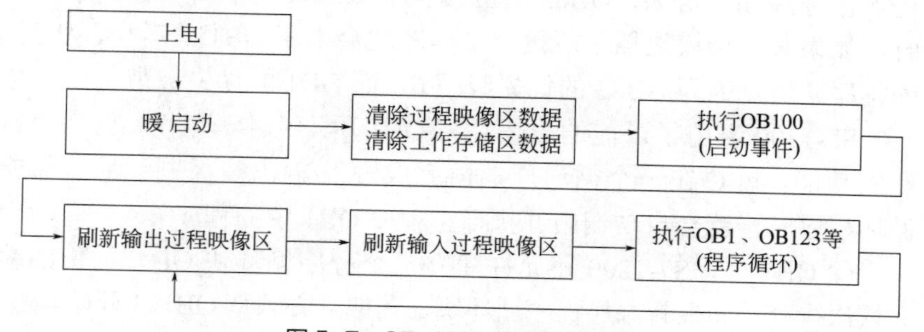

图 5-7 S7-1200 的暖启动过程

如果有多个启动 OB，将按照编号的顺序，由小到大依次执行。用户可以在启动块 OB 中编写初始化程序。

5.4.4 组织块 OB 的运行

当 CPU 处于 RUN 模式时，操作系统每个周期调用程序循环块 OB 一次。所有的程序循环块 OB 执行完后，再重新调用程序循环块 OB。

从表 5-2 中可知，S7-1200 支持的优先级为 1 ～ 25 级，1 级最低，25 级最高。程序在运行时，优先级高的 OB 可以中断优先级低的 OB。也就是说，当正在运行某个优先级低的 OB 时，如果另外一个优先级高的 OB 被触发，那么立即中断低优先级 OB 的运行，转而运行高优先级的 OB。待高优先级的 OB 运行完后，再接着运行低优先级的 OB。有时若干个相同优先级的 OB 被同时触发，那么先出现的 OB 先运行。

OB 的优先级并不是一成不变的，某些 OB 的优先级可以在一定的范围内进行修改。具体方法是：在项目树中选中相应的 OB，调出其右键菜单，选择“属性”后，弹出属性窗口，如图 5-8 所示，在“优先级编号”中修改 OB 的优先级。

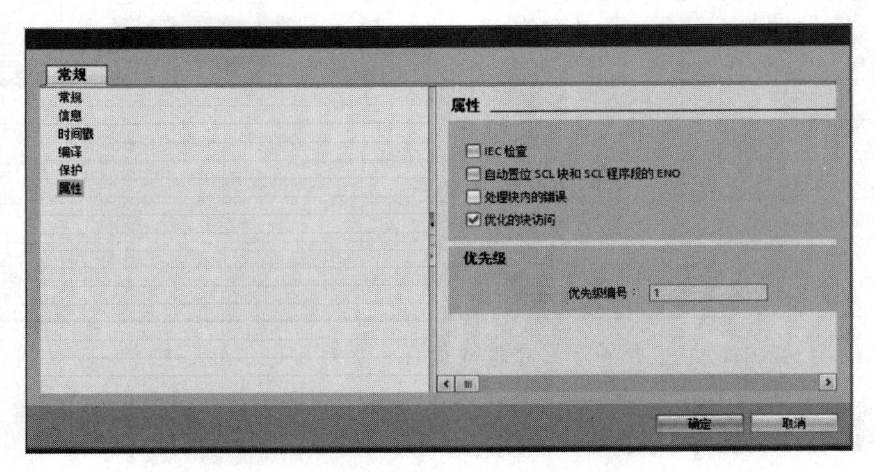

图 5-8　修改 OB 的优先级

在西门子 PLC 内部的操作系统中，每一个 OB 都对应着一个特定的事件。例如 OB100 对应启动事件，当 PLC 启动的时候，程序先运行一次 OB100，再进入循环周期。再如，OB83 对应模块插入或拔出中断事件，当正在运行 OB1 时，如果某一个模块插入或拔出，程序就会中断 OB1 的运行，优先运行 OB83 的程序。这是因为 OB83 的优先级是 6，而 OB1 的优先级是 1。

S7-1200 沿用了以前的习惯，将 OB1 用于“主程序”，也就是执行程序循环的功能。PLC 在一个循环周期内完成输入/输出映像刷新后，需要再次执行循环程序时，就会自动调用并执行主程序 OB1 中的程序。

除 OB1 外，S7-1200 还允许建立多个程序循环块 OB，它们的编号从小到大依次排列。如果新添加程序循环块，其编号必须从 OB123 开始。程序运行时，先运行 OB1，再运行 OB123、OB124 等。

在 OB 块之间不能互相调用，也不能由 FC 或 FB 调用。只有中断或时间间隔之类的事件才能启动 OB。

5.4.5 各种中断 OB 的调用

（1）时间中断组织块

时间中断组织块用于定期运行一部分用户程序，可以在某个预设时段到达时只运行一次，或者在设定的触发日期到达后，按照分、小时、天、周、月等周期运行。只有在设置并激活了时间中断，且程序中存在相应组织块的情况下，才能运行时间中断。执行时间中断的操作指令有以下几种：

① 激活时间中断块：ACT_TINT。

② 设定时间中断块 OB 的参数：SET_TINTL。

③ 取消未执行的时间中断：CAN_TINT。

④ 查询时间中断的状态：QRY_TINT。

当组织块 OB 正在启动时，如果调用激活时间中断指令 ACT_TINT，则该指令在 OB 启动完后才能执行。

（2）延时中断组织块

延时中断组织块是在一段延时之后执行，这段延时的时间是可以设置的。执行延时中断的操作指令有以下几种：

① 启动延时中断指令：SRT_DINT。在超过参数指定的延时时间后，调用这条指令。延时时间的范围是 1 ～ 60000ms，精度为 1ms。

② 取消启动的延时中断：CAN_DINT。

③ 查询延时中断的状态：QRY_DINT。

（3）循环中断组织块

循环中断组织块按照设定的时间间隔循环执行。默认的时间间隔为 100ms，在程序执行期间，每隔 100ms 就会调用一次这个 OB。

在图 5-6 中，点击中间窗口中的“Cyclic interrupt”，弹出图 5-9 所示的界面，可以在“循环时间”中设置时间间隔，设置范围是 1 ～ 60000ms。

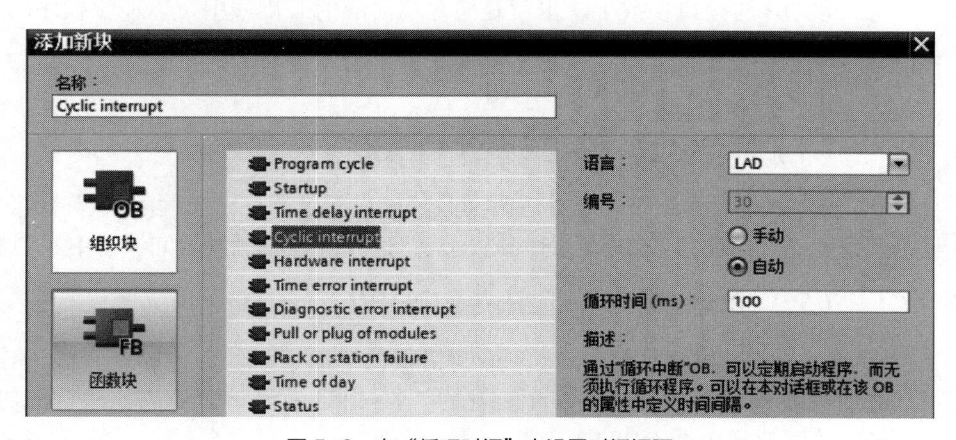

图 5-9 在“循环时间”中设置时间间隔

（4）硬件中断组织块

在 RUN 模式下，如果出现硬件中断事件，CPU 就会立即响应，调用相关的硬件中断 OB。硬件中断的启动事件见表 5-2。中断程序的执行，不受主程序扫描和输入/输出过程映像更新时间的影响。

硬件中断被触发后，操作系统将自动识别输入通道，并确定所分配的 OB。在识别和确认的过程中，如果在同一模块上发生了另一个触发硬件中断的事件，则必须遵守以下规则：

① 如果该通道再次发生相同的中断事件，系统不予响应，有关的硬件中断将丢失。

② 如果发生不同的中断事件，则当前正在执行的中断事件确认之后，再响应这个新的中断事件。

一个硬件中断事件只允许对应一个硬件中断 OB，而一个硬件中断 OB 可以分配给多个硬件中断事件。可以组态硬件中断事件并分配 OB，也可以通过“ATTACH”指令和“DETACH”指令进行动态分配。

5.4.6 各种错误中断 OB 的调用

在中断 OB 中，错误中断是一个大的类型，它占用了较多的编号。在 S7-1200 中，只有超时错误才会造成停机，而其他的错误则不会停机，即使没有下载相应的中断 OB，也不会造成停机。

在所有的组织块中，程序循环块 OB1 的优先级最低。当任何错误中断发生后，系统都会停止 OB1 的运行，优先处理错误中断 OB。先将错误中断 OB 运行一遍，然后再继续运行 OB1。此时错误可能仍然存在，但是 PLC 不会继续运行其对应的中断 OB。待该错误消除时，PLC 才会再次运行这个中断 OB，程序循环块 OB1 再次被中断。在再次完成错误中断 OB 的运行之后，又接着继续运行 OB1。显然，在错误发生和消除时，对应的中断 OB 各运行了一次。

当某个错误中断 OB 运行时，系统会自动地把当前的错误状态记录下来，写入该 OB 的接口参数中，也就是储存在对应的 L 堆栈中，以便于程序的诊断。通过这种方式，可以编写出有关错误事件的诊断程序。

主要的错误中断组织块有以下几种。

（1）时间错误中断组织块（OB80）

OB80 是操作系统用于处理时间故障的中断组织块。当程序执行的时间超过了最大循环时间，或者发生时间错误事件时，CPU 将触发时间错误中断 OB80。

（2）诊断错误中断组织块（OB82）

OB82 是操作系统用于响应诊断错误的中断组织块。例如，当激活诊断功能的模块检测到故障状态发生变化时，向 CPU 发送诊断中断请求，此时就会触发诊断错误中断 OB82。

（3）插入或拔出错误中断组织块（OB83）

OB83 是操作系统用于响应模块移除、插入操作的中断组织块。S7-1200 型 PLC 的本地模块不支持热插拔，如果带电插入或者拔出中央机架上的模块，将会导致 CPU 进入停止模式。

（4）机架错误中断组织块（OB86）

如果 PROFIBUS-DP、PROFINET-IO、分布式 I/O 站发生通信故障，机架错误中断 OB86 就会予以响应。

5.4.7 OB 的梯形图

一般来说，在一套 PLC 程序中，调用的指令和变量比较多，如果把所有的程序都编写在主程序 OB1 中，则整套程序的内容太繁杂，不便于编辑和调试，而且一个程序块本身也有容量的限制。所以，TIA 博途编程软件在实际编程时，按照功能或控制对象的不同，把程序明确地分解为若干个“块”，每一个块负责一项功能，或控制一个对象。

OB1 是整个程序的组织者，它一般不在其内编辑具体的梯形图控制程序，而是调用其他子程序块，比如 FC、FB，但是不能调用其他组织块。调用的具体方法是：依次操作项目树→工程名称→ PLC → “程序块”，在程序块下面找到需要调用的子程序块，用鼠标将它拖拽到 OB1 梯形图的某个程序段中。调用之后的 OB1 梯形图如图 5-10 所示。

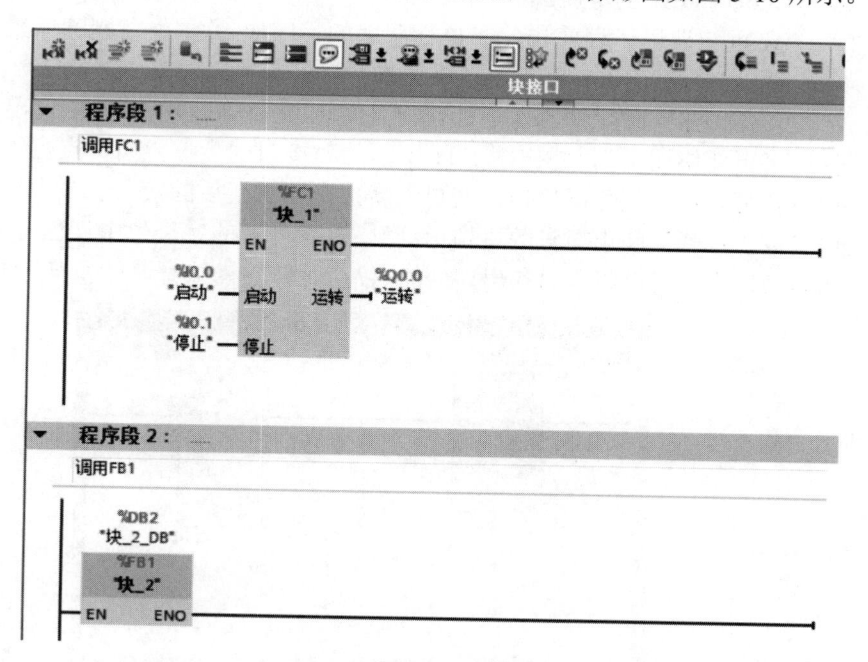

图 5-10 OB1 调用子程序 FC1、FB1

在图 5-10 中，OB1 调用了两个子程序块。在程序段 1 中，调用了子程序块 FC1；在程序段 2 中，调用了子程序块 FB1。

FC 没有存储块接口数据的存储数据区，在调用 FC 时，可以给 FC 的所有形式参数分配实际参数。

与 FC 相比，调用 FB 时，必须为它分配背景数据块，例如程序段 2 中的 DB2，以用于存储块的参数值。

所调用的子程序块，以方框图的形式出现在 OB1 的梯形图中。方框的内部有子程序块的编号，例如 FC1、FB1。如果 FC1 中的变量取自接口参数表，则在 FC1 方框的左边是输入接口上所连接的变量“启动”“停止”，在方框右边是输出接口上所连接的变量“运转”。FB1 的方框中没有这些变量，这说明 FB1 还没有编辑程序，或者它的变量是取自变量表。

组织块的编辑完成后，点击工具条中的“编译”按钮，可以对所编辑的程序进行检查。如果存在错误，会出现相关的提示。

5.4.8 OB 的更新

当 OB 调用了某个子程序块后，如果这个子程序块又进行了某些修改，如增加或减少了入口、出口参数，则需要重新调用。例如在图 5-10 所示的 FC1 接口参数中又增加了一个入口参数（过载）、一个出口参数（指示灯），在重新编辑 FC1 的梯形图之后，图 5-10 中 FC1 内部的字符变成了红色，提示 FC1 的接口参数发生了变化，组织块 OB1 需要更新。此时，可以采用以下两种方法执行组织块 OB1 的更新：

① 重新调用子程序块。在执行调用的程序块 OB1 中，删除原来所调取的子程序块 FC1，再重新调用，调用后重新输入有关的入口和出口参数。

② 对块接口进行更新。右击图 5-10 中的子程序块 FC1，在调出的菜单中执行“更新块调用”，弹出图 5-11 所示的“接口同步”界面，点击“确定”按钮，就可以自动删除旧接口，变更为新接口。更新后的接口参数中，增加了入口参数“过载”和出口参数“指示灯”，FC1 内部的字符也由红色变成了黑色。在新接口中，可以将入口和出口处的〈??.?〉修改为绝对地址和符号地址。

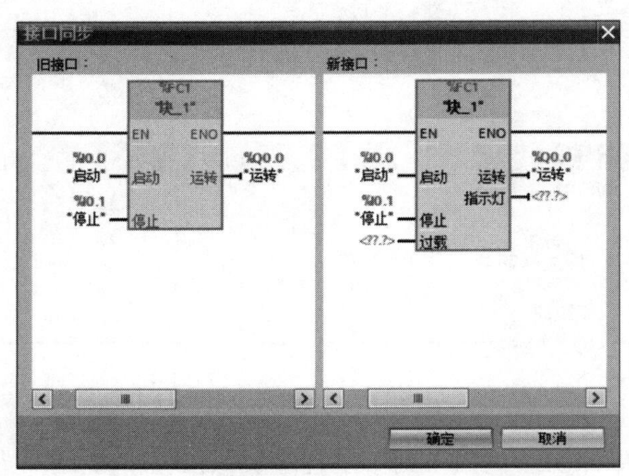

图 5-11 对块接口进行更新的“接口同步”界面

5.5 FC和FB的编辑

在 S7-1200 和 TIA 博途编程软件的程序中，FC 和 FB 是由用户编写的、包括各种常用功能的子程序块，是软件中的重要组成部分，可以实现对各种控制逻辑的编程。

依次操作项目树→工程名称→ PLC →“程序块”→“添加新块”，弹出图 5-6 所示的界面，从中选取“函数”，就是 FC，如果选取“函数块”，就是 FB 块。这两种程序块都属于子程序块。在“名称”栏目中，可以为 FC 或 FB 确定具体的名称，也可以用字母“FC”“FB”加编号，如 FC1、FC2、FB1、FB2 等。在“语言”框中一般选择“LAD”，因为我们准备编辑的程序类型是梯形图。点击图 5-6 中的按钮“确定”后，在项目树的程序块下面，就会出现所创建的 FC 或 FB 程序块。双击程序块，就可以把它展示在编辑区。

5.5.1 编辑 FC/FB 的接口参数

在 FC、FB 中，都带有形式参数的接口区。如果希望用 FC 或 FB 中的一套程序去控制多台设备，就需要在 FC 或 FB 中建立接口参数，接口参数的作用是提供编程所需要的“形式变量”。

（1）FC 的接口参数

在 FC 编辑区的顶部，有一个“块接口”按钮，点击该按钮，或单击按钮下面的黑色小三角上下箭头，可以展开或收起接口参数表的编辑区。

在表 5-3 中，对 FC 接口中的 5 项参数进行了解释。

表 5-3 FC 接口中的 5 项参数

接口类型	解　释	读写访问
Input	调用函数时，将用户程序数据传递到 FC 中，实参可以为常数	只读
Output	调用函数时，将 FC 执行结果传递到用户程序中，实参不能为常数	读写
InOut	接收数据后进行运算，然后将执行结果返回，实参不能为常数	读写
Temp	仅在调用 FC 时生效，用于存储临时中间结果的变量	读写
Constant	声明常量符号名后，在 FC 中可以使用符号名代替常量	只读

在 FC 的接口参数表中，可以设置以下各项参数：

① Input（输入），用于编辑“入口参数”；

② Output（输出），用于编辑“出口参数”；

③ InOut（出入口），用于编辑“出入口参数”；

④ Temp（临时变量），用于编辑“临时变量”；

⑤ Constant（局部常量），用于编辑“局部常量”。

在这些参数中，前面的 2 个参数很容易理解，就不解释了。“出入口参数”既作用于输入端，也作用于输出端。“临时变量”放置在临时变量存储区中，只有在当前程序运行时才起作用，运行结束后就丢失，不能保存变量。“局部常量”就是一个常数，它是“私有”的，只能在这个程序块中访问。

(2) FB 的接口参数

在 FB 编辑区的顶部，也有一个“块接口”按钮，点击该按钮，或单击按钮下面的黑色小三角上下箭头，可以展开或收起接口参数表的编辑区。

在表 5-4 中，对 FB 接口中的 6 项参数进行了解释。

表 5-4　FB 接口中的 6 项参数

接口类型	解　　释	读写访问
Input	调用函数时，将用户程序数据传递到 FB 中，实参可以为常数	只读
Output	调用函数时，将 FB 执行结果传递到用户程序中，实参不能为常数	读写
InOut	接收数据后进行运算，然后将执行结果返回，实参不能为常数	读写
Static	不参与参数传递，用于存储中间过程值，可以被其他程序块访问	读写
Temp	仅在调用 FB 时生效，用于存储临时中间结果的变量	读写
Constant	声明常量符号名后，在 FB 中可以使用符号名代替常量	只读

与表 5-3 比较，在表 5-4 中增加参数“Static”，它用于创建“静态变量”。该变量的用途是保存程序运行的中间值，例如定时器的数值。在“静态变量”一栏中定义的所有变量都会被存放到背景数据块中。在 FB 运行结束后，这些变量也不会被释放。FC 不具备这种功能。

(3) 编辑接口参数的实例

下面给出一个简单的实例——电动机启动—保持—停止电路。它有 3 个 Input 参数，分别是“启动按钮”“停止按钮”“电机过载”；3 个 Output 参数，分别是“接触器”“运行指示”“停止指示”；1 个 InOut 参数，是“中继转换”，有了它就不需要用“接触器”兼顾入口和出口参数。将它们添加到接口参数表中，如图 5-12 所示。这些参数是编程中所要使用的“变量”。

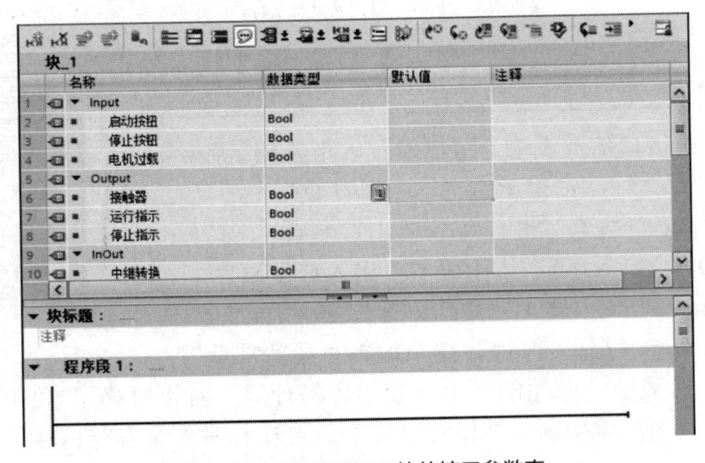

图 5-12　编辑 FC/FB 块的接口参数表

5.5.2 编辑 FC/FB 的梯形图

在 FC、FB 两种程序块内部编辑梯形图时，方法是一样的。

梯形图的程序由各种指令和各种变量组合而成。在第 2 章 2.6 和 2.7 中，已经叙述了在程序中添加指令和变量的各种方法，下面可以将它们派上用场了。

① 添加编程指令。在梯形图的程序段 1 中，先添加 10 条指令：3 个常开触点，3 个常闭触点，4 个赋值线圈。这些指令都已经收藏在编辑区上方的常用指令条中（在资源库上方的收藏夹中也有），因此可以采取 2.5 中的方法，直接在常用指令条中选取，并添加到梯形图上。

② 添加变量。在图 5-12 中，已经为这个程序块编辑了有关的接口参数，它们就是所需要的变量，因此可以采用 2.7.5 的方法，将这 7 个变量从接口参数表中拖拽/复制到梯形图上，如图 5-13 所示。

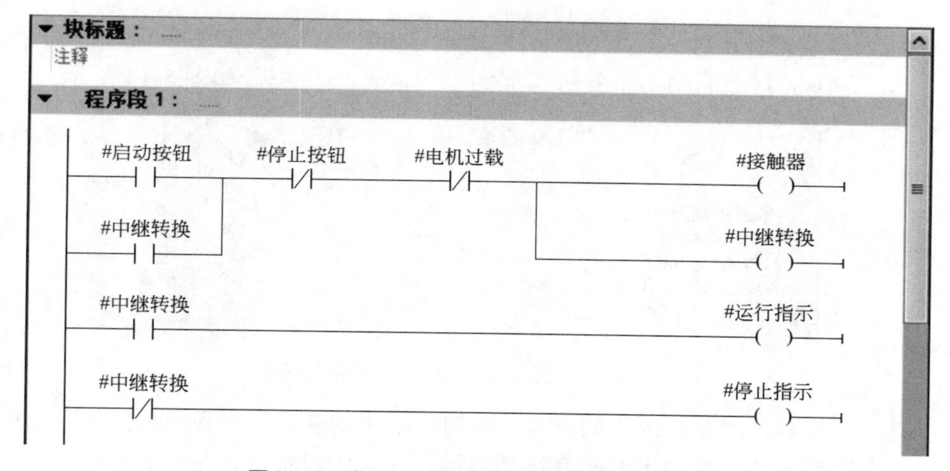

图 5-13 在 FC/FB 中用符号地址编程的梯形图

图 5-13 中的这些变量，都是以“#”开头，这表示它们来自接口参数表。图中的“启动按钮”“停止按钮”“接触器”等被称为“符号地址”，是梯形图中变量极为重要的组成部分。

在图 5-13 中，各个变量还没有赋予具体的绝对地址。启动按钮、停止按钮等输入变量不知道要连接到 PLC 的哪个输入端子，接触器、指示灯等输出变量也不知道要连接到 PLC 的哪个输出端子，所以这个程序还不能由 PLC 来执行。当组织块调用这个 FC/FB 之后，在相关的方框图中，再为这些变量添加具体的绝对地址，才能下载并由 PLC 执行这个程序。

如果有多台设备需要执行与图 5-13 完全相同的梯形图程序，那么不需要重新编写，共同使用这个 FC 或 FB 就行了。当需要调用哪一台设备的时候，就在组织块中调用一次这个 FC 或 FB，再添加上各自不同的绝对地址就行了。这样可以简化设计，节省很多的时间。

5.5.3 用双重地址编程的梯形图

在图 5-13 中，各种变量的上方仅有符号地址，没有绝对地址（即存储区的地址），使用起来不太方便。这是因为它们的变量是来自接口参数表。

如果需要在变量中再添加绝对地址，可以先设置变量表，也可以使用现有的默认变量表。

在项目树中，依次点击工程→ PLC →“PLC 变量”，出现“添加新变量表”，双击后，在它下方出现一个新添加的“变量表 _1”。再双击这个新变量表，将它展开在编辑区。

在这个变量表中，主要有以下几个栏目：

① 名称：输入变量的符号地址，例如启动按钮、停止按钮、接触器等。

② 数据类型：选择数据类型，对于 I/O 端子，一般选择 Bool（二进制的布尔型变量）。

③ 地址：输入变量的绝对地址，这个地址是在硬件接线时已经确定的。

下面将上面的 7 个变量添加到“变量表 _1”中，如图 5-14 所示。

	名称	数据类型	地址	保持	可从 ...	从 H...	在 H...	注释
1	启动按钮	Bool	%I0.1	☐	☑	☑	☑	
2	停止按钮	Bool	%I0.2	☐	☑	☑	☑	
3	电机过载	Bool	%I0.3	☐	☑	☑	☑	
4	接触器	Bool	%Q0.1	☐	☑	☑	☑	
5	启动指示	Bool	%Q0.2	☐	☑	☑	☑	
6	运转指示	Bool	%Q0.3	☐	☑	☑	☑	
7	中继转换	Bool	%M2.0	☐	☑	☑	☑	
8	<添加>			☐	☑	☑	☑	

图 5-14　在变量表中添加变量

接着，用图 5-14 中的变量替换图 5-13 中的变量，得到图 5-15 所示的梯形图。在这里各个变量的上方既有符号地址，又有绝对地址，很容易理解。

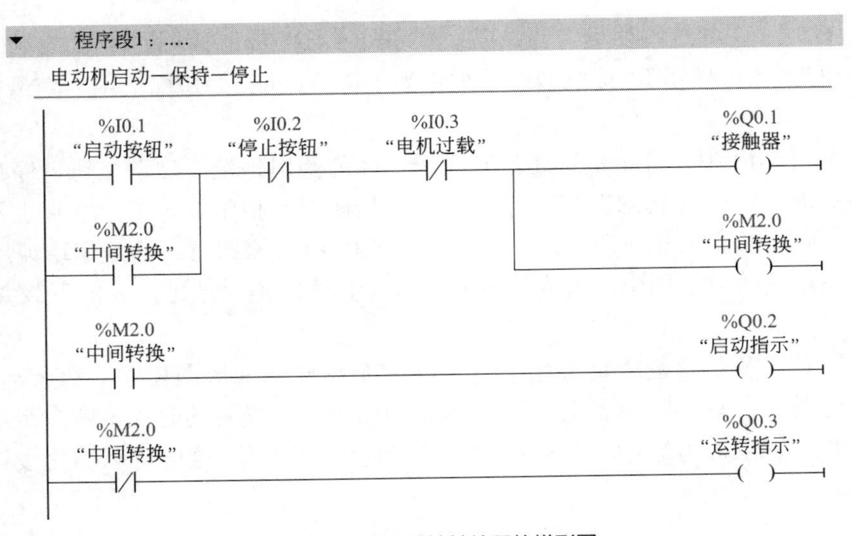

图 5-15　用双重地址编程的梯形图

在梯形图的编辑过程中，有时候没有提前编辑变量表，直接进行寻址，只输入绝对地址，而没有添加符号地址，这时程序会以英文字符“Tag”再加上编号自动地为有关的变量命名一个符号地址，如图5-16所示。

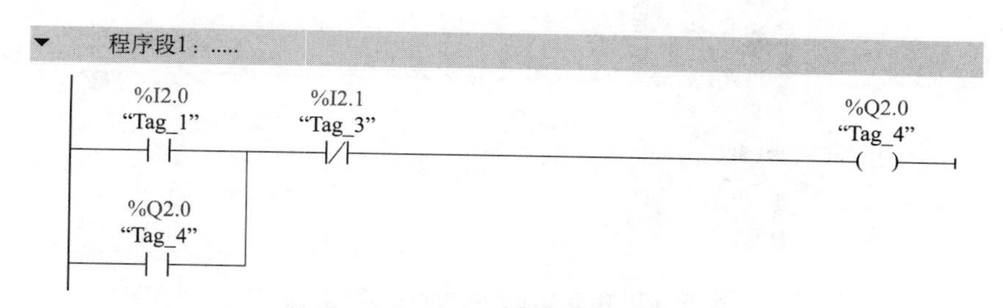

图5-16 以“Tag”加编号构成的符号地址

这种以字符“Tag”加编号命名的地址，是一种虚拟地址，阅读梯形图时还是不太方便。可以在变量表中将其修改为具体的符号地址。

子程序块的编辑完成后，点击工具条中的“编译”按钮，可以对所编辑的程序进行检查。如果存在错误，会出现相关的提示。

5.6 子程序块的调用

子程序块FC和FB的编辑完成后，可以由组织块OB或其他子程序块进行调用，也可以嵌套调用。调用的方法是：从项目树中找出被调用的子程序块，直接拖拽到上一级的调用程序块中，放置在调用块的某一个程序段上。

5.6.1 FC的调用

当图5-10所示的子程序块FC1被组织块OB1调用时，OB1块的程序如图5-17所示。从图中可以看到FC1块有哪些入口、出口和出入口变量。

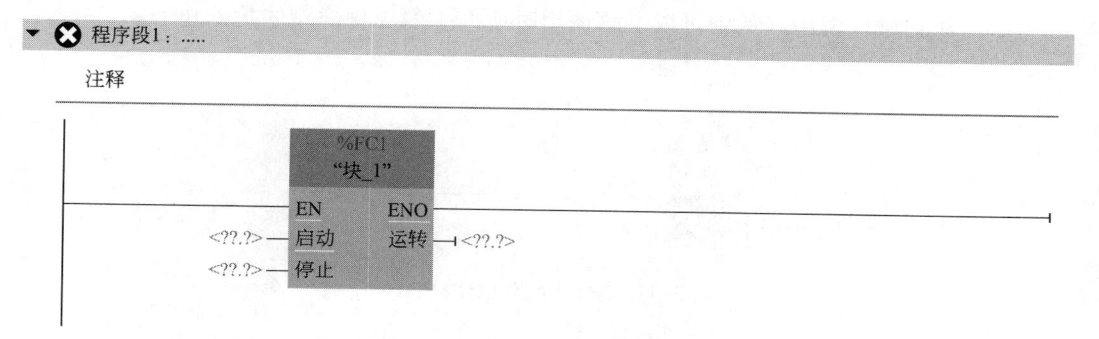

图5-17 在组织块OB1中调用子程序块FC1

给图5-17的变量加上绝对地址和符号地址，如图5-18所示。

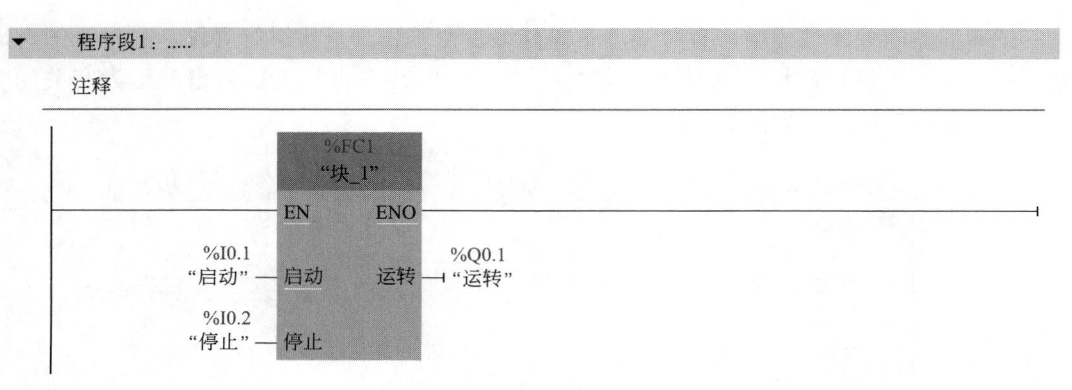

图 5-18　给变量加上绝对地址和符号地址

从图 5-17 和图 5-18 可知，子程序块 FC1 被调用后，以方框图的形式出现在上级调用块的梯形图中。但是从方框图中看不出 FC1 的控制逻辑，具体的控制程序还是在 FC1 的梯形图中。

5.6.2　FB 的调用

函数块 FB 的调用被称为"实例"。

FB 被其他程序块调用的时候，系统就会自动产生一个背景数据块（DB），用于存储本次调用过程中所产生的数据。FB 的输入、输出、输入/输出参数，静态变量都存储在背景数据块中。在 FB 被调用后，这些值仍然有效。FB 的临时变量不能存储在背景数据块中，在 FB 被调用后，背景数据块中不会出现临时变量。

在系统中建立背景数据块的具体过程是：首先将本次调用所对应的背景数据块中所有数据，从工作存储器中取出来，载入到数据块寄存器中的 DI 区域，这个区域也称为背景数据块寄存器。接着进行 FB 块的运行，运行期间对寄存器高速读写。FB 块运行完毕后，有关对象的逻辑运算结果都储存到 DI 区域中，系统再将 DI 区域中的所有数据写入到背景数据块中。

图 5-19 是一个函数块 FB1，现在分别用组织块 OB、函数 FC、函数块 FB 对它进行调用，从中可以了解调用时所产生的 3 种类型的数据块 DB。

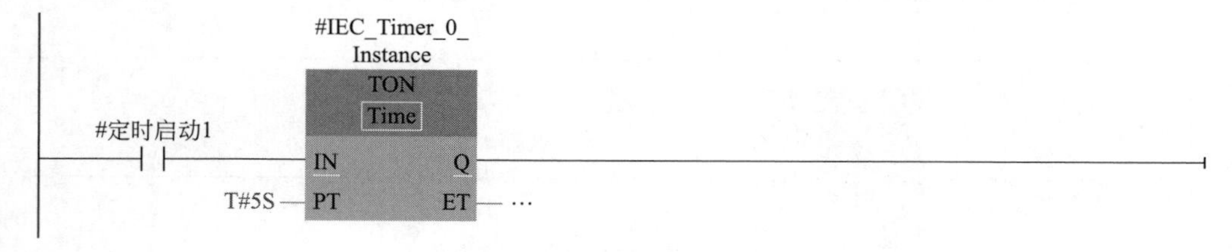

图 5-19　准备调用的函数块 FB1

（1）FB 被 OB 调用

FB 被 OB 调用时，系统自动弹出"调用选项"对话框，即建立背景数据块的对话框，如图 5-20 所示。在这里只有“单个实例”的数据块（DB），系统可以自动为它命名并分配编号，也可以手动命名或分配 DB 的编号。

（2）FB 被 FC 调用

如果 FB 被 FC 调用，也会弹出一个与图 5-20 类似的调用选项对话框，只是其中增加了一个“参数实例”的选项，如图 5-21 所示。

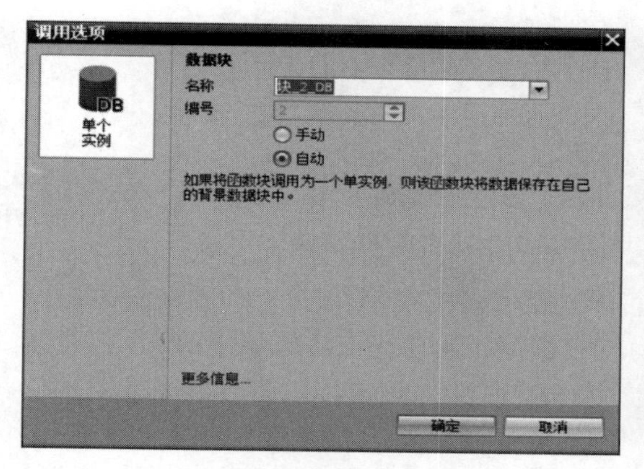

图 5-20 FB 块被组织块调用时建立背景数据块的对话框

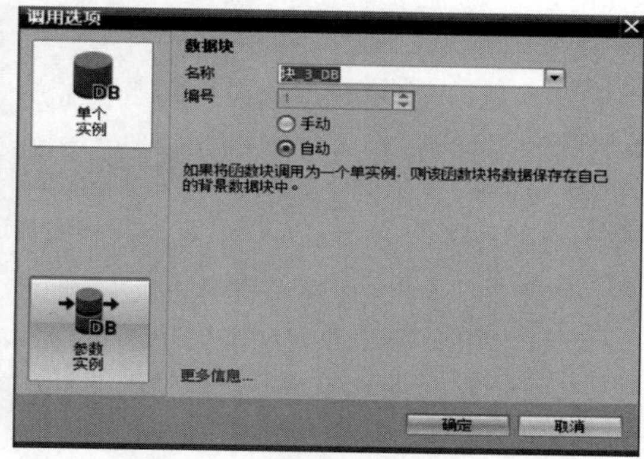

图 5-21 FB 被 FC 调用时建立背景数据块的对话框

当选用“单个实例”时，如同 FB 被 OB 调用的情况。

当选用“参数实例”时，FB 将作为参数传送，被调用的 FB 将数据保存在调用块 FC 的接口参数中。FC 中的 InOut 参数保存被调用块的数据。在 FC 接口区的 InOut 参数中，自动生成了 FB1 块的背景数据“FB1_Instance”，如图 5-22 所示。

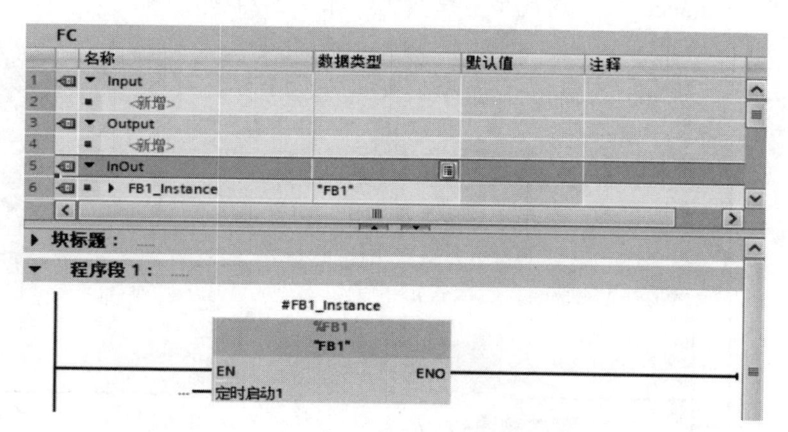

图 5-22 在 FC 中调用 FB（参数实例）

（3）FB 被另外一个 FB 调用

当一个 FB 被另外一个 FB 调用时，属于嵌套使用，此时也会弹出“调用选项”对话框，如图 5-23 所示。在这个对话框中，可以选择“单个实例”“多重实例”“参数实例”3 种类型的数据块。其中单个实例和参数实例在前面已经做了介绍，这里再对多重实例进行具体的说明。

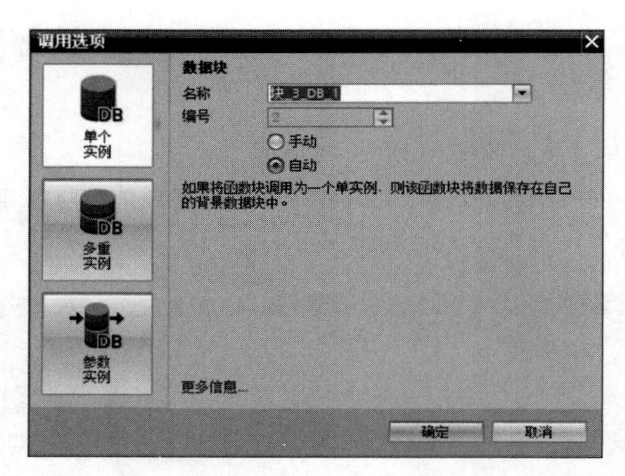

图 5-23 FB 嵌套调用时建立的背景数据块对话框

在 FB 中调用另一个 FB 时，可以选用"多重实例"。此时，系统对本次调用所需的数据和数据块进行编排，将它们编入当前正在实施调用的 FB 的背景数据块中，而不是被调用的 FB 的背景数据块中，这样可以将数据集中在一个背景数据块中。

当 FB 被多次调用时，如果使用单个实例，会占用比较多的数据块资源。此时，可以把被调用的 FB 调取到一个主 FB 中。

例如，新建一个函数块 FB2，向 FB2 中两次调用图 5-19 所示的 FB1 块。在调用选项中，选用"多重实例"，此时在 FB2 接口区的静态参数 Static 中自动生成了 2 个被调用块的背景数据，一个是"FB1_Instance"，另外一个是"FB1_Instance_1"。这就是多重实例，如图 5-24 所示。

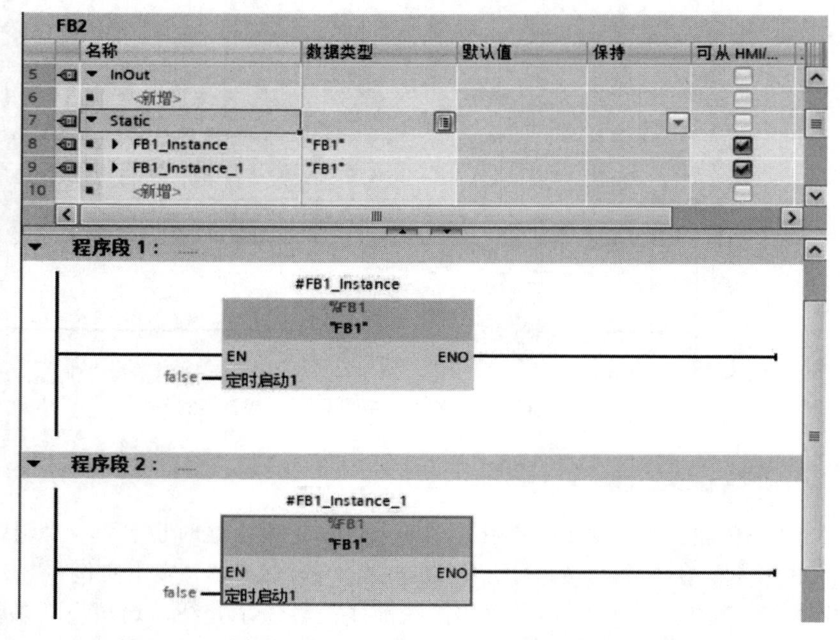

图 5-24 在静态参数 Static 中生成了 2 个被调用块的背景数据

5.7 FB存储数据的功能

5.7.1 FC和FB的区别

FC 块的全称是“Function”，即“函数”。FB 是具有 DB 背景块的特殊 FC，也就是说 FB 具有 FC 的功能，同时拥有一个 DB（DataBlock）。可以用一个公式即 FB=FC+DB 来表示这两者之间的关系。FC 和 FB 都是子程序块，对于一般的控制功能，FC 和 FB 都能够实现。

FC 没有背景数据块，也就是说它没有专用的数据存储区域，只是在运行期间分配了一个临时的数据区，由于没有一个永久的数据块来存放数据，因此它没有存储功能。它的输入和输出数据是反映在接线端子上，在内部没有对应的存储地址。在 FC 的接口参数表中，各种参数也没有实际的地址，只是形式参数。只有在调用程序时，才能和实际的地址产生联系，把实际的参数地址传送到 FC 的参数中，给予入口参数，经过逻辑运算，执行完毕后，从出口参数中读出数据，此后这个 FC 的功能就消失了。所以，FC 的参数所传递的是数据的地址。

FB 所传递的则是数据。它将自身的数据（输入参数、输出参数、静态变量等）永久地存储在背景数据块中。它的运行方式是围绕着数据块处理数据，并且将运算结果保持在数据块中。在 FB 被执行后，这些数据仍然可以使用。

FB 在运行时，其运算是不带存储空间的，因此必须从外部加上数据中转储存区，被分配给 FB 的储存区叫做 DB，也就是 FB 的背景数据块。这个 DB 被指定给该 FB 使用，不能作为其他的用途。FB 每次被调用时，都会产生一个背景数据块，因此一个 FB 可以有若干个 DB。

如果使用 FB，有时可以简化编程。例如，如果要对多个参数相同的设备进行程序相同的控制，如果使用 FC，每次调用时，其 I/O 区域必须手动输入各种变量，否则程序不能运行，有时这方面的工作量非常大。

而使用 FB 时，只要编制一套程序就行了。每次调用这个 FB 时，都会自动产生一个背景数据块，在背景数据块中，自动地给 I/O 区域的变量赋予地址，这里所指的是符号地址，如果需要使用绝对地址，仍然需要在 I/O 端子上手动输入。

例如，在某一个 FB 的程序中，多台设备都有一个相同的变量“启动按钮”，在接口参数表中，先给它起名为“启动按钮”。第 1 次调用它时，背景数据块的编号是 DB1，这个按钮的符号地址就自动生成为“启动按钮”.DB1；第 2 次调用它时，背景数据块的编号是 DB2，这个按钮的符号地址又自动生成为“启动按钮”.DB2。这样，这 2 只启动按钮的符号地址就区分开来。如果在人机界面中添加这些按钮，就可以直接使用这些符号地址。

5.7.2 FB的存储功能举例

FB 带上背景数据块后，与背景数据块配合使用，可以实现一些特殊的功能、保存控制系统的某些属性和状态，而 FC 不具备这种功能。

例如，要执行 5.5.2 中图 5-13 所示的梯形图程序，使用 FC 就行了。但是，如果需要保存和查看电动机运行的时间，FC 就无能为力。FB 则可以轻松地实现，具体步骤如下。

(1) 定义 FB 的接口参数

在图 5-12 所示的接口参数表中，再添加 2 项：一项是在 Input（输入参数）中增加“秒脉冲”，以便于通过脉冲计数的方式进行计时；另一项是在 Static（静态参数）中增加“运行时间”，用于存储这台电动机的运行时间。变更后的接口参数表如图 5-25 所示。

	名称	数据类型	默认值	可从 HMI/...	从 H...	在 HMI ...	设定值
1	▼ Input			☐	☐	☐	☐
2	■ 秒脉冲	Bool	false	☑	☑	☑	☐
3	■ 启动按钮	Bool	false	☐	☐	☐	☐
4	■ 停止按钮	Bool	false	☐	☐	☐	☐
5	■ 电机过载	Bool	false	☐	☐	☐	☐
6	▼ Output			☐	☐	☐	☐
7	■ 接触器	Bool	false	☐	☐	☐	☐
8	■ 运行指示	Bool	false	☐	☐	☐	☐
9	■ 停止指示	Bool	false	☐	☐	☐	☐
10	▼ InOut			☐	☐	☐	☐
11	■ 中继转换	Bool	false	☐	☐	☐	☐
12	▼ Static			☐	☐	☐	☐
13	■ 运行时间	DInt	0	☐	☐	☐	☐

图 5-25 增加“秒脉冲”和“运行时间”的接口参数表

(2) 在 FB 中编辑程序

在图 5-13 所示梯形图的基础上，再增加一个程序段 2，在其中编辑计算电动机运行时间的程序。变更后的梯形图如图 5-26 所示。

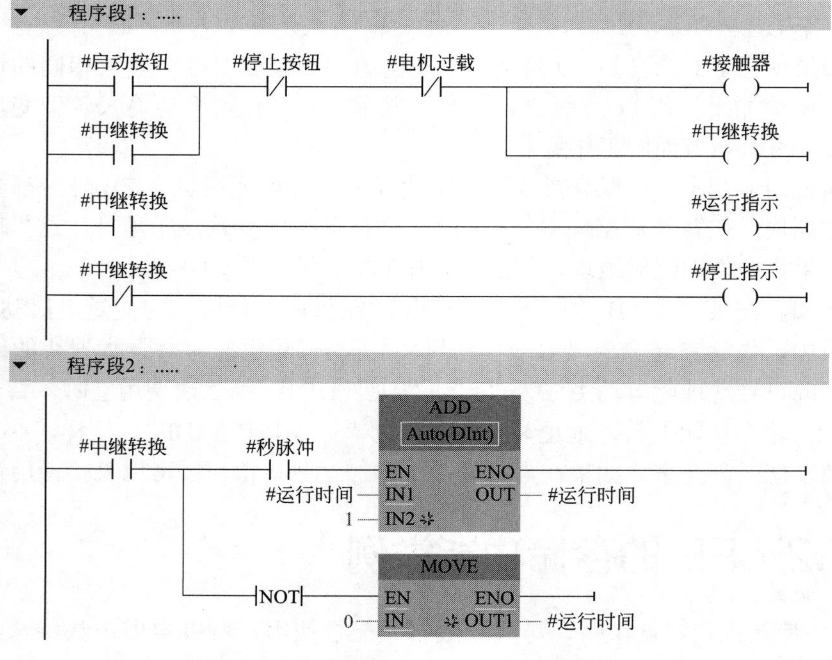

图 5-26 可以计算运行时间的电动机控制程序

（3）在 OB1 中调用 FB 的程序

在 OB1 中调取图 5-26 所示的程序。在调用之后，根据之前编制的变量表，添加 FB 块的入口和出口变量，并添加 M0.5 时钟脉冲和上升沿指令（P_TRIG），如图 5-27 所示。

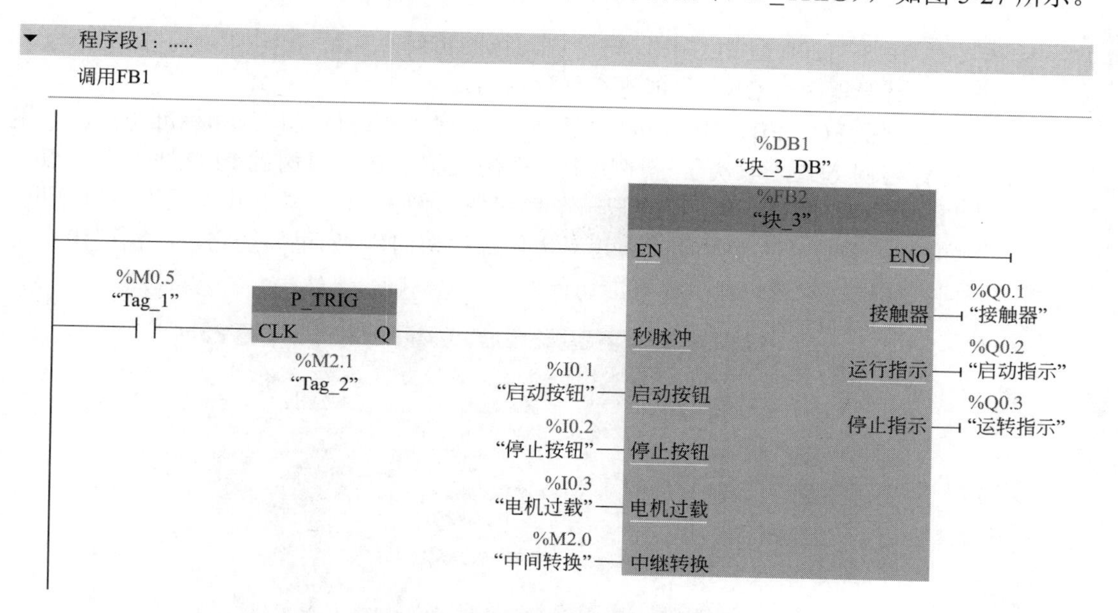

图 5-27 调取图 5-26 所示的 FB 程序

5.7.3 背景数据块的访问

在 OB1 中调用 FB 时，系统会自动生成一个背景数据块，以存储 FB 的数据。本次所生成的背景数据块编号是 [DB1]，名称是“块 _3_DB”，如图 5-28 所示。背景数据块是系统自动分配的，其内部的参数不能修改，但是可以访问。

块_3_DB

	名称	数据类型	偏移量	起始值	保持	可从 HMI/...
1	▼ Input					
2	秒脉冲	Bool	0.0	false	☐	☐
3	启动按钮	Bool	0.1	false	☐	☑
4	停止按钮	Bool	0.2	false	☐	☐
5	电机过载	Bool	0.3	false	☐	☐
6	▼ Output				☐	☐
7	接触器	Bool	2.0	false	☐	☐
8	运行指示	Bool	2.1	false	☐	☐
9	停止指示	Bool	2.2	false	☐	☐
10	▼ InOut				☐	☐
11	中继转换	Bool	4.0	false	☐	☐
12	▼ Static				☐	☐
13	运行时间	DInt	6.0	0	☐	☐

图 5-28 FB 块被调用时产生的背景数据块

从图 5-28 可知，系统根据图 5-24 中的接口参数，在背景数据块中建立了相应的变量。其中的 Static 保存了电动机的运行时间，这个时间可以通过人机界面显示和查看。此外，如果要查看“偏移量”，需要去掉优化访问方式，改用标准访问方式，详见 5.8 节所述。

5.8 程序块的访问方式

在 S7-1200 型 PLC 中，程序块默认的访问方式是“优化”。

对于程序块 OB，只能进行优化访问。

对于 FC、FB、DB，可以采用两种访问方式：优化访问和标准访问。采用哪种访问方式，取决于程序块中属性的设置。在项目树的 PLC 站点下，点击“程序块”并右击其下方的某一个程序块，例如 FB，调出其“属性”对话框，如图 5-29 所示，其中有一项是“优化的块访问”。如果勾选它，就执行优化访问；如果不勾选，就执行标准访问。

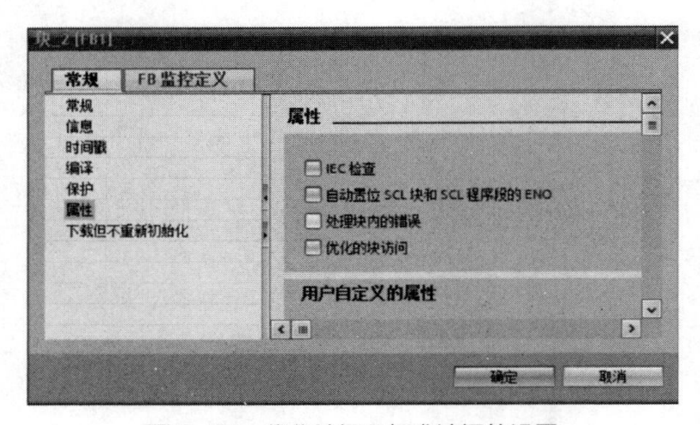

图 5-29　优化访问和标准访问的设置

（1）全局数据块的访问设置

如果将全局数据块设置为两种不同的访问方式，其内部出现的变量也不相同。图 5-30 是优化访问的 DB，其中的变量没有绝对地址，只能使用符号地址访问。

数据块_1

	名称	数据类型	起始值	保持	可从 HMI/...
1	▼ Static			☐	☐
2	■ 启动	Bool	false	☐	☑
3	■ 停止	Bool	false	☐	☑
4	■ 运转	Bool	false	☐	☑
5	■ 定时值	Real	0.0	☐	☑
6	■ <新增>			☐	☐

图 5-30　优化访问的 DB 程序块

图 5-31 是标准访问的 DB 程序块，其中的变量具有“偏移量”，既可以采用绝对地址访问，又能够使用符号地址访问。

数据块_1

	名称	数据类型	偏移量	起始值	保持
1	▼ Static				☐
2	■ 启动	Bool	0.0	false	☐
3	■ 停止	Bool	0.1	false	☐
4	■ 运转	Bool	0.2	false	☐
5	■ 定时值	Real	2.0	0.0	☐

图 5-31　标准访问的 DB 程序块

（2）背景数据块的访问设置

背景数据块的访问方式取决于其所属的 FB 的访问方式。如果 FB 设置为优化访问，则 DB 也为优化访问；如果 FB 设置为标准访问，则 DB 也为标准访问。

（3）优化访问和标准访问的比较

优化访问和标准访问的比较，如表 5-5 所示。

表 5-5 优化访问和标准访问的比较

项 目	优化访问	标准访问
数据管理	数据被系统管理并优化，可以生成用户定义的结构，系统进行优化以节省内存	取决于变量声明，可以生成用户定义或一个内存优化的数据结构
存储方式	变量的地址由 CPU 自动分配，DB 中没有偏移地址	在 DB 中，每一个变量都有偏移地址
访问方式	只能通过符号地址访问	可以通过符号地址、绝对地址、指针方式寻址
下载但不重新初始化	支持	不支持
访问速度	快	慢
数据保持	DB 内的每个变量均可单独设置	以整个 DB 为单位，统一设置 DB 内部变量的保持性
兼容性	与 S7-300/400 PLC 不兼容	与 S7-300/400 PLC 兼容
出错概率	不会造成数据的不一致	声明修改后可能导致数据不一致

第6章

S7-1200 PLC的单元电路编程

SIEMENS

单元电路的结构比较简单，控制原理也容易理解，但是通过这方面的练习，可以熟悉编程软件的操作，为下一步的深入编程打下基础。

为了节省篇幅，本章直接进行编程。对于一些辅助的、常规性的操作，例如创建新的设计文件、设备组态、CPU供电能力验算、指定程序块、编辑接口参数等都予以省略。

单元电路的程序可以编辑在FC或FB中，作为工程设计中的子程序，由OB或其他程序块进行调用。

6.1 定时控制中的单元电路

在自动控制电路中，如果在某一个动作出现之后，需要延迟一定的时间再触发另外一个动作，就需要使用定时器，所以定时器的使用非常广泛。但是，在继电器-接触器控制电路中，定时器的名称是“时间继电器”，它包括电磁线圈、瞬动触点、延时触点、连接导线等，一方面接线繁杂，另一方面故障率高。而在PLC中，定时器只是一个内部继电器，没有线圈、触点、导线，不需要输出端子，大大简化了电路，降低了故障率。为了便于初学者对S7-1200定时器的理解，先画出对应的继电器控制电路，通过它来说明工作原理。

6.1.1 瞬时接通、延时断开电路

（1）继电器控制电路工作原理

如图6-1所示，按下启动按钮SB1-1，SB1-2打开，接触器KM1的线圈通电，KM1瞬时吸合，辅助常开触点闭合自保持。松开按钮之后，SB1-2闭合，时间继电器KT1的线圈通电进行延时。

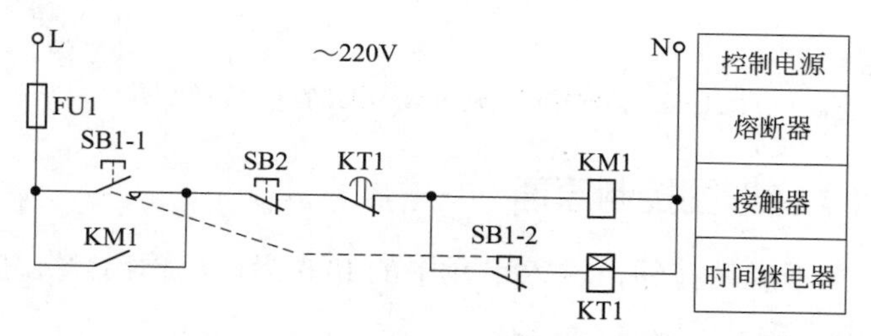

图6-1 瞬时接通、延时断开电路

到达设定的时间（10s）后，KT1动作，其延时断开的常闭触点断开，切断KM1的电流通路，KM1失电。

在延时过程中，如果需要将设备停止，按下停止按钮SB2即可终止延时，使KM1的线圈不能得电。

（2）输入/输出元件的I/O地址分配

输入元件是启动按钮SB1、停止按钮SB2。输出元件只有一只接触器KM1，元件的I/O地址分配如表6-1所示。

表 6-1　瞬时接通，延时断开电路 I/O 地址分配表

I（输入）			O（输出）		
元件代号	元件名称	地址	元件代号	元件名称	地址
SB1	启动按钮	I0.0	KM1	接触器	Q0.0
SB2	停止按钮	I0.1			

（3）编写 PLC 的梯形图程序

瞬时接通、延时断开电路的 PLC 梯形图见图 6-2。当我们向梯形图中添加定时器时，系统自动给它分配一个数据块 DB1，这个数据块就是默认的绝对地址，符号地址则是默认的“IEC_Timer_0_DB”。从图中可知，定时器是 IEC 类型，标记“TON”表示延时接通。定时值是 10s，输出触点是符号地址后面加上“.Q”，也就是“IEC_Timer_0_DB”.Q。这个触点可以在系统中的其他地方使用。

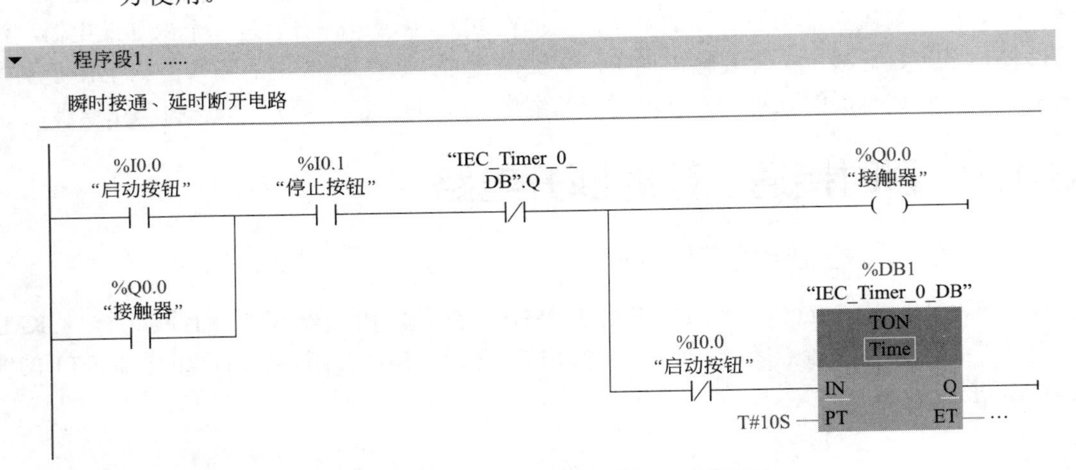

图 6-2　瞬时接通、延时断开电路的 PLC 梯形图

（4）梯形图控制原理

① 按下启动按钮，输入单元中的 I0.0 接通，输出单元中的赋值线圈 Q0.0 立即得电，接触器吸合。

② 松开启动按钮，Q0.0 线圈保持得电，定时器开始延时 10s。

③ 10s 后，定时时间到，其常闭触点断开，Q0.0 失电，接触器释放。

④ 在图 6-1 中，停止按钮 SB2 是按照继电器-接触器电路的惯例连接的常闭触点，它平时是闭合的。在图 6-2 中，它对应的触点为常开触点，平时也是闭合的。

⑤ 在运行和延时过程中，如果需要将设备停止，按下停止按钮，梯形图中的 I0.1 常开触点便断开，使定时器终止延时并复位，并使 Q0.0 不能得电。

6.1.2 延时接通、延时断开电路

(1)继电器控制电路工作原理

如图 6-3 所示，按下启动按钮 SB1-1，时间继电器 KT1 的线圈通电进行延时。KT1 瞬动常开触点 KT1-1 闭合，松开按钮后继续自保持。

到达设定的时间（5s）后，KT1 动作，其延时闭合的常开触点 KT1-2 接通，接触器 KM1 的线圈通电，KM1 吸合，实现了延时接通。KM1 的辅助常开触点闭合自保持。

松开按钮之后，SB1-2 闭合，时间继电器 KT2 的线圈通电开始延时。KT2 瞬动常闭触点 KT2-1 断开，切断 KT1 的电流通路。

到达设定的时间（10s）后，KT2 动作，其延时断开的常闭触点 KT2-2 断开，KM1 的线圈断电，KM1 释放，实现了延时断开。

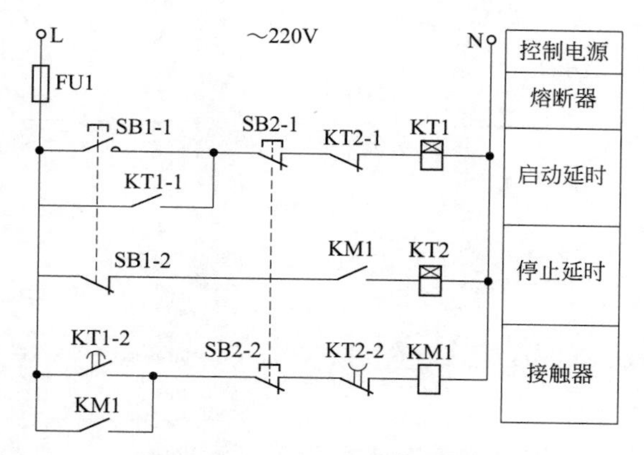

图 6-3 延时接通、延时断开电路

(2)输入/输出元件的 I/O 地址分配

输入元件是启动按钮 SB1、停止按钮 SB2。输出元件只有一只接触器 KM1，两只定时器都是 PLC 内部的继电器，不需要输出端子。元件的 I/O 地址分配如表 6-2 所示。

表 6-2 延时接通，延时断开电路 I/O 地址分配表

I（输入）			O（输出）		
元件代号	元件名称	地址	元件代号	元件名称	地址
SB1	启动按钮	I0.0	KM1	接触器	Q0.0
SB2	停止按钮	I0.1			

(3)编写 PLC 的梯形图程序

延时接通、延时断开电路的 PLC 梯形图见图 6-4。图中的两只定时器都是延时接通型（TON）。启动定时器默认的符号地址是“IEC_Timer_0_DB”。这个地址用起来不太方便，把它更改为“定时器 A”。同样，停止定时器由默认的符号地址更改为“定时器 B”。两只定时器的设定值分别为 5s 和 10s。

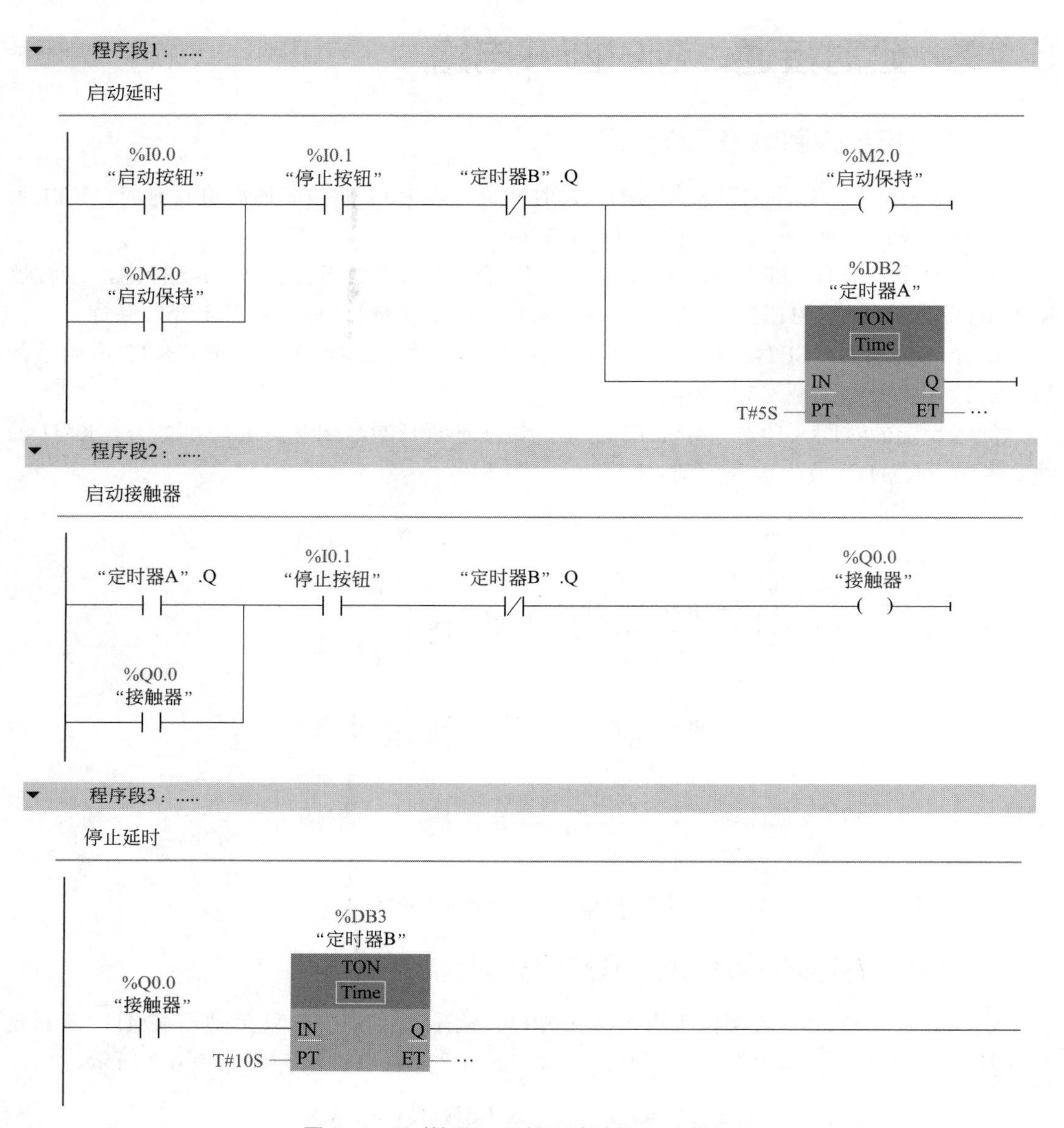

图 6-4　延时接通、延时断开电路的 PLC 梯形图

（4）梯形图控制原理

① 按下启动按钮，I0.0 接通，定时器 A 开始延时。图中使用了一个位存储器 M2.0，其作用是“启动保持”，即在启动按钮松开后，定时器 A 继续进行延时。

② 5s 后，定时器 A 延时时间到，赋值线圈 Q0.0 得电，接触器吸合。

③ Q0.0 线圈得电后，定时器 B 开始延时 10s。

④ 10s 后，定时器 B 延时时间到，Q0.0 失电，接触器释放。M2.0 和定时器 B 也失电，电路恢复到起始状态。

⑤ 在运行和延时过程中，如果需要将设备停止，按下停止按钮，梯形图中 I0.1 的常开触点即可断开，终止定时器 A 和定时器 B 的延时，并使 Q0.0 不能得电。

6.1.3 两台设备间隔定时启动电路

在自动控制系统中，有时两台设备不能同时启动，需要间隔一定的时间。比如皮带运输机，如果同时启动会造成物料堆积。

(1) 继电器控制电路工作原理

如图 6-5 所示，按下启动按钮 SB1，时间继电器 KT1（设备 A 延时）的线圈通电进行延时，KT1 的瞬动常开触点 KT1-1 闭合实现自保持。

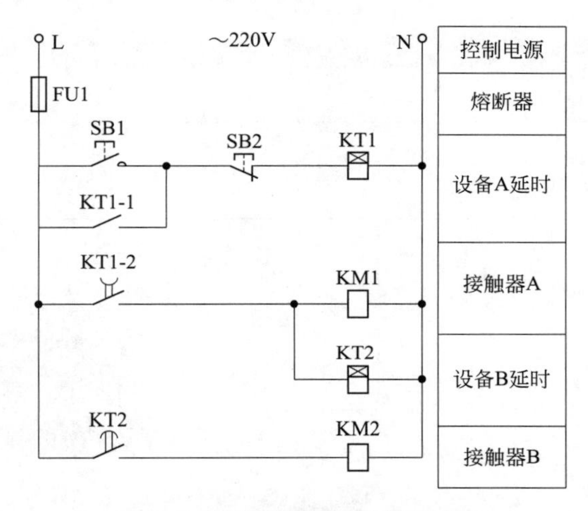

图 6-5 两台设备间隔定时启动电路

到达设定的时间（5s）后，KT1 动作，其延时闭合的常开触点 KT1-2 接通，接触器 KM1 的线圈通电，KM1 吸合，设备 A 启动。与此同时，时间继电器 KT2（设备 B 延时）的线圈通电进行延时。

到达设定的时间（10s）后，KT2 动作，其延时闭合的常开触点接通，KM2 的线圈通电，KM2 吸合，设备 B 启动。

按下停止按钮 SB2，KT1 线圈失电，KM1 释放。KT1 失电后又导致 KT2 线圈失电，KM2 也释放。

(2) 输入/输出元件的 I/O 地址分配

输入元件是启动按钮 SB1、停止按钮 SB2。输出元件是接触器 KM1、KM2。两只定时器都是 PLC 内部的继电器，不需要输出端子。元件的 I/O 地址分配如表 6-3 所示。

表 6-3 两台设备间隔定时启动电路 I/O 地址分配表

I（输入）			O（输出）		
元件代号	元件名称	地址	元件代号	元件名称	地址
SB1	启动按钮	I0.1	KM1	接触器	Q0.1
SB2	停止按钮	I0.2	KM2	接触器	Q0.2

（3）编写 PLC 的梯形图程序

两台设备间隔定时启动电路的 PLC 梯形图如图 6-6 所示。定时器属于 IEC 类型，延时接通（TON）。第一个定时器的绝对地址是系统自动分配的数据块 DB2，符号地址是重新命名的“定时器 A”，输出触点是“定时器 A”.Q，定时值设置为 5s；第二个定时器的绝对地址是系统自动分配的数据块 DB3，符号地址是重新命名的“定时器 B”，输出触点是“定时器 B”.Q，定时值设置为 10s。

与图 6-4 一样，图 6-6 中也使用了一个位存储器 M2.0，通过其常开触点实现自保持。

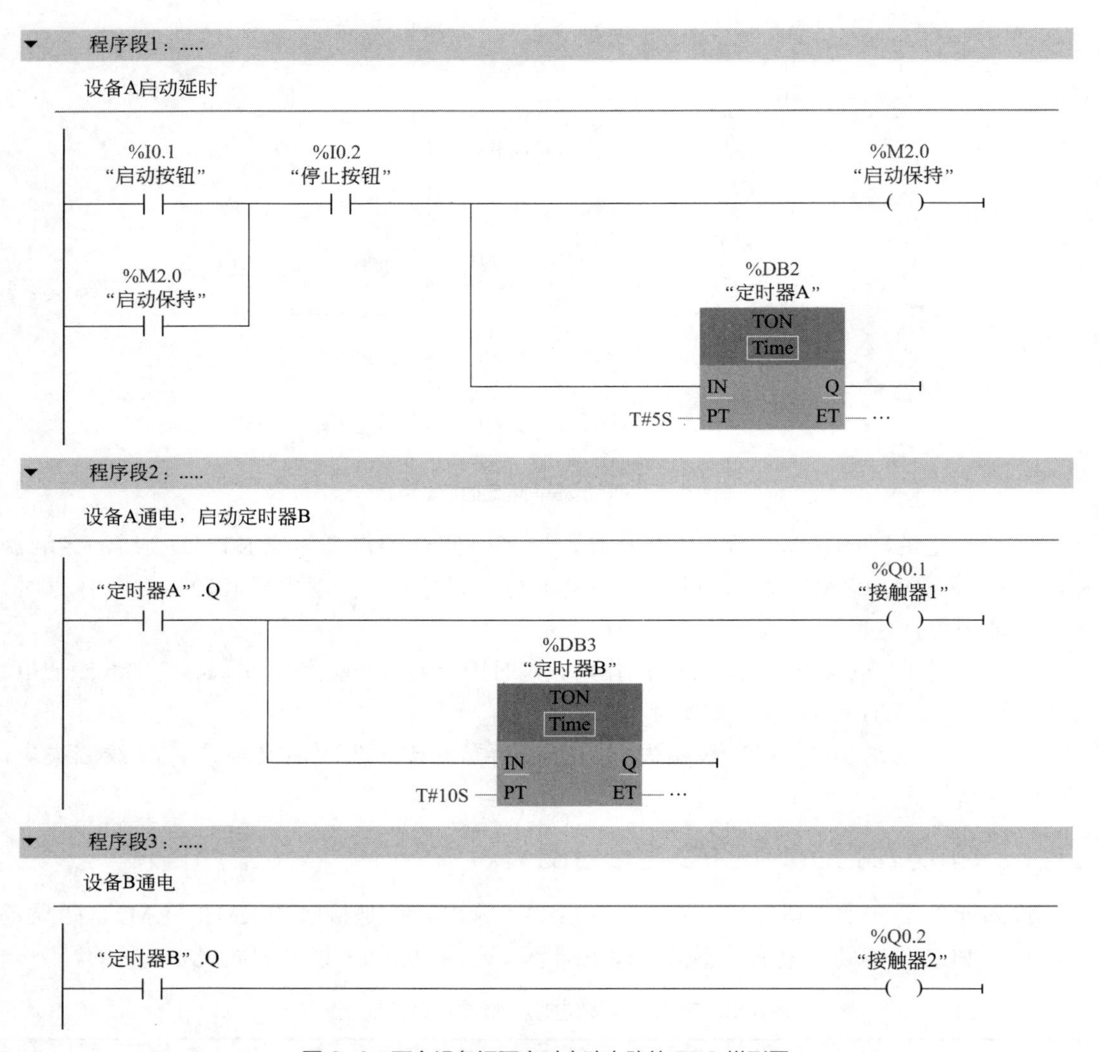

图 6-6　两台设备间隔定时启动电路的 PLC 梯形图

（4）梯形图控制原理

① 按下启动按钮，I0.1 接通，定时器 A 通电延时，位存储器 M2.0 同时得电，其常开触点闭合自保。

② 5s 后，定时器 A 的时间到，其延时闭合的常开触点接通，输出单元中的赋值线圈 Q0.1 得电，接触器 1 吸合，设备 A 启动。与此同时，定时器 B 通电，开始延时 10s。

③ 10s 后，定时器 B 时间到，其延时闭合的常开触点接通，输出单元中的赋值线圈 Q0.2 得电，接触器 2 吸合，设备 B 启动。

④ 按下停止按钮，I0.2 断开，定时器 A、定时器 B、Q0.1、Q0.2 均失电，2 只接触器都释放。请注意，停止按钮 SB2 与 PLC 的输入端连接时，要以常闭触点接入，使梯形图中的 I0.2 平时处于接通状态。

6.1.4 30 天延时电路

（1）输入/输出元件的 I/O 地址分配

输入元件是启动按钮 SB1、停止按钮 SB2。输出执行元件是接触器 KM1。2 只定时器都是 PLC 内部的继电器，不需要输出端子。I/O 地址分配见表 6-4。

表 6-4　30 天延时电路 I/O 地址分配表

I（输入）			O（输出）		
元件代号	元件名称	地址	元件代号	元件名称	地址
SB1	启动按钮	I0.1	KM1	接触器	Q0.1
SB2	停止按钮	I0.2			

（2）编写 PLC 的梯形图程序

在 S7-1200 的定时器中，最长的定时时间小于 25 天，所以单独一只定时器无法实现 30 天延时，但是可以采用两级定时器进行组合，两级进行接力。

图 6-7 采用 2 只定时器组合，实现 30 天延时，定时器仍然是延时接通型（TON）。2 只定时器的延时均为 15 天。

（3）梯形图控制原理

① 按下启动按钮，定时器 A 通电，开始延时 15 天。

② 到达 15 天时，定时器 A 延时闭合的常开触点接通，定时器 B 通电，再延时 15 天。

③ 到达 30 天时，定时器 B 延时闭合的常开触点接通，Q0.1 得电，接触器吸合。

④ 在运行过程中，可以按下停止按钮 SB2 使定时器失电，接触器不能吸合。

6.1.5 定时器与计数器联合电路

（1）输入/输出元件的 I/O 地址分配

输入元件是启动按钮 SB1、停止按钮 SB2。输出元件是接触器 KM1。定时器和计数器都是 PLC 内部的存储器，不需要输出端子。I/O 地址分配见表 6-5。

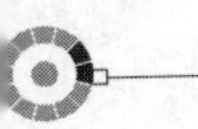

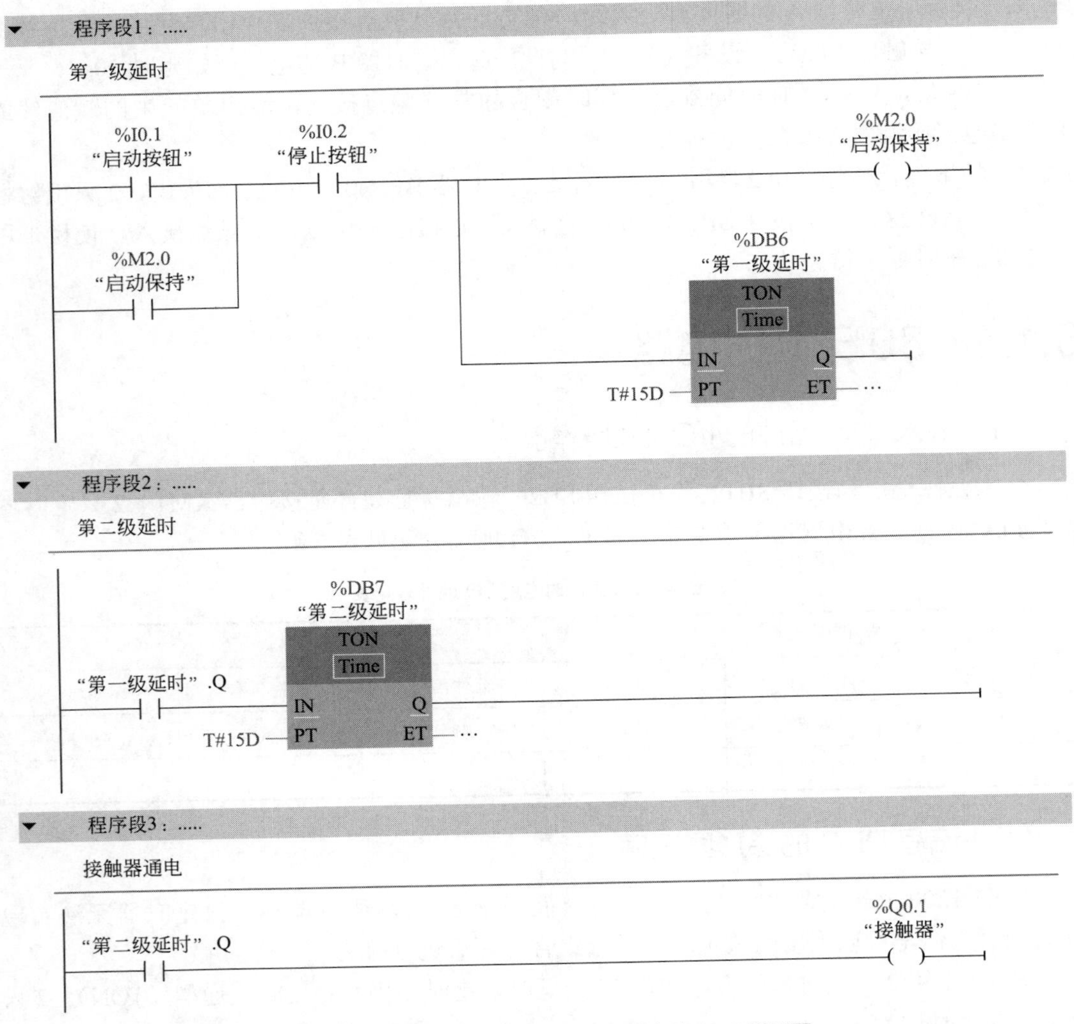

图 6-7　两级定时器组合的 30 天延时电路 PLC 梯形图

表 6-5　定时器与计数器联合的延时电路 I/O 地址分配表

I（输入）			O（输出）		
元件代号	元件名称	地址	元件代号	元件名称	地址
SB1	启动按钮	I0.1	KM1	接触器	Q0.1
SB2	停止按钮	I0.2			

（2）编写 PLC 的梯形图程序

见图 6-8，它是由一只定时器和一只计数器组合，构成 90 天的长延时电路的梯形图。定时器采用延时接通定时器（TON），定时值设置为 7776s，其输出端子是“定时器”.Q。计数器采用向上计数器（CTU），计数值设置为 1000，输出端子是“计数器”.QU。

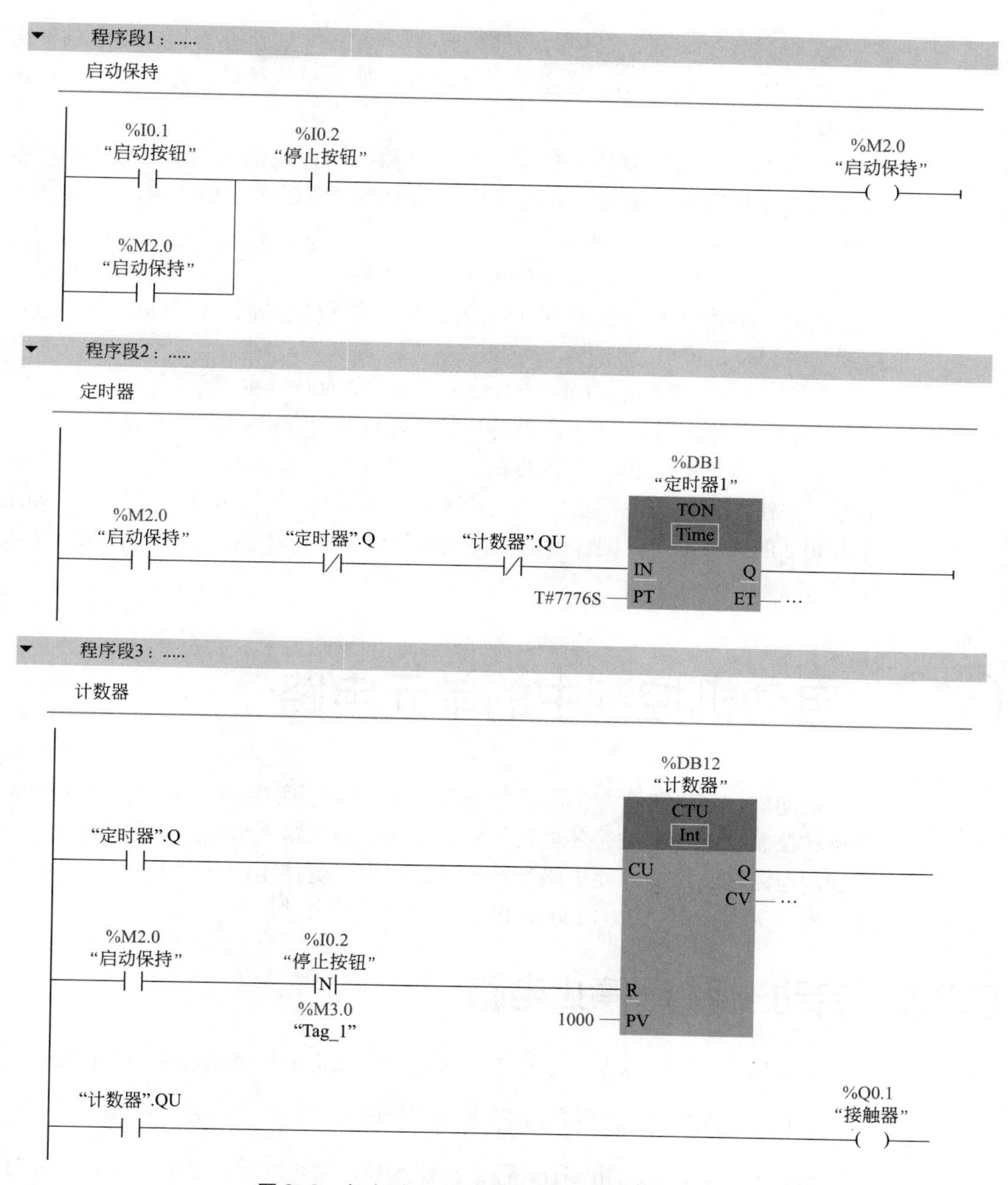

图 6-8　定时器与计数器联合的延时电路 PLC 梯形图

（3）梯形图控制原理

① 定时器设计为自动复位，它与计数器联合使用，形成倍乘定时器。

② 按下启动按钮 I0.1 后，位存储器 M2.0 得电并自保持，定时器的线圈得电开始延时，到达 7776s 时，定时器延时闭合的常开触点接通，送出第一个脉冲。

③ 当定时器延时闭合的常开触点接通时，其延时断开的常闭触点也断开，定时器失电，使脉冲消失。

④ 定时器失电后，其延时断开的常闭触点又恢复到接通状态，定时器再次得电延时，7776s 之后，送出第二个脉冲。如此反复循环，连续不断地送出计数脉冲。

⑤ 计数器对定时器送出的脉冲进行计数，当计数值达到设定值 1000 时，其输出端 Q 就有输出信号。此时输出单元中的赋值线圈 Q0.1 得电。总体延时时间

$$T_z=(\Delta t+t_1)\times 1000$$

式中，Δt 为脉冲持续时间（s）；t_1 为定时器设定时间（7776s)。由于脉冲持续时间很短，可以忽略不计，因此

$$T_z\approx t_1\times 1000=7776\text{s}\times 1000=7776000\text{s}=90\text{ 天}$$

⑥ 用停止按钮 I0.2 的下降沿对计数器进行复位，M3.0 是沿检测位。

注意：停止按钮 I0.2 与 PLC 的输入端连接时，要以常闭触点接入。此外，用停止按钮对计数器进行复位时，要按图 6-6 所示，使用 I0.2 的下降沿。如果使用 I0.2 的常开触点，则计数器始终处于复位状态，不能进行计数，无法实现控制功能。

6.2 电动机控制中的单元电路

电动机控制电路中，常用的单元电路有：启动-保持-停止电路、点动电路、正反转控制电路、自动循环电路、Y-△降压启动电路、串联电阻启动电路、三速控制电路等。这些单元电路都是自动控制中广泛使用的基础电路，必须熟练地掌握。下面介绍用 S7-1200 型 PLC 进行控制的方法。

6.2.1 启动-保持-停止电路

本电路的控制要求是：通过 2 只按钮对电动机进行启动-保持-停止控制。

（1）输入/输出元件的 I/O 地址分配

输入元件是启动按钮 SB1、停止按钮 SB2、电动机过载保护热继电器 KH1；输出元件是接触器 KM1、运行指示 XD1、停止指示 XD2。I/O 地址分配见表 6-6。

表 6-6　启动-保持-停止电路 I/O 地址分配表

I（输入）			O（输出）		
元件代号	元件名称	地址	元件代号	元件名称	地址
SB1	启动按钮	I0.1	KM1	接触器	Q0.1
SB2	停止按钮	I0.2	XD1	运行指示	Q0.2
KH1	热继电器	I0.3	XD2	停止指示	Q0.3

（2）PLC选型

本例采用西门子S7-1200型PLC，CPU的型号是1211C AC/DC/继电器型。从图1-9可知，它的工作电源为AC120～240V，这里设计为AC220V。CPU本体上有数字量输入端子6个，数字量输出端子4个，满足本例的控制要求并略有富裕。输出类型为继电器，负载电源为交流/直流，在本例中选用通用的AC220V。

（3）主回路和PLC接线图

启动-保持-停止电路的主回路和PLC接线图如图6-9所示。这是一种最为简单的PLC控制电路。

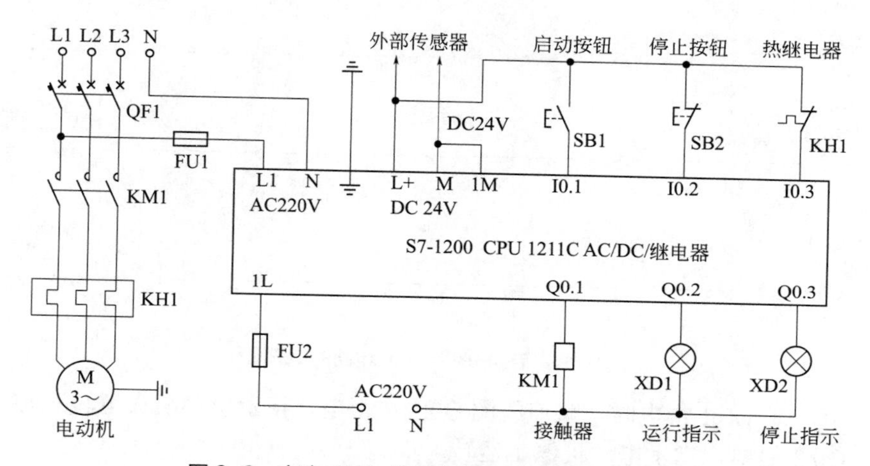

图6-9 启动-保持-停止电路的主回路和PLC接线

（4）设置变量表

根据表6-6和图6-9，在TIA博途编程软件中设置编程所需要的变量表，如图6-10所示。

	名称	数据类型	地址	保持	可从 ...	从 H...	在 H...	注释
1	启动按钮	Bool	%I0.1	☐	☑	☑	☑	
2	停止按钮	Bool	%I0.2	☐	☑	☑	☑	
3	热继电器	Bool	%I0.3	☐	☑	☑	☑	
4	接触器	Bool	%Q0.1	☐	☑	☑	☑	
5	运行指示	Bool	%Q0.2	☐	☑	☑	☑	
6	停止指示	Bool	%Q0.3	☐	☑	☑	☑	

图6-10 启动-保持-停止电路的变量表

（5）编写PLC的梯形图程序

启动-保持-停止电路的梯形图见图6-11。

（6）梯形图控制原理

① 按下启动按钮I0.1，赋值线圈Q0.1得电，其常开触点闭合自保持。按下停止按钮I0.2，Q0.1失电。

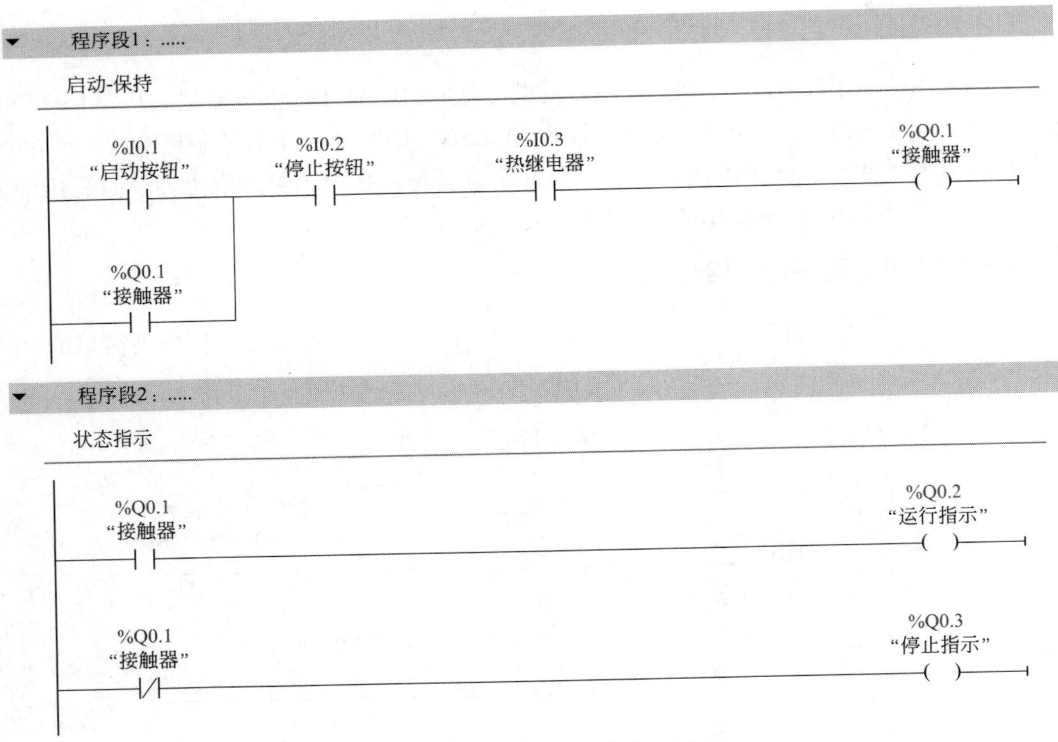

图 6-11　启动-保持-停止电路的梯形图

② Q0.1 得电时，赋值线圈 Q0.2 也得电，指示电动机在运转；Q0.1 失电时，Q0.3 得电，指示电动机停止运转。

③ 过载保护由热继电器执行。如果电动机过载，则梯形图中的 I0.3 断开，电动机停止运转。

（7）梯形图编写说明

① 图 6-11 所示的梯形图与继电器电路非常相似，只是将停止按钮 I0.2 放置在启动按钮 I0.1 的右边，这是为了便于梯形图的编写，也是编写梯形图的一种习惯。

② 在 PLC 中，输入映像存储区 I 的序号是从 0.0 开始，输出映像存储区 Q 的序号也是从 0.0 开始，这与继电器系统的元件代号不一致。在继电器系统中，我们总是习惯于从“1”开始。为了照顾初学者的习惯，这里没有使用 I0.0、Q0.0 等编号，将它们空置起来，尽量使变量的序号与 I/O 地址的序号相对应。在实际工作中，也是可以这样处理的。还可以将 I0.0、Q0.0 作为备用的 I/O 端子。

③ 按照继电器电路的习惯，停止按钮平时是闭合的，所以在图 6-9 的接线图中，I0.2 使用了常闭触点，它平时处于闭合状态。与此对应，在图 6-11 的梯形图中，I0.2 应该使用常开触点，这个触点平时是接通的。反之，如果在图 6-9 中 I0.2 使用了常开触点，则在图 6-11 中，I0.2 应该使用常闭触点。

④ 在图 6-9 中，热继电器 KH1 是以常闭触点与 PLC 的输入端子 I0.3 连接的，在未过载时这个触点是接通的，所以在梯形图中 I0.3 应该使用常开触点。

⑤ 在本例和后面的实例中，为了便于阐述梯形图的控制原理，我们认为某个输出映像存储区得电，就是代表它的控制对象得电，例如本例中的 Q0.1 得电就是接触器通电吸合。

6.2.2 带有点动的启动-保持-停止电路

本电路的控制要求是：通过三只按钮的操作，对电动机进行点动控制，以及进行启动-保持-停止控制。

（1）输入/输出元件的 I/O 地址分配

输入元件是点动按钮 SB1、启动按钮 SB2、停止按钮 SB3、电动机过载保护热继电器 KH1；输出元件是接触器 KM1、运行指示 XD1、停止指示 XD2。I/O 地址分配见表 6-7。

表 6-7 带有点动的启动-保持-停止电路 I/O 地址分配表

I（输入）			O（输出）		
元件代号	元件名称	地址	元件代号	元件名称	地址
SB1	点动按钮	I0.1	KM1	接触器	Q0.1
SB2	启动按钮	I0.2	XD1	运行指示	Q0.2
SB3	停止按钮	I0.3	XD2	停止指示	Q0.3
KH1	热继电器	I0.4			

（2）PLC 选型

本例仍然采用与上例相同的 PLC，CPU 的型号为 1211C AC/DC/继电器型，其工作电源为 AC120 ～ 240V，这里设计为 AC220V。CPU 本体上有数字量输入端子 6 个，数字量输出端子 4 个，除满足本例的要求之外，还留有备用。输出类型为继电器，负载电源为交流/直流，本例选用通用的 AC220V。

（3）主回路和 PLC 接线图

主回路和 PLC 接线图见图 6-12。这个电路与图 6-9 基本相同，只是增加了一个点动按钮，也是一种非常简单的 PLC 控制电路。

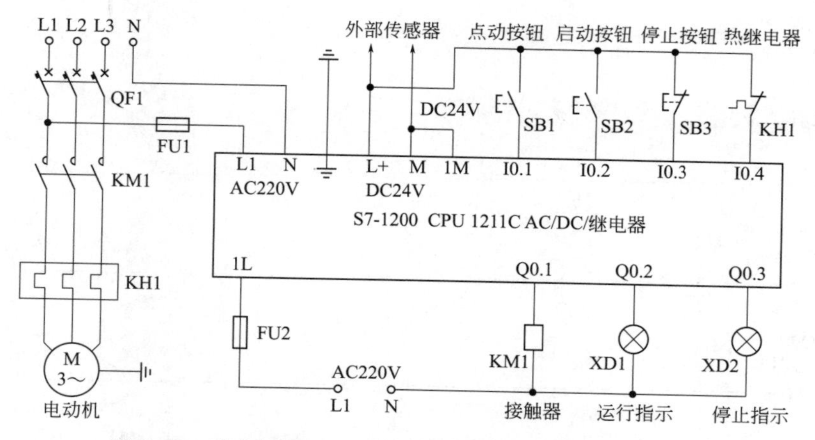

图 6-12 带有点动的启动-保持-停止电路主回路和 PLC 接线

（4）设置变量表

根据表 6-7 和图 6-12 设置梯形图编程所需要的变量表，如图 6-13 所示。

	名称	数据类型	地址	保持	可从 ...	从 H...	在 H...	注释
1	点动按钮	Bool	%I0.1	☐	☑	☑	☑	
2	启动按钮	Bool	%I0.2	☐	☑	☑	☑	
3	停止按钮	Bool	%I0.3	☐	☑	☑	☑	
4	热继电器	Bool	%I0.4	☐	☑	☑	☑	
5	启动保持	Bool	%M2.0	☐	☑	☑	☑	
6	接触器	Bool	%Q0.1	☐	☑	☑	☑	
7	运行指示	Bool	%Q0.2	☐	☑	☑	☑	
8	停止指示	Bool	%Q0.3	☐	☑	☑	☑	

图 6-13　带有点动的启动-保持-停止电路的变量表

（5）编写 PLC 的梯形图程序

根据控制要求和变量表，编辑“带有点动的启动-保持-停止电路”的梯形图，如图 6-14 所示。

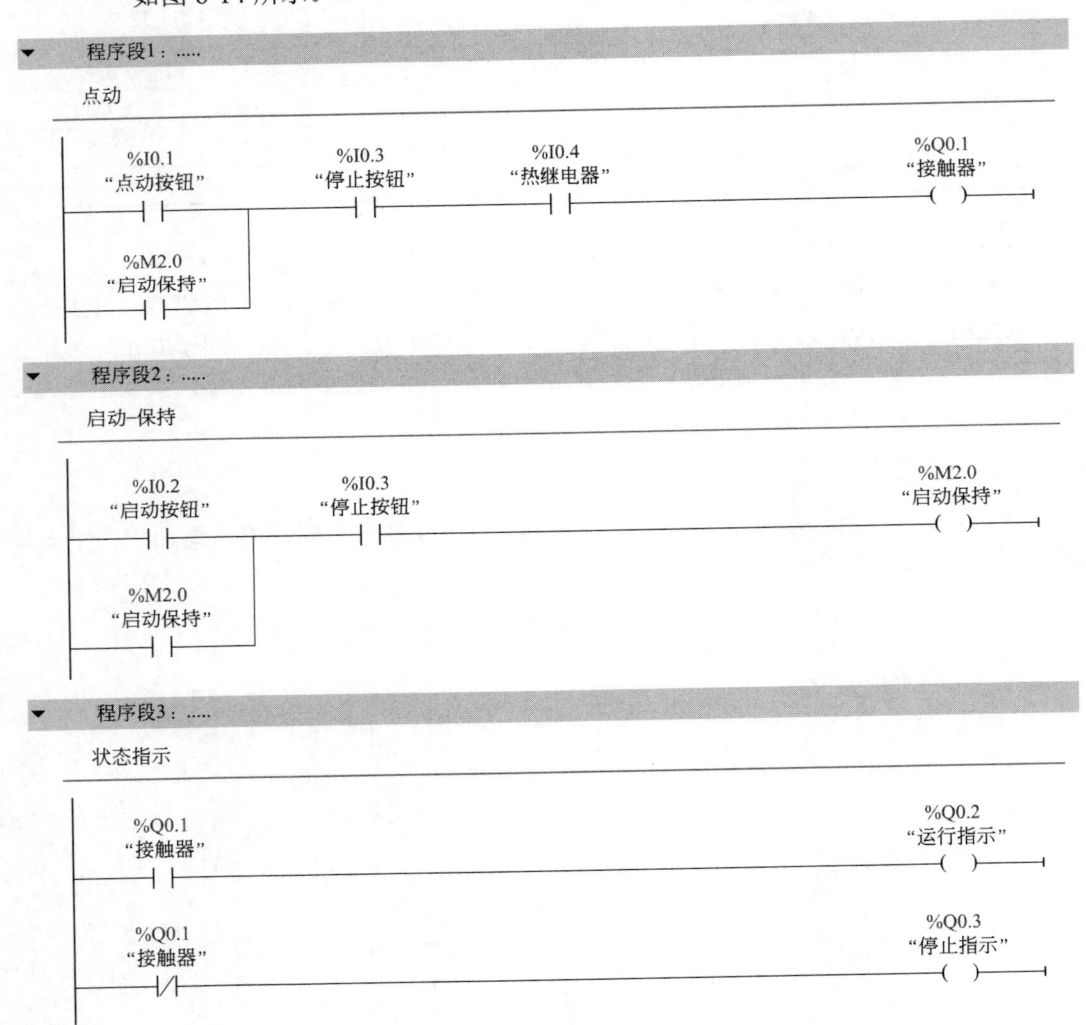

图 6-14　带有点动的启动-保持-停止电路的梯形图

（6）梯形图控制原理

① 按下点动按钮（I0.1），Q0.1 得电，KM1 吸合，电动机启动运转。松开 SB1，Q0.1 失电，接触器释放，电动机停止运转。

② 按下启动按钮（I0.2），位存储器 M2.0 得电，其两对常开触点闭合，一对用于自保，另外一对使 Q0.1 得电，接触器吸合。

③ 按下停止按钮（I0.3），Q0.1 失电。

④ Q0.1 得电时，运行指示 Q0.2 也得电，指示电动机在运转；Q0.1 失电时，停止指示 Q0.3 得电，指示电动机停止运转。

⑤ 过载保护由热继电器执行。如果电动机过载，则梯形图中的热继电器 I0.4 断开，Q0.1 失电，电动机停止运转。

（7）一个“细节”问题

图 6-15 是另外一种形式的“带有点动的启动-保持-停止电路”的梯形图，它模仿继电器控制电路的做法，将接触器的一对常开触点与启动按钮并联，以实现自保持。当按下启动按钮使接触器得电后，这对常开触点闭合以实现自保持。而点动控制时不允许自保持，为了实现这个要求，将点动按钮的常闭触点与接触器的自保持触点串联，当点动按钮按下时，它的常闭触点断开，因而接触器不能自保。

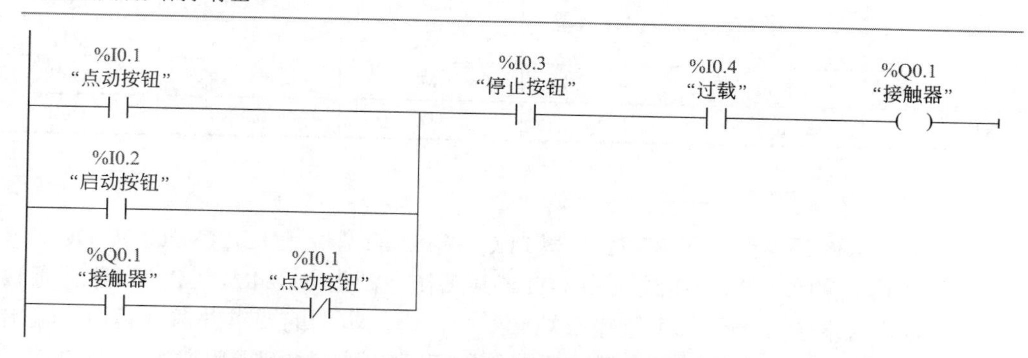

图 6-15 不合理的“带有点动的启动-保持-停止电路”的梯形图

在进行仿真分析时，这个程序没有出现问题。但是在实际操作中，发现了一个故障：当点动按钮按下时，电动机启动，而在点动按钮松开后，电动机并没有减速，还在继续运转，处于失控状态。

究其原因，是因为在梯形图中，I0.1 的常闭触点不是真正的触点，而是与 I0.1 常开触点状态相反的逻辑触点。当点动按钮松开时，I0.1 的常开触点断开，常闭触点在瞬间便得以闭合。此时会出现以下三种情况：

① 输出继电器 Q0.1 得电的状态不能在瞬间改变，要经过 PLC 内部从输入单元到输出单元之间一系列的逻辑运算，以及多个元器件的动作。

② 交流接触器是一种感性元件，其中的电流不能突变。如果并联了续流二极管，断电后依靠感应电流还要维持吸合一小段时间。

③ 交流接触器断电后的释放是一种机械动作，需要 0.1s 左右的时间才能分断触点。

在这种情况下，当图 6-15 中的点动按钮松开后，其常闭触点恢复接通，而接触器的常开触点不能及时分断，仍然处在接通状态，导致 Q0.1 仍然通电，出现上述失控现象。

按照图 6-14 进行编程，则避免了这一问题。

所以，PLC 的梯形图与继电器电路既有许多类似之处，又有一些不同之处。

在编制 PLC 控制程序时，有不少这样的“细节”问题需要注意。

6.2.3 正反转控制电路

本电路的控制要求是：通过 3 只按钮对电动机进行正反转可逆运转控制。

（1）输入/输出元件的 I/O 地址分配

输入元件是正转启动按钮 SB1、反转启动按钮 SB2、停止按钮 SB3、电动机过载保护热继电器 KH1；输出元件是正转接触器 KM1、反转接触器 KM2、正转指示灯 XD1、反转指示灯 XD2。I/O 地址分配见表 6-8。

表 6-8　正反转控制电路 I/O 地址分配表

I（输入）			O（输出）		
元件代号	元件名称	地址	元件代号	元件名称	地址
SB1	正转启动	I0.1	KM1	正转接触器	Q0.1
SB2	反转启动	I0.2	XD1	正转指示	Q0.2
SB3	停止按钮	I0.3	KM2	反转接触器	Q0.3
KH1	热继电器	I0.4	XD2	反转指示	Q0.4

（2）PLC 选型

本例采用西门子 S7-1200 型 PLC，CPU 的型号是 1212C DC/DC/DC。该型号 PLC 的外部端子接线见图 1-11。其工作电源为 DC24V，CPU 本体上有数字量输入端子 8 个，数字量输出端子 6 个，满足本例的要求并留有备用。输出类型可以选用继电器，继电器的线圈使用直流电源，本例选用通用的 DC24V。

本例中采用了一个 DC24V 的电源模块作为 CPU 电源，并向输入、输出单元供电。

（3）主回路和 PLC 接线图

正反转控制电路的主回路和 PLC 接线图见图 6-16。

（4）设置变量表

根据表 6-8 和图 6-16，设置正反转控制电路编程所需要的变量表，如图 6-17 所示。

（5）PLC 的梯形图程序

正反转控制电路的 PLC 梯形图见图 6-18。

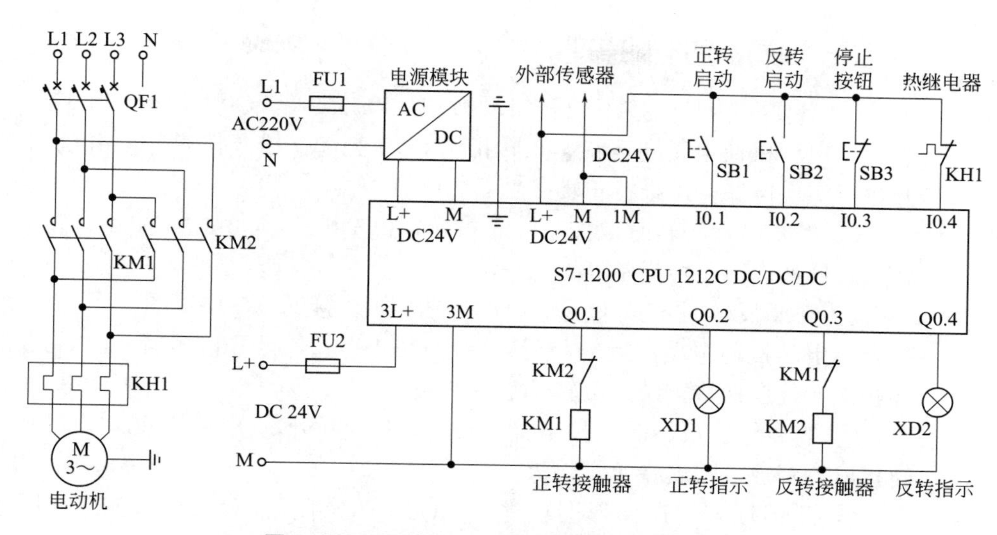

图 6-16 正反转控制电路的主回路和 PLC 接线图

		名称	数据类型	地址	保持	可从 ...	从 H...	在 H...	注释
1		正转启动	Bool	%I0.1	☐	☑	☑	☑	
2		反转启动	Bool	%I0.2	☐	☑	☑	☑	
3		停止按钮	Bool	%I0.3	☐	☑	☑	☑	
4		热继电器	Bool	%I0.4	☐	☑	☑	☑	
5		正转接触器	Bool	%Q0.1	☐	☑	☑	☑	
6		正转指示	Bool	%Q0.2	☐	☑	☑	☑	
7		反转接触器	Bool	%Q0.3	☐	☑	☑	☑	
8		反转指示	Bool	%Q0.4	☐	☑	☑	☑	

图 6-17 正反转控制电路编程所需要的变量表

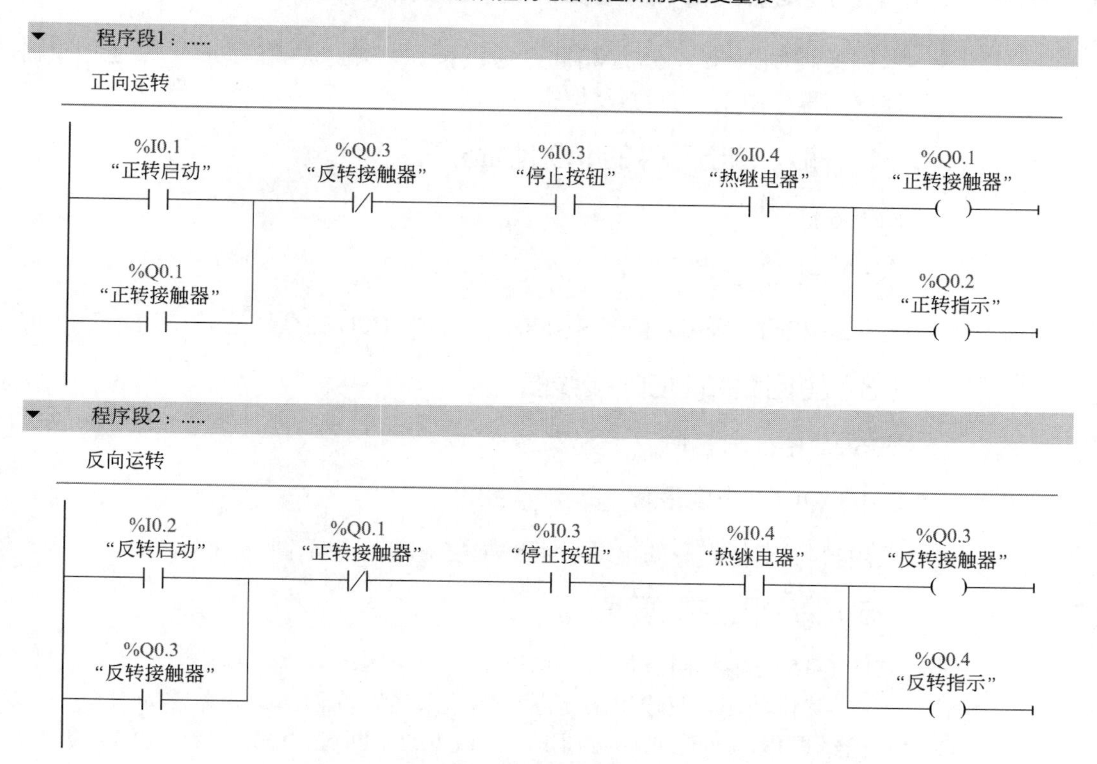

图 6-18 电动机正反转控制电路的 PLC 梯形图

（6）梯形图控制原理

① 需要正转时，按下正转启动按钮，I0.1 接通，Q0.1 得电，正转接触器吸合，电动机通电正向运转，正转指示 Q0.2 亮起。松开按钮后，由 Q0.1 的常开触点实现自保持，维持正转接触器的吸合。

② 需要停止正转时，按下停止按钮，I0.3 断开，Q0.1 和 Q0.2 均失电，正转接触器释放，正转指示灯熄灭。

③ 需要反转时，按下反转启动按钮，I0.2 接通，Q0.3 得电，反转接触器吸合，电动机通电反向运转，反转指示 Q0.4 亮起。松开按钮后，由 Q0.3 的常开触点实现自保持，维持反转接触器的吸合。

④ 需要停止反转时，按下停止按钮，I0.3 断开，Q0.3 和 Q0.4 均失电，反转接触器释放，反转指示灯熄灭。

⑤ 联锁环节：在梯形图程序中，Q0.1 的常闭触点串联在 Q0.3 线圈的控制回路中，Q0.3 的常闭触点串联在 Q0.1 线圈的控制回路中。在图 6-16 中，对硬接线也设置了联锁，而且这是更重要的联锁：KM1 的辅助常闭触点串联在 KM2 的线圈回路中，KM2 的辅助常闭触点也串联在 KM1 的线圈回路中。

⑥ 过载保护由热继电器执行。当电动机过载时，梯形图中的 I0.4 触点断开，Q0.1 ～ Q0.4 线圈不能得电，正、反转接触器均释放。

6.2.4 置位-复位指令的正反转控制电路

本例的控制对象与 6.2.3 相同，通过按钮对电动机进行正反转可逆控制，但是梯形图程序中采用置位-复位指令。

（1）输入/输出元件的 I/O 地址分配

同表 6-8。

（2）PLC 选型

与 6.2.3 相同，采用西门子 S7-1200 型 PLC，CPU 的型号是 1212C DC/DC/DC。

（3）主回路和 PLC 接线图

见 6.2.3 中的图 6-16。

（4）PLC 的梯形图程序

采用置位-复位指令的电动机正反转控制 PLC 梯形图见图 6-19。

（5）梯形图控制原理

与图 6-15 基本相同，但要注意以下几个问题：

① S（置位输出）使输出继电器得电。采用置位输出指令后，如果 Q0.1（或 Q0.3）已经得电，即使启动按钮 I0.1（或 I0.2）断开，Q0.1（或 Q0.3）仍然保持得电状态，不需要另外添加“保持”，直到被复位为止。

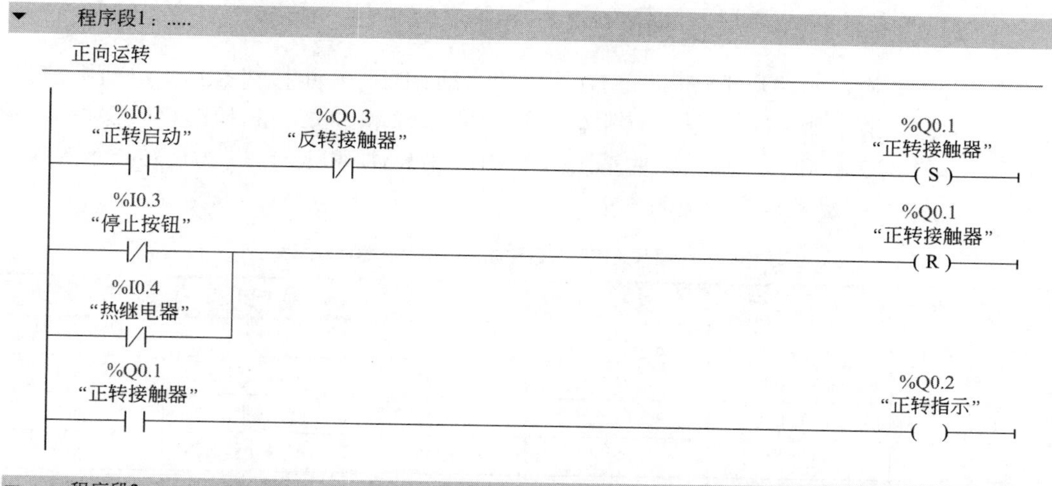

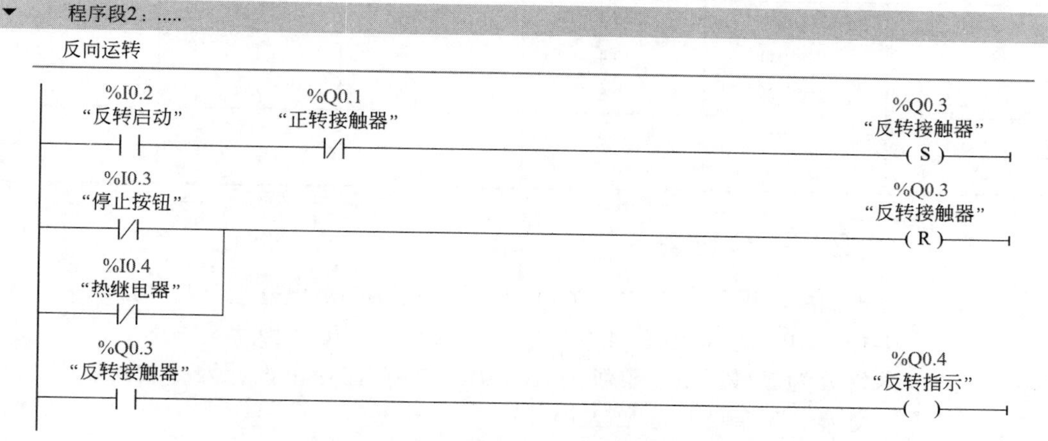

图 6-19　采用置位-复位指令的电动机正反转控制 PLC 梯形图

② R（复位输出）使输出继电器断电。采用复位输出指令后，如果 Q0.1（或 Q0.3）已经断电，即使复位信号已经断开，Q0.1（或 Q0.3）仍然保持在断电状态，直到再次被置位为止。

③ 由于在图 6-16 的电路中停止按钮 SB3 是以常闭触点连接，所以这对触点平时处于接通状态。为了正确地执行复位功能，梯形图中 I0.3 必须使用常闭触点。显然，这对触点平时的状态为“0”，不会将 Q0.1（或 Q0.3）复位。按下停止按钮时，按钮断开，它的状态被转换，I0.3 常闭触点的状态变为“1”，使得 Q0.1（或 Q0.3）复位断电。

④ 在图 6-16 中，热继电器使用了它的常闭触点。在正常情况下，这对触点是闭合的。而在梯形图中 I0.4 是以常闭触点接入的，所以它平时的状态为“0”，不执行复位功能。在过载时，热继电器的常闭触点断开，梯形图中 I0.4 的状态转变为“1”，使 Q0.1(或 Q0.3) 复位断电。

6.2.5　接近开关控制的自动循环电路

控制要求：采用两只交流接触器对电动机进行正转、反转自动循环控制。电动机的正转限位、反转限位、正转极限保护、反转极限保护均采用接近开关。

（1）输入/输出元件的 I/O 地址分配

输入元件是正转启动 SB1、反转启动 SB2、停止按钮 SB3、电动机过载保护热继电器 KH1、正/反转限位接近开关 SQ1 和 SQ2、正/反转极限保护接近开关 SQ3 和 SQ4。输出元件是正/反转接触器 KM1 和 KM2、正/反转指示 XD1 和 XD2。I/O 地址分配见表 6-9。

表 6-9　行程开关控制的自动循环电路 I/O 地址分配表

I（输入）			O（输出）		
元件代号	元件名称	地址	元件代号	元件名称	地址
SB1	正转启动	I0.0	KM1	正转接触器	Q0.1
SB2	反转启动	I0.1	XD1	正转指示	Q0.2
SB3	停止按钮	I0.2	KM2	反转接触器	Q0.3
KH1	过载	I0.3	XD2	反转指示	Q0.4
SQ1	正转限位	I0.4			
SQ2	反转限位	I0.5			
SQ3	正转极限	I0.6			
SQ4	反转极限	I0.7			

（2）PLC 选型

本例中，采用的 PLC 是 CPU 1214C AC/DC/继电器型，其外部端子接线见图 1-15。CPU 本体上有 14 个数字量输入端子，10 个数字量输出端子，输出端子平均分为 2 组。工作电源为 AC120 ～ 240V，这里设计为 AC220V。负载电源为交流，选择通用的 AC220V。

（3）主回路和 PLC 接线图

由接近开关和限位开关控制的自动循环电路的主回路和 PLC 接线见图 6-20。

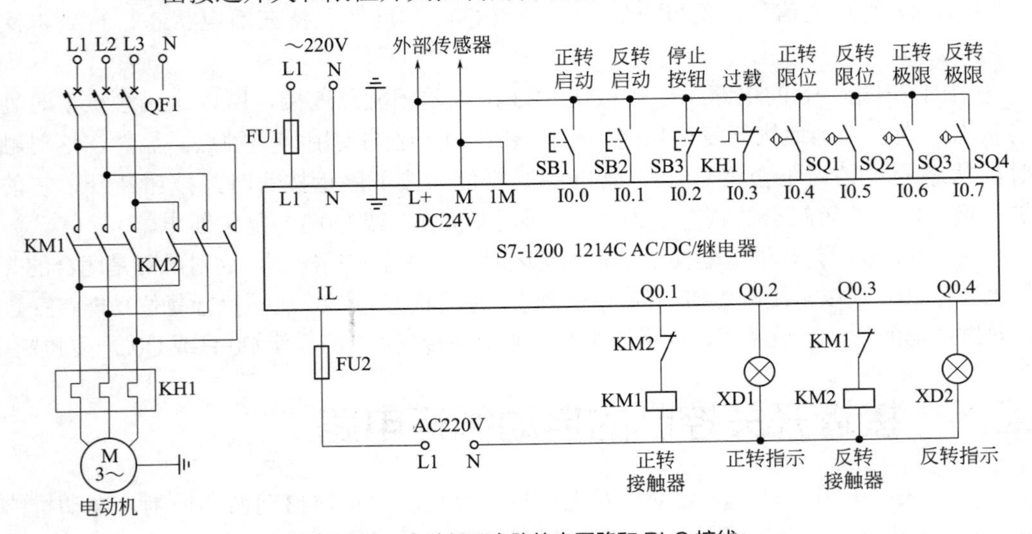

图 6-20　自动循环电路的主回路和 PLC 接线

（4）设置变量表

根据表 6-9 和图 6-20，设置自动循环电路编程所需要的变量表，如图 6-21 所示。

	名称	数据类型	地址	保持	可从 ...	从 H...	在 H...	注释
1	正转启动	Bool	%I0.0	☐	☑	☑	☑	
2	反转启动	Bool	%I0.1	☐	☑	☑	☑	
3	停止按钮	Bool	%I0.2	☐	☑	☑	☑	
4	过载	Bool	%I0.3	☐	☑	☑	☑	
5	正转限位	Bool	%I0.4	☐	☑	☑	☑	
6	反转限位	Bool	%I0.5	☐	☑	☑	☑	
7	正转极限	Bool	%I0.6	☐	☑	☑	☑	
8	反转极限	Bool	%I0.7	☐	☑	☑	☑	
9	正转接触器	Bool	%Q0.1	☐	☑	☑	☑	
10	正转指示	Bool	%Q0.2	☐	☑	☑	☑	
11	反转接触器	Bool	%Q0.3	☐	☑	☑	☑	
12	反转指示	Bool	%Q0.4	☐	☑	☑	☑	

图 6-21　自动循环电路编程所需要的变量表

（5）PLC 的梯形图程序

自动循环电路的梯形图见图 6-22。

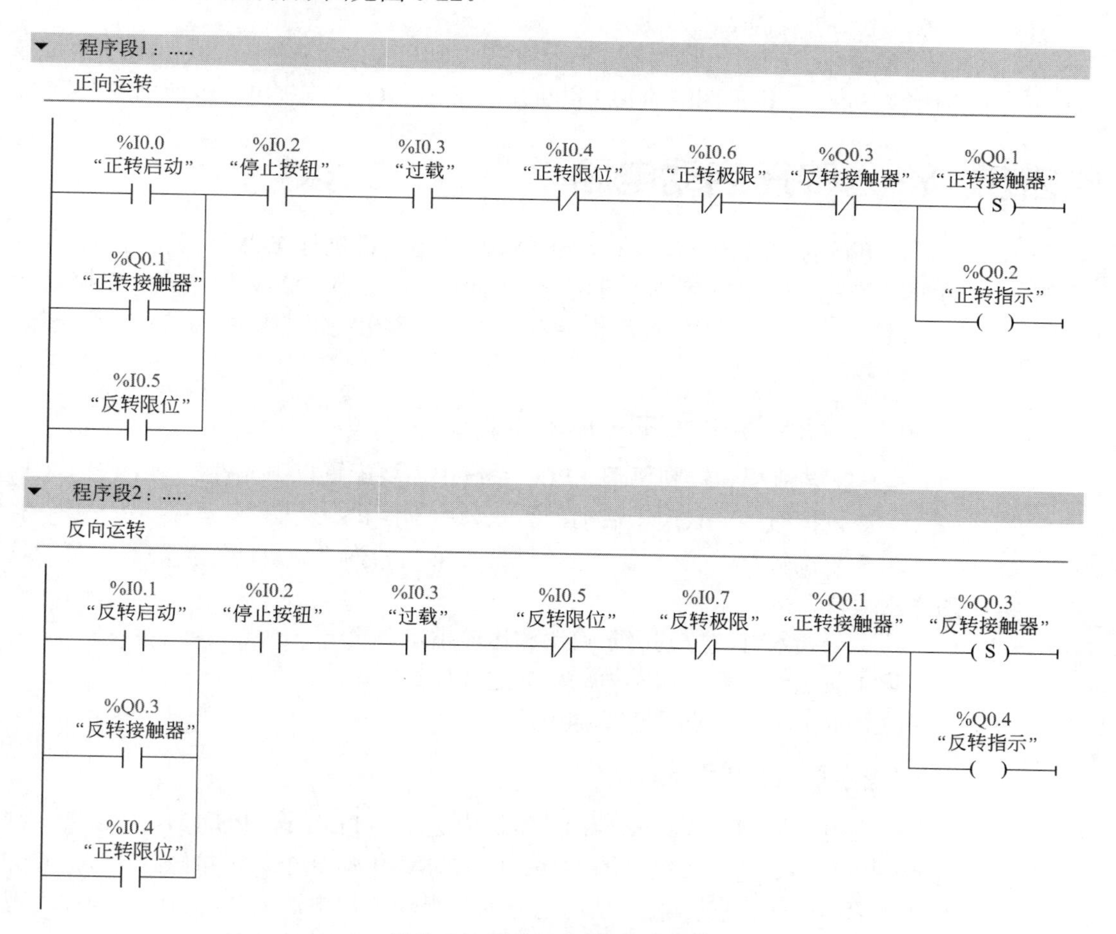

图 6-22　自动循环电路的梯形图

（6）梯形图控制原理

① 按下正转启动按钮，输入继电器 I0.0 接通，赋值线圈 Q0.1 得电并自保持，使正转接触器吸合，电动机正向运转。Q0.2 也得电，发出正转指示。

② 电动机正转到达“正转限位”位置时，I0.4 接通，其常闭触点断开，Q0.1 和 Q0.2 都失电，电动机正向运转停止。与此同时，I0.4 的常开触点接通，赋值线圈 Q0.3 得电，反转接触器吸合，电动机反向运转。Q0.4 也得电，发出反转指示。反向运转也可以由按钮 I0.1 来启动。

③ 电动机反转到达“反转限位”位置时，接近开关 I0.5 接通，其常闭触点断开，Q0.3 和 Q0.4 都失电，电动机反向运转停止。与此同时，I0.5 的常开触点接通，Q0.1 得电并自保持，正转接触器得电，电动机再次正向运转，并再次发出正转指示。

④ 安全保护：如果正向运转到达“正转极限”位置，则图 6-20 中的接近开关 SQ3 常开触点接通，梯形图中的 I0.6 常闭触点断开，Q0.1 和 Q0.2 均失电，电动机正向运转停止。如果反向运转到达“反转极限”位置，则图 6-20 中的接近开关 SQ4 常开触点接通，梯形图中的 I0.7 常闭触点断开，Q0.3 和 Q0.4 均失电，电动机反向运转停止。

⑤ 过载保护由热继电器执行。如果电动机过载，则图 6-20 中 KH1 的实际常闭触点断开，梯形图中的 I0.3 也断开，Q0.1 ～ Q0.4 均失电，电动机停止运转。

6.2.6 Y-△降压启动电路

本电路的控制要求是：对一台 55kW 的电动机进行 Y-△降压启动控制。启动时，首先将电动机接成 Y 形，各相绕组上加上 AC220V 相电压，以降低启动电流。延时 10s 后，将电动机转接为△形，各相绕组上加上 AC380V 线电压，电动机转入全压运转。

（1）输入/输出元件的 I/O 地址分配

根据工艺流程和控制要求，PLC 系统中需要配置以下元件：

① 2 只按钮，一只用于启动，另一只用于停止。

② 3 只接触器，第一只为主接触器，第二只为“Y 启动”接触器，第三只为“△运转”接触器。

③ 2 只指示灯，分别用于启动和运转指示。

④ 1 只热继电器，用于电动机的过载保护。

PLC 的 I/O 地址分配见表 6-10。

（2）PLC 选型

根据电路控制原理和表 6-10，本例中选用的 PLC 是 CPU 1214C AC/DC/继电器型，其外部端子接线见图 1-15。CPU 本体上有 8 个数字量输入端子，6 个数字量输出端子，输出端子平均地分为 2 组。工作电源为 AC120 ～ 240V，现在设计为 AC220V。负载电源可以选用交流，这里选择通用的 AC220V。

表6-10 Y-△降压启动电路的I/O地址分配

I（输入）			O（输出）		
元件代号	元件名称	地址	元件代号	元件名称	地址
SB1	启动按钮	I0.1	KM1	主接触器	Q0.1
SB2	停止按钮	I0.2	KM2	Y启动	Q0.2
KH1	热继电器	I0.3	KM3	△运转	Q0.3
			XD1	启动指示	Q0.4
			XD2	运转指示	Q0.5

（3）主回路和PLC接线图

主回路和PLC接线图见图6-23，要注意以下几个问题：

① KM2是“Y启动”接触器，KM3是“△运转”接触器，它们不能同时得电，必须加上互锁。除了程序中的联锁之外，还必须有硬接线联锁，将交流接触器辅助常闭触点与对方的线圈串联。

② KM1～KM3是3只功率较大的交流接触器，在实际接线中，PLC的输出端不宜直接连接这类功率较大的交流接触器，应该用中间继电器进行转换。此处为了方便学习梯形图编程，省略了这个环节。

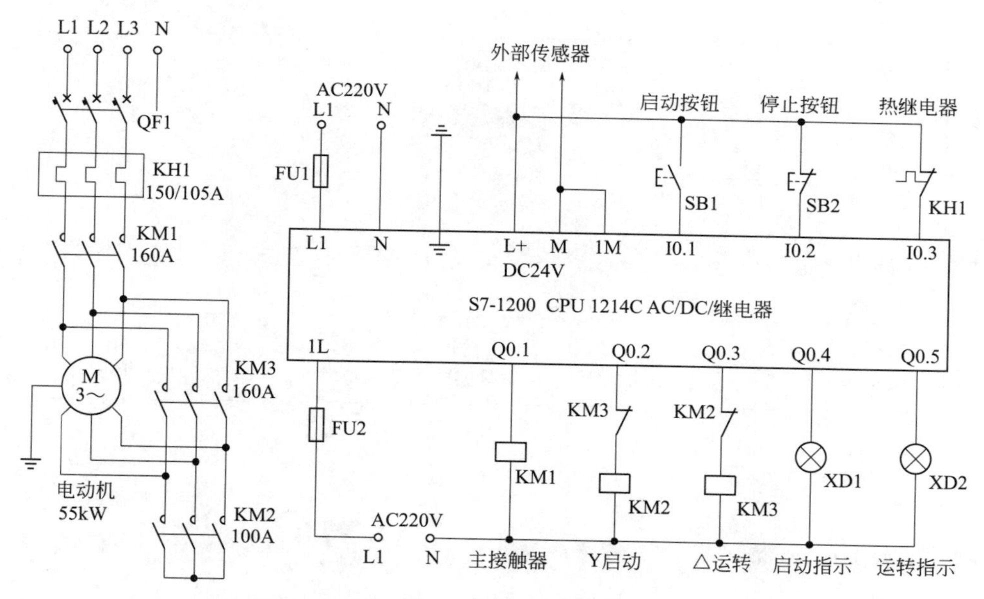

图6-23 Y-△降压启动电路的主回路和PLC接线

（4）设置变量表

根据表6-10和图6-23设置Y-△降压启动电路编程所需要的变量表，如图6-24所示。

（5）编写PLC的梯形图程序

电动机Y-△降压启动电路的梯形图见图6-25。

	名称	数据类型	地址	保持	可从 ...	从 H...	在 H...	注释
1	启动按钮	Bool	%I0.1	☐	☑	☑	☑	
2	停止按钮	Bool	%I0.2	☐	☑	☑	☑	
3	热继电器	Bool	%I0.3	☐	☑	☑	☑	
4	主接触器	Bool	%Q0.1	☐	☑	☑	☑	
5	Y启动	Bool	%Q0.2	☐	☑	☑	☑	
6	△运转	Bool	%Q0.3	☐	☑	☑	☑	
7	启动指示	Bool	%Q0.4	☐	☑	☑	☑	
8	运转指示	Bool	%Q0.5	☐	☑	☑	☑	
9	中间转换	Bool	%M2.0	☐	☑	☑	☑	

图 6-24　Y-△降压启动电路变程所需要的变量表

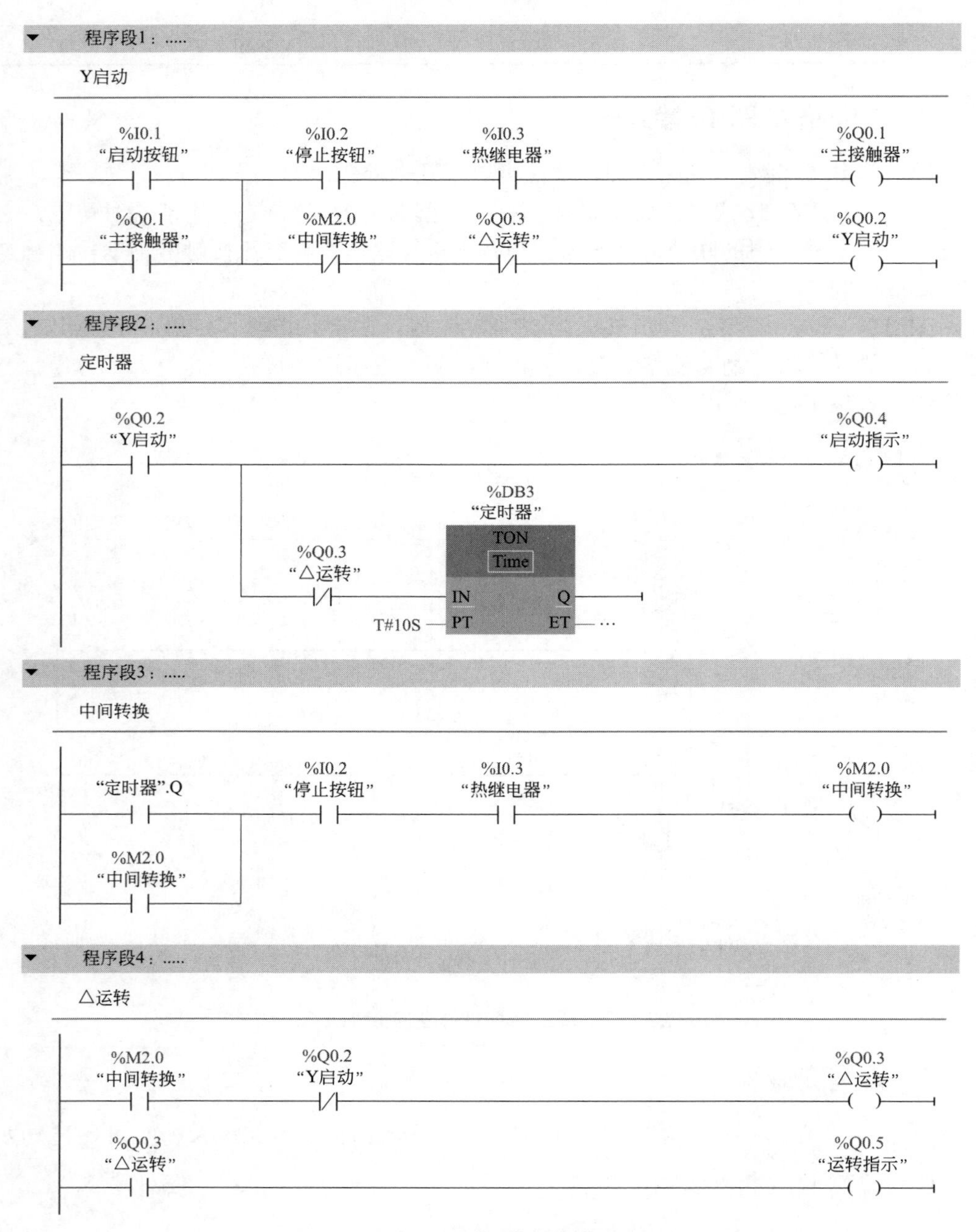

图 6-25　Y-△降压启动电路的梯形图

（6）梯形图控制原理

① 按下启动按钮，Q0.1 得电，主接触器吸合，Q0.2 也得电，Y 启动接触器吸合，系统在“Y 启动”状态。

② Q0.2 得电后，定时器 DB3 通电，开始 10s 延时。

③ 10s 后，延时时间到，位存储器 M2.0 得电。其常闭触点断开，使 Q0.2 线圈失电，“Y 启动”结束；其常开触点闭合，使 Q0.3 得电，转入“△运转”。

④ 按下停止按钮 SB2，则 Q0.1 ～ Q0.5 全部失电。

⑤ 过载保护由热继电器执行。如果电动机过载，则梯形图中的 I0.3 触点断开，Q0.1 ～ Q0.5 均失电，电动机停止运转。

6.2.7　绕线电动机串联电阻启动电路

控制要求和电路工作流程：电动机的定子回路由接触器 KM1 控制。在转子回路中，串联了 3 只电阻 R1、R2、R3，它们分别由接触器 KM2 ～ KM4 控制。

按下启动按钮，电动机带着电阻以低速启动。3 个定时器按照 5s、4s、3s 的时间间隔，依次将转子回路中的电阻 R1 ～ R3 切除，使转速一步一步地提高，最后达到额定转速。

（1）输入/输出元件的 I/O 地址分配

根据控制要求，PLC 系统中需要配置以下元件：

① 2 只按钮，一只用于启动按钮，另一只用于停止按钮。

② 4 只接触器，用于控制定子回路和 3 只电阻。

③ 2 只指示灯，分别指示电动机的启动状态和停止状态。

④ 1 只热继电器，用于电动机的过载保护。

PLC 的 I/O 地址分配见表 6-11。

表 6-11　绕线电动机启动电路的 I/O 地址分配

I（输入）				O（输出）			
元件代号	元件名称	地址	用途	元件代号	元件名称	地址	用途
SB1	启动按钮	I0.1	启动	KM1	主接触器	Q0.1	定子回路
SB2	停止按钮	I0.2	停止	KM2	R1 接触器	Q0.2	第 1 只电阻
KH1	热继电器	I0.3	过载保护	KM3	R2 接触器	Q0.3	第 2 只电阻
				KM4	R3 接触器	Q0.4	第 3 只电阻
				XD1	运转指示	Q0.5	指示灯 1
				XD2	停止指示	Q0.6	指示灯 2

（2）PLC 选型

根据电路控制要求和表 6-11，本例中选用的 PLC 是 CPU 1212C DC/DC/继电器型，其外部端子接线见图 1-11。CPU 本体上有 8 个数字量输入端子，6 个数字量输出端子。输出端子目前没有备用，如果需要备用，可以在 CPU 本体上添加一块信号板。PLC 的工作电源为直流，现在设计为通用标准的 DC24V。负载电源可以选择交流，也可以选择直流，这里选择通用的 AC220V。

（3）主回路和 PLC 接线

主回路和 PLC 接线见图 6-26。

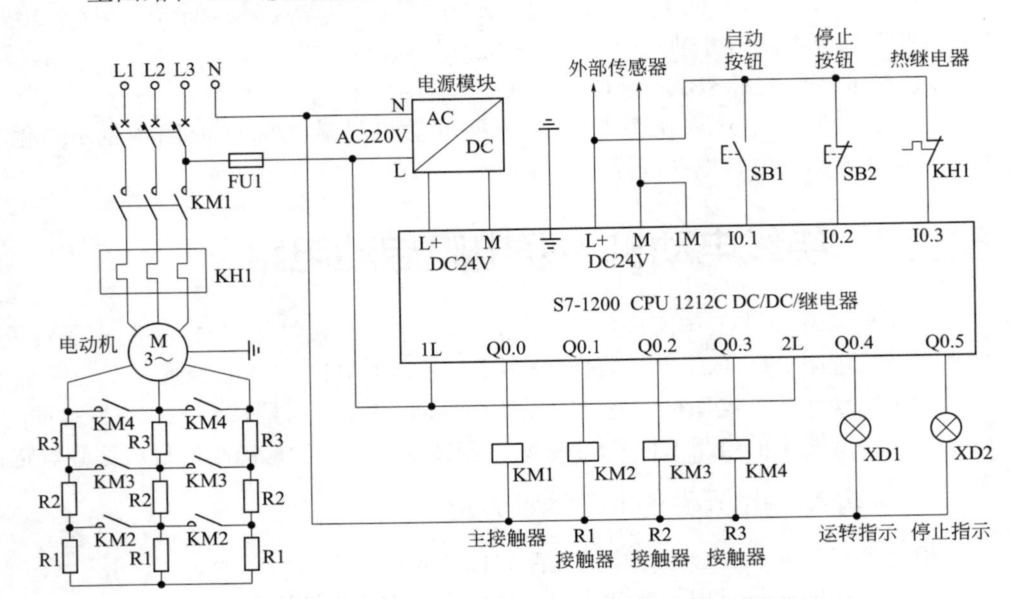

图 4-26　绕线电动机串联电阻启动电路主回路和 PLC 接线

（4）设置变量表

根据表 6-11 和图 6-26 设置绕线电动机在串联电阻启动时，梯形图编程所需要的变量表，如图 6-27 所示。

	名称	数据类型	地址	保持	可从 ...	从 H...	在 H...	注释
1	启动按钮	Bool	%I0.1	☐	☑	☑	☑	
2	停止按钮	Bool	%I0.2	☐	☑	☑	☑	
3	热继电器	Bool	%I0.3	☐	☑	☑	☑	
4	主接触器	Bool	%Q0.1	☐	☑	☑	☑	
5	R1接触器	Bool	%Q0.2	☐	☑	☑	☑	
6	R2接触器	Bool	%Q0.3	☐	☑	☑	☑	
7	R3接触器	Bool	%Q0.4	☐	☑	☑	☑	
8	运转指示	Bool	%Q0.5	☐	☑	☑	☑	
9	停止指示	Bool	%Q0.6	☐	☑	☑	☑	

图 6-27　绕线电动机串联电阻启动编程所需要变量表

（5）编制 PLC 的梯形图程序

绕线电动机串联电阻启动电路的 PLC 梯形图见图 6-28。

（6）梯形图控制原理

① 按下启动按钮，Q0.1 得电并自保，主接触器通电吸合，电动机开始启动。与此同时，第 1 节定时器通电，开始计时 5s。

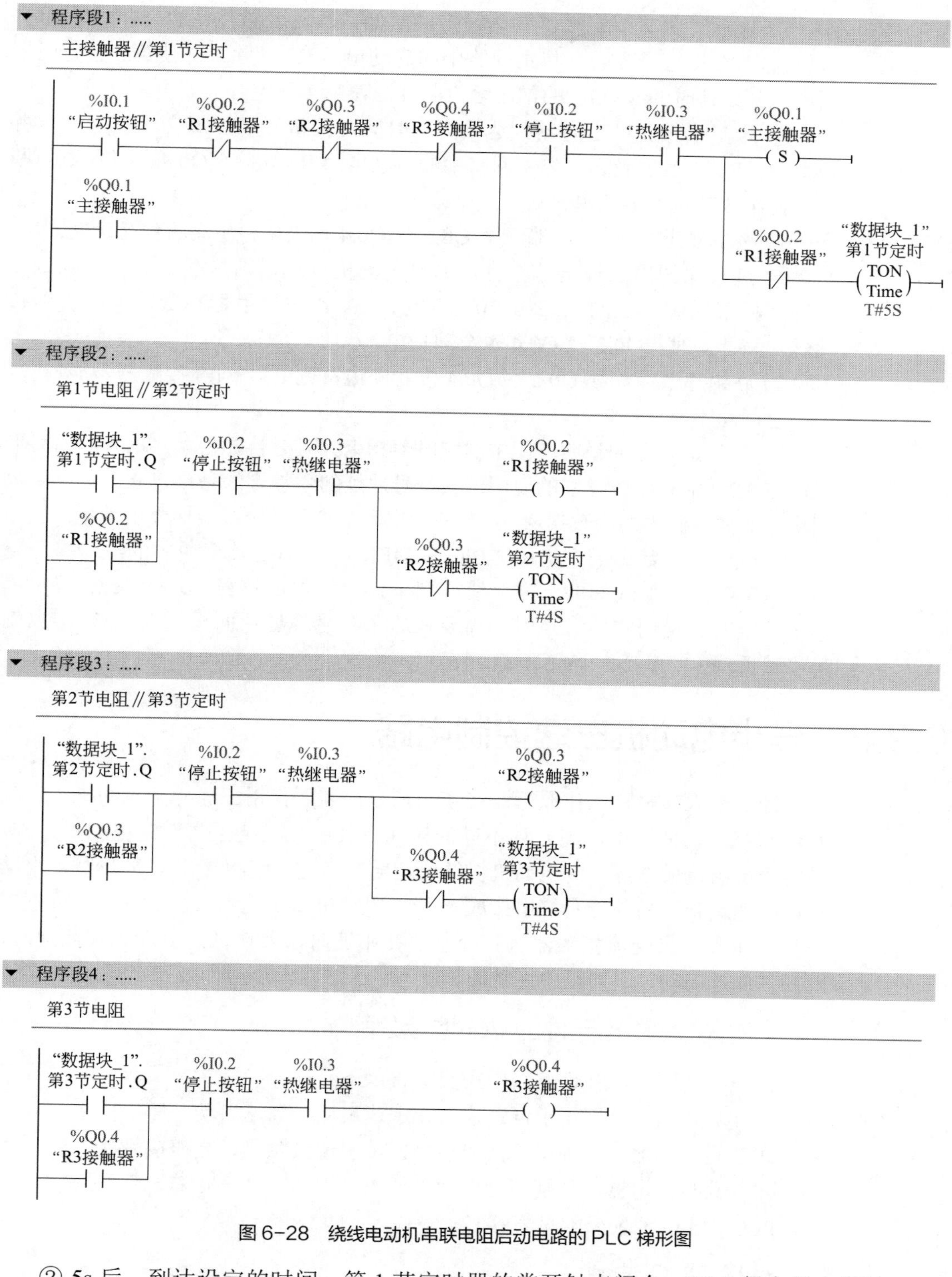

图 6-28 绕线电动机串联电阻启动电路的 PLC 梯形图

② 5s 后，到达设定的时间，第 1 节定时器的常开触点闭合，Q0.2 得电并自保持，R1 接触器吸合，将主回路中的启动电阻 R1 切除（R1 被短接），并使第 2 节定时器通电，开始计时 4s。Q0.2 的常闭触点断开，使第 1 节定时器断电。

③ 4s 后，第 2 节定时器到达设定的时间，其常开触点闭合，Q0.3 得电并自保持，R2 接触器吸合，将主回路中的启动电阻 R2 切除，并使第 3 节定时器通电，开始计时 3s。Q0.3 的常闭触点断开，使第 2 节定时器断电。

④ 3s 后，第 3 节定时器到达设定的时间，其常开触点闭合，Q0.4 得电并自保持，R3 接触器吸合，将主回路中的启动电阻 R3 切除。Q0.4 的常闭触点断开，使第 3 节定时器断电。

⑤ 按下停止按钮，I0.2 断开，Q0.1 ～ Q0.4 均失电，电动机停止运转。

⑥ 过载保护由热继电器执行。如果电动机过载，则热继电器的控制触点断开，梯形图中 I0.3 的状态为“0”，Q0.1 失电，主接触器释放，电动机停止运转。与此同时，Q0.2 ～ Q0.4 也全部失电。

⑦ 联锁环节：如果 Q0.2 ～ Q0.4 没有断电，则 R1 ～ R3 接触器不能释放，定子主回路不能再次启动。

⑧ 关于定时器的说明：图中的定时器指令为延时接通型（TON）的缩写形式，在 3.2.2 中有比较详细的说明。其符号地址的添加方法是：建立一个全局数据块，例如本例中的“数据块_1”，在“名称”栏目下添加定时器的地址，例如“第 1 节定时”，数据类型选用“IEC_TIMER”。然后把数据块中的这一整行复制、粘贴到定时器线圈的上方，便得到了该定时器的符号地址“数据块_1”.第 1 节定时。使用它的触点时，需要在这个符号地址后面再加上“.Q”，也就是“数据块_1”.第 1 节定时.Q。

6.2.8 异步电动机三速控制电路

控制要求和电路工作原理：在某些场合，需要使用三速异步电动机，它具有两套绕组，低、中、高三种不同的转速。其中一套绕组与双速电动机一样，当定子绕组接成△形时，电动机以低速运转；当定子绕组接成双 Y 形时，电动机以高速运转。另外一套绕组接成 Y 形，电动机以中速运转。三种速度分别用一只按钮和一只交流接触器进行控制。在中速时，要以低速启动。在高速时，既要以低速启动，又要以中速过渡。

（1）输入/输出元件的 I/O 地址分配

根据控制要求，PLC 系统中需要配置以下元件：

① 4 只按钮，分别用于低速启动、中速启动、高速启动、停止按钮。

② 3 只接触器，分别用于低速接触器、中速接触器、高速接触器。

③ 3 只热继电器，分别用于电动机低速、中速、高速时的过载保护。

PLC 的 I/O 地址分配见表 6-12。

（2）PLC 选型

根据电路的控制原理和表 6-18，本例中选用的 PLC 是 CPU 1212C DC/DC/继电器型，其外部端子接线见图 1-13。CPU 本体上有 8 个输入端子，6 个输出端子。

表 6-12 三速控制电路 PLC 的 I/O 地址分配

I（输入）			O（输出）		
元件代号	元件名称	地址	元件代号	元件名称	地址
SB1	低速启动	I0.1	KM1	低速接触器	Q0.1
SB2	中速启动	I0.2	KM2	中速接触器	Q0.2
SB3	高速启动	I0.3	KM3	高速接触器	Q0.3
SB4	停止按钮	I0.4			
KH1	低速过载	I0.5			
KH2	中速过载	I0.6			
KH3	高速过载	I0.7			

PLC 的工作电源为直流，这里设计为通用标准的 DC24V。负载电源可以选择交流，也可以选择直流，这里选择通用的 AC220V。

（3）主回路和 PLC 接线

三速控制电路的主回路和 PLC 接线见图 6-29。在 KM1 ～ KM3 的线圈上，都并联了 RC 阻容吸收元件，它们起保护作用，防止接触器线圈在通电和断电时产生较高的感应电动势击穿 PLC 内部的元件。

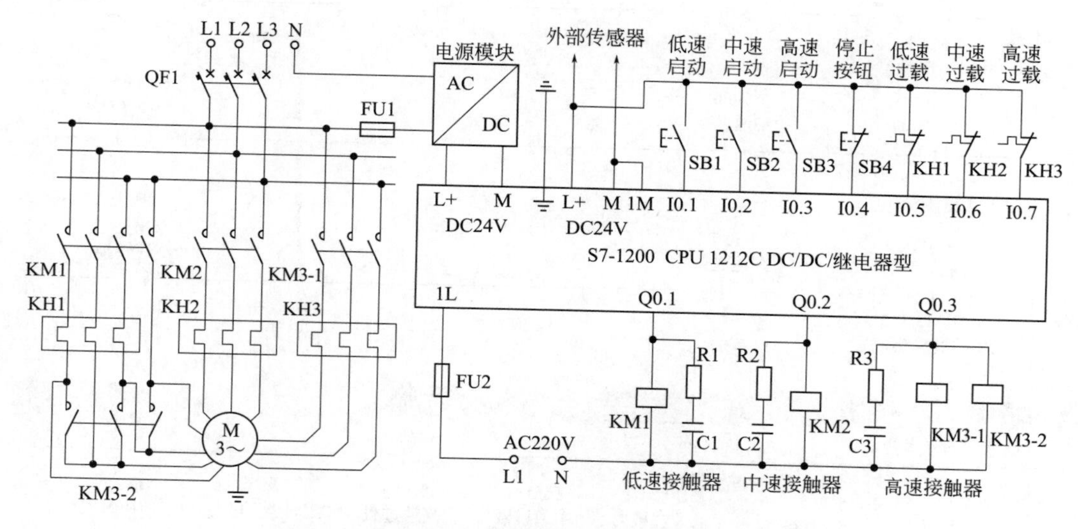

图 6-29 异步电动机三速控制电路主回路和 PLC 接线

（4）设置变量表

根据表 6-12 和图 6-29 设置异步电动机三速控制电路梯形图编程所需要的变量表，如图 6-30 所示。根据编程的需要，在表中增加了一些位存储器变量。

（5）编制 PLC 的梯形图程序

三速控制电路的 PLC 梯形图见图 6-31。

		名称	数据类型	地址	保持	可从 ...	从 H...	在 H...	注释
1		低速启动	Bool	%I0.1	☐	☑	☑	☑	
2		中速启动	Bool	%I0.2	☐	☑	☑	☑	
3		高速启动	Bool	%I0.3	☐	☑	☑	☑	
4		停止按钮	Bool	%I0.4	☐	☑	☑	☑	
5		低速过载	Bool	%I0.5	☐	☑	☑	☑	
6		中速过载	Bool	%I0.6	☐	☑	☑	☑	
7		高速过载	Bool	%I0.7	☐	☑	☑	☑	
8		I0.1沿检测位	Bool	%M2.1	☐	☑	☑	☑	
9		I0.2沿检测位	Bool	%M2.2	☐	☑	☑	☑	
10		I0.3沿检测位	Bool	%M2.3	☐	☑	☑	☑	
11		低速转换	Bool	%M3.1	☐	☑	☑	☑	
12		中速转换	Bool	%M3.2	☐	☑	☑	☑	
13		高速转换	Bool	%M3.3	☐	☑	☑	☑	
14		低速接触器	Bool	%Q0.1	☐	☑	☑	☑	
15		中速接触器	Bool	%Q0.2	☐	☑	☑	☑	
16		高速接触器	Bool	%Q0.3	☐	☑	☑	☑	

图 6-30　异步电动机三速控制电路编程所需要变量表

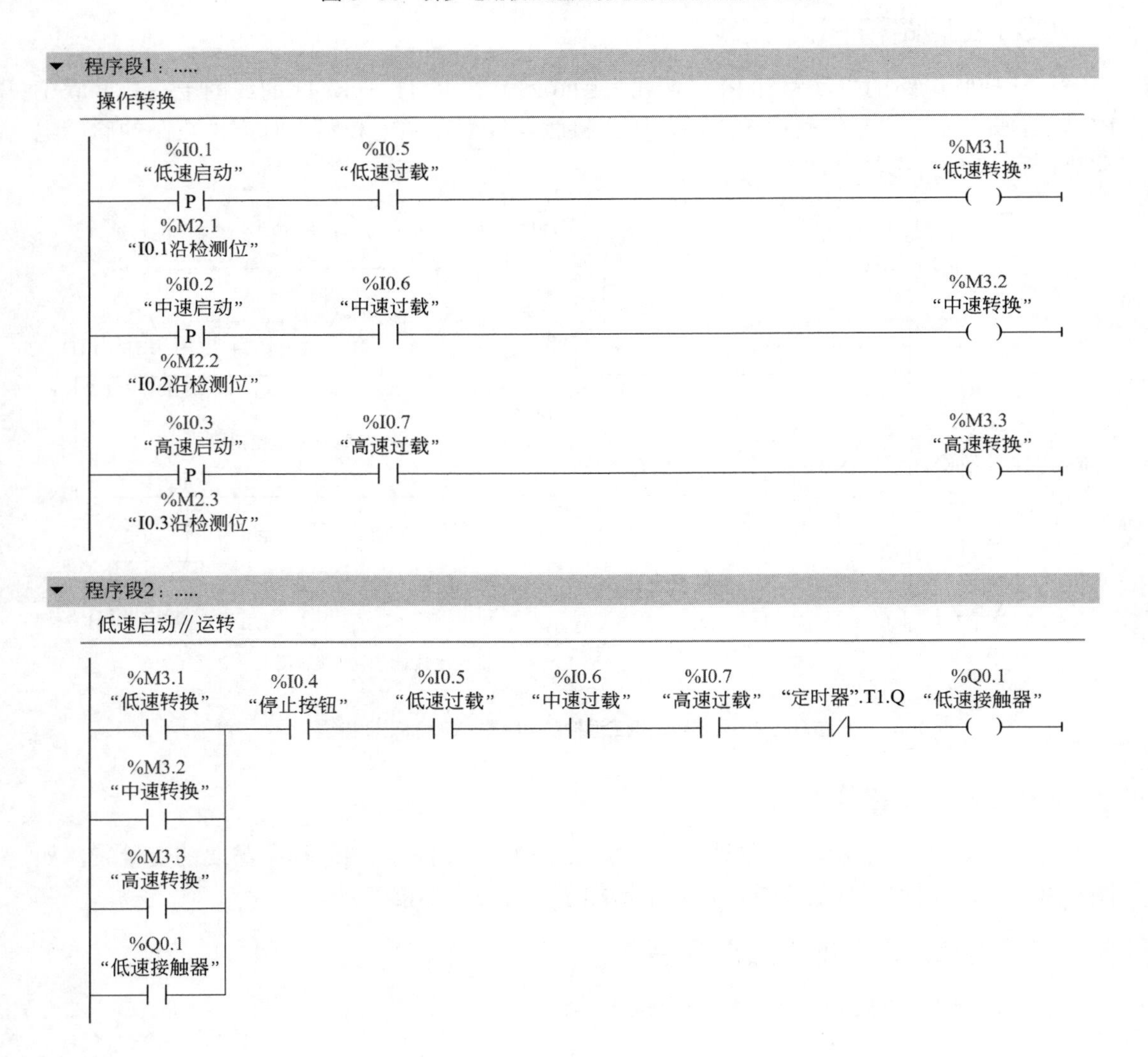

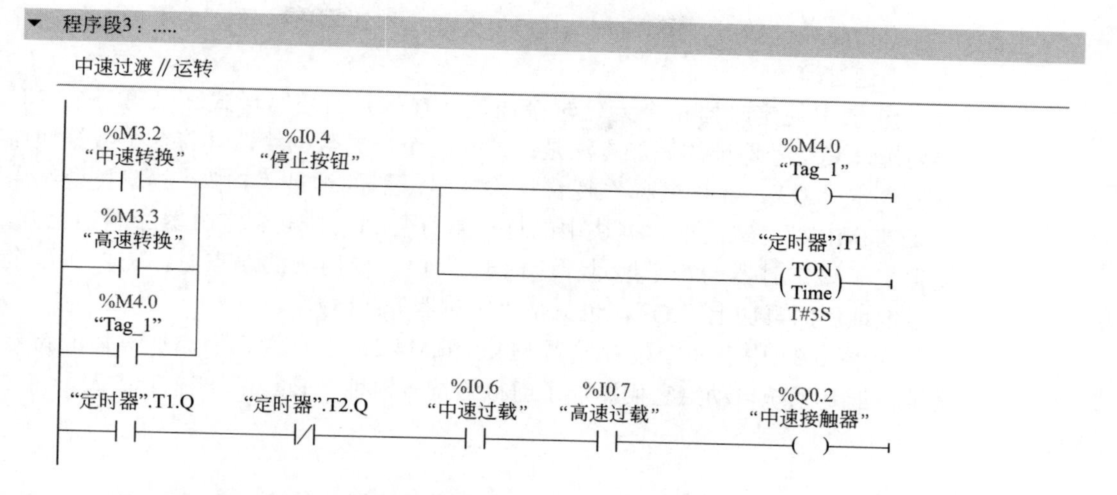

程序段4：.....

高速运转

%M3.3
“高速转换”
%I0.4
“停止按钮”
%M4.2
“Tag_2”
%M4.2
“Tag_2”
“定时器”.T2
TON
Time
T#5S
“定时器”.T2.Q
%I0.7
“高速过载”
%Q0.3
“高速接触器”

图 6-31 三速控制电路的 PLC 梯形图

（6）梯形图控制原理

① 按下低速启动按钮，I0.1 闭合，M3.1 和 Q0.1 得电，电动机接成△形以低速运转。

② 按下中速启动按钮，I0.2 闭合，M3.2 和 Q0.1 得电，电动机接成△形以低速启动。同时定时器 T1 通电，开始延时 3s。3s 之后，Q0.1 失电，Q0.2 得电，电动机退出低速，接成 Y 形以中速运转。

③ 按下高速启动按钮，I0.3 闭合，M3.3 和 Q0.1 得电，电动机接成△形以低速启动。同时定时器 T1 通电，开始延时 3s。3s 之后，Q0.1 失电，Q0.2 得电，电动机退出低速，接成 Y 形以中速过渡。M3.3 得电又使定时器 T2 线圈得电，开始延时 5s。5s 之后，Q0.2 失电，Q0.3 得电，电动机退出中速，接成 YY 形以高速运转。

④ 过载保护由热继电器执行。在低速、中速、高速时，如果电动机过载，过载电流是不一样的，因此需要使用 3 只热继电器 KH1 ～ KH3 分别进行过载保护。

a. 当低速过载时，I0.5 断开，Q0.1 失电，不能低速运转。

b. 当中速过载时，I0.6 断开，Q0.2 失电，不能中速运转，也不能以低速启动。

c. 当高速过载时，I0.7 断开，Q0.3 失电，不能高速运转，也不能以低速启动、中速过渡。

⑤ 图中的定时器指令为延时接通型（TON）的缩写形式。以第一个定时器为例，其符号地址的添加方法是：建立一个全局数据块，并将这个数据块命名为“定时器”，在“名称”栏目下添加定时器的地址“T1”，数据类型选用“IEC_TIMER”。然后把数据块中的这一整行复制、粘贴到定时器线圈的上方，便得到了该定时器的符号地址“定时器”.T1。使用它的触点时，需要在这个符号地址后面再加上“.Q”，也就是“定时器”.T1.Q。

⑥ 图 6-31 中有两个位存储器 M4.0 和 M4.2，没有为它们添加具体的符号地址，但是系统自动给它们添加了虚拟的符号地址“Tag_1”和“Tag_2”。

第7章

S7-1200 PLC 编程实例

SIEMENS

PLC 在自动控制装置中得到广泛的应用，西门子 S7-1200 更是大显身手，下面介绍部分自动控制装置的编程实例。

7.1 水泵自动控制装置

水泵自动控制装置的继电器电路见图 7-1。由水位控制器 SK 对水泵电动机进行自动控制。当水池内的水位下降到最低位置时，水位控制器 SK-1 的触点接通，继电器 KA1 和接触器 KM1 线圈通电，KM1 吸合并自保持，电动机运转，水泵开始向水池注水。

当池内的水位上升到最高位置时，水位控制器 SK-2 的触点接通，继电器 KA2 吸合，其常闭触点断开，接触器 KM1 线圈失电，KM1 释放，电动机停止运转，水池停止注水。

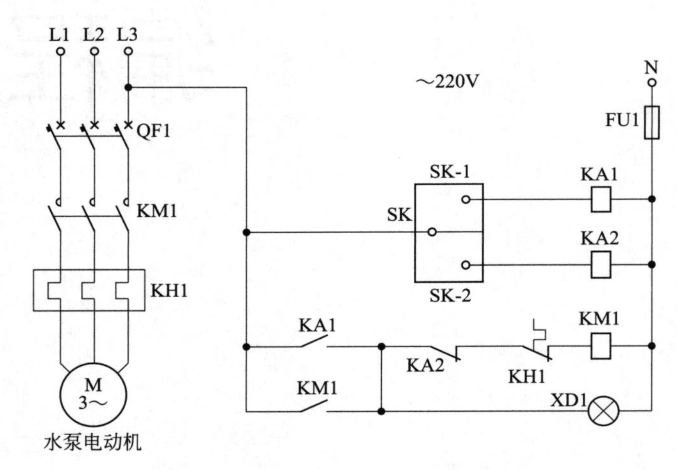

图 7-1　水泵自动控制装置原理图

（1）输入/输出元件的 I/O 端子地址

I/O 端子地址分配见表 7-1。这里没有使用输入端子 I0.0 和输出端子 Q0.0，这是为了适应初学者的习惯。

表 7-1　水泵自动控制装置 I/O 端子地址分配表

I（输入）			O（输出）		
元件代号	元件名称	地址	元件代号	元件名称	地址
SK-1	低水位	I0.1	KM1	接触器	Q0.1
SK-2	高水位	I0.2	XD1	运行指示	Q0.2
KH1	热继电器	I0.3			

（2）PLC 的选型

本电路中，输入和输出端子都很少，可以在 S7-1200 型 PLC 中选用 CPU 1211C AC/DC/继电器型，其外部端子接线见图 1-9。CPU 本体上共有 6 个数字量输入端子，4 个数字量输出端子。PLC 的工作电源为交流，可以直接使用标准电源 AC220V，输出端也直接使用 AC220V 电源。

（3）主回路和 PLC 接线图

根据控制要求，结合表 7-1、图 7-1、图 1-9，设计出水泵自动控制装置的主回路和 PLC 接线图，如图 7-2 所示。

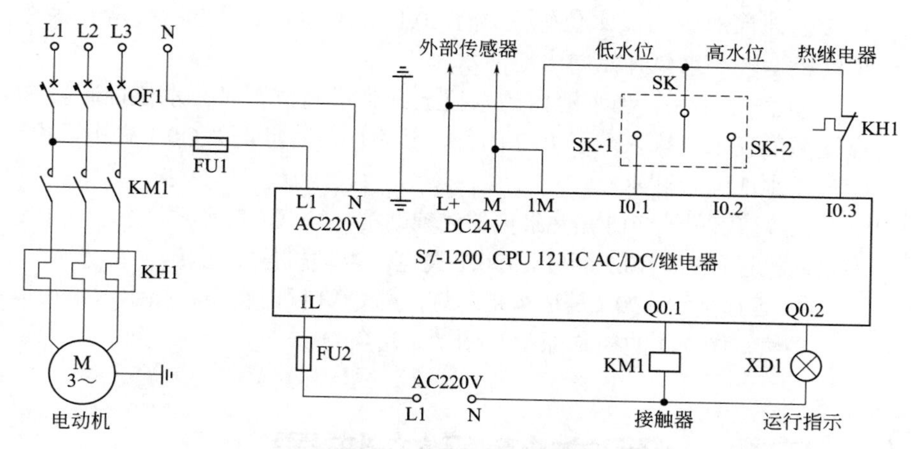

图 7-2 水泵自动控制装置的主回路和 PLC 接线图

（4）设置变量表

在梯形图编程过程中，需要使用变量表。根据图 7-2 设置本工程的变量表，如图 7-3 所示。在“名称”栏目下，添加各个变量的符号地址。在“地址”栏目下，添加各个变量的绝对地址。在“数据类型”栏目下，添加各个变量的数据类型，在本例中数据类型都是二进制的布尔量（Bool）。

	名称	数据类型	地址 ▲	保持	可从 ...	从 H...	在 H...	注释
1	低水位	Bool	%I0.1	☐	☑	☑	☑	
2	高水位	Bool	%I0.2	☐	☑	☑	☑	
3	热继电器	Bool	%I0.3	☐	☑	☑	☑	
4	接触器	Bool	%Q0.1	☐	☑	☑	☑	
5	运行指示	Bool	%Q0.2	☐	☑	☑	☑	

图 7-3 水泵自动控制装置变量表

（5）编制 PLC 的梯形图程序

根据图 7-2 和图 7-3，对水泵自动控制装置进行编程，PLC 梯形图见图 7-4。

（6）梯形图的控制原理

① 向水池注水。当水池内的水位下降到最低水位时，图 7-2 中水位控制器 SK-1 的触

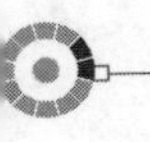

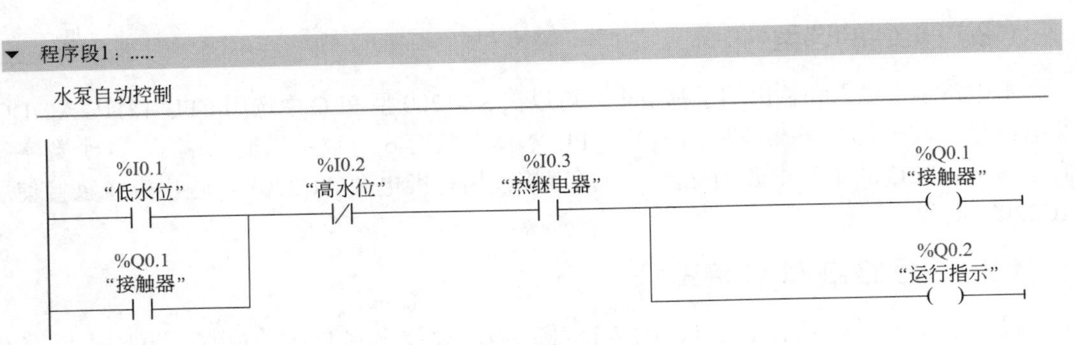

图 7-4　水泵自动控制装置的 PLC 梯形图

点接通，梯形图中低水位输入端子 I0.1 闭合，Q0.1 得电，其常开触点自保持，电动机运转，水泵开始向水池注水。

② 停止注水。当水池内的水位上升到最高位置时，水位控制器 SK-2 的触点接通，高水位输入端子 I0.2 闭合，其常闭触点断开，Q0.1 失电，电动机停止运转，水池停止注水。

③ 过载保护。I0.3 是热继电器的辅助常闭触点，在正常状态下处于闭合状态。当电动机过载时，I0.3 断开，Q0.1 失电，电动机停止运转。

④ 运行指示。Q0.2 是运行指示灯，与 Q0.1 同时得电，指示水泵在运行状态。

显然，图 7-4 的控制原理与图 7-2 完全吻合。

7.2 两台水泵交替运转装置

两台水泵交替运转的工作流程是：水泵 A 向水池注水 20min，然后水泵 B 从水池中向外抽水 10min，两台水泵交替工作。

（1）输入/输出元件的 I/O 地址分配

根据工艺流程和控制要求，PLC 系统中需要配置以下元件：

① 2 只按钮，一只用于启动，另一只用于停止。

② 2 只接触器，分别控制 2 台水泵。

③ 2 只指示灯，分别指示 2 台水泵的工作状态。

④ 2 只热继电器，分别用于 2 台水泵的过载保护。

PLC 的 I/O 地址分配见图 7-5。

（2）PLC 选型

根据控制要求和表 7-2，可以从 S7-1200 型 PLC 中选择 CPU 1212C AC/DC/继电器型。该型号 PLC 的外部端子接线见图 1-12。CPU 本体上共有 8 个数字量输入端子，6 个数字量输出端子（分为两组，第一组 4 个，第二组 2 个）。PLC 的工作电源为交流，选用通用的 AC220V。输出端的接触器和指示灯可以集中在第一组，选用 AC220V 交流电源。

表 7-2 水泵交替运转电路的 I/O 端子地址分配

I（输入）			O（输出）		
元件代号	元件名称	地址	元件代号	元件名称	地址
SB1	启动按钮	I0.1	KM1	泵 A 接触器	Q0.0
SB2	停止按钮	I0.2	KM2	泵 B 接触器	Q0.1
KH1	泵 A 过载	I0.3	XD1	泵 A 指示	Q0.2
KH2	泵 B 过载	I0.4	XD2	泵 B 指示	Q0.3

（3）主回路和 PLC 接线

根据控制要求，结合表 7-2 和图 1-12，设计出主回路和 PLC 的接线图，见图 7-5。

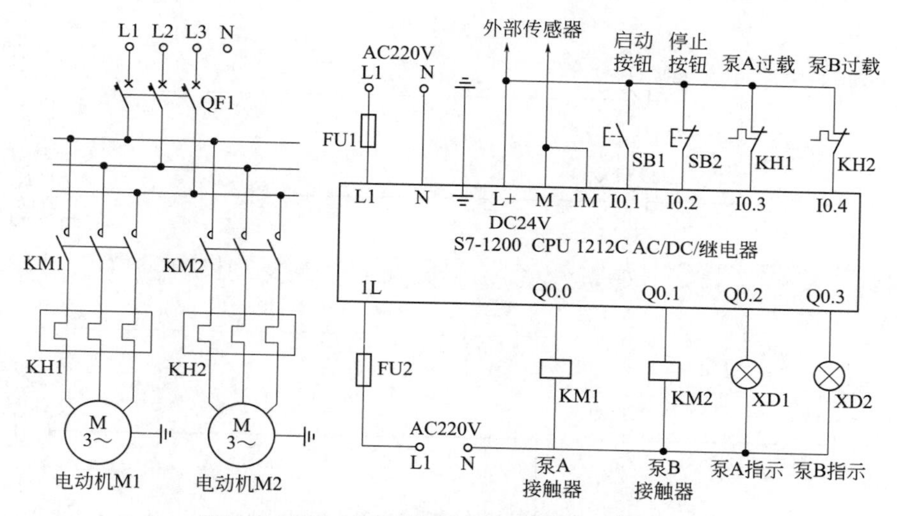

图 7-5 两台水泵交替运转的主回路和 PLC 接线图

（4）设置变量表

根据图 7-5，在 TIA 博途编程软件的变量表中，设置编程所需要的变量，如图 7-6 所示。

	名称	数据类型	地址	保持	可从 ...	从 H...	在 H...	注释
1	启动按钮	Bool	%I0.1	☐	☑	☑	☑	
2	停止按钮	Bool	%I0.2	☐	☑	☑	☑	
3	泵A过载	Bool	%I0.3	☐	☑	☑	☑	
4	泵B过载	Bool	%I0.4	☐	☑	☑	☑	
5	启动保持	Bool	%M2.1	☐	☑	☑	☑	
6	泵A接触器	Bool	%Q0.0	☐	☑	☑	☑	
7	泵B接触器	Bool	%Q0.1	☐	☑	☑	☑	
8	泵A指示	Bool	%Q0.2	☐	☑	☑	☑	
9	泵B指示	Bool	%Q0.3	☐	☑	☑	☑	

图 7-6 两台水泵交替运转装置变量表

（5）编制 PLC 的梯形图程序

根据图 7-5 和图 7-6，在 TIA 博途编程软件中，对两台水泵交替运转装置进行编程，PLC 梯形图的程序见图 7-7。

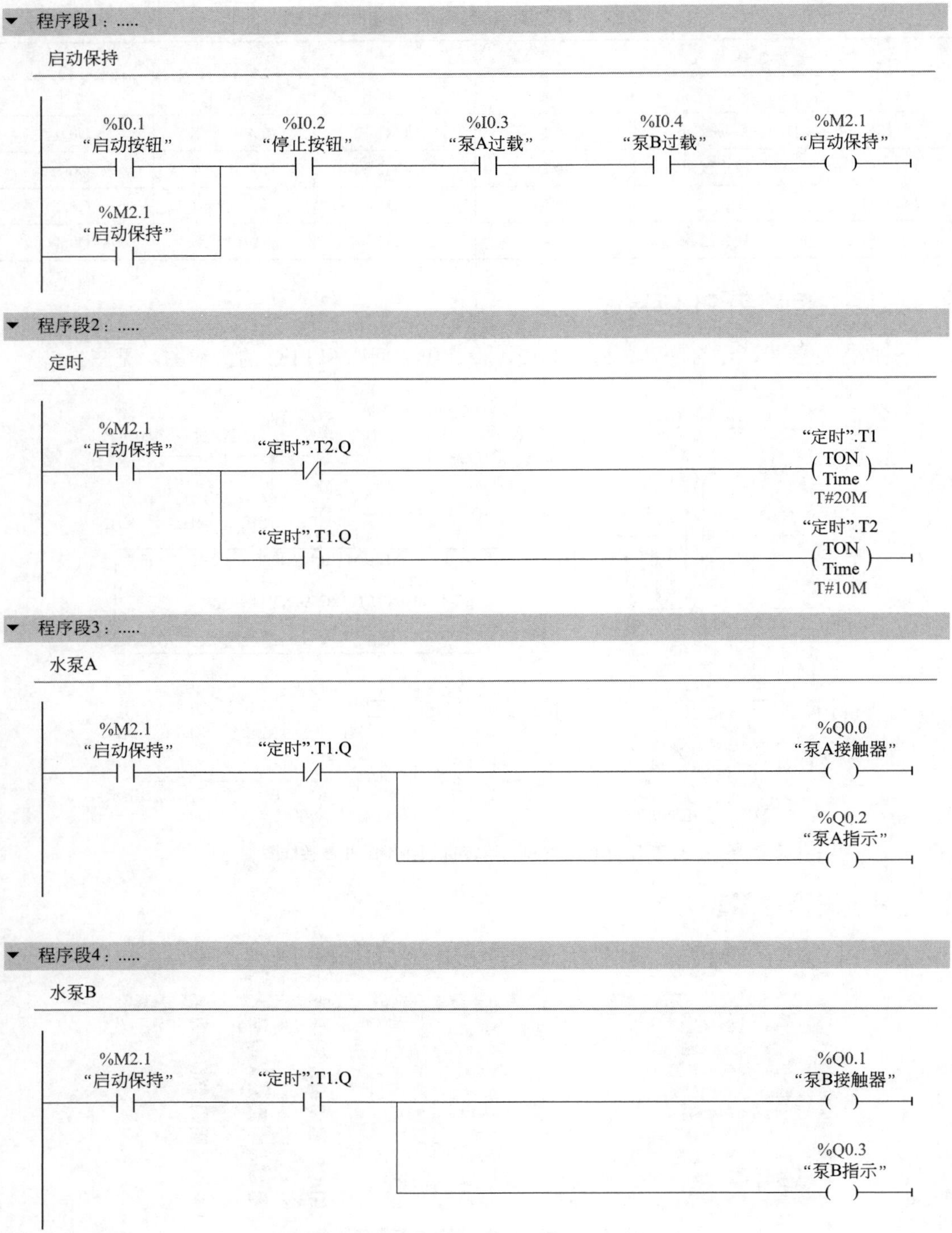

程序段1：.....

启动保持

%I0.1 "启动按钮"　%I0.2 "停止按钮"　%I0.3 "泵A过载"　%I0.4 "泵B过载"　%M2.1 "启动保持"

%M2.1 "启动保持"

程序段2：.....

定时

%M2.1 "启动保持"　"定时".T2.Q　"定时".T1 TON Time T#20M

"定时".T1.Q　"定时".T2 TON Time T#10M

程序段3：.....

水泵A

%M2.1 "启动保持"　"定时".T1.Q　%Q0.0 "泵A接触器"

%Q0.2 "泵A指示"

程序段4：.....

水泵B

%M2.1 "启动保持"　"定时".T1.Q　%Q0.1 "泵B接触器"

%Q0.3 "泵B指示"

图 7-7　两台水泵交替运转的 PLC 梯形图

（6）梯形图控制原理

从图 7-5 和图 7-7 可知两台水泵交替运转的控制原理如下：

① 启动时，按下启动按钮 SB1，I0.1 接通，位存储器 M2.1 通电并自保持，Q0.0 得电，泵 A 接触器吸合，水泵 A 启动，向水池注水。Q0.2 也得电，指示水泵 A 在运转。与此同时，定时器 T1 线圈得电，开始计时 20min。

② 20min 后，T1 到达设定的时间，其常闭触点断开，Q0.0 和 Q0.2 失电，水泵 A 停止运转。与此同时，T1 的常开触点闭合，Q0.1 得电，泵 B 接触器吸合，水泵 B 启动，从水池中向外抽水。Q0.3 也得电，指示水泵 B 在运转。此时定时器 T2 线圈也得电，开始计时 10min。

③ 10min 后，T2 到达设定的时间，其常闭触点断开，使 T1 的线圈断电复位。此时 T1 的常开触点断开，水泵 B 停止运转；T1 的常闭触点闭合，水泵 A 再次运转。

④ 由于 T1 的常开触点断开，定时器 T2 也复位，其常闭触点闭合，又使 T1 的线圈得电，T1 再次进入定时。

⑤ 按下停止按钮 SB2，I0.2 断开，M2.1 和 Q0.0 ～ Q0.3 均失电，水泵停止。

⑥ 过载保护由热继电器 KH1 和 KH2 执行。如果水泵 A 或水泵 B 过载，则 I0.3 或 I0.4 的常开触点断开，M2.1 和 Q0.0 ～ Q0.4 都不能得电，两台水泵都停止工作，既不能向水池注水，也不能从水池中抽水。

7.3 皮带输送机顺序控制装置

皮带输送机（皮带机）顺序控制装置的示意图见图 7-8，物料按箭头方向输送。为了防止物料堆积，启动时必须顺向启动，逐级延时。先启动第 1 级，第 2 级比第 1 级延迟 5s，第 3 级又比第 2 级延迟 5s。停止时则必须逆向停止，逐级延时。先停止第 3 级，第 2 级比第 3 级延迟 5s，第 1 级又比第 2 级延迟 5s。

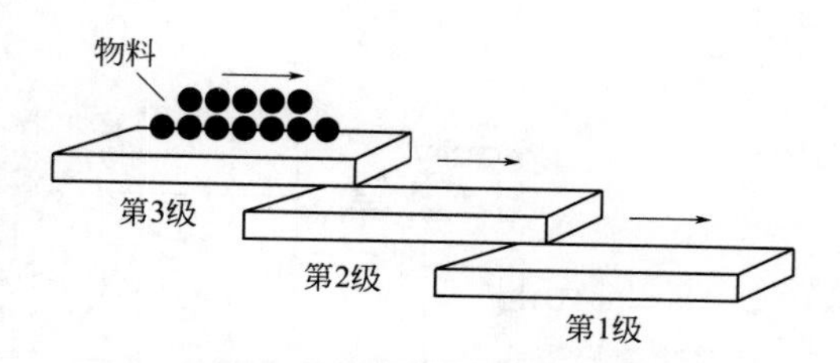

图 7-8 皮带输送机顺序控制装置的示意图

（1）输入/输出元件的 I/O 端子地址分配

根据工艺流程和控制要求，PLC 系统中需要配置以下元件：

① 2 只按钮，一只用于启动，另一只用于停止。

② 3 只接触器，分别控制 3 台皮带机。

③ 3 只指示灯，分别用于各级皮带机的指示。

④ 3 只热继电器，分别用于 3 台皮带机的过载保护。

PLC 的 I/O 端子地址分配见表 7-3。

表 7-3　皮带机元件 PLC 的 I/O 端子地址分配

I（输入）			O（输出）		
元件代号	元件名称	地址	元件代号	元件名称	地址
SB1	启动按钮	I0.1	KM1	第 1 级皮带机	Q0.1
SB2	停止按钮	I0.2	KM2	第 2 级皮带机	Q0.2
KH1	第 1 级过载	I0.3	KM3	第 3 级皮带机	Q0.3
KH2	第 2 级过载	I0.4	XD1	第 1 级指示灯	Q0.5
KH3	第 3 级过载	I0.5	XD2	第 2 级指示灯	Q0.6
			XD3	第 3 级指示灯	Q0.7

（2）PLC 选型

根据工作流程和表 7-3，可以在 S7-1200 型 PLC 中选用 CPU 1214C AC/DC/继电器型，其外部端子接线见图 1-15。CPU 本体上共有 14 个数字量输入端子，10 个数字量输出端子，10 个输出端子平均分为两组。PLC 的工作电源为交流，选用通用的 AC220V。输出端的 3 只继电器集中在第一组，3 只指示灯集中在第二组，它们均选用 AC220V 交流电源。

（3）主回路和 PLC 接线图

根据控制要求，结合表 7-3 和图 1-15，设计出本工程的主回路和 PLC 接线图，如图 7-9 所示。

（4）设置变量表

根据图 7-9，在 TIA 博途编程软件的变量表中设置编程所需要的变量，如图 7-10 所示。

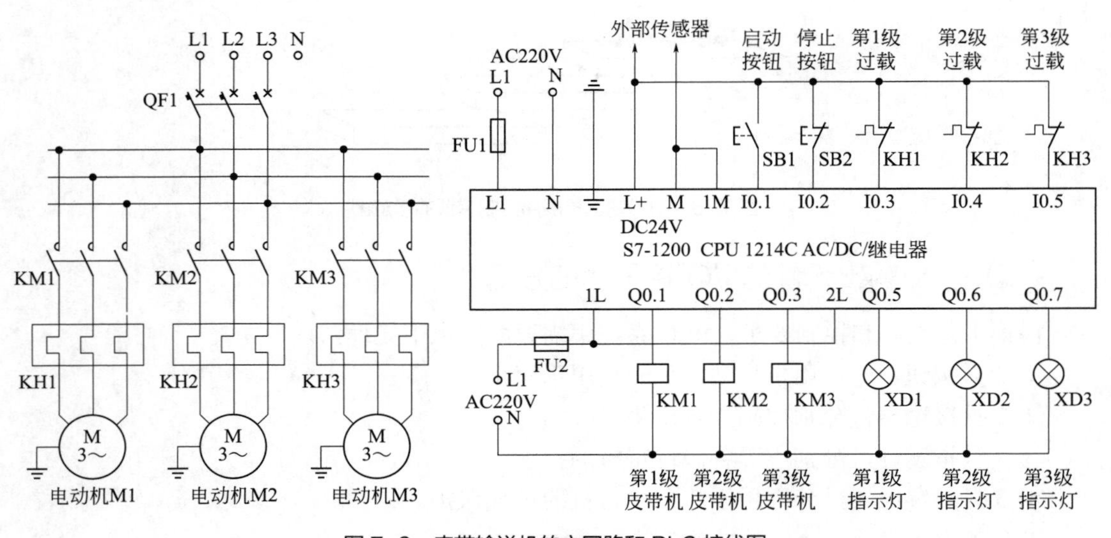

图 7-9　皮带输送机的主回路和 PLC 接线图

		名称	数据类型	地址	保持	可从 ...	从 H...	在 H...	注释
1		启动按钮	Bool	%I0.1	☐	☑	☑	☑	
2		停止按钮	Bool	%I0.2	☐	☑	☑	☑	
3		第1级过载	Bool	%I0.3	☐	☑	☑	☑	
4		第2级过载	Bool	%I0.4	☐	☑	☑	☑	
5		第3级过载	Bool	%I0.5	☐	☑	☑	☑	
6		第1级皮带机	Bool	%Q0.1	☐	☑	☑	☑	
7		第2级皮带机	Bool	%Q0.2	☐	☑	☑	☑	
8		第3级皮带机	Bool	%Q0.3	☐	☑	☑	☑	
9		第1级指示灯	Bool	%Q0.5	☐	☑	☑	☑	
10		第2级指示灯	Bool	%Q0.6	☐	☑	☑	☑	
11		第3级指示灯	Bool	%Q0.7	☐	☑	☑	☑	

图 7-10 皮带输送机变量表

（5）编制 PLC 的梯形图程序

根据图 7-9 和图 7-10，编辑皮带输送机顺序控制装置的 PLC 梯形图，如图 7-11 所示。

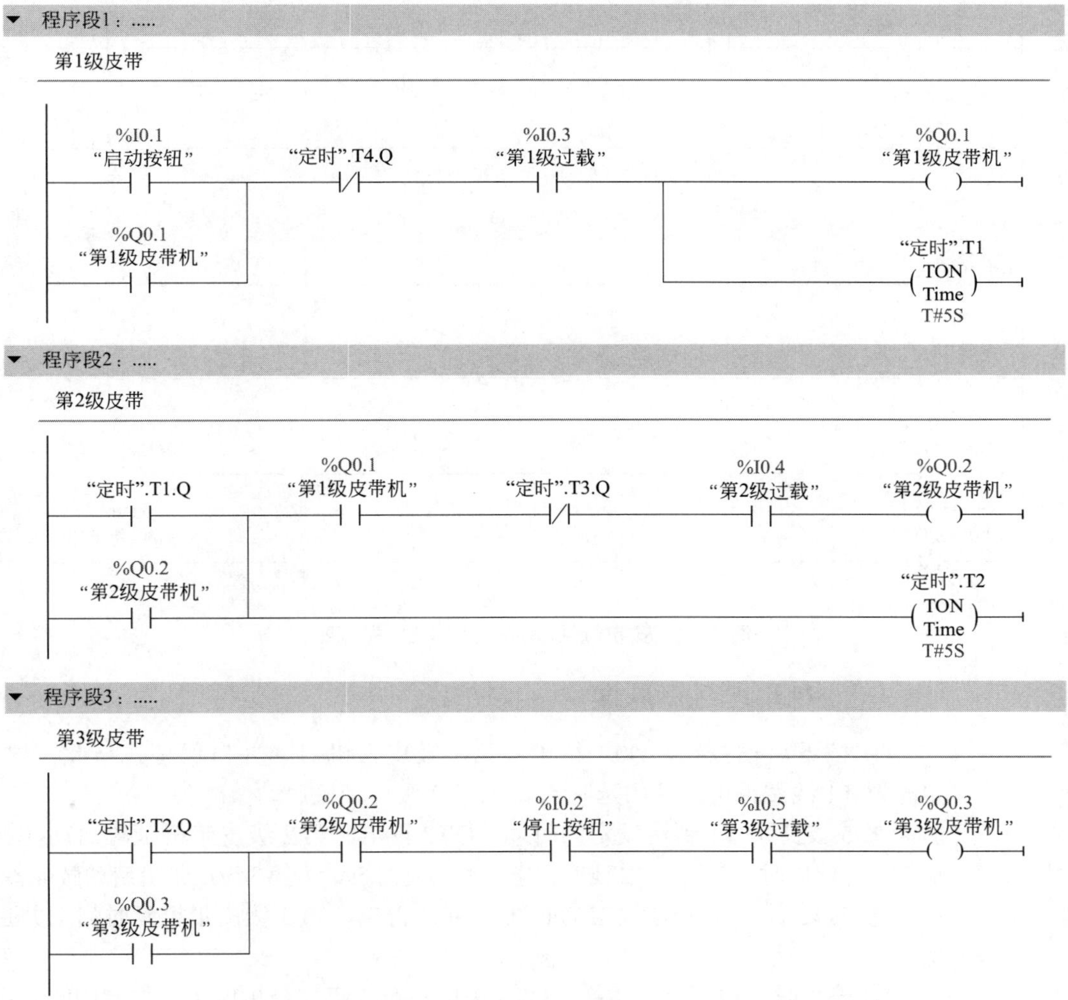

图 7-11

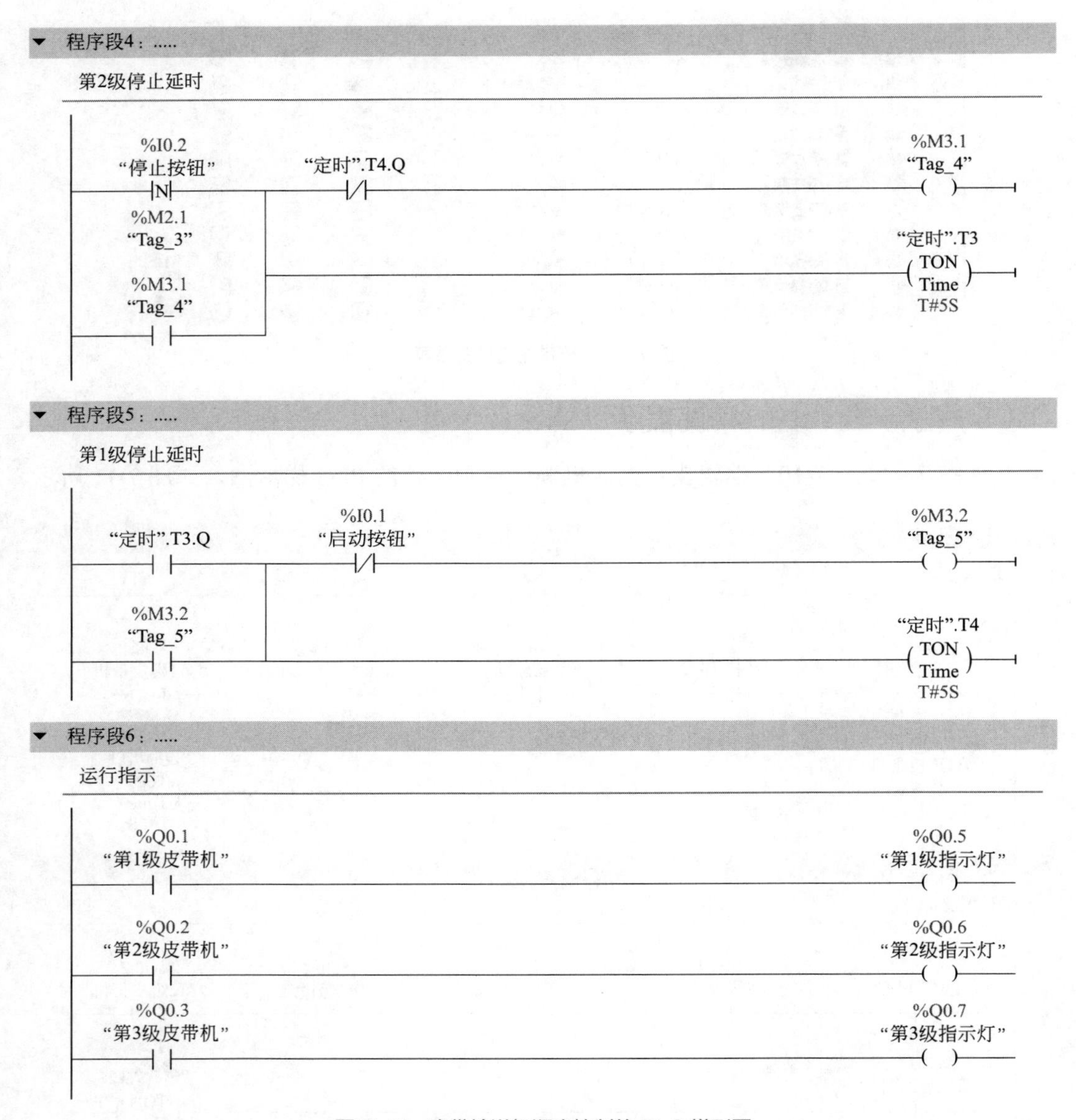

图 7-11　皮带输送机顺序控制的 PLC 梯形图

（6）梯形图控制原理

① 按下启动按钮，Q0.1 得电，第 1 级皮带机启动并自保持。与此同时，定时器 T1 线圈得电，开始延时 5s，为第 2 级皮带机启动做准备。

② 5s 之后，T1 到达设定的时间，Q0.2 得电，第 2 级皮带机延时启动并自保持。与此同时，定时器 T2 线圈得电，开始延时 5s，为第 3 级皮带机启动做准备。

③ 5s 之后，T2 到达设定的时间，Q0.3 得电，第 3 级皮带机延时启动并自保持。

④ 停止时，按下停止按钮，Q0.3 失电，第 3 级皮带机停止。与此同时，定时器 T3 线圈得电，开始延时 5s，为第 2 级皮带机停止做准备。

⑤ 5s 之后，T3 到达设定的时间而动作，其常闭触点断开，Q0.2 失电，第 2 级皮带机停止。与此同时，定时器 T4 线圈得电，开始延时 5s，为第 1 级皮带机停止做准备。

⑥ 5s 之后，T4 到达设定的时间而动作，其常闭触点断开，Q0.1 失电，第 1 级皮带机停止运行。

⑦ 联锁与过载保护：

a. 如果前级皮带机没有启动，则后级不能启动。如果前级停止，后级会自动停止。

b. 过载保护由热继电器 KH1 ～ KH3 执行，它们的保护范围各不相同：

• 当第 1 级皮带机过载时，KH1 动作，I0.3 常开触点断开，三级皮带机全部停止运转；

• 当第 2 级皮带机过载时，KH2 动作，I0.4 常开触点断开，第 2 级和第 3 级停止运转，第 1 级可以继续运转；

• 当第 3 级皮带机过载时，KH3 动作，I0.5 常开触点断开，仅有第 3 级停止运转，第 1 级和第 2 级可以继续运转。

7.4 C6140车床PLC改造装置

C6140 车床是国产的普通车床，用于金属材料的切削加工，共有 3 台电动机。M1（7.5kW）为主轴电动机，它带动主轴旋转和刀架进给。M2（90W）为冷却电动机，它在切削加工时提供冷却液，对刀具进行冷却。M3（250W）为刀架快速移动电动机，它使刀具快速地接近或离开加工部位。

（1）输入/输出元件的 I/O 地址分配

根据控制要求，PLC 系统中需要配置以下元件：6 只按钮、1 只旋钮、3 只接触器，3 只指示灯，1 只照明灯，它们的用途和 I/O 地址分配见表 7-4。

表 7-4 C6140 车床改造电路的 I/O 地址分配

I（输入）			O（输出）		
元件代号	元件名称	地址	元件代号	元件名称	地址
SB1	电源启动	I0.1	KM1	主轴接触器	Q0.1
SB2	电源停止	I0.2	KM2	冷却接触器	Q0.2
SB3	主轴启动	I0.3	KM3	快移接触器	Q0.3
SB4	主轴停止	I0.4	XD1	主轴指示	Q0.5
SB5	冷却启动	I0.5	XD2	快移指示	Q0.6
SB6	快移点动	I0.6	XD3	电源指示	Q0.7
SB7	照明控制	I0.7	EL	机床照明	Q1.1

（2）PLC 选型

根据表 7-4，可以在 S7-1200 型 PLC 中选用 CPU 1214C AC/DC/继电器型，其外部端子接线见图 1-15。CPU 本体上共有 14 个数字量输入端子，10 个数字量输出端子。PLC 的工作电源为交流，选用通用的 AC220V。输出端电源也可以选用 AC220V。

(3) 主回路和 PLC 接线

根据 C6140 车床改造装置的要求，结合表 7-4 和图 1-15，设计出本装置的主回路和 PLC 接线图，如图 7-12 所示。

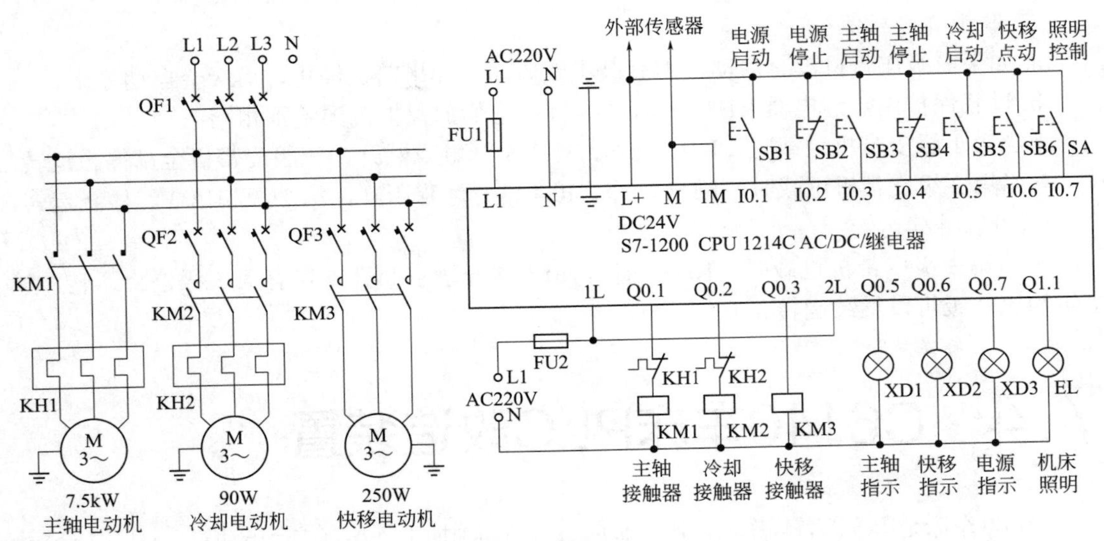

图 7-12 C6140 车床主回路和 PLC 接线图

(4) 设置变量表

根据图 7-12，在编程软件的变量表中，设置 C6140 车床改造装置编程所需要的变量，如图 7-13 所示。

	名称	数据类型	地址	保持	可从...	从 H...	在 H...	注释
1	电源启动	Bool	%I0.1	☐	☑	☑	☑	
2	电源停止	Bool	%I0.2	☐	☑	☑	☑	
3	主轴启动	Bool	%I0.3	☐	☑	☑	☑	
4	主轴停止	Bool	%I0.4	☐	☑	☑	☑	
5	冷却启动	Bool	%I0.5	☐	☑	☑	☑	
6	快移点动	Bool	%I0.6	☐	☑	☑	☑	
7	照明控制	Bool	%I0.7	☐	☑	☑	☑	
8	启动保持	Bool	%M2.0	☐	☑	☑	☑	
9	主轴接触器	Bool	%Q0.1	☐	☑	☑	☑	
10	冷却接触器	Bool	%Q0.2	☐	☑	☑	☑	
11	快移接触器	Bool	%Q0.3	☐	☑	☑	☑	
12	主轴指示	Bool	%Q0.5	☐	☑	☑	☑	
13	快移指示	Bool	%Q0.6	☐	☑	☑	☑	
14	电源指示	Bool	%Q0.7	☐	☑	☑	☑	
15	机床照明	Bool	%Q1.1	☐	☑	☑	☑	

图 7-13 C6140 车床改造装置变量表

(5) 编制 PLC 的梯形图程序

C6140 车床改造装置的 PLC 梯形图见图 7-14。

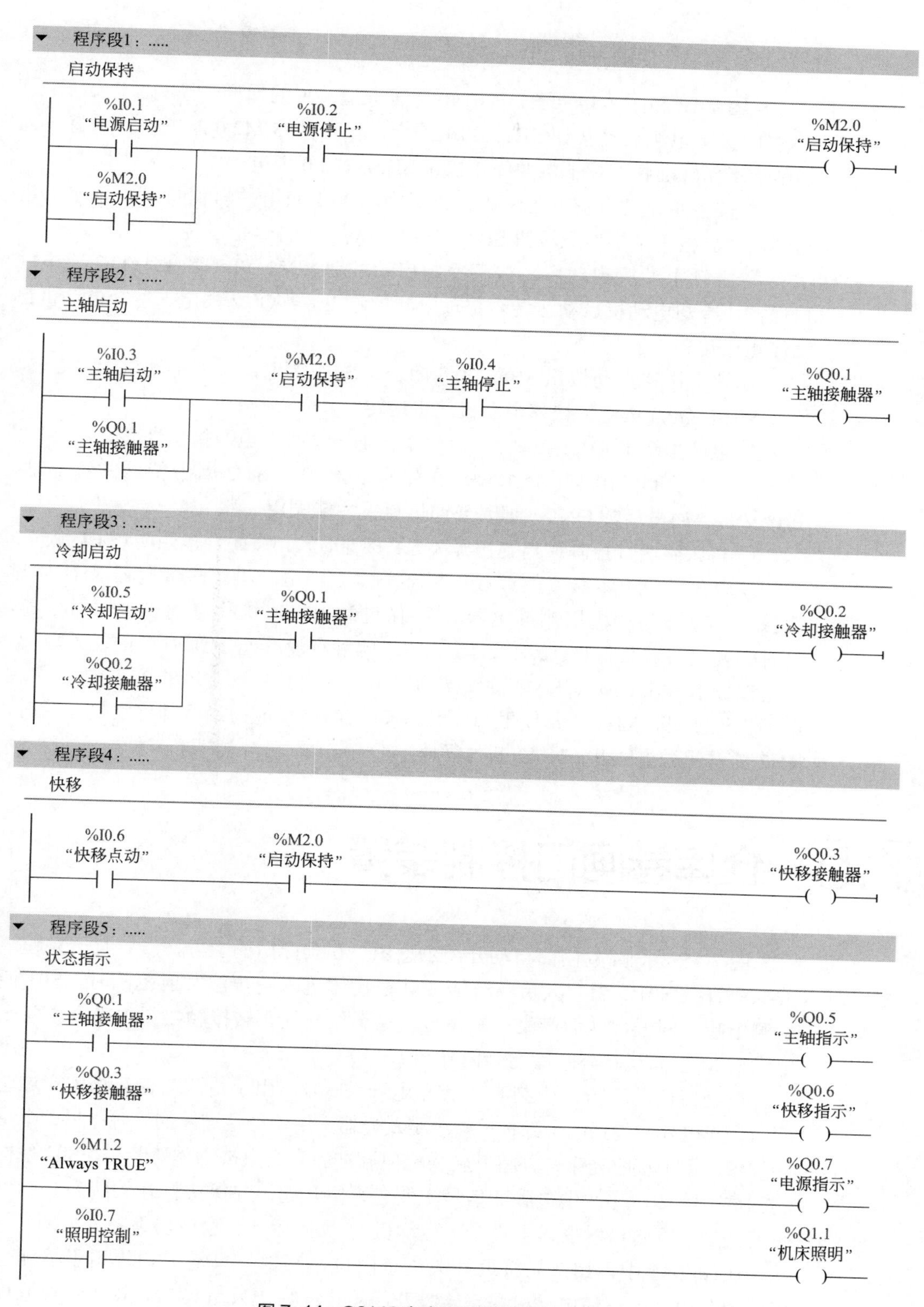

图 7-14　C6140 车床改造装置的 PLC 梯形图

（6）梯形图控制原理

从图 7-12 和图 7-14 可知，C6140 车床改造装置的梯形图控制原理如下：

① 按下电源启动按钮 SB1，I0.1 闭合，位存储器 M2.0 通电并自保持，为切削加工作好准备。按下电源停止按钮 SB2，M2.0 失电。

② 按下主轴启动按钮 SB3，I0.3 闭合，Q0.1 通电并自保持，主轴电动机启动运转。按下主轴停止按钮 SB4，Q0.1 失电，主轴停止运转。

③ 主轴电动机启动后，按下冷却启动按钮 SB5，I0.5 闭合，Q0.2 通电并自保持，冷却电动机启动运转。主轴电动机停止后，Q0.2 失电，冷却电动机自动停止运转。

④ 按下快移点动按钮 SB6，I0.6 闭合，Q0.3 得电，快移电动机通电运转。松开 SB6，Q0.3 失电，快移电动机停止运转。

⑤ 电源指示由 M1.2 控制。当 M1.2 得电闭合时，电源指示灯亮。

在第 1 章的 1.10.4 中介绍过，在位存储器中，M1.2 属于特殊的存储器，其含义是“通电后常 ON”，但是要通过设置才能调用。

⑥ 机床照明灯控制：当旋钮开关 SA 接通时，I0.7 闭合，照明灯 EL 点亮。

最后介绍一下本装置的过载保护环节：主轴电动机用热继电器 KH1 作过载保护，冷却电动机用热继电器 KH2 作过载保护，快移电动机是短时工作，没有必要设置过载保护。KH1、KH2 的常闭触点没有连接到 PLC 的输入单元，而是直接串联在 KM1、KM2 的线圈回路中（这也是一种常用的接法）。当主轴电动机过载时，KH1 的常闭触点断开，KM1 断电释放；当冷却电动机过载时，KH2 的常闭触点断开，KM2 断电释放。

7.5 仓库卷闸门控制装置

图 7-15 是仓库卷闸门自动开闭示意图。在仓库门的上方，安装有一只超声波探测开关 S01，当有人员、车辆或其他物体进入超声波发射范围时，S01 便检测出超声回波，从而产生控制信号，这个信号使正转接触器得电吸合，卷闸电动机 M 正向运转，仓库卷闸门升起。

在仓库门的下方，安装有一套光电开关 S02，用于检测是否有物体穿过仓库门。光电开关包括两个部件：一个是发光器，用于产生连续的光源；另一个是接收器，用于接收光束，并将其转换成电脉冲。当光束被物体遮断时，S02 便检测到这一物体，并产生电脉冲信号，使仓库门升起，并保持打开的状态。当信号消失后，反转接触器得电吸合，电动机 M 反向运转，仓库门下降并关闭。

在图 7-15 中，用 2 只接近开关进行限位，其中一只是 XK1，用于检测仓库门的开门上限，使电动机在正转时开门停止；另一只是 XK2，用于检测仓库门的关门下限，使电动机在反转时关门停止。

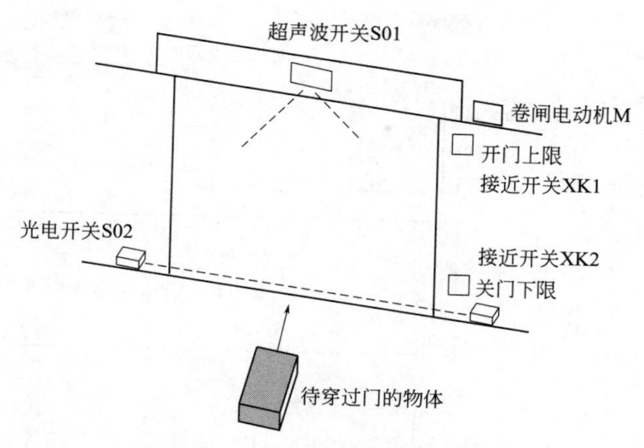

图 7-15 仓库卷闸门自动开闭示意图

（1）输入/输出元件的 I/O 地址分配

仓库卷闸门自动开闭电路的 I/O 地址分配见表 7-5。

表 7-5 仓库卷闸门自动开闭电路 I/O 地址分配表

I（输入）			O（输出）		
组件代号	组件名称	地址	组件代号	组件名称	地址
S01	超声探测	I0.1	KM1	正转接触器	Q0.1
S02	光电开关	I0.2	KM2	反转接触器	Q0.2
XK1	开门上限	I0.3	XD1	开门指示	Q0.3
XK2	关门下限	I0.4	XD2	关门指示	Q0.4

（2）PLC 的选型

本电路中，输入和输出端子都比较少，可以从 S7-1200 型 PLC 中选用 CPU 1212C DC/DC/DC 型，其接线图见图 1-11，CPU 本体上有 8 个数字量输入端子，6 个数字量输出端子。工作电源和输出端电源均为直流，可以选用一个 DC24V 的开关电源模块，为 PLC 和输入、输出端供电。

（3）PLC 接线图

根据控制要求，结合图 1-11 所示的 PLC 接线端子图，设计出卷闸门自动开闭装置的 PLC 接线图，如图 7-16 所示。

注意：KM1 与 KM2 必须互锁，以防止线圈同时得电，造成主回路短路。对于正反转控制电路，仅仅在梯形图程序中设置“软”互锁是不行的，必须在接线中加上“硬”互锁。将 KM2 的辅助常闭触点串联到 KM1 线圈上；将 KM1 的辅助常闭触点串联到 KM2 线圈上。

（4）设置变量表

根据图 7-16，在编程软件的变量表中设置仓库卷闸门自动开闭装置编程所需要的变量，如图 7-17 所示。

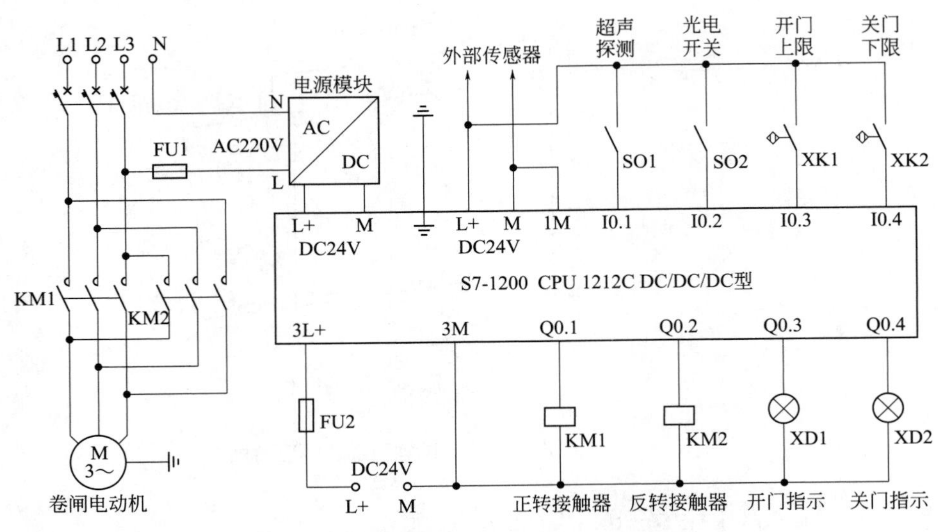

图 7-16 仓库卷闸门自动开闭装置 PLC 接线图

		名称	数据类型	地址	保持	可从 ...	从 H...	在 H...	注释
1		超声探测	Bool	%I0.1	☐	☑	☑	☑	
2		光电开关	Bool	%I0.2	☐	☑	☑	☑	
3		开门上限	Bool	%I0.3	☐	☑	☑	☑	
4		关门下限	Bool	%I0.4	☐	☑	☑	☑	
5		正转接触器	Bool	%Q0.1	☐	☑	☑	☑	
6		反转接触器	Bool	%Q0.2	☐	☑	☑	☑	
7		开门指示	Bool	%Q0.3	☐	☑	☑	☑	
8		关门指示	Bool	%Q0.4	☐	☑	☑	☑	

图 7-17 仓库卷闸门自动开闭装置变量表

（5）编制 PLC 的梯形图程序

仓库卷闸门自动开闭装置的 PLC 梯形图见图 7-18。

（6）梯形图控制原理

在图 7-18 中，当超声波开关检测到某一物体时，输入端子 I0.1 接通，Q0.1 得电，正转接触器吸合，其常开触点自保持，电动机正转，仓库卷闸门上升，让物体通过。开门上限开关 I0.3 原来的状态是常开触点断开、常闭触点闭合，卷闸门上升到位时，I0.3 的状态转换，常开触点闭合、常闭触点断开，Q0.1 失电，电动机正转停止。

当物体进入卷闸门时，光电开关发射器发出的光源被物体遮断，接收器不能接收光信号，I0.2 没有信号。物体通过卷闸门后，接收器接收到光信号，I0.2 输出上升沿脉冲，Q0.2 得电，反转接触器吸合，其常开触点自保持，电动机反转，仓库卷闸门下降后关闭。关门下限开关 I0.4 原来的状态是常开触点断开、常闭触点闭合。卷闸门下降到位时，I0.4 的状态转换，常开触点闭合、常闭触点断开，Q0.2 失电，电动机反转停止。

Q0.3 是开门指示，Q0.4 是关门指示。

图 7-18 的控制原理，与图 7-15 的要求完全吻合。

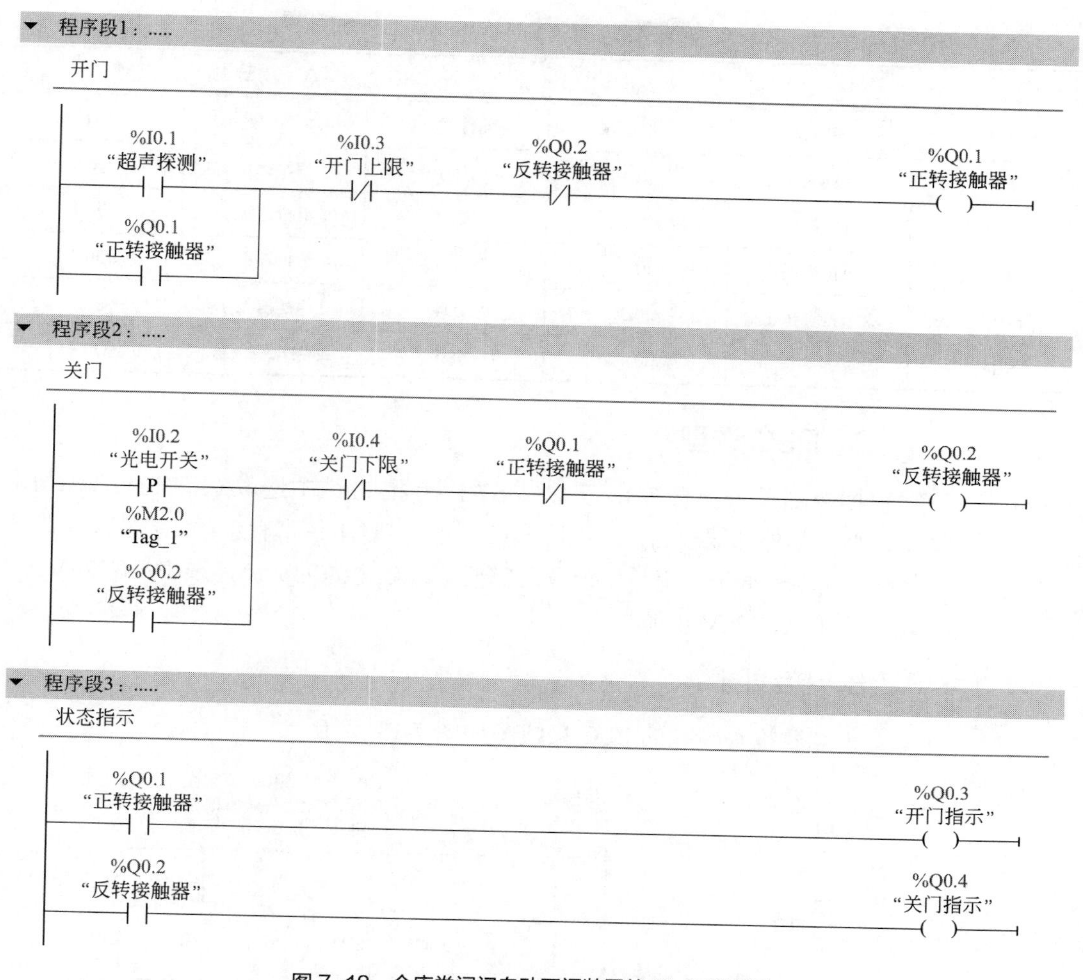

图 7-18　仓库卷闸门自动开闭装置的 PLC 梯形图

7.6　知识竞赛抢答装置

知识竞赛的参赛者分为三组，每组有一个“抢答”按钮，当主持人按下“开始抢答”按钮后，如果在 10s 之内有人抢答，则先按下“抢答”按钮的信号有效，对应的抢答指示灯亮。后按下“抢答”按钮的信号无效，对应的抢答指示灯不亮。

如果在 10s 之内无人抢答，则“撤销抢答”指示灯亮，抢答器自动撤销这一次的抢答。当主持人再次按下“开始抢答”按钮后，所有的“抢答”和“撤销抢答”指示灯都熄灭，进入下一轮的抢答。

（1）输入/输出元件的 I/O 端子地址分配

输入元件为 1 只转换开关、4 只按钮，输出元件为 5 只指示灯。元件的 I/O 端子地址分配如表 7-6 所示。

表 7-6　知识竞赛抢答装置的 I/O 端子地址分配表

I（输入）			O（输出）		
元件代号	元件名称	地址	元件代号	元件名称	地址
SA	启动旋钮	I0.0	XD1	启动指示	Q0.0
SB1	1 组抢答按钮	I0.1	XD2	1 组抢答指示	Q0.1
SB2	2 组抢答按钮	I0.2	XD3	2 组抢答指示	Q0.2
SB3	3 组抢答按钮	I0.3	XD4	3 组抢答指示	Q0.3
SB4	开始抢答按钮	I0.4	XD5	撤销抢答指示	Q0.4

（2）PLC 选型

根据控制要求和表 7-6，可以从 S7-1200 型 PLC 中选取 CPU 1212C AC/DC/继电器型，其外部端子的接线如图 1-12 所示。CPU 本体带有 8 个数字量输入端子，6 个数字量输出端子，满足本装置的需要。PLC 电源为交流，选用 AC220V，输出端也选用 AC220V 电源。

（3）接线图

知识竞赛抢答装置的 PLC 接线图如图 7-19 所示。

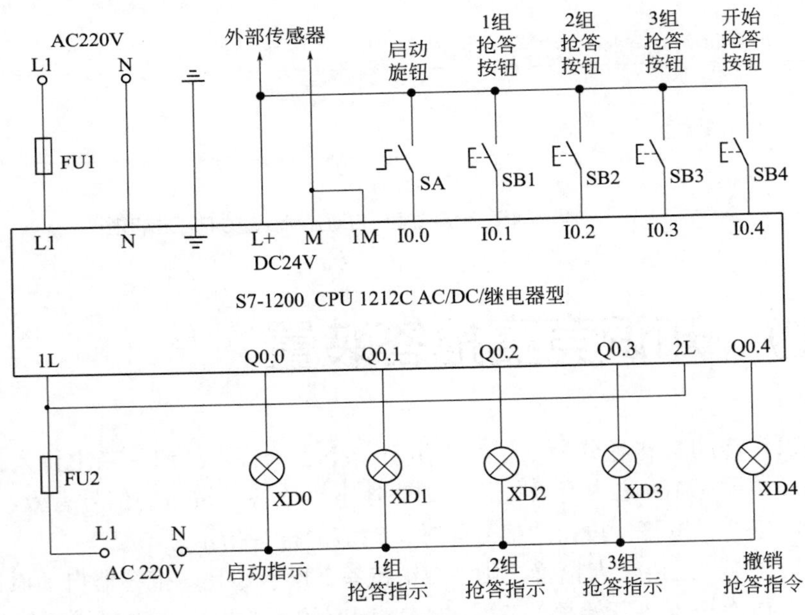

图 7-19　知识竞赛抢答装置的 PLC 接线图

（4）设置变量表

根据图 7-19，在编程软件的变量表中设置知识竞赛抢答装置编程所需要的变量，如图 7-20 所示。

		名称	数据类型	地址	保持	可从 ...	从 H...	在 H...	注释
1		启动旋钮	Bool	%I0.0	☐	☑	☑	☑	
2		1组抢答按钮	Bool	%I0.1	☐	☑	☑	☑	
3		2组抢答按钮	Bool	%I0.2	☐	☑	☑	☑	
4		3组抢答按钮	Bool	%I0.3	☐	☑	☑	☑	
5		开始抢答按钮	Bool	%I0.4	☐	☑	☑	☑	
6		抢答保持	Bool	%M2.0	☐	☑	☑	☑	
7		定时器复位	Bool	%M2.1	☐	☑	☑	☑	
8		启动指示	Bool	%Q0.0	☐	☑	☑	☑	
9		1组抢答指示	Bool	%Q0.1	☐	☑	☑	☑	
10		2组抢答指示	Bool	%Q0.2	☐	☑	☑	☑	
11		3组抢答指示	Bool	%Q0.3	☐	☑	☑	☑	
12		撤销抢答指示	Bool	%Q0.4	☐	☑	☑	☑	

图7-20 知识竞赛抢答装置变量表

(5) 编写 PLC 的控制程序

根据知识竞赛抢答装置的控制要求，编辑出 PLC 的梯形图程序，如图 7-21 所示。

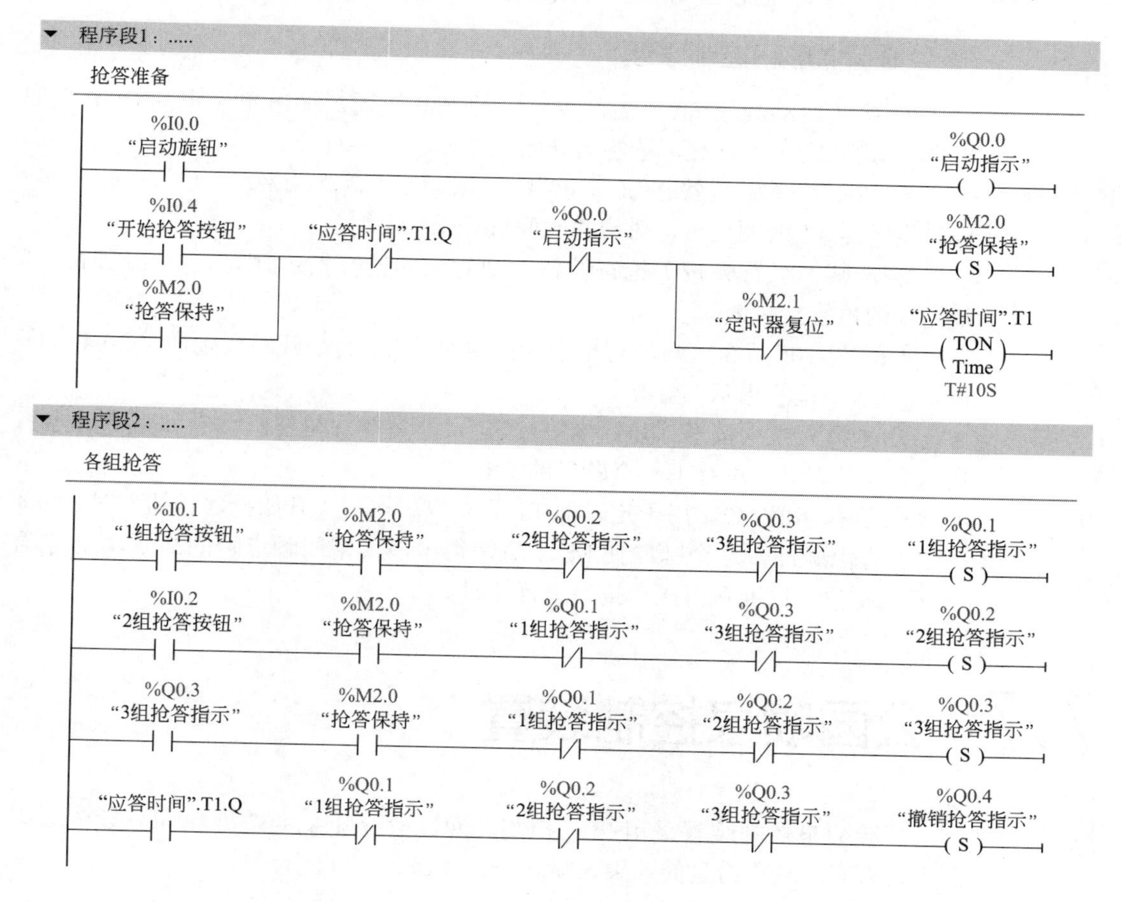

图7-21

图 7-21 知识竞赛抢答装置的 PLC 梯形图

（6）梯形图控制原理

① 接通启动旋钮 SA，输入单元中的 I0.0 接通，输出单元中的 Q0.0 立即得电，"启动指示"灯亮，抢答器开始工作。

② 按下"开始抢答按钮"，I0.4 接通，位存储器 M2.0 得电，开始抢答。同时定时器 T1 线圈通电，对应答时间进行 10s 限制。

③ 若某一组首先按下抢答按钮，则对应的抢答指示灯亮。与此同时，其他两组的抢答被封锁。

④ 如果 10s 后 3 组都没有抢答，则定时器 T1 的常开触点接通，Q0.4 线圈得电，"撤销抢答指示"灯亮。

⑤ 主持人再次按下"开始抢答按钮"，所有的"抢答指示"和"撤销抢答指示"灯都熄灭，进行下一个题目的抢答。

⑥ 位存储器 M2.1 用于定时器 T1 的复位。按下"开始抢答按钮"时，I0.4 产生上升沿脉冲。这个脉冲使 M2.1 瞬间得电，其常闭触点瞬间断开，定时器 T1 断电复位，以准备再次对抢答进行计时。

7.7 公园喷泉控制装置

公园喷泉控制装置采用 PLC 控制，通过改变喷泉的造型和灯光颜色，达到千姿百态、五彩纷呈的效果。喷泉分为 3 组，控制流程是：

① A 组先喷 5s；

② A 组停止，B 组和 C 组同时喷 5s；

③ A 组和 B 组停止，C 组喷 5s；
④ C 组停止，A 组和 B 组同时喷 3s；
⑤ A 组、B 组、C 组同时喷 5s；
⑥ A 组、B 组、C 组同时停止 4s；
⑦ 进入下一轮循环，重复①～⑥。

（1）输入/输出元件的 I/O 端子地址分配

输入元件为 2 只按钮，输出元件为 3 只电磁阀。元件的 I/O 端子地址分配如表 7-7 所示。

表 7-7　公园喷泉控制装置的 I/O 端子地址分配表

I（输入）			O（输出）		
元件代号	元件名称	地址	元件代号	元件名称	地址
SB1	启动按钮	I0.1	DT1	A 组电磁阀	Q0.1
SB2	停止按钮	I0.2	DT2	B 组电磁阀	Q0.2
			DT3	C 组电磁阀	Q0.3

（2）PLC 选型

根据控制流程和表 7-7，可以从 S7-1200 型 PLC 中选取 CPU 1211C AC/DC/继电器型，其外部端子接线如图 1-9 所示。CPU 本体上有 8 个数字量输入端子，4 个数字量输出端子，满足本装置的需要。PLC 电源为 AC120 ～ 240V，选用标准电源 AC220V。输出端选用一只 DC24V 的开关电源模块，供给 3 只电磁阀。

（3）PLC 接线图

公园喷泉控制装置的 PLC 接线图如图 7-22 所示。图中的 VT1 ～ VT3 是续流二极管，它们反向并联在电磁阀 DT1 ～ DT3 的两端，防止电磁线圈在断电时产生的感应电压损坏 PLC 输出单元内部的元器件。

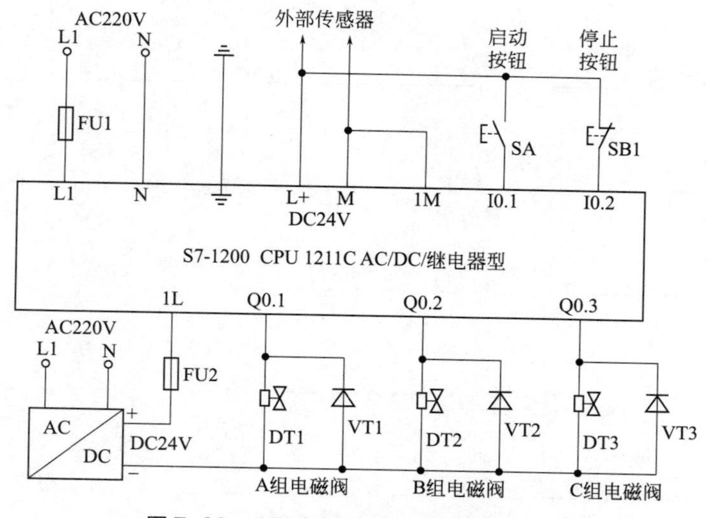

图 7-22　公园喷泉控制装置的 PLC 接线图

(4)设置变量表

根据图 7-22，在编程软件中添加一个变量表设置公园喷泉控制装置编程所需要的变量，如图 7-23 所示。

		名称	数据类型	地址	保持	可从 ...	从 H...	在 H...	注释
1		启动按钮	Bool	%I0.1	☐	☑	☑	☑	
2		停止按钮	Bool	%I0.2	☐	☑	☑	☑	
3		启动保持	Bool	%M2.1	☐	☑	☑	☑	
4		A组电磁阀	Bool	%Q0.1	☐	☑	☑	☑	
5		B组电磁阀	Bool	%Q0.2	☐	☑	☑	☑	
6		C组电磁阀	Bool	%Q0.3	☐	☑	☑	☑	

图 7-23　公园喷泉控制装置变量表

(5)编写 PLC 的控制程序

根据公园喷泉控制装置的控制流程编写出 PLC 的梯形图程序，如图 7-24 所示。

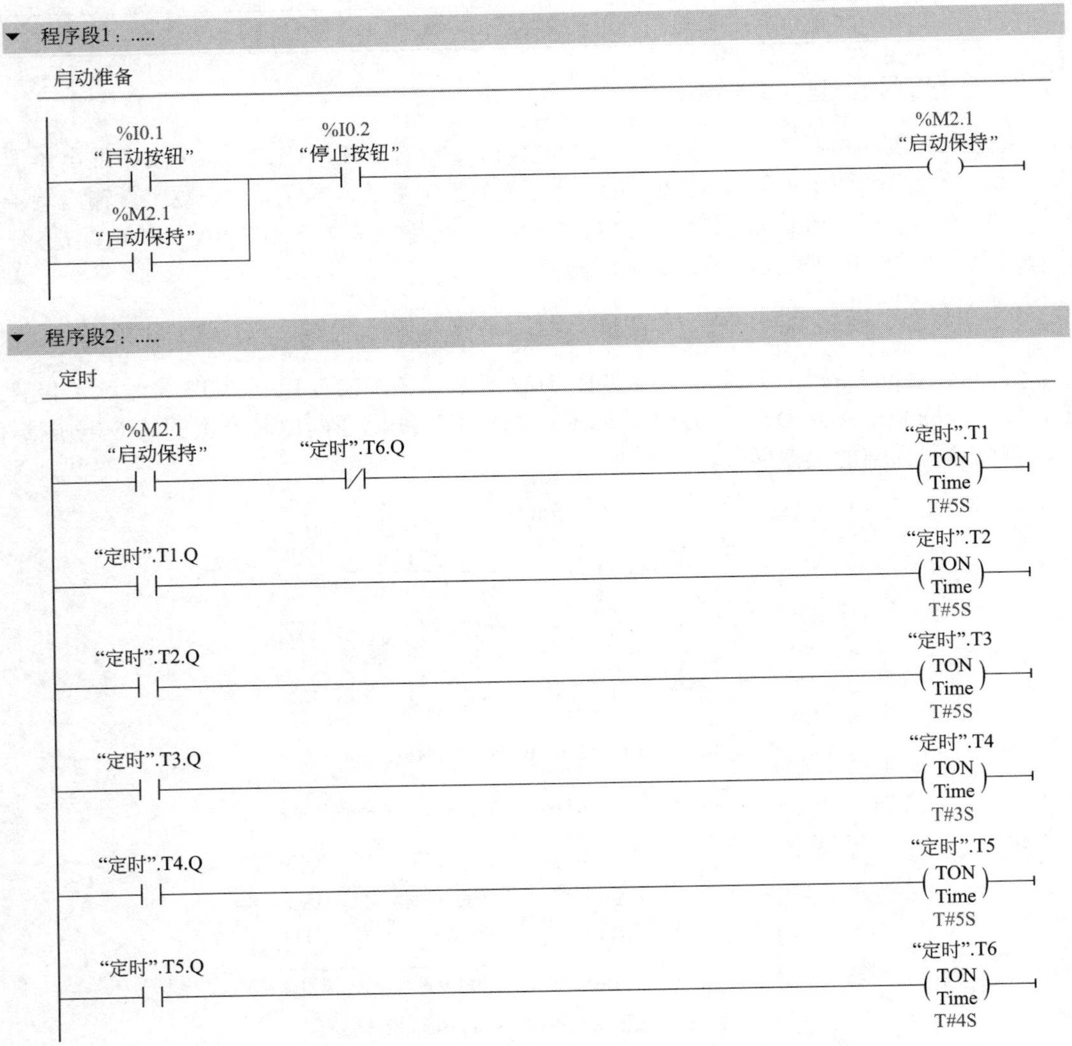

▼ 程序段1：.....

启动准备

%I0.1 "启动按钮"　%I0.2 "停止按钮"　%M2.1 "启动保持"

%M2.1 "启动保持"

▼ 程序段2：.....

定时

%M2.1 "启动保持"　"定时".T6.Q　"定时".T1 TON Time T#5S

"定时".T1.Q　"定时".T2 TON Time T#5S

"定时".T2.Q　"定时".T3 TON Time T#5S

"定时".T3.Q　"定时".T4 TON Time T#3S

"定时".T4.Q　"定时".T5 TON Time T#5S

"定时".T5.Q　"定时".T6 TON Time T#4S

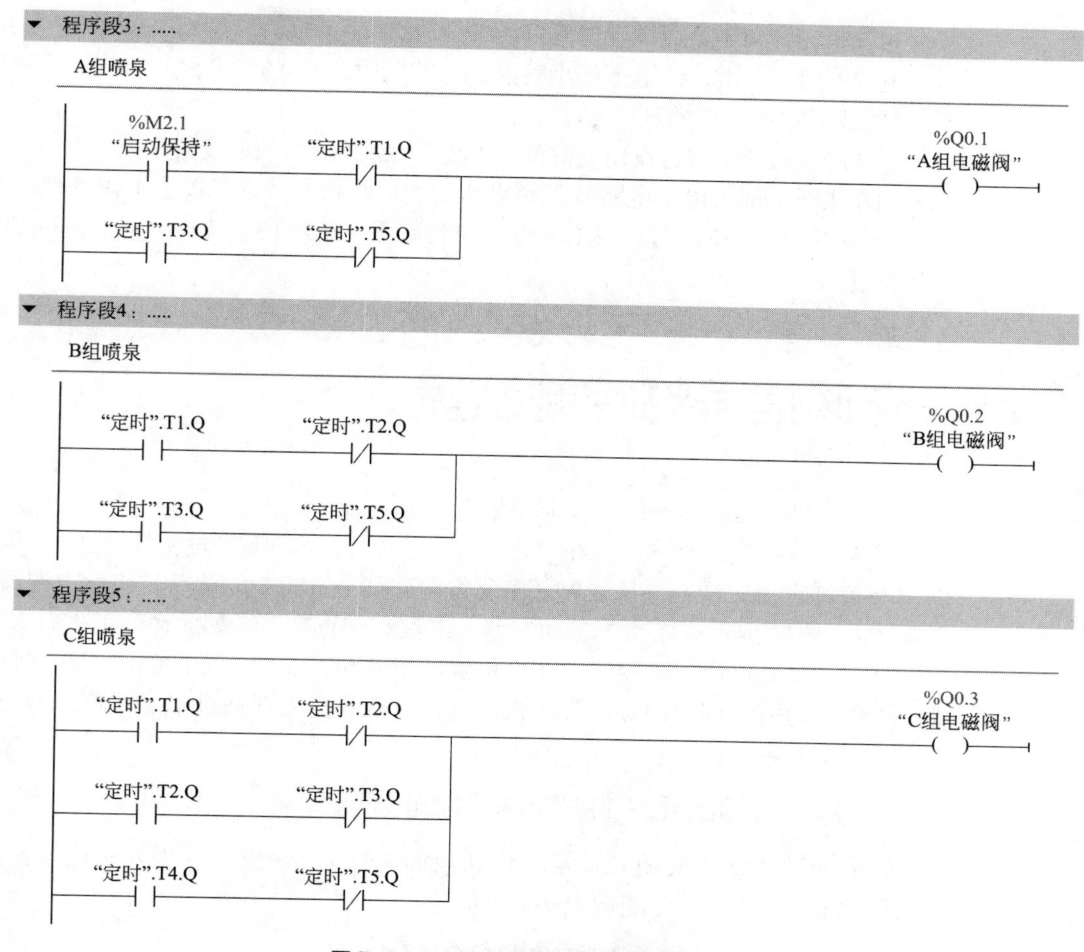

图 7-24　公园喷泉控制装置的 PLC 梯形图

（6）梯形图控制原理

① 按下"启动按钮"，位存储器 M2.1 得电并保持，喷泉开始工作，Q0.1 得电，A 组首先喷射。同时，定时器 T1 线圈通电，开始延时 5s。

② 5s 之后，T1 到达设定的时间，T1 的常闭触点断开，Q0.1 失电，A 组停止喷射。T1 的常开触点接通，Q0.2 和 Q0.3 得电，B 组和 C 组开始喷射。与此同时，定时器 T2 的线圈通电，开始延时 5s。

③ 5s 之后，T2 到达设定的时间，T2 的常闭触点断开，Q0.2 线圈失电，B 组停止喷射。T2 的常开触点接通，Q0.3 继续得电，C 组继续喷射。与此同时，定时器 T3 的线圈通电，开始延时 5s。

④ 5s 之后，T3 到达设定的时间，T3 的常闭触点断开，Q0.3 失电，C 组停止喷射。T3 的常开触点接通，Q0.1 和 Q0.2 得电，A 组和 B 组喷射。与此同时，定时器 T4 的线圈通电，开始延时 3s。

⑤ 3s 之后，T4 到达设定的时间，T4 的常开触点接通，Q0.3 得电，C 组喷射。A 组和 B 组也仍然在喷射。T4 的常开触点接通后，定时器 T5 的线圈通电，开始延时 5s。

⑥ 5s 之后，T5 到达设定的时间，T5 的常闭触点断开，Q0.1、Q0.2、Q0.3 都失电，A 组、B 组、C 组都停止喷射。与此同时，T5 的常开触点接通，定时器 T6 的线圈通电，开始延时 4s。

⑦ 4s 之后，T6 到达设定的时间，其常闭触点断开，T1 线圈失电，并导致 T2 ～ T6 线圈全部失电。电路转入到启动后的初始状态，重复以上工作流程。

⑧ 按下“停止按钮”，M2.1 失电，控制流程中断，T2 ～ T6、Q0.1 ～ Q0.3 全部失电。

7.8 交通信号灯控制装置

交通信号灯控制装置的工作流程如下。

白天，将控制旋钮 SA 放在“正常工作”位置，东西方向绿灯亮 25s，闪烁 3s，黄灯亮 2s，在这 30s 之内，南北方向红灯一直亮着。此后，南北方向绿灯亮 25s，闪烁 3s，黄灯亮 2s，而东西方向红灯一直亮着。如此循环下去。

夜间，将旋钮放在“夜间工作”位置，东西和南北两个方向的绿灯和红灯都不工作，而黄灯同时闪烁，提醒夜间过往车辆和行人在通过十字路口时减速慢行、注意安全。

（1）输入/输出元件的 I/O 端子地址分配

输入元件为 2 只旋钮（正常工作和夜间工作），输出元件为 6 只接触器。各元件的 I/O 端子地址分配如表 7-8 所示。

表 7-8　交通信号灯控制装置的 I/O 端子地址分配表

I（输入）			O（输出）		
元件代号	元件名称	地址	元件代号	元件名称	地址
SA	正常工作	I0.1	KM1	东西绿灯	Q0.1
	夜间工作	I0.2	KM2	东西黄灯	Q0.2
			KM3	东西红灯	Q0.3
			KM4	南北绿灯	Q0.4
			KM5	南北黄灯	Q0.5
			KM6	南北红灯	Q0.6

（2）PLC 选型

根据控制流程和表 7-8，可选用 S7-1200 型 PLC 中的 CPU 1212C AC/DC/继电器型，其外部端子接线见图 1-12。CPU 本体上共有 8 个数字量输入端子，6 个数字量输出端子。如果需要少量的备用输出端子，可以另外添加一块 I/O 信号板。PLC 电源为 AC120 ～ 240V，选用标准电源 AC220V。输出端也选用 AC220V 的交流电源，供给 6 只电磁阀。

（3）PLC 接线图

交通信号灯控制装置的主回路和 PLC 接线图如图 7-25 所示，PLC 的输入端连接着旋钮 SA（I0.1、I0.2），输出端连接着 6 只接触器（KM1 ～ KM6），再用接触器的主触点控制信号灯。

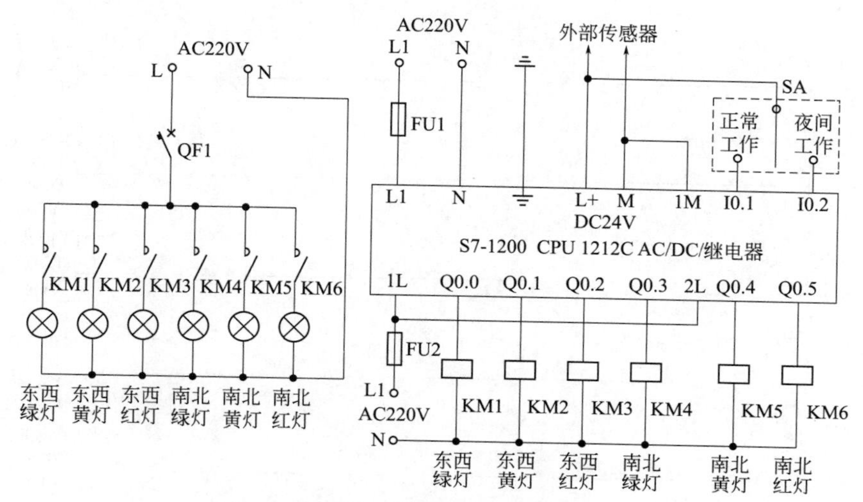

图 7-25　交通信号装置的主回路和 PLC 接线图

（4）设置变量表

根据图 7-25，在编程软件中添加一个变量表设置交通信号灯控制装置编程所需的变量，如图 7-26 所示。

	名称	数据类型	地址	保持	可从 ...	从 H...	在 H...	注释
1	正常工作	Bool	%I0.1	☐	☑	☑	☑	
2	夜间工作	Bool	%I0.2	☐	☑	☑	☑	
3	东西绿灯	Bool	%Q0.0	☐	☑	☑	☑	
4	东西黄灯	Bool	%Q0.1	☐	☑	☑	☑	
5	东西红灯	Bool	%Q0.2	☐	☑	☑	☑	
6	南北绿灯	Bool	%Q0.3	☐	☑	☑	☑	
7	南北黄灯	Bool	%Q0.4	☐	☑	☑	☑	
8	南北红灯	Bool	%Q0.5	☐	☑	☑	☑	

图 7-26　交通信号灯控制装置变量表

（5）编写 PLC 的控制程序

根据交通信号灯控制装置的控制流程，编写出 PLC 的梯形图程序，如图 7-27 所示。

（6）梯形图控制原理

① 将旋钮 SA 放在“正常工作”位置，输入单元中 I0.1 接通，赋值线圈 Q0.0 得电，东西绿灯平亮。与此同时，定时器 T1 线圈得电，开始延时 25s。

② 25s 后，T1 定时时间到，其常闭触点断开，东西绿灯由平亮转为闪烁。与此同时，T1 的常开触点闭合，定时器 T2 线圈得电，开始延时 3s。

③ 3s 后，T2 定时时间到，T2 的常闭触点断开，Q0.0 线圈失电，东西绿灯熄灭。T2 的常开触点闭合，Q0.1 得电，东西黄灯亮。与此同时，定时器 T3 线圈得电，开始延时 2s。

▼ 程序段1：.....

定时

%I0.1 “正常工作”　“T”.“T6-南北黄亮”.Q　“T”.“T1-东西绿亮” TON Time T#25S

“T”.“T1-东西绿亮”.Q　“T”.“T2-东西绿闪” TON Time T#3S

“T”.“T2-东西绿闪”.Q　“T”.“T3-东西黄亮” TON Time T#2S

“T”.“T3-东西黄亮”.Q　“T”.“T4-南北绿亮” TON Time T#25S

“T”.“T4-南北绿亮”.Q　“T”.“T5-南北绿闪” TON Time T#3S

“T”.“T5-南北绿闪”.Q　“T”.“T6-南北黄亮” TON Time T#2S

▼ 程序段2：.....

东西绿灯

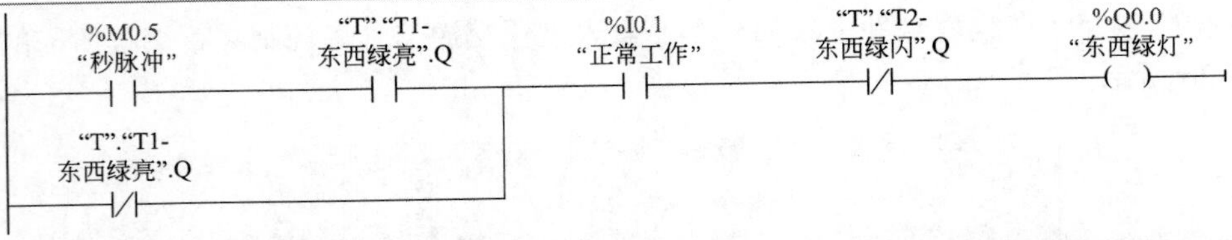

%M0.5 “秒脉冲”　“T”.“T1-东西绿亮”.Q　%I0.1 “正常工作”　“T”.“T2-东西绿闪”.Q　%Q0.0 “东西绿灯”

“T”.“T1-东西绿亮”.Q

▼ 程序段3：.....

东西黄灯

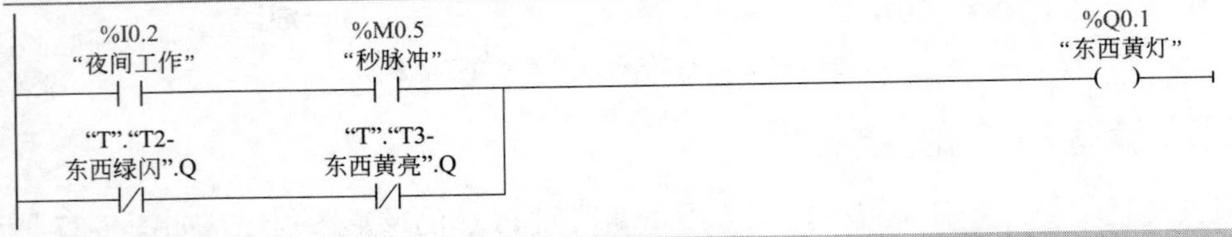

%I0.2 “夜间工作”　%M0.5 “秒脉冲”　%Q0.1 “东西黄灯”

“T”.“T2-东西绿闪”.Q　“T”.“T3-东西黄亮”.Q

▼ 程序段4：.....

东西红灯

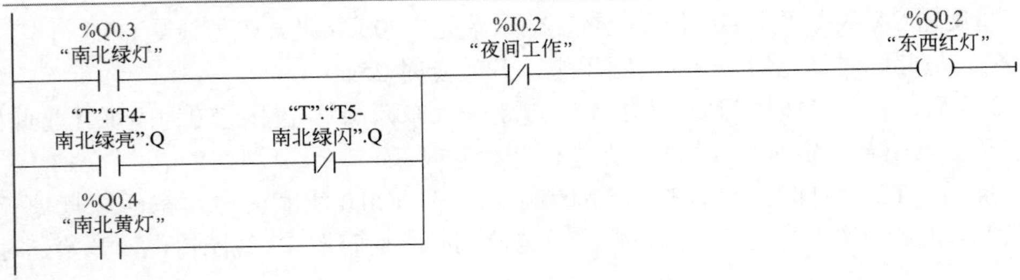

%Q0.3 “南北绿灯”　%I0.2 “夜间工作”　%Q0.2 “东西红灯”

“T”.“T4-南北绿亮”.Q　“T”.“T5-南北绿闪”.Q

%Q0.4 “南北黄灯”

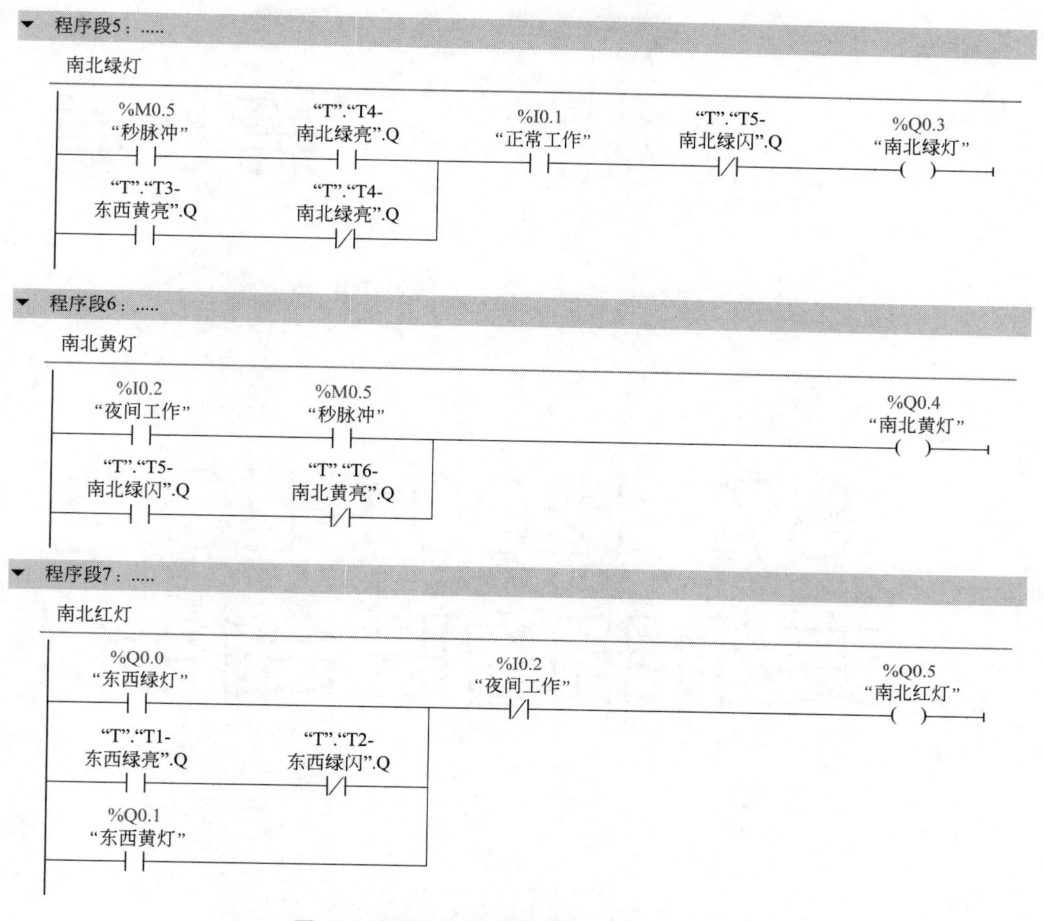

图 7-27 交通信号灯控制装置的 PLC 梯形图

④ 2s 后，T3 定时时间到，T3 的常闭触点断开，Q0.1 失电，东西黄灯熄灭。在东西绿灯平亮、闪烁、东西黄灯亮期间，Q0.5 一直得电，南北红灯保持在亮的状态。T3 定时结束后，其常开触点闭合，输出单元中 Q0.3 得电，南北绿灯平亮。与此同时，定时器 T4 线圈得电，开始延时 25s。

⑤ 25s 后，T4 定时时间到，其常闭触点断开，南北绿灯由平亮转为闪烁。与此同时，T4 的常开触点闭合，定时器 T5 线圈得电，开始延时 3s。

⑥ 3s 后，T5 定时时间到，T5 的常闭触点断开，Q0.3 失电，南北绿灯熄灭。T5 的常开触点闭合，Q0.4 得电，南北黄灯亮。与此同时，定时器 T6 线圈得电，开始延时 2s。

⑦ 2s 后，T6 定时时间到，T6 的常闭触点断开，Q0.4 失电，南北黄灯熄灭。在南北绿灯平亮、闪烁、南北黄灯亮期间，Q0.2 一直保持得电，东西红灯一直保持在亮的状态。T6 常闭触点断开后，T1 ～ T6 的线圈全部失电，转入下一轮的循环。

⑧ 将旋钮 SA 放在"夜间工作"位置，输入单元中 I0.2 接通，由 PLC 内部特殊位存储器 M0.5 提供的 1s 时钟脉冲加到 Q0.1、Q0.4 上，使它们间歇通电，东西黄灯和南北黄灯不停地闪烁，提醒夜间过往车辆和行人在通过十字路口时减速慢行、注意安全。

第8章

S7-1200 PLC与变频器的联合控制

SIEMENS

PLC 是自动化控制领域中的核心装置，其中的西门子 S7-1200 更是大显身手。但是它并不是一个独立的器件，如果将它与各种传感器、变频器、人机界面、步进电动机、伺服电动机等相互配合，可以组成功能更为齐全的自动控制系统。本章介绍 S7-1200 型 PLC 与变频器的联合控制。

8.1 变频器的控制功能

变频器是一种对交流电动机进行无级调速的自动控制装置，能应用在大部分的电动机传动场合，为电力拖动设备提供精确的速度控制。

根据电动机的原理，计算交流异步电动机转速的公式是：

$$n=60f(1-s)/p$$

式中，f 是电源频率；s 是转差率；p 是磁极对数。由公式可知，改变电动机转速的方法有三种：一是改变电源频率 f；二是改变转差率 s；三是改变磁极对数 p。而改变转差率和磁极对数难以实现，切实可行的办法就是改变电源频率，变频器的实质就是改变交流电源的频率，它具有以下几个方面的功能：

① 进行无级调速。变频器可以在零速时启动，然后按照用户的要求进行无级调速，而且可以选择直线加速、S 形加速或自动加速，也可以进行多段速控制。

② 控制电动机的启动电流。电动机在 50Hz 工频下直接启动时，启动电流最高可以达到额定电流的 8 倍左右，这个电流大大增加了电动机绕组的应力，并产生较高的热量，从而加速绝缘的老化，缩短电动机的寿命。而变频器可以在零速和低电压时启动，当建立起频率和电压的关系后，就可以按照 V/F 或矢量控制方式带动负载工作，大大减小了启动电流对电动机的冲击。

③ 减小电网电压的波动。直接启动不仅缩短电动机的寿命，还会造成电网电压的严重下降。如果配电系统容量有限，会导致同一供电系统中其他设备工作不正常，电压敏感设备甚至会跳闸断电。采用变频器启动则可以避免这些问题。

④ 转矩极限可以调节。在工频状态下，无法为电动机设置精确的转矩。而在变频器中，能够设置相应的转矩极限，以保护机械设备不受冲击。转矩的控制精度可以达到 3% ～ 5%。

⑤ 实现矢量控制。在一些性能优良的变频器中，采用了矢量控制，将交流电动机等效为直流电动机，分别对速度、磁场两个分量进行独立控制。

⑥ 多种停车方式。变频器的停车方式有自由停车、减速停车、减速停车 + 直流制动等多种，可以自由地选择。

⑦ 可逆运行控制。电动机需要正转或反转时，可以改变变频器输出电压的相序，不需要用两个交流接触器进行切换。

⑧ 减少机械传动部件。可以省去齿轮减速箱等机械传动部件，避免了齿轮的磨损。

⑨ 节约电能。离心水泵、抽风机采用变频调速后，能显著地降低电耗，节约电能。这已经为大量的工程实践所证明。

8.2 西门子MM440变频器介绍

西门子 MM440 变频器的完整名称是 Micro Master 440，它是通用型变频器，广泛地应用于三相电动机的速度控制和转矩控制。在恒定转矩（CT）控制方式下，功率范围为 120W ～ 200kW；在可变转矩（VT）控制方式下，功率可以达到 250kW。它有多种型号可以供用户选择。

图 8-1 是两种西门子 MM440 变频器的外形。

图 8-1 西门子 MM440 变频器

8.2.1 西门子 MM440 变频器的主要特征

MM440 变频器由微处理器控制，其主要元件——功率输出器件采用技术水平领先的绝缘栅双极型晶体管 IGBT，因此具有很高的可靠性。它具有全面的、完善的控制功能，既可以在默认的参数状态下工作，完成简单的电动机变频调速，又可以根据用户的需要设置相关的工艺参数，进行复杂的变频调速。其主要特征如下：

① 具有良好的 EMC 电磁兼容性能，电磁噪声小，抗干扰能力强，可由 IT 中性点不接地的电源供电。

② 参数设置的内容丰富、范围广泛，容易配置各种工艺参数。

③ 具有二进制互联（BiCo）功能。

④ 脉宽调制的频率高，电动机运转的噪声小。

⑤ 提供多种选件，便于用户选择，其中有：

a. PC 通信模块、现场总线通信模块；

b. 基本操作面板（BOP）、高级操作面板（AOP）。

⑥ 具有详细的变频器状态信息。

⑦ 具有 2 种矢量控制方式：无传感器矢量控制（SLVC）、带编码器的矢量控制（VC）。

⑧ 具有 2 种 V/F 控制方式：磁通电流控制、多点 V/F 特性控制。

⑨ 具有快速电流限制（FCL）功能，在运行中可以避免不应有的跳闸。

⑩ 具有内置的直流注入制动单元，可以进行复合制动。在动力制动时具有缓冲功能，还具有定位控制的斜坡下降曲线。

⑪ 具有比例、积分、微分（PID）控制功能，能实现闭环控制。

⑫ 具有多种安全保护功能：

a. 过电压、欠电压保护；

b. 变频器过热保护；

c. 短路保护、I^2t 电动机过热保护；

d. 带有PTC/KTY84温度传感器的电动机过热保护；

e. 接地故障保护。

8.2.2 MM440变频器的电路结构

MM440变频器电路的结构如图8-2所示，它可以分为主回路和控制回路两个部分。

主回路首先对50Hz的交流电源进行整流，将交流电源变换为波形平稳的直流电，又将这个直流电逆变为交流电，实现了电能的转换。

在图8-2中，MM440变频器输入的电源是单相或三相恒压、恒频（50Hz）的交流电源，经过半导体元件的整流、电容器的滤波，转换为电压恒定的直流电源，供给逆变电路。逆变电路在CPU的控制下，又将直流电源逆变成电压、频率都可以调节的三相交流电源，供给电动机等负载设备。这个变换过程称为“交流-直流-交流”变换。

控制回路由CPU、模拟量输入（AIN1、AIN2）、模拟量输出（AOUT1、AOUT2）、数字量输入（DIN1～DIN6）、继电器输出（继电器1～继电器3）、操作面板等组成。

8.2.3 西门子MM440变频器的接线端子

（1）主回路电源端子

① 单相AC220V电源：L连接相线，N连接零线（中性线）；

② 两相AC380V电源：L1连接某一相的相线，L2连接另外一相的相线；

③ 三相AC380V电源：L1、L2、L3分别连接三相的相线。

④ PE端子：接地。

（2）主回路电动机端子

① U、V、W端子：分别连接到电动机的三相；

② PE端子：接地。

（3）控制回路接线端子

在MM440变频器中，控制回路接线端子的分布见图8-3，输入和输出端子类型齐全，数量也很多，主要端子如下：

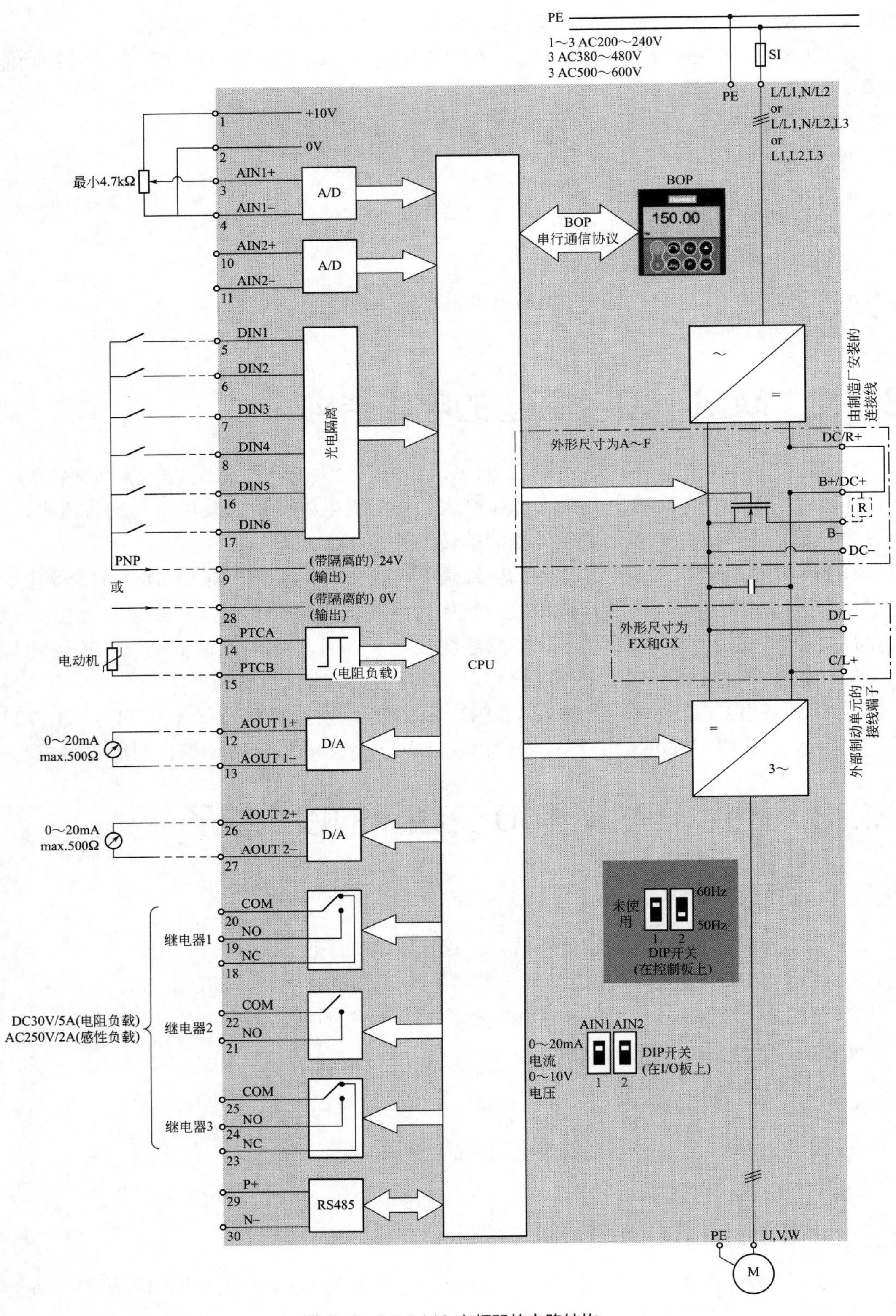

图 8-2　MM440 变频器的电路结构

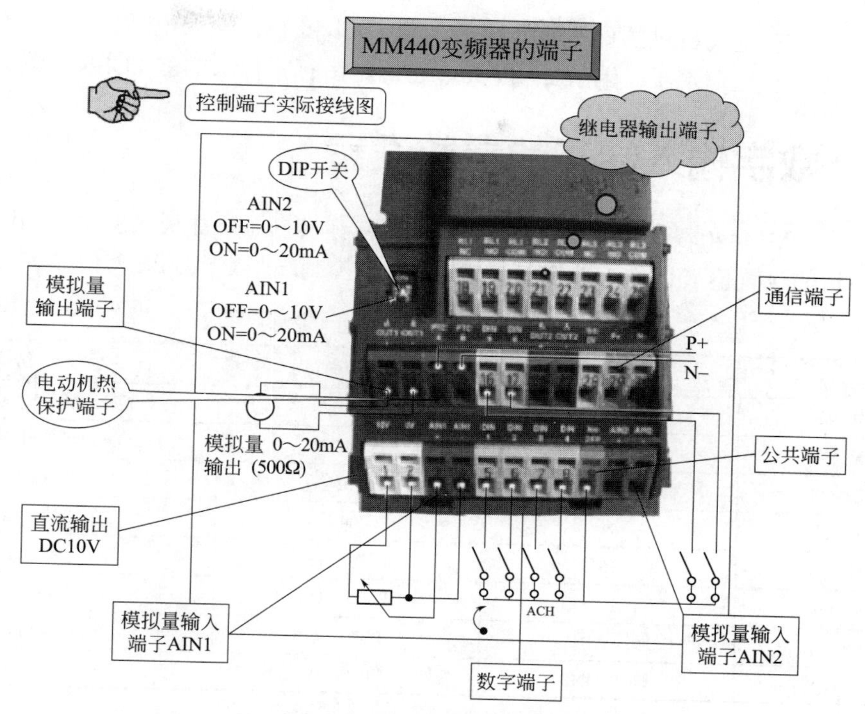

图 8-3 控制回路接线端子的分布

① 2 个模拟量输入，一个是 AIN1（0 ～ 10V、0 ～ 20mA），另一个是 AIN2（0 ～ 10V、0 ～ 20mA）；

② 6 个带隔离的数字量输入，可以切换为 NPN/PNP 接线；

③ 多个继电器输出；

④ 多个模拟量输出（0 ～ 20mA）。

下面分别对这些接线端子予以介绍。

① 10V 直流电源输出端子：如果通过模拟电压信号输入给定频率，则需要为模拟电压信号回路提供一个稳定的直流电源，以保证变频调速系统的控制精度。端子 1 和 2 就是这样的直流电源，1 为正极（10V），2 为负极（0V）。

② 24V 直流电源输出端子：端子 9 和 28，9 为正极（24V），28 为负极（0V）。端子 9 在作为数字量输入时，也可以用于驱动模拟量输入。端子 28 和端子 2 必须连接在一起。

③ 模拟量输入端子：端子 3 和 4、10 和 11，提供 2 对模拟电压给定输入端，作为频率给定信号。在变频器内部，这些模拟电压信号通过 A/D 转换器，变换为数字量电压信号，输入到 CPU 控制系统。

④ 数字量输入端子：端子 5、6、7、8、16、17，提供了 6 个完全可以编程的数字量输入端。控制信号经过光电耦合器隔离后，输入到 CPU 控制系统，对电动机进行正向转动、反向转动、正向点动、反向点动、以固定频率运转等控制。

⑤ 模拟量输出端子：端子 12 和 13、26 和 27，提供 2 对模拟量输出端子。

⑥ 输出继电器端子：端子 18 ～ 25。提供继电器的控制触点，其中既有常开触点，又有常闭触点。

⑦ 电动机过热保护输入端子：端子 14 和 15，输入电动机的温度信号。

⑧ 通信端子：端子 29 和 30，它们是串行接口 RS485（USS 协议）的端子。

8.2.4 数字输入端子的参数设置

MM440 变频器在标准供货时，安装有状态显示面板（SDP），其中带有默认的设置值（也称为缺损设置值），其中控制端子默认的设置值如表 8-1 所示。

表 8-1 使用 SDP 面板时控制端子默认的设置值

输入信号	端子号	参数的设置值	执行的动作
数字输入 1	5	P0701=1	ON 正转/OFF 停止
数字输入 2	6	P0702=2	ON 反转/OFF 停止
数字输入 3	7	P0703=9	故障确认
数字输入 4	8	P0704=15	以固定频率运转
数字输入 5	16	P0705=15	以固定频率运转
数字输入 6	17	P0706=15	以固定频率运转
数字输入 7	通过 AIN1	P0707=0	不激活
数字输入 8	通过 AIN2	P0708=0	不激活

通过这些默认值，可以执行以下一些控制功能：

① 电动机正转和停止，此时数字输入端 DIN1 由外接开关控制；

② 电动机反转和停止，此时数字输入端 DIN2 由外接开关控制；

③ 频率调节，此时运行频率由参数 P0704、P0705、P0706 设置，并由端子号 8、16、17（即数字输入端 DIN4 ～ DIN6）的外接开关控制；

④ 故障复位，此时数字输入端 DIN3 由外接开关控制。

对于某些用户来说，这些参数可以满足运行的要求。

在某些场合，这些默认值可能不适合用户，此时可以更换为基本操作面板（BOP）或高级操作面板（AOP），通过它们来修改各种参数。但是这 2 种面板是作为可选件供货的，需要在主机之外另行购买。此外，也可以通过软件 DriveMonitor 或软件 STARTER 来设置参数。BOP 的外形如图 8-4 所示。

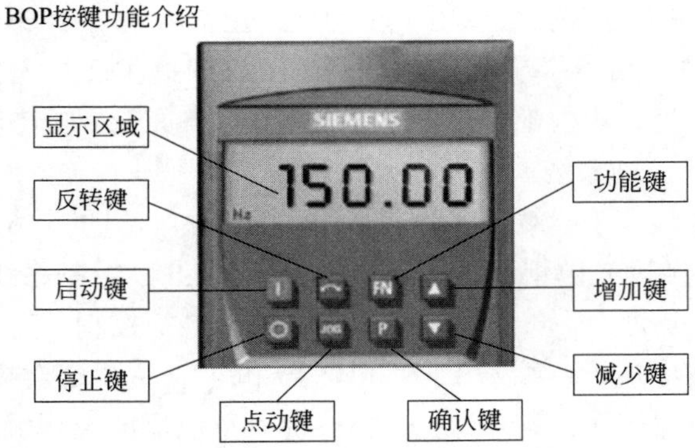

图 8-4 基本操作面板（BOP）的外形

8.3 MM440变频器的基本调速电路

MM440 变频器的基本调速电路见图 8-5。通过这个电路，可以实现对电动机的正向/反向启动和速度调节，进而从中熟悉 MM440 变频器的基本使用方法，为下一步的 PLC- 变频器综合应用打好基础。

(1) 设置 DIP 开关

在 I/O 板的下面，有 2 个 DIP 开关，其中的“DIP 开关 1”用户不能使用。“DIP 开关 2”由用户设置电动机的频率。它在 OFF 位置时，默认的电源频率是 50Hz，功率单位为 kW，适合于我国；在 ON 位置时，默认的电源频率是 60Hz，功率单位为 HP，不适合于我国。

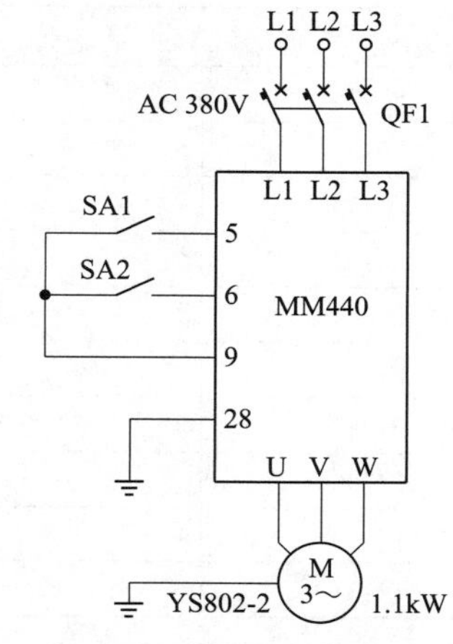

图 8-5　MM440 变频器的基本调速电路

(2) 恢复变频器的出厂默认值

变频器在投入运行之前，要设置各项工艺参数。而在设置参数之前，首先要将变频器的各项参数恢复到出厂时的默认值，其步骤如下：

① 设置 P0010=30；

② 设置 P0970=1；

③ 按下确认键 P 开始复位。复位过程大约需要 3min。

(3) 设置电动机的参数

变频器的参数必须与电动机的实际参数一致，否则不能实现精确的控制。在图 8-5 中，三相交流异步电动机的型号是 YS802-2，额定功率 1.1kW，额定转速 2800r/min，额定电压 380V，额定电流 2.5A，额定频率 50Hz，额定功率因数 0.85。下面通过基本操作面板（BOP）对电动机的参数进行设置。在设置之前，要先将状态显示屏（SDP）从变频器面板上拆卸下来，换上基本操作板（BOP）。所设置的电动机参数如表 8-2 所示。

表 8-2　在变频器中设置电动机的参数

参数号	默认值	设置值	说　明
P0003	1	1	访问级为标准级
P0010	0	1	快速调试
P0100	0	0	功率单位为 kW，频率 50Hz
P0304	230	380	电动机额定电压（V）
P0305	3.25	2.5	电动机额定电流（A）
P0307	0.75	1.1	电动机额定功率（kW）
P0308	0	0.85	电动机额定功率因数（$\cos\varphi$）
P0310	50	50	电动机额定频率（Hz）
P0311	0	2800	电动机额定转速（r/min）

在设置电动机的参数之前，首先要将参数 P0010（调试参数过滤器）设定为“1”，即“快速调试”。

这部分参数设置完毕后，再将参数 P0010 设定为“0”，即“准备运行”。

（4）设置数字控制端口的参数和其他控制参数

数字控制端口的参数和其他控制参数，按表 8-3 进行设置。

表 8-3　数字控制端口参数和其他控制参数

参数号	默认值	设置值	说　明
P0003	1	1	访问级为标准级
P0700	2	2	操作命令由端子输入
P0701	1	1	端子 5 的功能：ON 接通正转，OFF 停止
P0702	1	2	端子 6 的功能：ON 接通反转，OFF 停止
P1000	2	1	由键盘（可变电位器）输入设定值
P1080	0	0	电动机运行的最低频率（Hz）
P1082	50	50	电动机运行的最高频率（Hz）
P1040	5	30	键盘输入的频率（Hz）
P1120	10	12	斜坡上升时间
P1121	10	12	斜坡下降时间

（5）变频器的启动和运行

① 电动机正向运转。合上开关 SA1，变频器数字输入端口 DIN1（接线端子 5）为“ON”，电动机通电启动，正向运转，按照 P1120 所设置的 12s 斜坡上升时间加速。12s 之后，到达所设置的频率 30Hz，对应的转速为 1680r/min。断开 SA1，电动机按照 P1121 所设置的 15s 斜坡下降时间减速，在正方向停车。

② 电动机反向运转。合上开关 SA2，变频器数字输入端口 DIN2（接线端子 6）为“ON”，电动机通电启动，反向运转，按照 P1120 所设置的 12s 斜坡上升时间加速。12s 之后，到达所设置的频率 30Hz，对应的转速为 1680r/min。断开 SA2，电动机按照 P1121 所设置的 15s 斜坡下降时间减速，在反方向停车。

8.4　S7-1200 PLC与MM440联合的多段速控制

（1）MM440 变频器提供的 15 段速度

一些机械设备在不同的工作阶段需要用不同的速度运行，MM440 变频器将 5、6、7、8 这 4 个输入端子（对应的数字量输入端口是 DIN1 ～ DIN4）的接通/断开状态进行组合，得到了 15 种状态，最多可以实现 15 段速度控制。这些状态如表 8-4 所示。

表 8-4 由 4 个输入端子组合的 15 段速度

8（DIN4）	7（DIN3）	6（DIN2）	5（DIN1）	频率	8（DIN4）	7（DIN3）	6（DIN2）	5（DIN1）	频率
0	0	0	1	P1001	1	0	0	1	P1009
0	0	1	0	P1002	1	0	1	0	P1010
0	0	1	1	P1003	1	0	1	1	P1011
0	1	0	0	P1004	1	1	0	0	P1012
0	1	0	1	P1005	1	1	0	1	P1013
0	1	1	0	P1006	1	1	1	0	P1014
0	1	1	1	P1007	1	1	1	1	P1015
1	0	0	0	P1008	0	0	0	0	0

各段速度的具体频率，还要通过参数 P1001 ～ P1015 分别进行设置。

从表 8-4 可知，当运行频率 P1001（即第 1 段速度）时，端子 5（DIN1）必须接通，状态为“1”；当运行频率 P1002（即第 2 段速度）时，端子 6（DIN2）必须为“1”；当运行频率 P1003（即第 3 段速度）时，端子 5（DIN1）和端子 6（DIN2）则必须同时接通，二者的状态都为“1”。也就是说，第 3 段速度是由 2 个端子的状态组合控制。实际上，每一段的速度都是由 4 个端子的状态组合控制，而不是由某一个端子单独控制。这一点在编程时要特别注意。

（2）3 段速控制要求

将 S7-1200 与 MM440 变频器联合应用，实现电动机的 3 段速控制。按下启动按钮，电动机启动，首先按照 10Hz 运行在第 1 段速度，对应的转速为 560r/min；延时 15s 后，按照 20Hz 运行在第 2 段速度，对应的转速为 1120r/min；再延时 20s 后，按照 40Hz 运行在第 3 段速度，对应的转速为 2240r/min。按下停止按钮，电动机停止运转。

（3）S7-1200 与 MM440 变频器联合接线图

联合接线图见图 8-6。PLC 的选型、电源的连接、输入/输出端子的配置和连接，在图中都已经明确了。

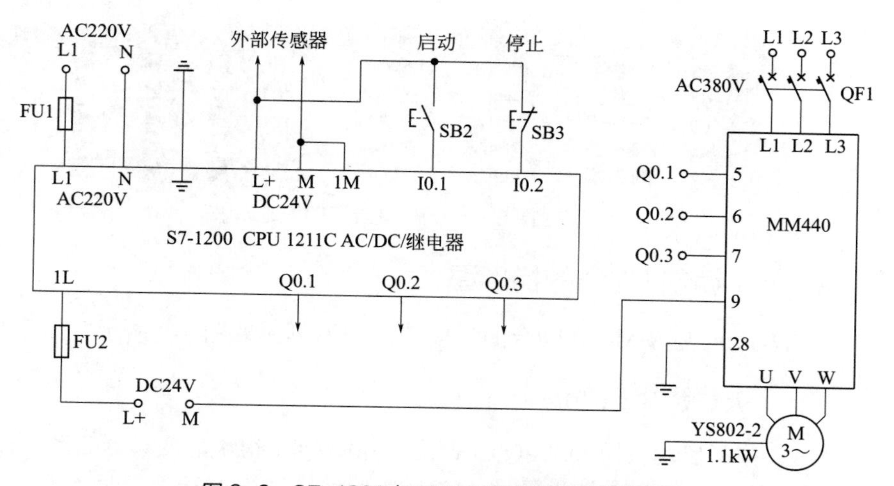

图 8-6 S7-1200 与 MM440 变频器联合接线图

结合控制要求和表 8-4，可知第 1 段速度是由 Q0.1 控制，第 2 段速度是由 Q0.2 控制，第 3 段速度是由 Q0.1 和 Q0.2 同时控制。

（4）设置变频器的参数

首先要将变频器的各项参数恢复到出厂时的默认值。先设置 P0010=30、P0970=1，再按下确认键 P 进行复位，复位过程大约需要 3min。

① 设置电动机的参数。电动机的型号为 YS802-2，各项参数的设置与表 8-2 完全相同，这里不再重复。

② 设置数字控制端口参数和其他控制参数，如表 8-5 所示。

表 8-5　数字控制端口参数和其他控制参数

参数号	默认值	设置值	说　明
P0003	1	1	访问级为标准级
P0700	2	2	操作命令由端子输入
P0701	1	17	端子 5 的功能：选择固定的频率
P0702	1	17	端子 6 的功能：选择固定的频率
P0703	1	1	端子 7 的功能：ON 接通正转，OFF 接通停止
P1000	2	3	选择固定频率设定值
P1001	0	10	设定固定频率 1（Hz）
P1002	5	20	设定固定频率 2（Hz）
P1003	10	40	设定固定频率 3（Hz）

（5）设置 PLC 的变量表

S7-1200 的编程需要变量表。打开 TIA 博途编程软件，建立一个“3 段速控制”的新工程，进行设备组态后，在项目树的 PLC 站点下，依次点击 PLC 变量表→“添加新变量表”，建立一个新变量表，将它展开在编辑区中，然后向这个变量表中添加本工程所需要的各种变量，如图 8-7 所示。

	名称	数据类型	地址	保持	可从 ...	从 H...	在 H...	注释
1	启动按钮	Bool	%I0.1	☐	☑	☑	☑	
2	停止按钮	Bool	%I0.2	☐	☑	☑	☑	
3	端子5调速	Bool	%Q0.1	☐	☑	☑	☑	
4	端子6调速	Bool	%Q0.2	☐	☑	☑	☑	
5	端子7启停	Bool	%Q0.3	☐	☑	☑	☑	

图 8-7　3 段速控制 PLC 变量表

（6）编制 PLC 的梯形图

S7-1200 与 MM440 联合的 3 段速控制梯形图如图 8-8 所示。

（7）梯形图控制原理

① 按下启动按钮 I0.1，Q0.3 置位，并使 Q0.1 得电，变频器启动，按照 10Hz 运行在第 1 段速度。与此同时，定时器 A 线圈通电，开始延时 15s。

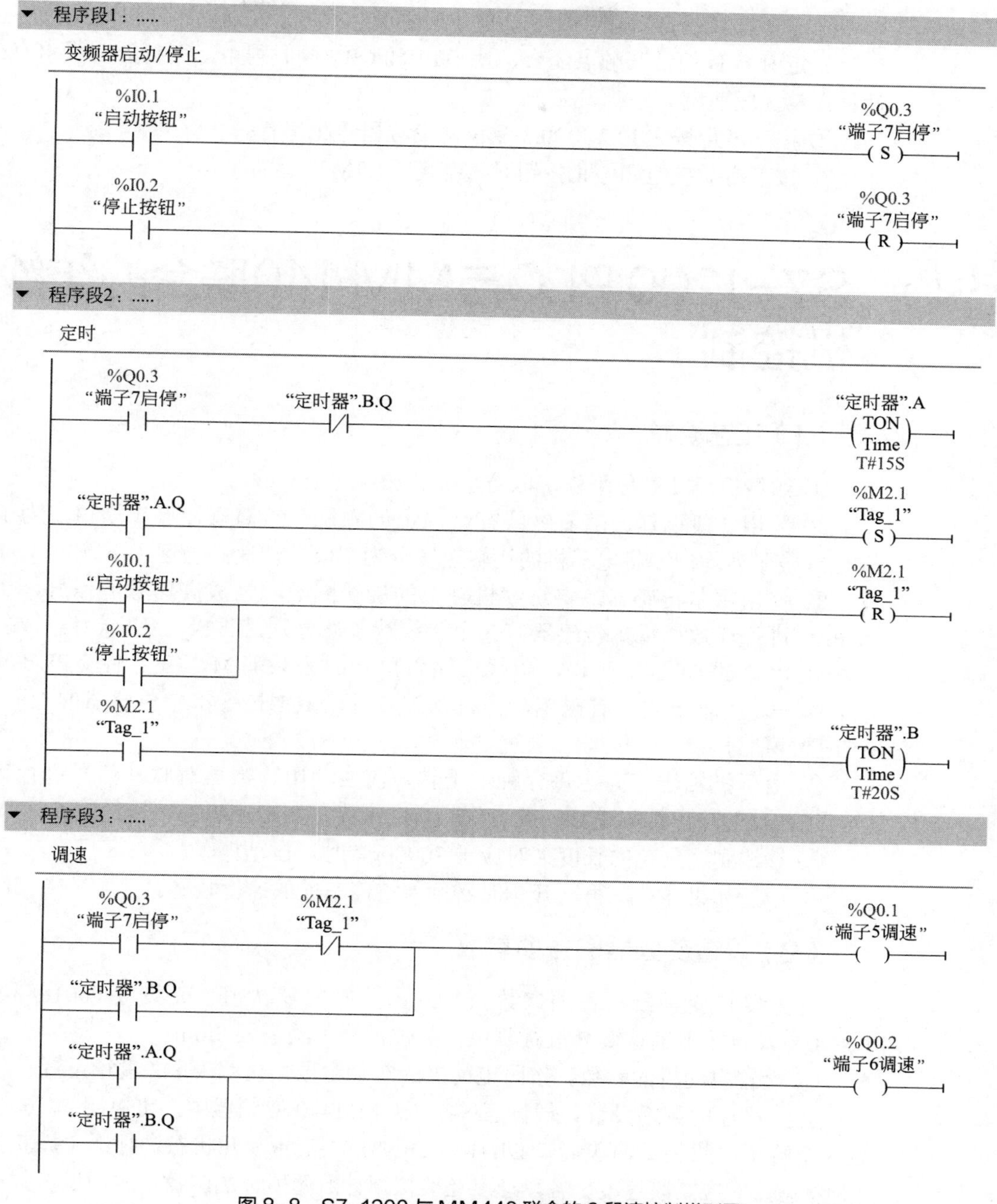

图 8-8　S7-1200 与 MM440 联合的 3 段速控制梯形图

② 15s 后，定时器 A 到达预定的时间，执行 3 种操作：

a. 定时器 A 的常开触点闭合，使赋值线圈 M2.1 置位。M2.1 的常闭触点断开，使 Q0.1 失电，第 1 段速停止；

b. 定时器 A 的常开触点闭合，使 Q0.2 得电，按照 20Hz 运行在第 2 段速度；

c. M2.1 的常开触点闭合，使定时器 B 线圈通电，开始延时 20s。

③ 20s 后，定时器 B 到达预定的时间，执行 2 种操作：

a. 定时器 B 的常闭触点断开，使定时器 A 和 Q0.2 失电，第 2 段速停止；

b. 定时器 B 的常开触点闭合，使 Q0.1 和 Q0.2 同时得电，变频器按照 40Hz 运行在第 3 段速度。

④ 按下停止按钮 I0.2，Q0.3 复位，变频器停止运行。

⑤ 按下启动按钮和停止按钮时，都可以使 M2.1 复位。

8.5 S7-1200 PLC与MM440联合的纺纱机控制

（1）工艺要求

① 纺纱机启动过程平稳，以防止突然加速造成断纱。

② 采用 7 段调速。随着纱线在纱筒上的卷绕，纱筒直径逐步增粗，为了保证纱线张力均匀，将电动机的运转速度分为 7 段，转速必须逐步下降。

③ 使用霍尔传感器，将纺纱机轴上的旋转圈数转换成高速脉冲信号，送入 PLC 进行计数。霍尔传感器有 3 个接线端子，分别是正极、负极、信号端。正极接 PLC 的 DC24V 正极，负极接输入单元的公共端 M，信号端接 PLC 的输入端子。机轴上安装有磁钢，当机轴旋转时，磁钢掠过霍尔传感器的表面，产生脉冲信号。

④ 由于机轴转速高达每分钟上千转，需要使用计数器对脉冲信号进行计数。计数器的输出控制变频器的工作频率，进而控制电动机的运转速度。

⑤ 纱线到达预定的长度（对应于 70000r）时，自动停车。

⑥ 中途如果停车，再次开车时必须保持停车前的速度状态。

（2）设置变频器的各项参数

首先要将变频器的各项参数恢复到出厂时的默认值。先设置 P0010=30、P0970=1，再按下确认键 P 进行复位，复位过程大约需要 3min。

① 设置电动机的参数。按照电动机的实际参数，仿照表 8-2 进行设置。

② 7 段速的频率设置。根据表 8-4，在 MM440 变频器中，可以用 5、6、7 这 3 个端子（数字量输入端口 DIN1 ～ DIN3) 的接通/断开状态进行组合，获得 7 种状态，对应 7 段速度。各段速度还要依据计数器所计的圈数，并通过参数号 P1001 ～ P1007 进行设置，如表 8-6 所示。

③ 设置数字控制端口参数和其他控制参数，如表 8-7 所示。

（3）纺纱机的主回路和 PLC- 变频器接线图

图 8-9 是纺纱机的主回路和 PLC- 变频器接线图。变频器内部有过载保护元件，所以不需要为电动机设置热继电器等过载保护元件。PLC 的选型、电源的连接、输入/输出端子的配置和连接，在图 8-9 中都已经明确了。

表 8-6 7 段速的频率设置

计数值	速度段	参数号	设置值/Hz
0	1	P1001	50
10000	2	P1002	49
20000	3	P1003	48
30000	4	P1004	47
40000	5	P1005	46
50000	6	P1006	45
60000	7	P1007	44
70000	停车		

表 8-7 数字控制端口参数和其他控制参数

参数号	默认值	设置值	说明
P0003	1	1	访问级为标准级
P0700	2	2	操作命令由端子输入
P0701	1	17	端子 5 的功能：选择固定的频率
P0702	1	17	端子 6 的功能：选择固定的频率
P0703	1	17	端子 7 的功能：选择固定的频率
P0704	1	1	端子 8 的功能：ON 接通正转，OFF 停止
P1000	2	3	选择固定频率设定值
P1120	10	15	斜坡上升时间（s）
P1121	10	15	斜坡下降时间（s）

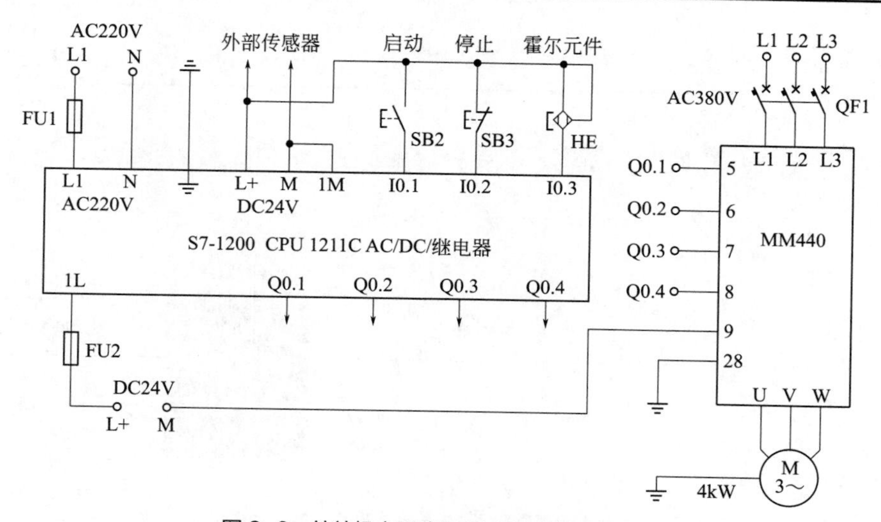

图 8-9 纺纱机主回路和 PLC- 变频器接线图

（4）设置变量表

根据图 8-9，在 TIA 博途编程软件中设置本工程编程所需要的变量表，如图 8-10 所示。

		名称	数据类型	地址	保持	可从 ...	从 H...	在 H...	注释
1		启动	Bool	%I0.1	☐	☑	☑	☑	
2		停止	Bool	%I0.2	☐	☑	☑	☑	
3		霍尔元件	Bool	%I0.3	☐	☑	☑	☑	
4		10000圈信号	Bool	%M2.1	☐	☑	☑	☑	
5		20000圈信号	Bool	%M2.2	☐	☑	☑	☑	
6		30000圈信号	Bool	%M2.3	☐	☑	☑	☑	
7		40000圈信号	Bool	%M2.4	☐	☑	☑	☑	
8		50000圈信号	Bool	%M2.5	☐	☑	☑	☑	
9		60000圈信号	Bool	%M2.6	☐	☑	☑	☑	
10		70000圈信号	Bool	%M2.7	☐	☑	☑	☑	
11		5端速度信号	Bool	%Q0.1	☐	☑	☑	☑	
12		6端速度信号	Bool	%Q0.2	☐	☑	☑	☑	
13		7端速度信号	Bool	%Q0.3	☐	☑	☑	☑	
14		变频器启停	Bool	%Q0.4	☐	☑	☑	☑	

图 8-10　纺纱机自动控制装置变量表

（5）编辑 PLC 的梯形图程序

纺纱机的 PLC 梯形图程序如图 8-11 所示。

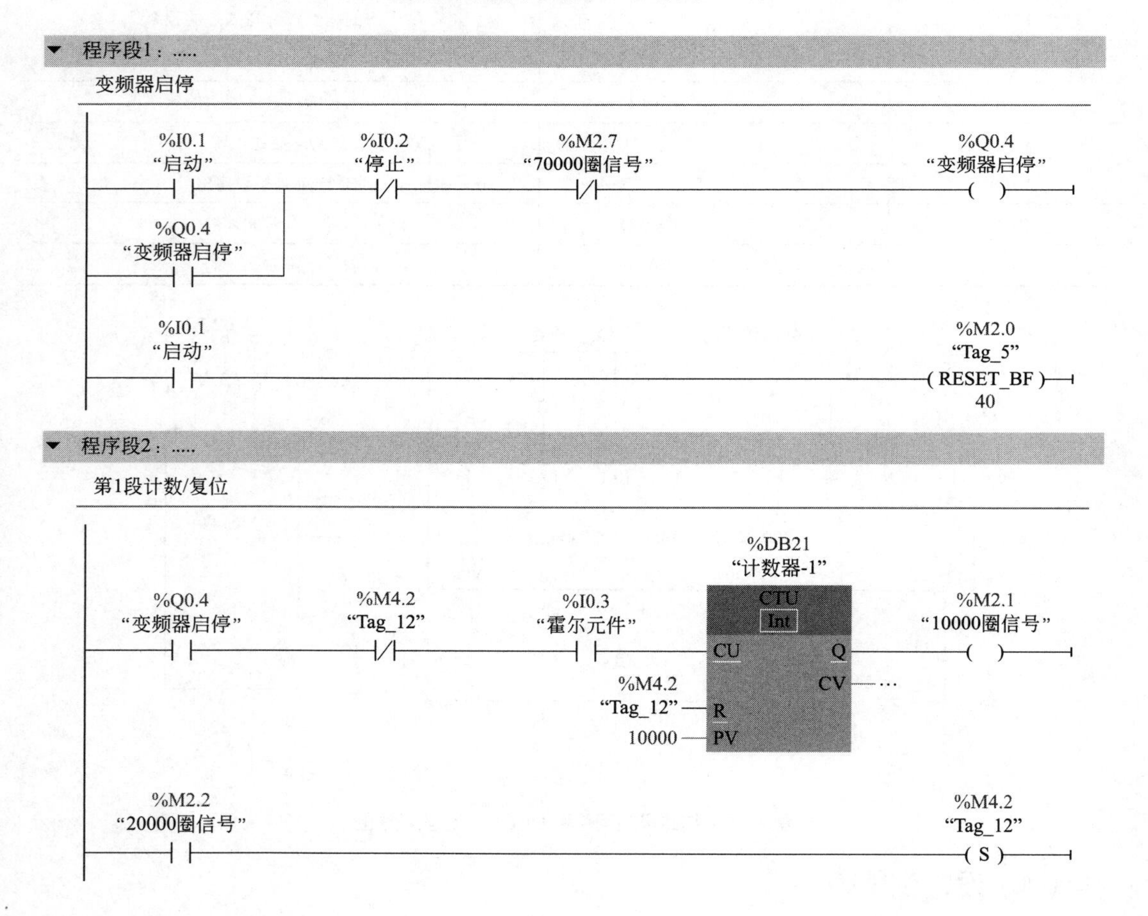

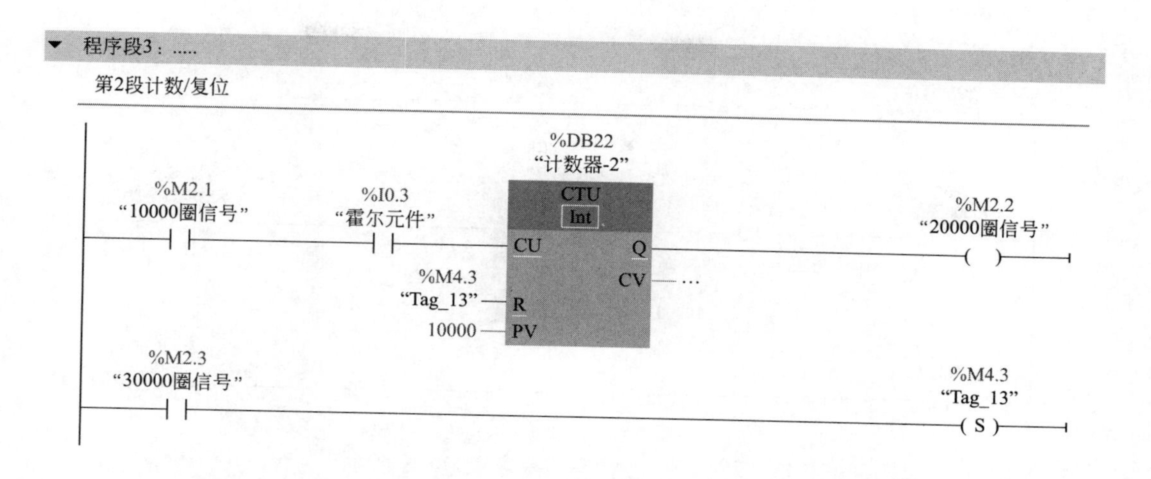

程序段4：.....

第3段计数/复位

%DB23
"计数器-3"
CTU
Int
%M2.2
"20000圈信号"
%I0.3
"霍尔元件"
CU
Q
CV
%M4.4
"Tag_14"
R
10000
PV
%M2.3
"30000圈信号"
%M2.4
"40000圈信号"
%M4.4
"Tag_14"
S

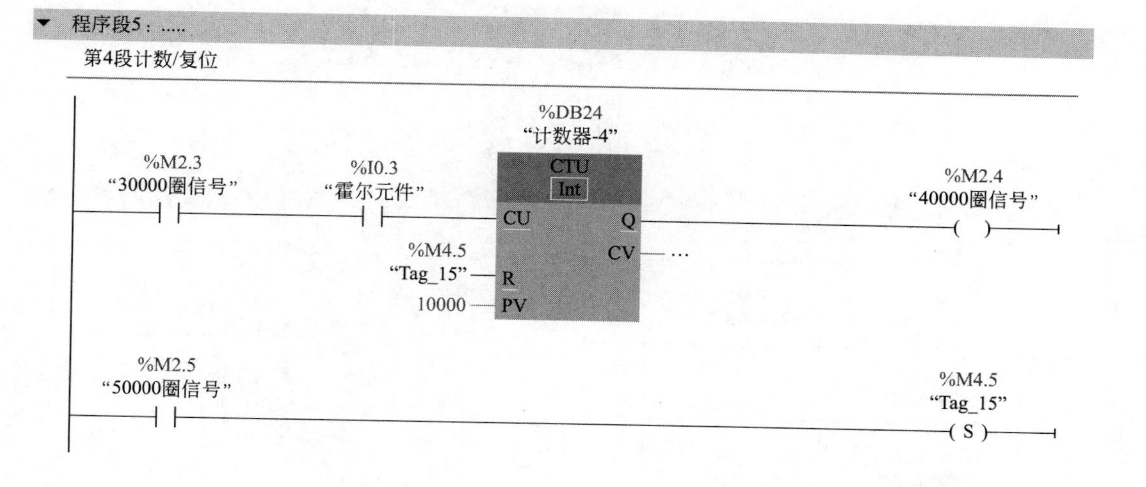

图 8-11

▼ 程序段6：.....

第5段计数/复位

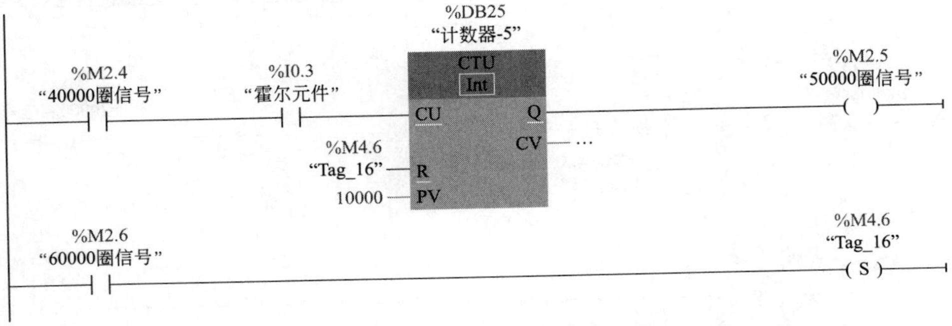

▼ 程序段7：.....

第6段计数/复位

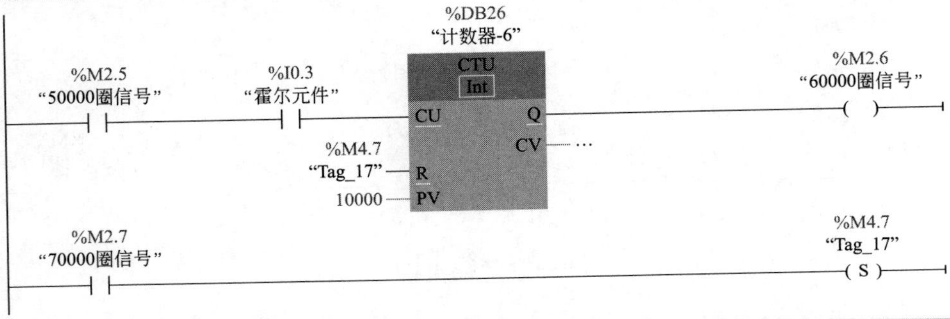

▼ 程序段8：.....

第7段计数/复位

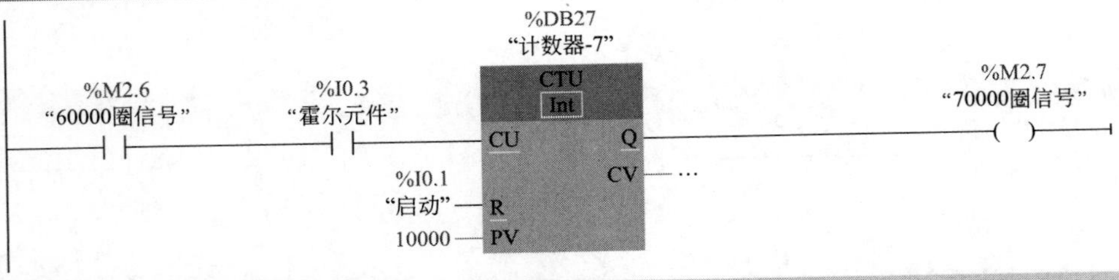

▼ 程序段9：.....

5端速度信号

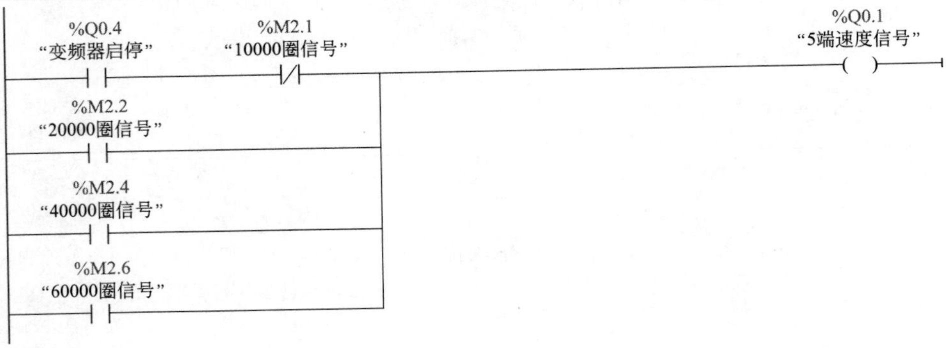

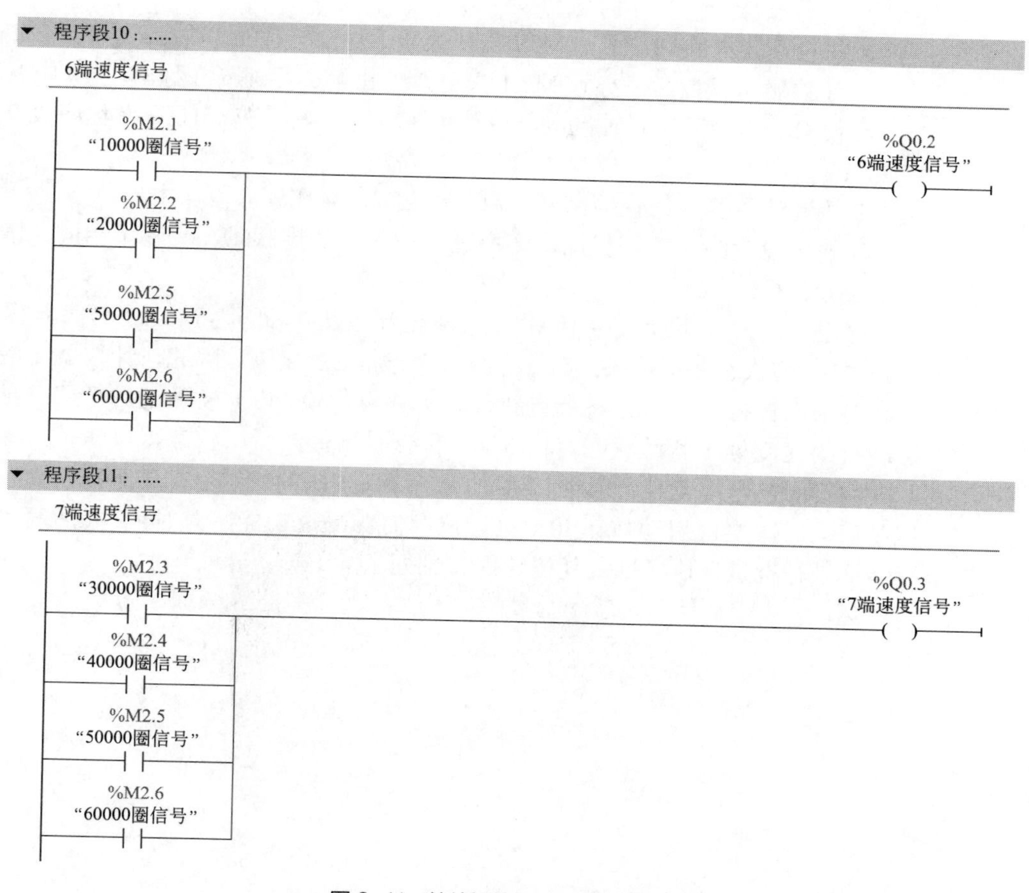

图 8-11　纺纱机的 PLC 梯形图程序

（6）梯形图控制原理

① 按下启动按钮 I0.1，Q0.4 得电，变频器启动。同时 Q0.1 得电，使变频器以第 1 段速度运行，频率为 50Hz。由于斜坡上升时间为 15s，可以保证纺纱机平稳启动，避免了突然加速造成断纱。

② 纺纱机运转时，霍尔传感器将机轴的旋转圈数转换成高速脉冲信号，送入 PLC 进行计数。纱筒上纱线的总圈数为 70000r，用 7 个 CTU 型计数器进行计数。每计数 10000r，运转频率降低 1Hz。

③ 所添加的计数器为 IEC 计数器，系统为每一个计数器分配一个数据块。

④ 计数器-1 到达 10000 时，总圈数为 10000r，计数器-1 的 Q 端有输出信号，赋值线圈 M2.1 的状态为"1"。M2.1 要执行 3 种控制功能：

a. 停止第 1 段速（在程序段 9 中，使 Q0.1 失电）；

b. 启动第 2 段速，频率为 49Hz（在程序段 10 中，使 Q0.2 得电）；

c. 接通计数器-2 的使能信号，启动计数器 -2（在程序段 3 中）。

⑤ 计数器-2 到达 10000 时，总圈数为 20000r，计数器 -2 的 Q 端有输出信号，赋值线圈 M2.2 的状态为"1"，M2.2 要执行 4 种控制功能：

a. 将位存储器 M4.2 置位，M4.2 将计数器-1 复位，停止计数（在程序段 2 中）；

b. 计数器-1 复位后，导致 M2.1 失电，停止第 2 段速（在程序段 10 中）；

c. 使 Q0.1 和 Q0.2 同时得电，启动第 3 段速，频率为 48Hz（在程序段 9 和 10 中）；

d. 接通计数器-3 的使能信号，启动计数器-3（在程序段 4 中）。

其他各段速的计数、复位、切换过程与上述的步骤④、⑤基本相同，读者可以自行分析。

这里要注意，不能直接用 M2.2 去复位计数器-1，因为 M2.2“自身难保”，它为“1”的状态并不持久，在下一步就会被 M2.3 复位。因此，计数器-1 的复位状态不能保持，随后它又会重新计数，并再次使 M2.1 被赋值为“1”，导致纺纱机的速度处于紊乱状态。而 M4.2 的线圈被置位后，状态得以保持，保证了计数器-1 的可靠复位，只能计数一次。等到本次的纺纱全部结束后，下一次程序启动时，再由启动按钮 I0.1 执行位存储器复位功能，对 M4.2 和所有的位存储器进行批量复位（批量复位的程序见程序段 1）。

第9章

S7-1200 PLC中的PID控制器

SIEMENS

9.1 PID控制器介绍

PID 控制以结构简单、稳定性好、工作可靠、调整方便而成为现代工业控制的主流技术之一。当控制对象的结构和参数不能完全确定，或者不能通过有效的测量手段获得系统参数时，使用 PID 控制技术最为合适。

PID 控制就是根据系统的误差，利用比例、积分、微分三种方式计算出控制量，进行相应的自动控制。下面对这 3 种控制方式进行简单的介绍。

（1）比例（P）控制

它是一种最简单的控制方式，控制器的输出与输入的误差信号成正比关系。如果仅仅有比例控制，则系统的输出存在稳态误差。

（2）积分（I）控制

控制器的输出与输入误差信号的积分成正比关系。在一个自动控制系统中，如果进入稳态后存在稳态误差，则这个系统称为“有差系统”。为了消除这种稳态误差，控制器必须引入积分项。在积分项中，误差大小取决于对时间的积分，随着时间的延长，积分项也会增大。即便误差很小，积分项也会随着时间的增加而加大，从而使控制器的输出增大，稳态误差逐步减小，直到等于零。因此，比例 + 积分（PI）控制可以消除系统的稳态误差。

（3）微分（D）控制

控制器的输出与输入误差信号的微分（误差的变化率）成正比关系。自动控制系统在克服误差的调节过程中，可能会出现振荡和不稳定的现象，这是因为系统中存在较大的惯性环节或滞后组件，它们具有抑制误差的作用，其变化总是落后于误差的变化。所以，仅仅有比例控制是不够的，比例项的作用仅仅是放大误差的幅值。在这种系统中还需要增加微分控制，以提前预测误差变化的趋势。这种比例 + 微分（PD）的控制器，能够减小提前抑制误差的趋势，有效地改善调节过程中的动态特性。

S7-1200 型 PLC 中的 PID 控制回路如图 9-1 所示，它由比较环节、控制器、受控对象、扰动量、测量元件（传感器）等组成。它可以连续检测受控变量的实际数值，并将它与设定值进行比较，然后由控制器计算出调节量，进行反馈调节，快速而平稳地将受控的变量调整到设定的数值上。

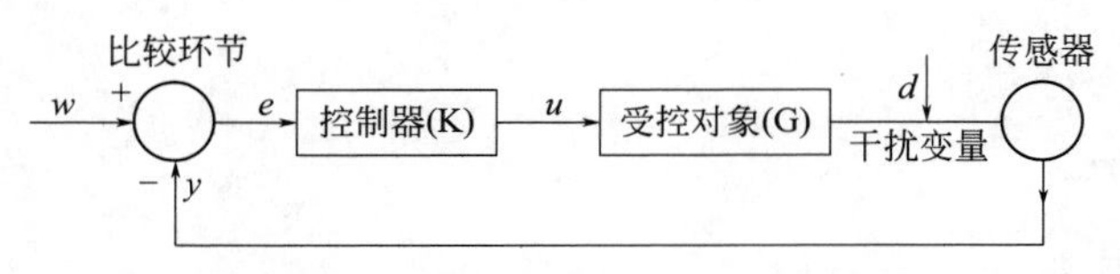

图 9-1　S7-1200 型 PLC 中的 PID 控制回路

在图 9-1 中，*w* 是设定值；*y* 是取自输出端的反馈值；*e* 是偏差量；*u* 是调节量；*d* 是干扰变量。设定值 *w* 与反馈值 *y* 加入到比较环节中，经过比较后，输出偏差量 *e* 送入控制器中。控制器经过 PID 运算后，输出调节量 *u* 去调节受控对象。

9.2 液压站变频器的PID控制

液压站成套装置如图 9-2 所示，它是由电动机、油箱、管路、电动阀集成块、电气盒、指示仪表等组合而成。电动机在变频器的驱动下，带动油泵转动，油泵从油箱中吸油、供油，将电能转化为机械压力能。液压油通过方向、压力和流量的调节后，推动各种液压机械做功，实现各种预定的机械动作。

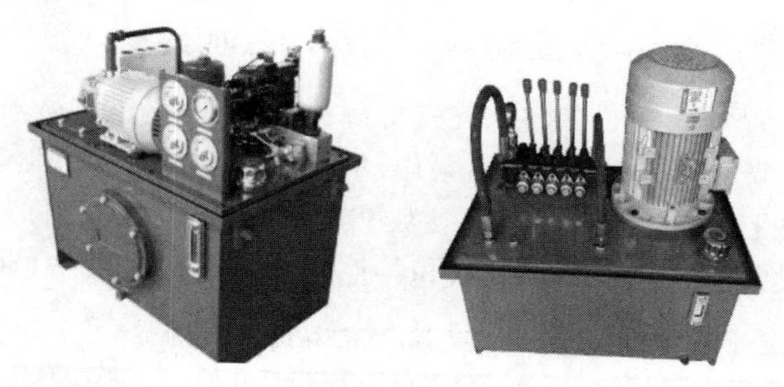

图 9-2 液压站成套装置

下面由 PLC 执行 PID 控制功能，对变频器-电动机进行控制，以调整油泵的压力。

9.2.1 前期的技术准备

（1）设计液压站 PLC- 变频器-电动机的接线图

接线图如图 9-3 所示。从图中可知：

PLC 的选型：S7-1200，CPU 1214C AC/DC/继电器型。

模拟量输出扩展模块选型：SM 1232 2×AQ，输出 ±10V 或 0 ～ 20mA。

变频器的选型：西门子 MM440，其接线端子、参数等有关的内容可参看第 8 章。

PLC 和变频器的电源连接、输入/输出端子的配置和连接，在图 9-3 中都已经明确了。在本体模块中，由输出信号 Q0.1 对变频器进行启动；2M 和 AI0 是模拟量输入端子，连接来自压力传感器的模拟量信号（0 ～ 10V）。在模拟量输出模块上，AQ0 和 0M 是模拟量输出端子，所输出的 0 ～ 10V 直流电压信号送到变频器的模拟量输入端子 10、11 上，调节变频器的运行频率，进而调节油泵电动机的运转速度。

（2）设置变频器的各项参数

首先要将变频器的各项参数恢复到出厂时的默认值。先设置 P0010=30、P0970=1，再按下确认键 P 进行复位，复位过程大约需要 3min。

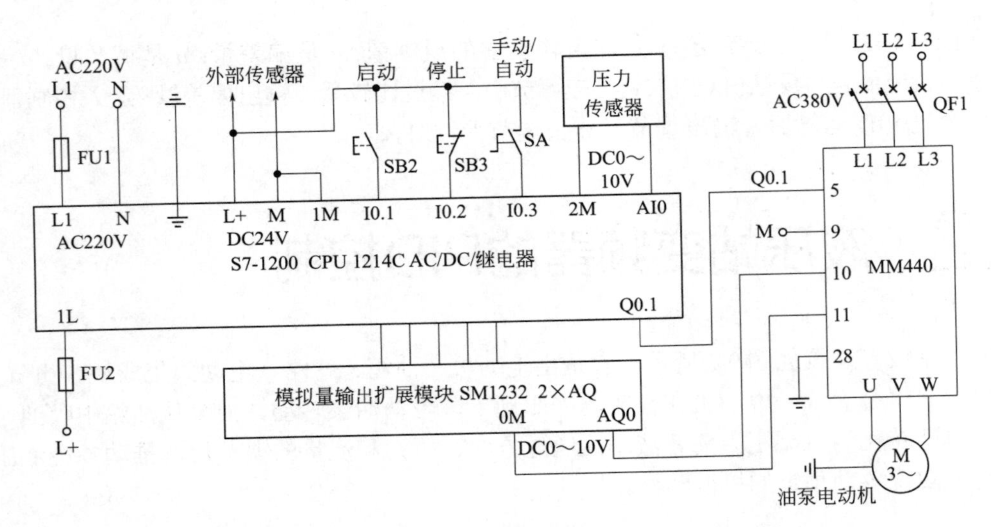

图 9-3 液压站 PLC- 变频器-电动机接线图

① 设置电动机的参数。首先将参数 P0010（调试参数过滤器）设定为“1”，即“快速调试”。然后按照油泵电动机的实际参数，仿照表 8-2 进行设置。这部分参数设置完毕后，还要将参数 P0010 设定为“0”，即“准备运行”。

② 设置数字控制端口参数和其他控制参数，如表 9-1 所示。

表 9-1 数字控制端口参数和其他控制参数

参数号	默认值	设置值	说明
P0003	1	1	访问级为标准级
P0700	2	2	操作命令由端子输入
P0701	1	1	端子 5 的功能：ON 正转/OFF 停止
P1000	2	2	频率设定值为模拟量输入
P1080	0	0	电动机运行的最低频率（Hz）
P1121	10	15	电动机运行的最高频率（Hz）

9.2.2 PLC 设备组态和参数设置

（1）进行设备组态

首先在 TIA 博途编程软件中，创建一个新的技术文件，可以命名为“液压站变频器的 PID 控制”，将这个文件保存在某一个文件夹中。

在项目树下面点击“添加新设备”，向机架上添加 CPU 1214C AC/DC/继电器型 PLC，然后点击 PLC 文件夹下面的“设备组态”，向机架上添加模拟量输出扩展模块 SM 1232 2×AQ，如图 9-4 所示。

（2）添加 PID 工艺对象

在项目树的 PLC 站点下面，依次点击“工艺对象”→“新增对象”，在弹出的“新增对象”窗口中选择其中的“PID”控制器。此时在类型一栏中会出现一个默认选项，其名称是“PID Compact[FB 1130]”，如图 9-5 所示。

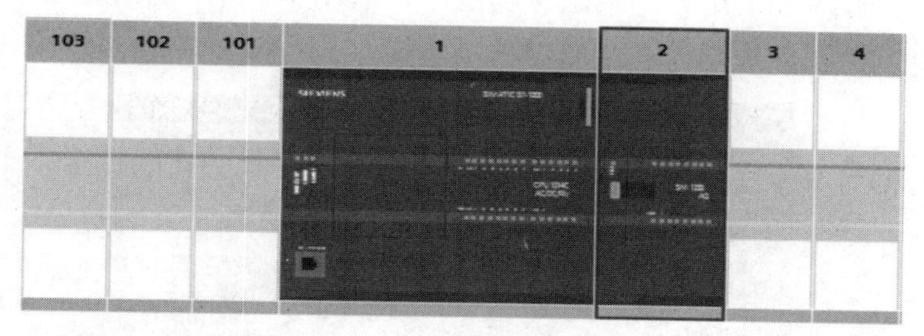

图 9-4　添加 CPU 1214C 和模拟量扩展模块 SM 1232 2×AQ

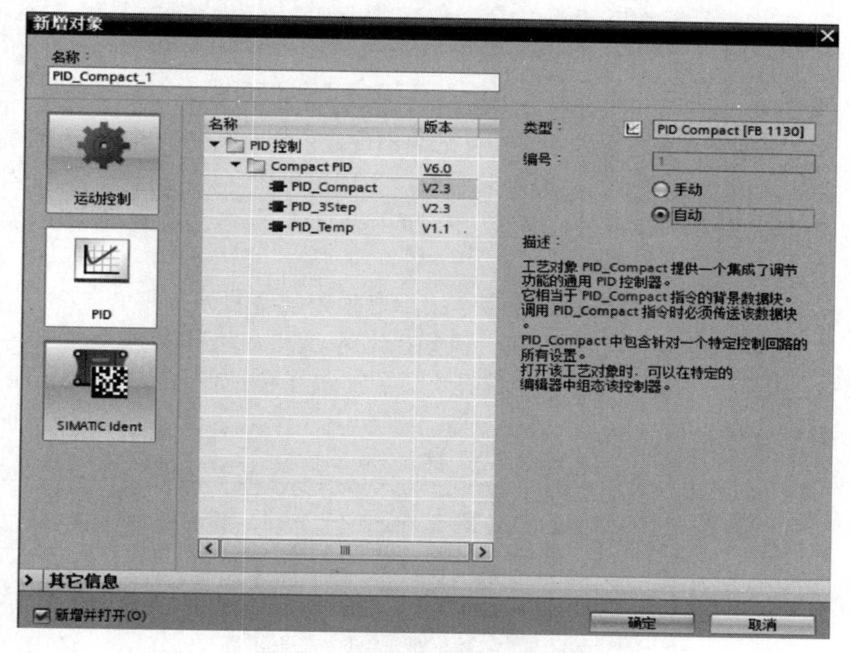

图 9-5　新添加的 PID 工艺对象

点击图 9-5 中的“确定”按钮，这个新添加的 PID 工艺对象就会自动进入到项目树→PLC →“工艺对象”→“新增对象”下面，其编号是数据块 [DB1]。在它下面出现了“组态”和“调试”两个功能选项，如图 9-6 所示。

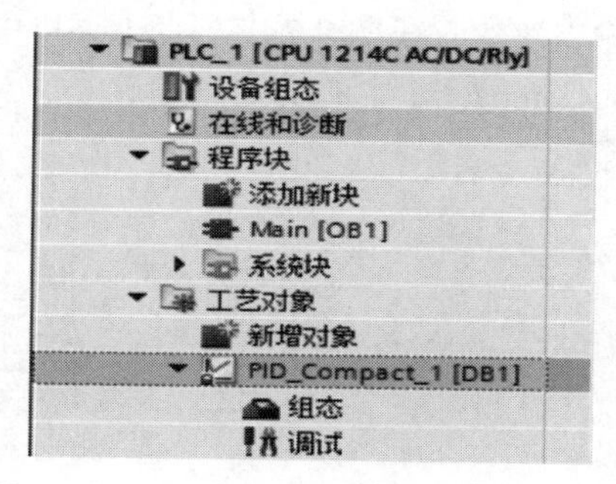

图 9-6　项目树中的 PID Compact_1 [DB1]

（3）对工艺对象进行组态

在图 9-6 中选择“组态”功能，弹出图 9-7 所示的组态菜单，其中包括基本设置、过程值设置、高级设置。

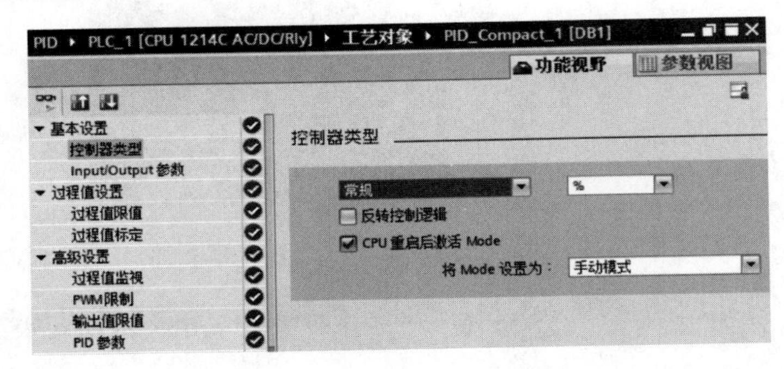

图 9-7　工艺对象中的组态菜单

在组态菜单的各个单项中，如果出现蓝色的对钩，表示组态已经完成，仅包含默认值，但是可以使用工艺对象，不需要更改。如果出现绿色的对钩，也说明组态已经完成，它包含有效值，至少更改了一个默认值。如果出现红色的叉，说明组态还没有完成。

图 9-7 中的“控制器类型”用于选择控制器的类型和单位，常用的控制器类型有温度控制、压力控制、流量控制等。默认的类型是“常规”控制器，默认的单位是“%”。在本例中选择“压力”，其单位是“bar”，即 0.1MPa，如图 9-8 所示。

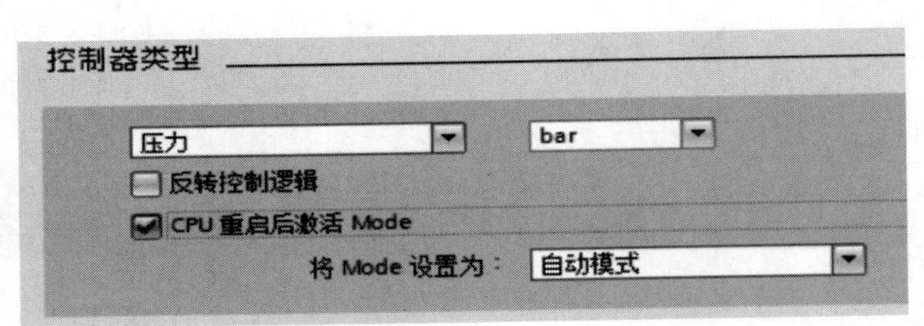

图 9-8　“控制器类型”的选择

（4）设置 Input/Output 参数

即设置输入/输出参数。在图 9-7 中，点击菜单中的“Input/Output 参数”，可以为工艺对象 PID_Compact_1 中的受控变量设置输入/输出参数，如图 9-9 所示。

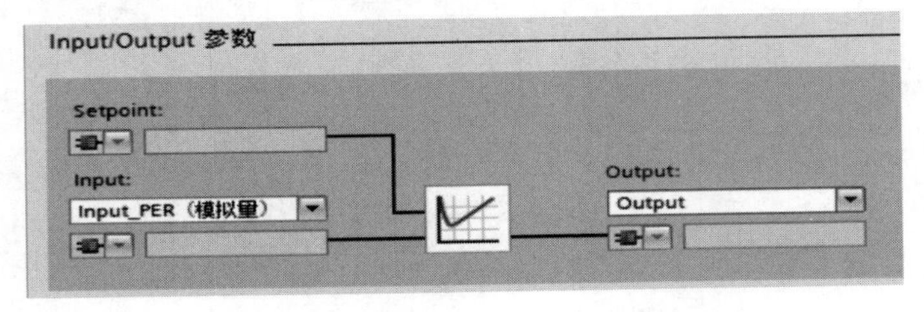

图 9-9　设置 Input/Output 参数

① 输入参数。在 Input 下面有 2 个选项。如果选择“Input”，则使用来自用户程序的反馈值；如果选择“Input_PER（模拟量）”，表示使用外设输入值。

② 输出参数。在 Output 下面有 3 个选项。如果选择“Output_PER（模拟量）”，表示使用外设输出值；如果选择“Output”，表示输出至用户程序；如果选择“Output_PWM”，表示使用 PWM 输出。

在本例中，输入值选择“Input_PER（模拟量）”，输出值选择“Output”。

（5）进行过程值的设置

①“过程值限值”的设置。在图 9-7 中，点击菜单中的“过程值限值”，弹出图 9-10 所示的“过程值限值”窗口，根据传感器输入的电压信号和电流信号，可以设置过程值的上限和下限。默认的下限是 0.0bar，上限是 120.0bar。在本例中使用电压信号，0 ～ 10V 对应 0 ～ 100bar。

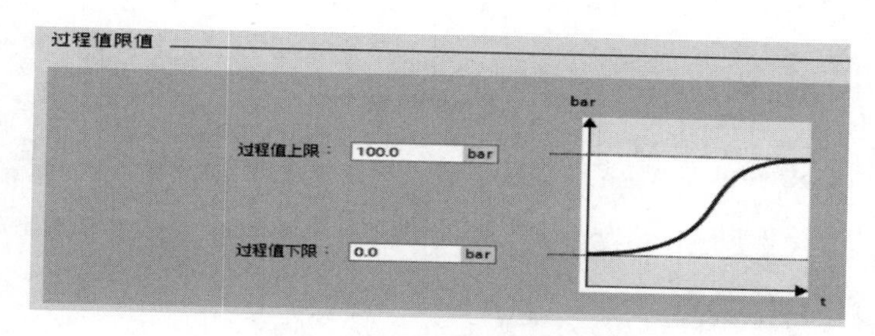

图 9-10 “过程值限值”的设置

②“过程值标定”的设置。点击图 9-7 菜单中的“过程值标定”，弹出图 9-11 所示的“过程值标定”窗口，可以进行相关的设置。对应 0.0bar 的下限值为 0.0，对应 100.0bar 的上限值为 27648.0。

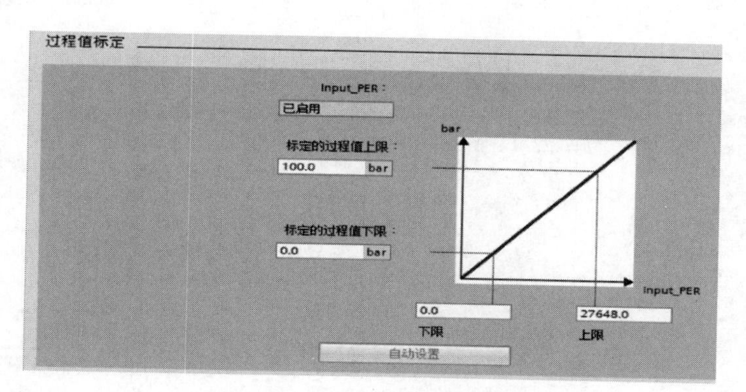

图 9-11 “过程值标定”的设置

（6）进行高级设置

高级设置有 4 项内容，下面分别进行介绍。

① 过程值监视，如图 9-12 所示，用于设置反馈值的上限和下限。本例中设置的下限值为 0.0bar；上限值为 105.0bar。当反馈值达到上限值或下限值时，PID 指令块将给出相应的报警。

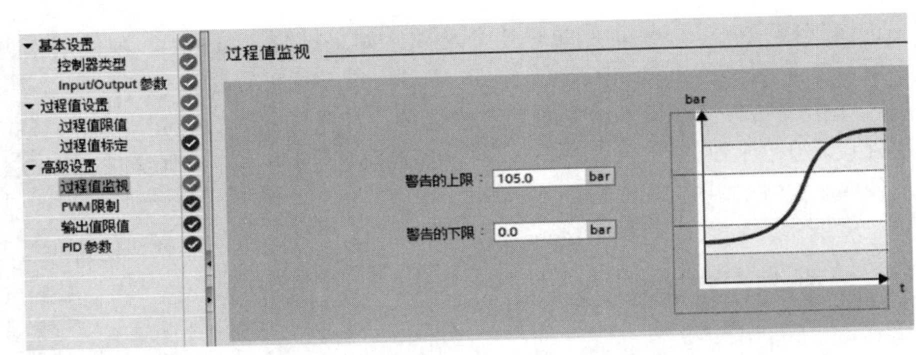

图 9-12 设置反馈值的上限和下限

② PWM 信号限制，如图 9-13 所示。如果输出值不是模拟量信号而是 PWM 信号，就需要在图中设置 PWM 信号的限制功能，也就是最短接通时间和最短关闭时间。

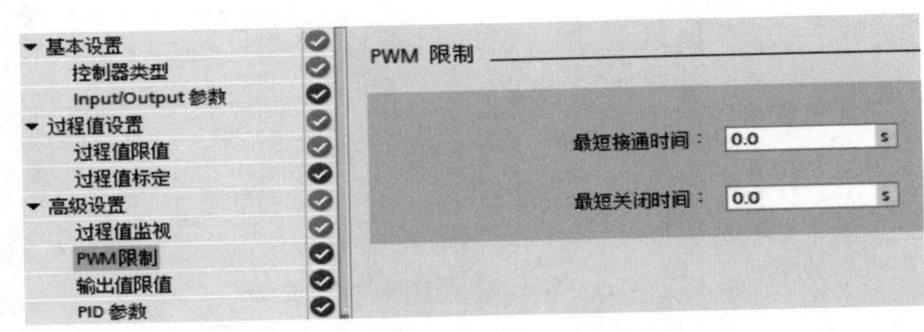

图 9-13 设置 PWM 信号的限制功能

③ 输出值限值，如图 9-14 所示。在一些场合中，需要确保输出值是可控的模拟量，此时可以在图中设置输出值限值，它包括上限、下限、对错误的响应。

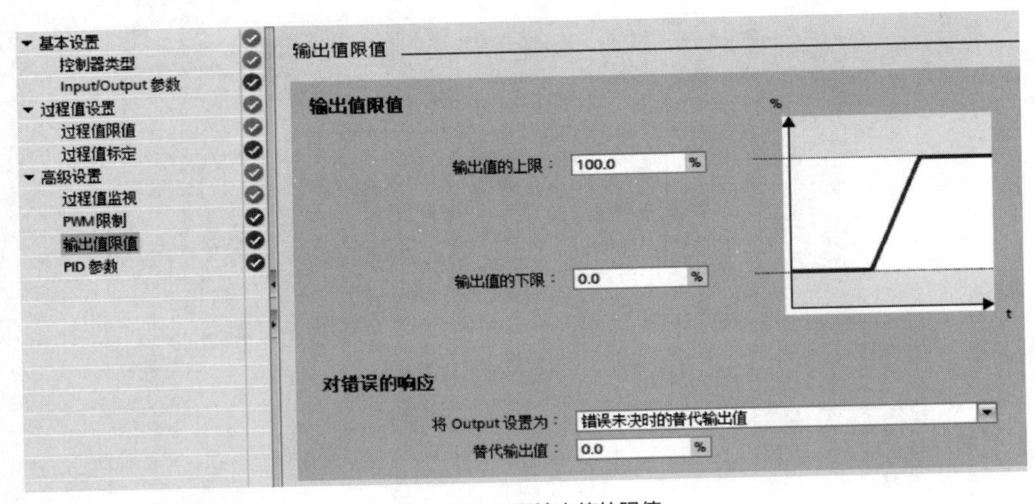

图 9-14 设置输出值的限值

④ PID 参数，如图 9-15 所示。在这里可以手动输入 PID 参数，也可以采用 PID 或 PI 调节规则。

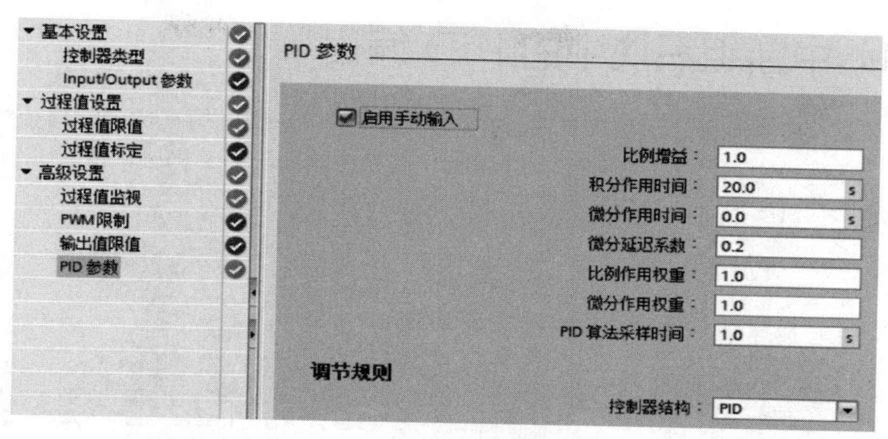

图 9-15 设置 PID 参数

（7）查看背景数据块中的参数

在完成以上各项参数的设置之后，就可以返回到项目树中，在 PLC 站点的“工艺对象”下面，右击 PID_Compact_1［DB1］，在弹出的菜单中点击“打开 DB 编辑器”，进入背景数据块参数表。在这里展示了输入参数（Input）、输出参数（Output）、输入/输出参数（InOut），如图 9-16 所示。此外，还有静态参数（Static）、循环时间（CycleTime）等，在此不一一展示。

PID_Compact_1

	名称	数据类型	起始值	保持
1	▼ Input			☐
2	Setpoint	Real	0.0	☐
3	Input	Real	0.0	☐
4	Input_PER	Int	0	☐
5	Disturbance	Real	0.0	☐
6	ManualEnable	Bool	false	☐
7	ManualValue	Real	0.0	☐
8	ErrorAck	Bool	false	☐
9	Reset	Bool	false	☐
10	ModeActivate	Bool	false	☐
11	▼ Output			☐
12	ScaledInput	Real	0.0	☐
13	Output	Real	0.0	☐
14	Output_PER	Int	0	☐
15	Output_PWM	Bool	false	☐
16	SetpointLimit_H	Bool	false	☐
17	SetpointLimit_L	Bool	false	☐
18	InputWarning_H	Bool	false	☐
19	InputWarning_L	Bool	false	☐
20	State	Int	0	☐
21	Error	Bool	false	☐
22	ErrorBits	DWord	16#0	☑
23	▼ InOut			☐
24	Mode	Int	3	☑

图 9-16 背景数据块中的参数

9.2.3 中断组织块中的 PID 编程

PID 指令必须用在定时发生的中断程序中，或者用在由定时器控制的主循环程序中。PID 指令在运算过程中，需要按照预定的采样频率执行。

PID 指令的编程和调用，可以按照下述步骤执行。

（1）编制变量表

液压站 PID 控制所需的变量表如图 9-17 所示。

		名称	数据类型	地址	保持	可从...	从 H...	在 H...	注释
1		启动按钮	Bool	%I0.1	☐	☑	☑	☑	
2		停止按钮	Bool	%I0.2	☐	☑	☑	☑	
3		手动OFF/自动ON	Bool	%I0.3	☐	☑	☑	☑	
4		变频器启动	Bool	%Q0.1	☐	☑	☑	☑	
5		压力传感器	Word	%IW64	☐	☑	☑	☑	
6		上升沿检测	Bool	%M2.1	☐	☑	☑	☑	
7		下降沿检测	Bool	%M2.2	☐	☑	☑	☑	
8		手动模式	Bool	%M2.3	☐	☑	☑	☑	
9		模拟量输出	Int	%MW10	☐	☑	☑	☑	
10		PID模式值	Int	%MW12	☐	☑	☑	☑	
11		PID调节值	Real	%MD20	☐	☑	☑	☑	
12		变频调速信号	Int	%QW96	☐	☑	☑	☑	

图 9-17　液压站 PID 控制变量表

（2）添加时间中断组织块 OB30

在项目树下面，依次操作 PLC 站点下面的“程序块”→“添加新块”，选择一个时间中断组织块 OB30，其循环时间采用默认值 30ms，这个组织块便会自动进入到程序块的下面，其名称是“Cyclic interrupt［OB30］”。

（3）添加 PID 指令

双击项目树中的组织块 OB30，将它展开在程序编辑区中。再从指令资源库中依次点击“工艺”→“PID 控制”→“Compact PID”，调出 PID_Compact 指令，将它添加到组织块 OB30 中，如图 9-18 所示。在这里，用背景数据块 DB1 作为绝对地址，图中的输入接口（Input）、输出接口（Output）与图 9-16

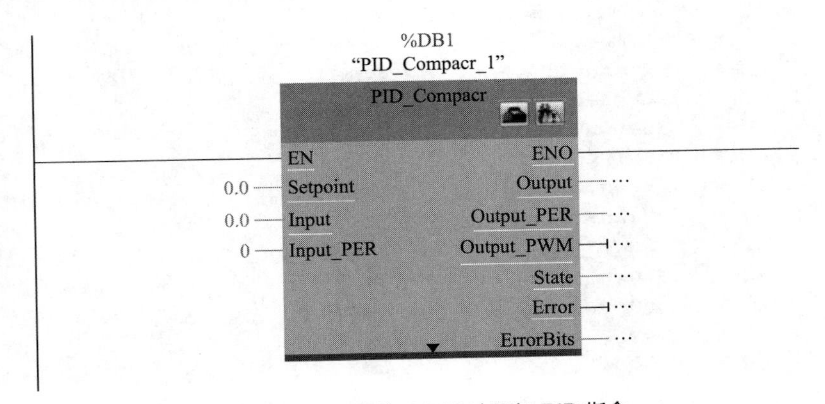

图 9-18　在组织块 OB30 中添加 PID 指令

中有关的参数相互对应。如果将指令块底部的小三角箭头下拉，可以展开更多的输入、输出接口。

（4）完成 PID 指令的编程

根据变量表（图 9-17）将有关的变量添加到图 9-18 的输入、输出接口中，完成 PID 指令的编程，如图 9-19 所示。

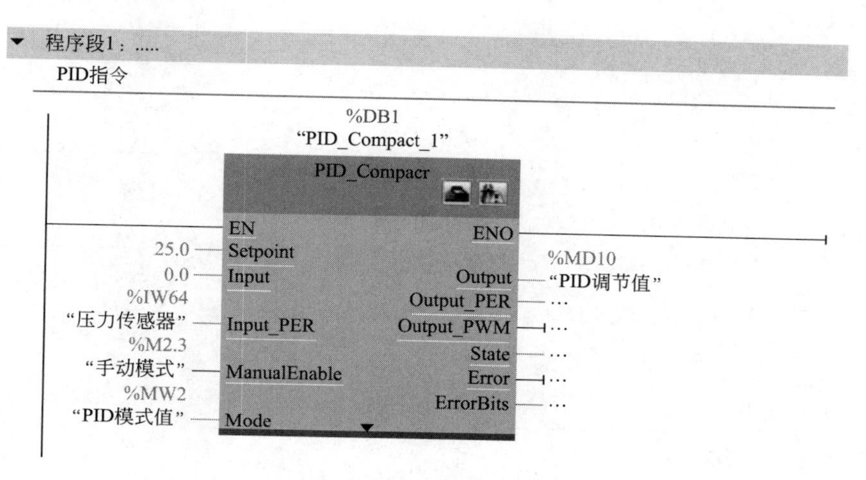

图 9-19 在组织块 OB30 中完成 PID 指令的编程

9.2.4 主循环程序 OB1 的编程

（1）主循环程序的编程

在完成 PID 指令的编程之后，还需要在 OB1 中进行主循环程序的编程。其中的内容包括变频器的启动与停止控制、手动/自动模式转换、PLC 数据变换与输出。编辑后的主循环程序如图 9-20 所示。

（2）梯形图控制原理

① 按下启动按钮 I0.1，赋值线圈 Q0.1 得电，变频器的控制端子 5 有信号，变频器启动。其运行频率取决于变频器输入端子 10、11 上所施加的、来自模拟量输出扩展模块的模拟控制信号 AQ0（0 ～ 10V）。与此有关的控制端子可查看图 9-3。

② MW2 是 PID 模式值的地址。PID 控制中的手动、自动模式，取决于转换开关 I0.3。I0.3 接通时，PID 模式值为“3”，执行自动模式；I0.3 断开时，PID 模式值为“4”，执行手动模式。

③ 在程序段 3 中，使用了缩放指令 SCALE_X，它的使用方法已经在第 3 章的 3.7 中做了介绍。在这里的用途是：经 PID 计算后输出的调节值 (0 ～ 100%) 添加到 VALUE 端子上。按照这个调节值，对 0 ～ 276 范围内的实数进行等比例的缩小，其结果再以整数的形式输出到 OUT 接口上。这个接口的地址是 MW0，它所输出的数据被称为“模拟量输出”。

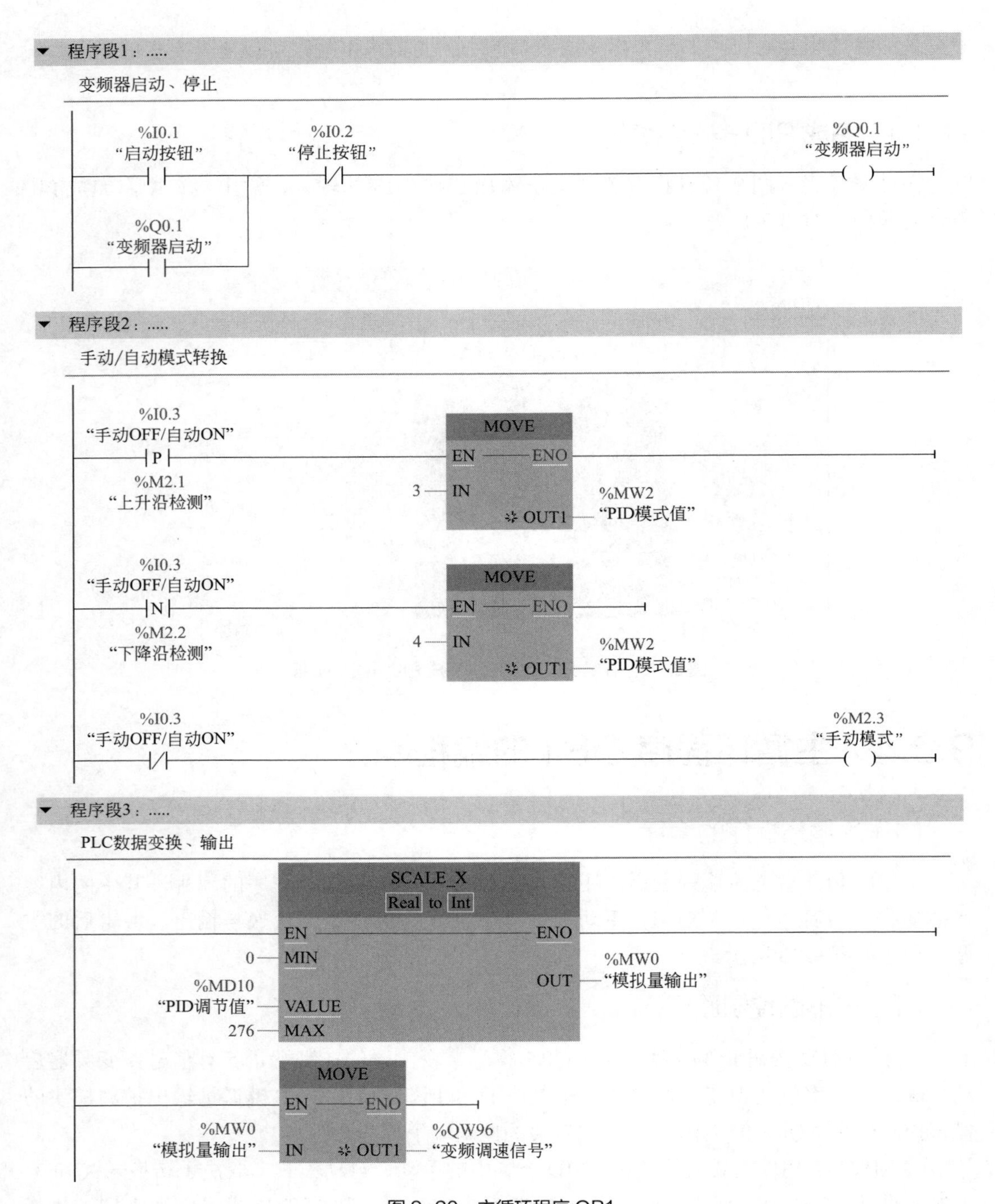

图 9-20　主循环程序 OB1

④ 通过移动指令 MOVE 将整形数据“模拟量输出”移送到 OUT1 接口，这个接口的地址是 QW96，它就是模拟量输出扩展模块的输出端子 AQ0。OUT1 输出的是 0 ～ 10V 的直流电压信号，它送到变频器的输入端子 10、11 上，对变频器的运行频率进行调节。

第10章

TIA博途编程软件中的人机界面

SIEMENS

10.1 西门子HMI人机界面简介

10.1.1 西门子 HMI 综述

扫一扫 看视频

(1) 什么是人机界面

HMI 是 human machine interface 的简称，即人机界面，它主要是指触摸显示屏、带有操作软键的显示屏。它是 PLC 与操作人员交换信息的设备，在工业生产的现场，经常安放着若干台 HMI。图 10-1 是两种西门子人机界面。

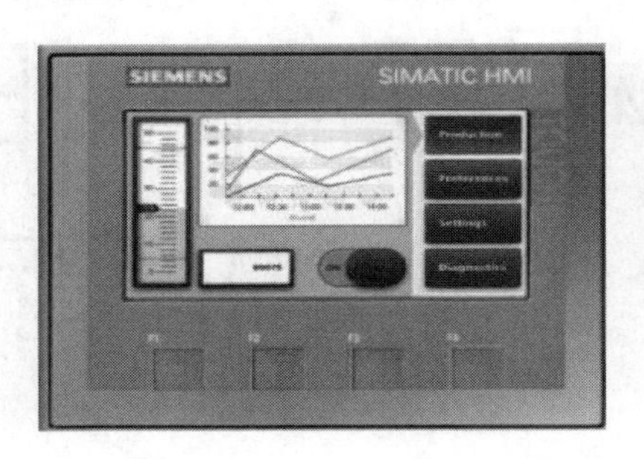

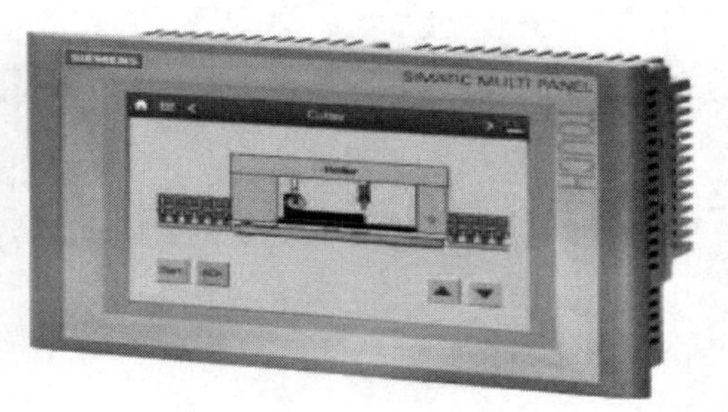

图 10-1 西门子人机界面

人机界面是 PLC“最亲密的伙伴”，它们可以在恶劣的环境中长时间连续地运行。

现在的人机界面通常使用 TFT 液晶显示器，每一个液晶像素点都用集成在其后面的薄膜晶体管来驱动，其亮度高、色彩逼真、对比度和层次感很强、反应迅速、可视角度很大。

人机界面是人与自动控制设备交流信息的窗口，是一种人人都会使用的计算机输入设备。它可以用字符、图形、动画等元素动态地显示工业生产现场的状态和数据。操作人员只要用手指轻轻地触摸一下屏幕上的图案或符号，就可以向控制系统发送各种各样的操作指令，这些指令会立即转换为触点坐标传送给 CPU。CPU 经过运算后，发出控制指令驱动各种执行装置。此外，人机界面也可以通过显示器监控机器的状态信息。

画面上可以添加很多按钮和指示灯，以代替相应的硬件元件，它们既不需要连接导线，又大大减少了 PLC 所需要的 I/O 端子，降低了系统成本，提高了设备的性能和使用寿命。

人机界面由硬件和软件组成：硬件包括控制器、触摸屏、输入系统、通信接口、数据存储单元，软件包括系统软件和组态软件。系统软件在触摸屏中运行；组态软件在计算机的 Windows 操作系统下运行，进行画面设计。

用户必须先根据控制要求使用组态软件制作出工程文件，并进行编译，然后通过串行通信接口把编制好的工程文件下载到人机界面的存储器中。

（2）西门子人机界面的主要功能

在西门子自动控制系统中，人机界面有着非常重要的作用。它的主要功能如下。

① 对设备进行控制。在自动化生产过程中，操作人员可以根据现场实际情况，通过人机界面中的各种软键（按钮）给设备下达一些控制指令，或输入一些工艺参数。

② 对生产过程进行监视。在整个生产过程中，设备的工作状态和各种工艺参数，通过各种颜色的字符、图案、趋势图、表格、曲线组成友好界面，一清二楚地展示出来，便于操作人员查看。

③ 对数据进行记录和归档。生产过程中会产生大量的数据，HMI 对这些数据进行简单的记录、归档和管理，供操作人员在现场查看和调试，及时调整某些控制参数，特别是 PID 方面的一些参数。

④ 对配方进行管理。在现代化的生产中，一条自动化流水线上往往制造多种产品，每种产品的工艺路线不完全相同。在 HMI 中，操作人员可以对每种产品的工艺参数进行管理和调取，而不需要去修改 PLC 程序。

⑤ 对故障信息进行管理和报警。出现故障信息时，HMI 可以直接进行相关的报警，提示发生故障的具体位置。还可以对故障信息进行全面记录，以便于事后调取和诊断分析。

表 10-1 是与 S7-1200 配套的基本型人机界面。

表 10-1　与 S7-1200 配套的基本型人机界面

型号	尺寸	颜色	订货号
KP300 Basic PN	87mm×31mm（3.6in）	单色（STN，黑/白）	
KTP400 Basic（单色，PN）	76.79mm×57.59mm（3.8in）	单色（STN，灰度）	6AV6 647-0AA11-3AX0
KTP600 Basic（单色，PN）	115.2mm×86.4mm（5.7in）	单色（STN，灰度）	6AV6 647-0AB11-3AX0
KTP600 Basic（彩色，PN）	115.2mm×86.4mm（5.7in）	彩色（TFT，256 色）	6AV6 647-0AD11-3AX0
KTP1000 Basic（彩色，PN）	211.2mm×158.4mm（10.4in）	彩色（TFT，256 色）	6AV6 647-0AF11-3AX0
TP1500 Basic（彩色，PN）	304.1mm×228.1mm（15.1in）	彩色（TFT，256 色）	6AV6 647-0AG11-3AX0

（3）西门子精简系列面板

在 TIA 博途编程软件中，可以用于组态的人机界面有 SIMATIC 精简系列面板、SIMATIC 面板、SIMATIC 精智面板、SIMATIC 多功能面板、SIMATIC 移动式面板。

与 S7-1200 配套的人机界面主要是精简系列面板。它具有很高的性价比，有设置控制功能的按键，适用于不太复杂的使用场景。

西门子第二代精简系列的面板采用真彩液晶显示屏，面板尺寸有 3in、4in、6in、7in、9in、10in、12in、15in，配置高分辨率的 64K 彩色宽屏显示器，支持垂直安装，用 TIA 博途 V13 或更高版本的编程软件组态。为了实现与编程计算机和 S7-1200 的通信，配置 RJ45 以太网接口，通信速率为 10Mbit/s 和 100Mbit/s。还有一个 USB 接口，可以连接键盘、鼠标、条形码扫描仪，也可以通过 U 盘对数据进行建档和管理。部分人机界面还配置有一个 RS422/RS485 通信接口。

西门子第二代精简系列的面板操作直观方便，具有报警、趋势图、配方管理、用户管理等基本功能，防护等级为 IP65，能适应恶劣的工业环境。

该系列面板的电源电压为 DC24V，内部用熔断器进行短路保护，并有实时时钟，提供时间显示，背光平均无故障时间为 20000h，用户内存为 10MB，配方内存为 256KB。

10.1.2 在 TIA 博途编程软件中组态 HMI 设备

进行 HMI 编程的第一步，是组态一台或几台 HMI 设备。

在项目树中单击“添加新设备”，弹出相应的对话框，在其中选择 HMI，并选择具体的型号和订货号，还要选择正确的版本号。图 10-2 就是一个具体的例子。在这里选择的 HMI 是 KTP900 Basic 精简面板。

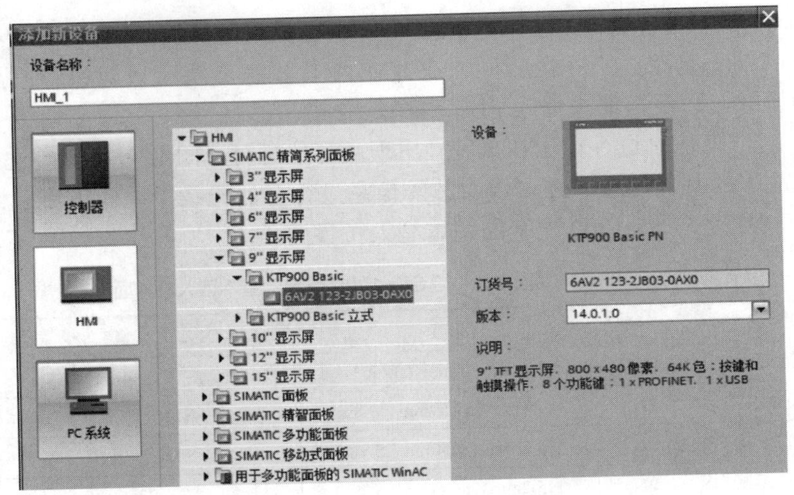

图 10-2　添加一台 HMI 设备

在项目树的 HMI 站点下，依次点击“画面”→“添加新画面”，在其下方出现了一个新的画面，可以重新为它命名。在编辑区中，弹出了一个空白的新画面，如图 10-3 所示。在编辑区的右下角，通过“100%”右边的黑色小三角

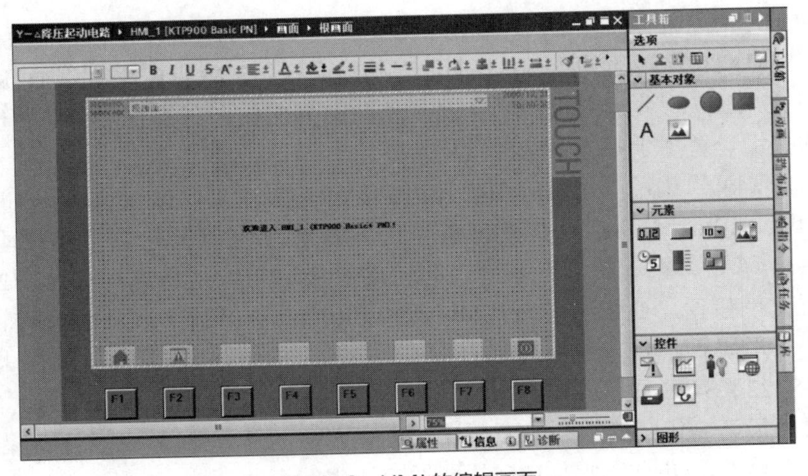

图 10-3　HMI 的编辑画面

箭头可以调整画面的显示比例。也可以拖动这个按钮右边的滑块，快速地调整画面的显示比例。

在编辑窗口的下面的巡视窗口中，依次点击“属性”→“属性”→“常规”，弹出图 10-4 所示的“常规”选项设置窗口。

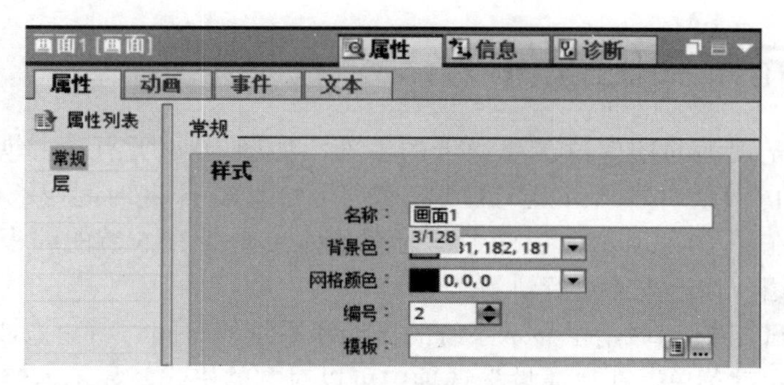

图 10-4 “常规”选项设置窗口

在这个窗口中，可以设置画面的名称、编号，也可以设置背景色和网格颜色，背景色一般选用白色。

10.2 HMI中的各种控件

扫一扫 看视频

在 HMI 画面中，显示了各种图案、字符，各种动画效果，这些内容都是由控件所组成。在编程窗口右边的资源卡中，排列着很多控件，它们是编辑 HMI 画面的基本元件。

选用控件的基本方法是：从资源卡中调取控件，拖拽到画面中相应的位置上，然后右击该控件，在巡视窗口中设置它的属性。在属性中可以连接控件的变量，进行与动画有关的设置。在 TIA 博途编程软件中，每个控件都有详细的帮助信息，可以随时查阅。

下面对主要控件的基本功能做一个大体的介绍。

10.2.1 基本对象类的控件

基本对象类的控件见图 10-5，它位于资源卡的上方，包括 6 个控件，分别是线、椭圆、圆、矩形、文本域、图形视图，它们用于绘制线条和曲线、放置图片和字符。基本对象一般不连接任何变量，但是可以添加变量做出一些动画效果。

图 10-5 HMI 控件中的基本对象

在资源卡下方，有一个 WinCC 图库（见第 2 章中的 2.4.7 节），它附带了大量的图片资源，可以从中查找适用的图案，直接拖拽到画面中。

此外，在资源卡最下面的“图形”栏目的底部有一个“图形”文件夹，其路径是“C 驱动器/用户/DELL/图片”。如果将有关的图片放置在这个文件夹中，这些图片就会展示在资源卡的最底部（“图片”文件夹的下方），可以直接将它们拖拽或复制、粘贴到画面中。

10.2.2 元素类的控件

元素类的控件位于资源卡的中部，如图 10-6 所示。它包括 7 个控件，分别是 I/O 域、按钮、符号 I/O 域、图形 I/O 域、日期/时间域、棒图、开关。

在图 10-6 所示的控件中，前面几种在本章 10.5 节的编程中将有比较详细的介绍，在这里不进行讲解。

日期/时间域用于显示系统的日期和系统的时间。将它拖拽到画面中后，调出其右键菜单，在“属性”选项中可以对它的格式、显示内容等进行设置。

棒图的形式如图 10-7 所示。它用于对某些物理量（流量、温度、压力等）进行动态显示，这些物理量用垂直的刻度进行标记。

在棒图的属性中，可以对它的位置、样式、形状、颜色、字体等进行设置，也可以为它添加变量。

图 10-6　HMI 控件中的元素

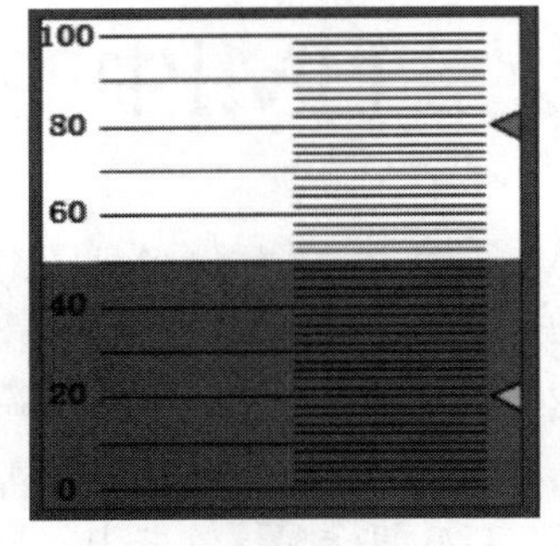

图 10-7　在画面中显示的棒图

开关是一种广泛应用的控件，一般用于控制设备的启动和停止。将它的属性显示在巡视窗口之后，可以定义它的位置、样式、形状、颜色、字体类型，也可以为它添加变量。

10.2.3 图表类的控件

图表类控件位于资源卡的下部，如图 10-8 所示。它的整体命名就是“控件”，包括 6 个图表类控件，分别是报警视图、趋势视图、用户视图、HTML 浏览器、配方视图、诊断缓冲区视图。下面对这 6 个控件进行简单的介绍。

（1）报警视图

报警视图是用于在画面中显示报警的视图，将它拖拽到画面中后，如图 10-9 所示。它以表格的形式出现，表格中包括编号、时间、日期、文本。

图 10-8　图表类控件

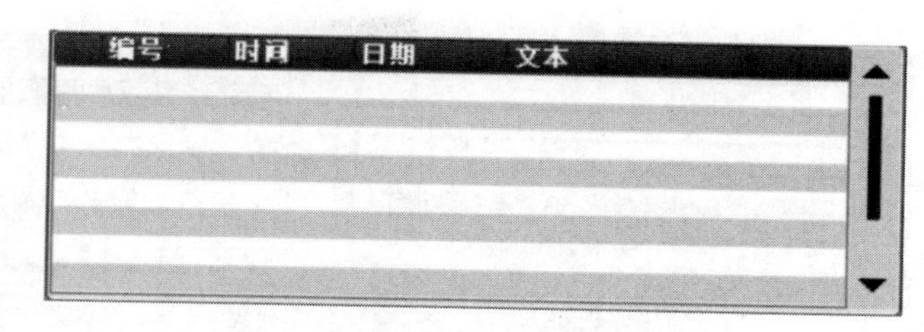

图 10-9　HMI 中的报警视图

（2）趋势视图

趋势视图如图 10-10 所示，它也是一种图表，图表中以趋势的形式表达当前过程或日志的变量值。

（3）用户视图

用户视图如图 10-11 所示。它也是一种表格，用于设置和管理用户。可以在运行系统中创建新用户，并将新用户分配到用户组。表格中包括用户、密码、组等。

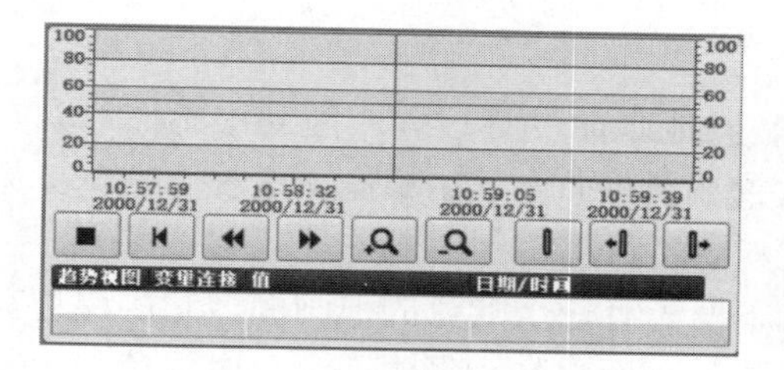

图 10-10　HMI 中的趋势视图

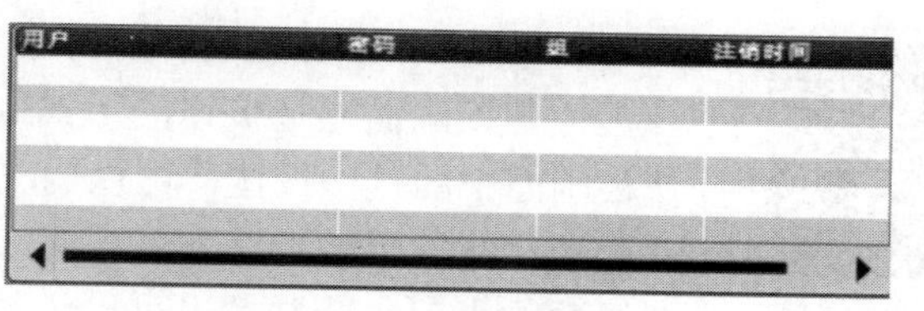

图 10-11　HMI 中的用户视图

（4）HTML 浏览器

HTML 浏览器用于将 HTML 页面可视化，以便对有关的设备进行特定的描述，将这些描述集中存储，并可以显示在不同的 HMI 画面上。

在 WinCC 中，未经授权不能使用 HTML 浏览器的文件资源管理器功能。

（5）配方视图

配方视图如图 10-12 所示，它用于在 HMI 中显示生产工艺的配方。其中的高级配方视图适用于第二代精简系列的 HMI 面板、精智面板、版本在 V13 以上的移动面板。

（6）诊断缓冲区视图

诊断缓冲区视图如图 10-13 所示。通过它可以浏览工厂内所有在用的设备，可直接了解到故障设备和产生故障的原因。还可以访问在“设备和网络”编辑器中组态的所有设备，但是要求这些设备具有诊断功能。

通过诊断缓冲区视图，可以概览系统中全部设备的工作状态，获得最详细的诊断数据。

将各种控件添加到画面中后，用右键选中，调出属性界面，就可以对控件的各种属性（样式、布局、字符、颜色、边框、图层等）进行设置。

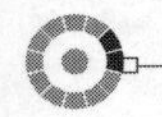

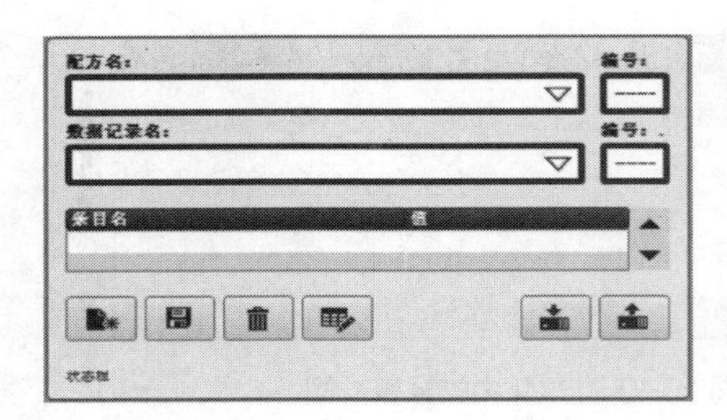

图 10-12　HMI 中的配方视图

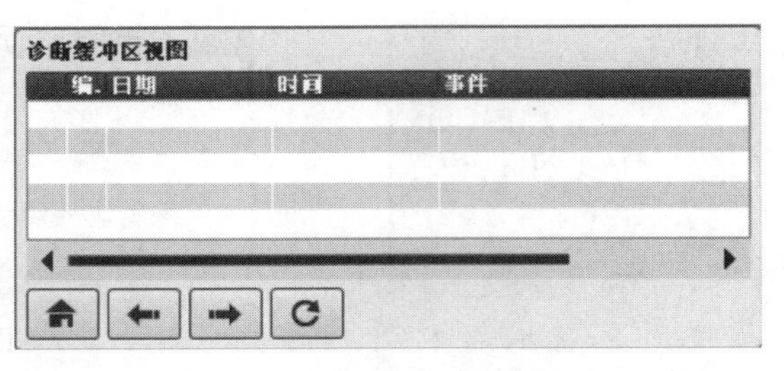

图 10-13　HMI 中的诊断缓冲区视图

10.3 HMI的画面管理

在 HMI 中添加画面后，项目树就会对各种画面进行管理。

10.3.1 HMI 的根画面

扫一扫 看视频

根画面是 HMI 画面的首页，也是其他画面的管理者，因此根画面只有一个。其他各帧画面通过按钮的形式放置在根画面中，由根画面进行管理。如果操作根画面中的这些按钮，可以调出其他的画面。

在项目树的“HMI”→“画面”下面，有一个默认的根画面，它的左边有一个绿色的小三角箭头。也可以将其他的画面定义为根画面，此时绿色的小三角箭头便转移到这个根画面的左边，原来的根画面转变为普通的画面。

依次点击“HMI”→“画面”→“根画面”，在程序编辑窗口中便会出现根画面，如图 10-14 所示。

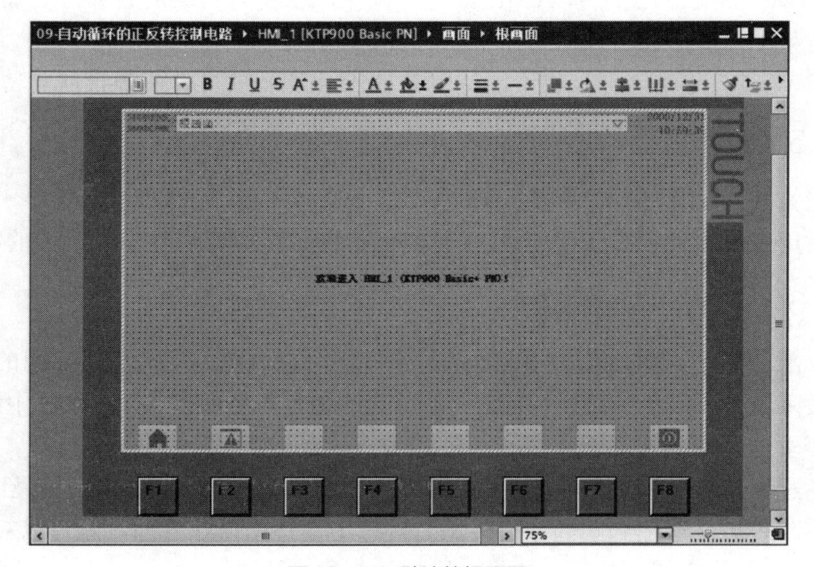

图 10-14　默认的根画面

一般情况下，根画面不编辑具体的操作内容，但是可以在其中添加企业名称、工程名称、设计单位、日期/时间等内容。还可以添加切换其他画面的按钮，也可以将画面底部的功能键“F”编辑为切换其他画面的按钮。

10.3.2 HMI的画面模板

扫一扫 看视频

画面模板的作用是为其他画面的编程提供图案样本。

（1）画面模板的添加

在项目树中，依次执行“HMI”→“画面管理”→“模板”→“Template_1”，在程序编辑窗口中便出现“Template_1”（模板）。如图10-15所示就是一个默认的画面模板，其中有一些默认的控件，分别是：

① 画面切换按钮（上方，默认的标注是“根画面”）

② 起始画面按钮（下方第一个，图形模式）；

③ 报警按钮（下方第二个，图形模式）；

④ 模板底形（下方第三至第七个，文本形式）；

⑤ 退出按钮（下方第八个，图形模式）；

⑥ 功能键F（底部，本画面中有8个）。

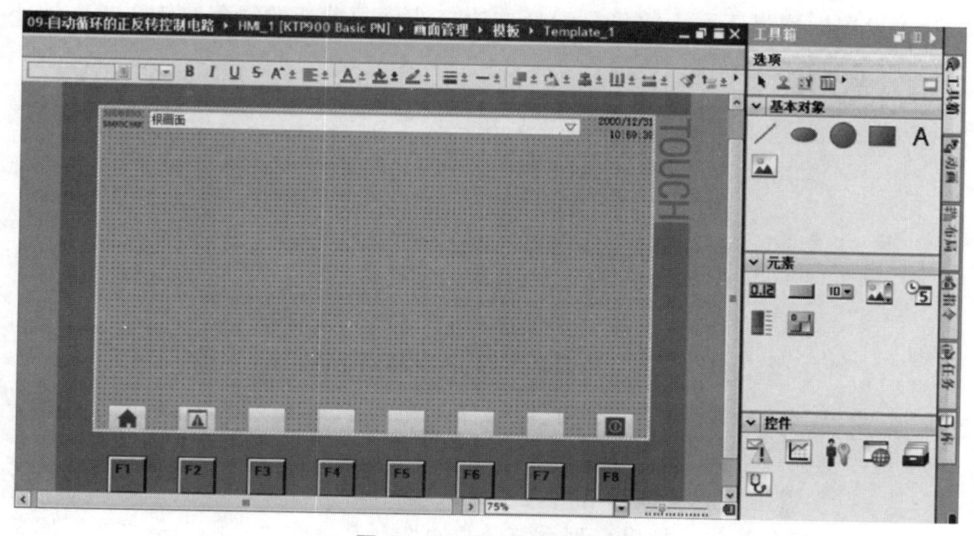

图10-15 默认的画面模板

对这些默认的控件，可以按照工程的要求和自己的爱好进行编辑和修改，也可以弃之不用。

除了这些默认的控件外，还可以根据工程的控制要求，在模板中再添加一些其他的文本框、操作按钮、图案等控件。

（2）画面模板的使用

一个模板设计好之后，可以作为样板，成套地复制到其他的空白画面中。但是最简捷的方法是：打开空白画面，然后从项目树的HMI站点下面找到所需要的模板，直接拖拽到空白画面中。此时，原来的空白画面就有了图案，图案的内容与模板画面完全相同。

任何一帧画面都可以选择一个画面模板，也可以由几个画面共用一个画面模板。在共用的情况下，画面模板中的控件会出现在多个画面中。当这些控件需要更新时，只需要更新画面模板，所有的画面就可以同时更新了，极大地提高了工作效率。

10.3.3 HMI的画面切换

HMI在编程和实际使用过程中，经常要对各个画面进行调用，也就是切换画面。

（1）用功能键“F”切换其他的画面

在各个画面的底部都有若干个带有“F”标志的功能键，可以用它们来切换画面。操作步骤如下：

① 修改功能键F的属性。在图10-14中，用左键选中根画面底部的某一个功能键，例如“F2”。在巡视窗口中，点击“属性”→“属性”→“常规”，在“设置”栏目下面，将“分配”右边复选框中默认的绿色对钩去掉，即不再使用全局分配，如图10-16所示。

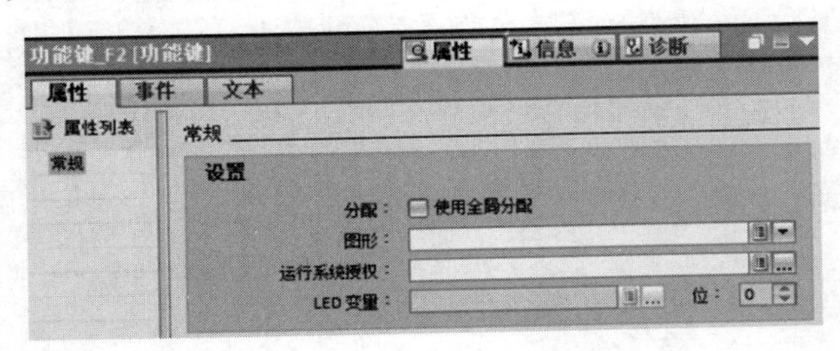

图10-16 修改功能键F的属性

② 点击“属性”→“事件”，下面出现了关联按钮动作的两项内容，一个是“键盘按下”，另一个是“释放键”。

③ 点击“键盘按下”，再在右边的表格栏目中点击“〈添加函数〉”右边的黑色小三角箭头，拉出一列系统函数，选择其中的“画面”→“激活屏幕”。

④ 点击“画面名称”右边的“...”按钮，弹出一个选择框，从中选取“画面-2”，然后点击右下角的绿色对勾予以确认，如图10-17所示。

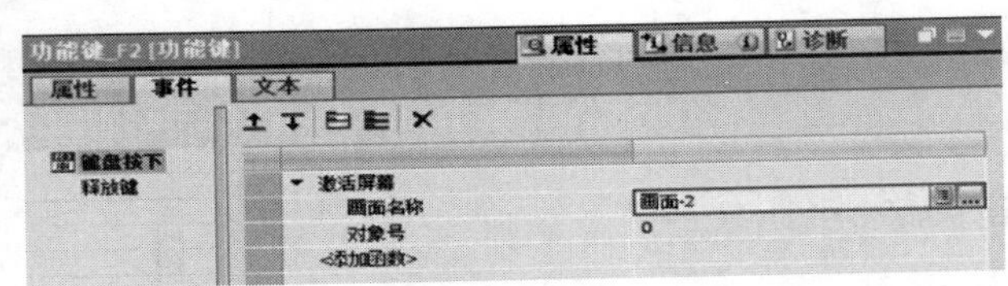

图10-17 “激活屏幕”的界面

这样就完成了对功能键“F2”的设置。如果在根画面中按下“F2”，就会跳转到画面-2。

如果需要撤销功能键的画面切换功能，用右键点击有关的功能键，在弹出的菜单中点击“删除”即可。

（2）用快捷方式生成画面切换按钮

如果需要在根画面中生成一个切换到画面-2 的按钮，可以采用以下的快捷方式：在项目树中打开 HMI 站点，在编程界面中展开根画面，然后用鼠标按住项目树中的画面-2，直接拖拽到根画面中，此时在根画面中就自动添加了一个画面切换按钮，并自动配置了有关的属性，按下这个按钮，就会跳转到画面-2。

10.4 HMI的画面编程

在 TIA 博途编程软件中，包括 HMI 的编程界面。软件为画面的编程提供了多种多样的控件资源，每个控件都有详细的属性。在这些控件的支持下，用户可以充分发挥自己的才智，设计出丰富多彩的 HMI 画面。

10.4.1 创建 HMI 的变量表

扫一扫 看视频

HMI 中的变量可以分为内部变量和外部变量。

内部变量存储在 HMI 内部的存储器中，仅供 HMI 内部使用，进行 HMI 内部的计算或执行其他任务，不需要与 PLC 关联。内部变量只有名称，没有地址，只有 HMI 设备才能访问内部变量。

外部变量是 HMI 与 PLC 进行数据交换的纽带，是 PLC 中定义的存储单元的映像，因此它需要与 PLC 关联。例如运动部件的启动按钮和停止按钮，它们一方面需要在 HMI 的软键上操作，另一方面需要在 PLC 中编制程序，执行逻辑运算功能。在 PLC 执行程序的过程中，外部变量的状态会发生改变。在 PLC 和 HMI 中都可以访问外部变量。

仿照在 S7-1200 中建立变量表的方法，在项目树的 HMI 站点下面依次点击“HMI 变量”→“添加新变量表”，创建一个新的 HMI 变量表，如图 10-18 所示。HMI 画面上需要写入的变量，或者描述图案所用的变量等，都需要在变量表中罗列出来。

在图 10-18 所示的变量表中，每个变量都对应着一些属性，表中的主要内容如下：

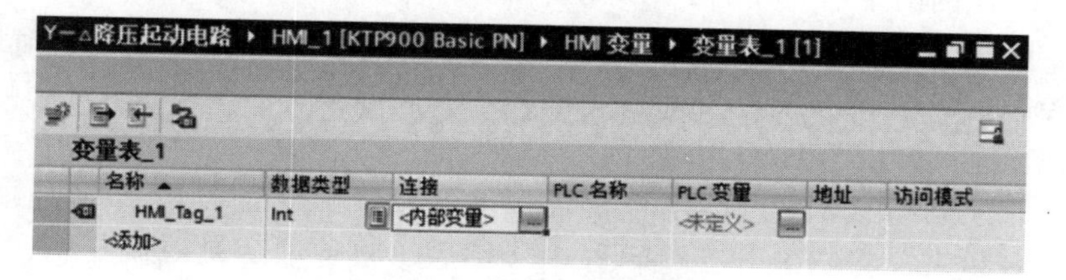

图 10-18 新建的 HMI 变量表

① 名称：名称就是 HMI 变量的名字，例如启动按钮、停止按钮等。在设计 HMI 的画面时，如果需要连接这个变量，就可以使用这个名称。

② 数据类型：用于选择变量的数据类型。类型中有 Bool（布尔）、Int（整形）、Real（实型）等，可以通过点击右边的矩形小按钮打开选项框进行具体的选择。

③ 连接：用于设置与 PLC 的连接。单击图 10-18 中“连接”栏右边的“...”按钮，弹出连接设置对话框，如图 10-19 所示。如果所建立的变量是内部变量，就在这里选择“内部变量”，并点击右下角的对钩。如果是外部变量，就在这里选择一个已经建立的连接，例如图中的“HMI_ 连接 _1”，也需要点击右下角的对钩，将这个 HMI 变量与目标 PLC 中的某个变量相关联。

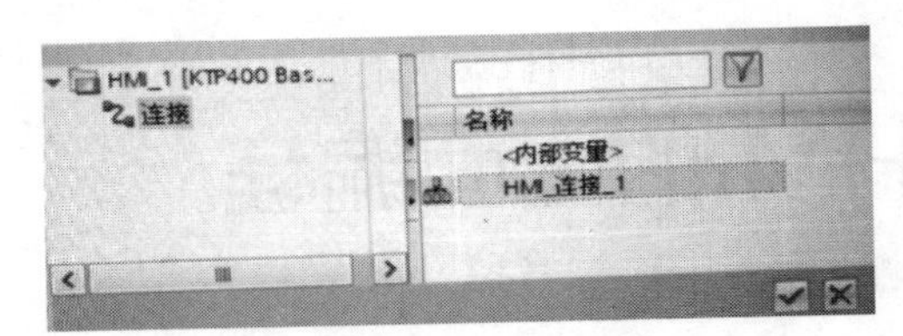

图 10-19 HMI 与 PLC 的连接

④ PLC 名称：如果该变量为外部变量，在设置连接之后，系统根据目标 PLC 的设置，自动地填写这一项。

⑤ PLC 变量：在建立 HMI 与 PLC 的连接之后，HMI 的每一个外部变量名称都要对应一个 PLC 变量的名称（也可以使用相同的名称）。这一栏就是填写 PLC 变量的名称，一般是填写变量的符号地址。

⑥ 地址：填写变量的绝对地址，如果在下面第⑦项中选择“符号地址访问”，则无需填写这一栏。

⑦ 访问模式：变量的访问模式有两种，一种是“绝对地址访问”，另一种是“符号地址访问”。

a.“绝对地址访问”是一种惯用的传统访问模式，它就是在“地址”一栏中直接填写 PLC 中相关变量的绝对地址，例如 I0.0、Q3.2、M4.6 等。需要注意的是：在 PLC 与 HMI 中，同一个变量的类型要一致。

b.“符号地址访问”是一种全新的访问方式，西门子新一代人机界面和 S7-1200 都支持它的使用，但是必须先建立起“集成连接”。当然，如果 HMI 和 PLC 处在同一个项目中，即使未建立集成连接，仍然可以执行“符号地址访问”。在设置这种访问后，系统会自动添加一个集成连接。

在西门子新一代的 HMI 变量表中，默认的访问方式是符号地址访问。

在这里添加一个具体的 HMI 变量表。在第 6 章的 6.2.6 节中介绍了由 S7-1200 控制的 Y-△降压启动电路，下面在 TIA 博途编程软件中为该项目再组态一个精简系列面板的 HMI。

建立起 HMI 与 S7-1200 的连接后，在项目树的 PLC 站点下面，找到 PLC 的变量表，将它展开在编辑区中。然后，将各项变量直接复制、粘贴到 HMI 站点下面的默认变量表中，便产生了该项目的 HMI 变量，如图 10-20 所示。

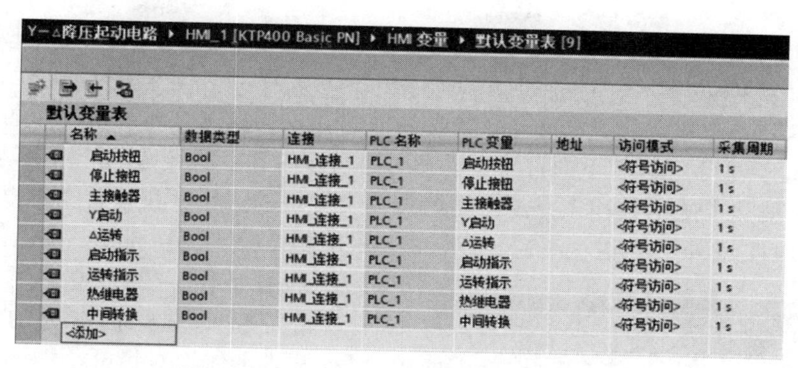
Y-△降压起动电路 ▸ HMI_1 [KTP400 Basic PN] ▸ HMI 变量 ▸ 默认变量表 [9]

默认变量表

名称 ▲	数据类型	连接	PLC 名称	PLC 变量	地址	访问模式	采集周期
启动按钮	Bool	HMI_连接_1	PLC_1	启动按钮		<符号访问>	1 s
停止按钮	Bool	HMI_连接_1	PLC_1	停止按钮		<符号访问>	1 s
主接触器	Bool	HMI_连接_1	PLC_1	主接触器		<符号访问>	1 s
Y启动	Bool	HMI_连接_1	PLC_1	Y启动		<符号访问>	1 s
△运转	Bool	HMI_连接_1	PLC_1	△运转		<符号访问>	1 s
启动指示	Bool	HMI_连接_1	PLC_1	启动指示		<符号访问>	1 s
运转指示	Bool	HMI_连接_1	PLC_1	运转指示		<符号访问>	1 s
热继电器	Bool	HMI_连接_1	PLC_1	热继电器		<符号访问>	1 s
中间转换	Bool	HMI_连接_1	PLC_1	中间转换		<符号访问>	1 s
<添加>							

图 10-20 Y-△降压启动电路的 HMI 变量表

10.4.2 组态和编辑控件的属性

扫一扫 看视频

(1) 组态所需要的控件

在资源卡下面的“工具箱”中，选中所需要的控件，例如文本域、圆、I/O 域、按钮等，通过双击或拖拽将它放到画面中。然后用鼠标左键选中该控件，按钮的四周便出现了 8 个小正方形。再将鼠标的光标放在按钮上，光标变成十字箭头。按住鼠标左键进行拖拽，可以将控件放置在画面中的任意位置上。如果将光标放在按钮四个角的小正方形上，光标变成一字箭头，按住鼠标左键进行拖拽，就可以调整圆的直径。

(2) 编辑控件的各项属性

单击画面中的控件，在巡视窗口中点击“属性”，打开其对话框，其中有 4 个选项卡，分别是“属性”“动画”“事件”“文本”。

在常用的控件中，“文本”选项卡的内容比较简单，根据实际情况，进行简单的编辑就行了。

常用控件的“属性”选项卡的内容大同小异。以文本域为例，其“属性”选项卡中有 7 个按钮，分别是常规、外观、布局、文本格式、闪烁、样式/设计、其它。点击其中的“常规”，弹出图 10-21 所示的文本域的“常规”设置界面。

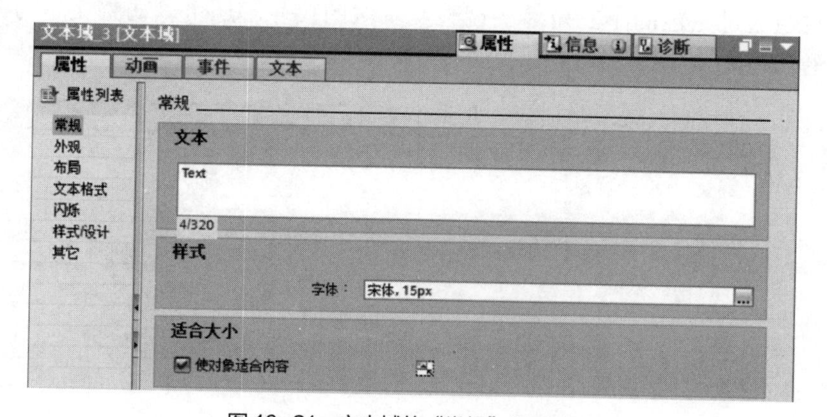

图 10-21 文本域的“常规”设置界面

① 设置字符。字符是文本域中不可缺少的部分，字符内容也可以从画面的文本域中直接输入，但是在图 10-21 的文本框中输入更为方便。通常将“文本”下面默认的“Text”修改为当前所需要的实际文本。从图中可以看到，在“适合大小”区域下面有一个“使对象适合内容”的复选框，如果勾选它，则会根据文本的字数和大小，自动地调整文本域的大小。在设置文本框的宽度和高度时，需要去掉这个对勾，否则就会采用默认的宽度和高度，不能任意地调整。

② 设置字体。在图 10-21 中，单击“样式”中“字体”选择框右边的“...”按钮，可以打开“字体”对话框，如图 10-22 所示，在其中设置文字的大小，它以像素点为单位。字体默认为宋体，不能更改为其他的字体。字形默认为“粗体”，通常将它改为“正常”。还可以采用下划线、删除线、按垂直方向读取等方式，对文本的字形进行修饰。

③ 设置背景和颜色。背景和颜色在文本域的“属性”选项卡的“外观”中设置。如图 10-23 所示。默认的填充图案一般为实心，背景色一般为浅灰色，“文本”一般为黑色。

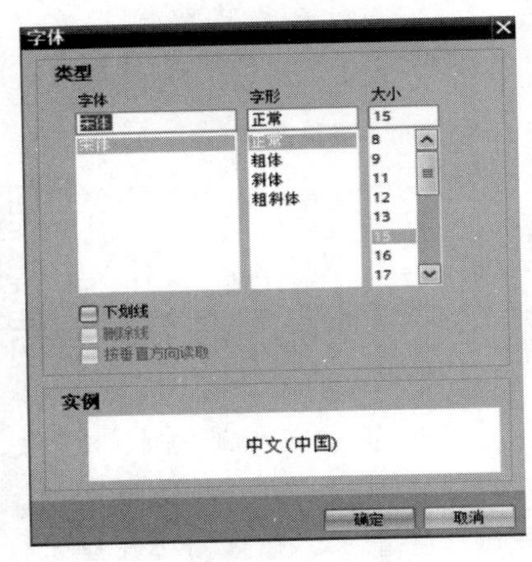

图 10-22 设置字体

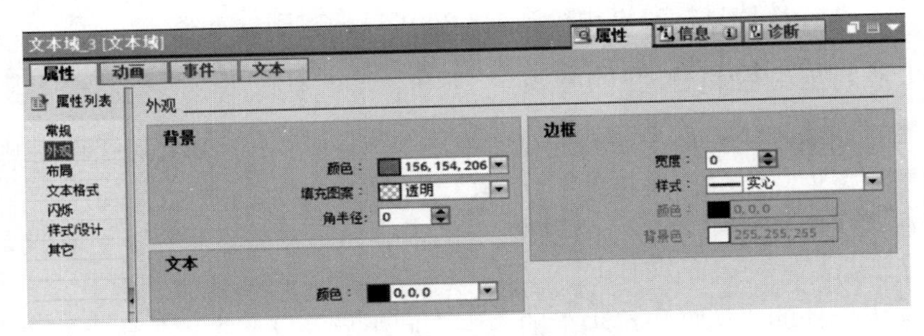

图 10-23 设置背景和颜色

④ 设置布局。点击“属性”选项卡中的“布局”，可以在 X、Y 输入框的右边通过黑色的小三角箭头调整文本域的尺寸。还可以调整文本与图框四周边沿的距离，如图 10-24 所示。

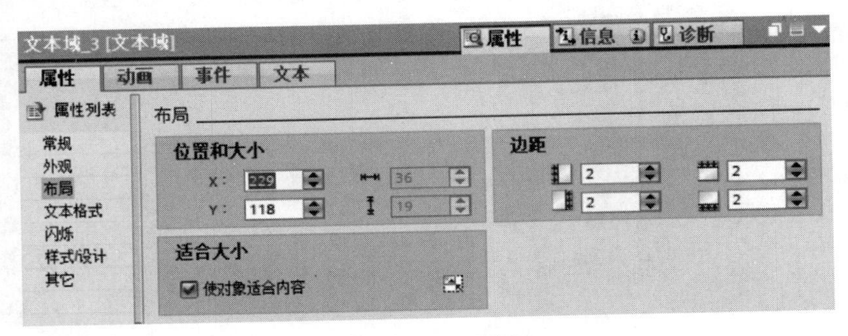

图 10-24 设置布局

⑤ 设置文本格式。点击“属性”选项卡中的“文本格式”，可以设置字体、字符的方向（水平方向或垂直方向）、水平对齐方式、垂直对齐方式。

⑥ 设置闪烁。点击“属性”选项卡中的“闪烁”，可以选择标准设置或禁用闪烁。

⑦ 设置其他属性。点击“属性”选项卡中的“其他”按钮，可以修改名称，还可以设置“层”，一般使用默认的第0层。如图10-25所示。

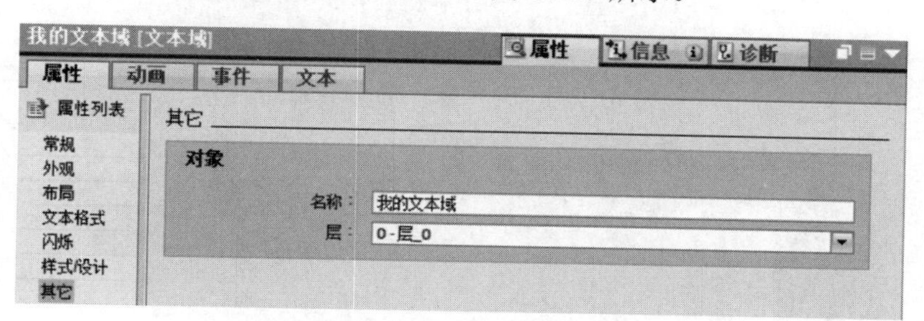

图10-25 设置其他属性

扫一扫 看视频

10.4.3 编辑控件的“动画”功能

“动画”选项卡用于编辑控件在画面中的动画功能和效果，分为显示和移动两种类型。

（1）移动类的动画效果

首先介绍移动类的动画效果。在画面中添加某一个控件，例如“圆”。在“属性”→“外观”中设置好它的尺寸和颜色。在HMI变量表中，添加一个Int型变量，并为它设置一个符号地址，例如“运行指示”。

右击这个圆，在弹出的选项卡中选择“动画”，再点击其中的“移动”，如图10-26所示，有“直接移动”“对角线移动”“水平移动”“垂直移动”4种类型。

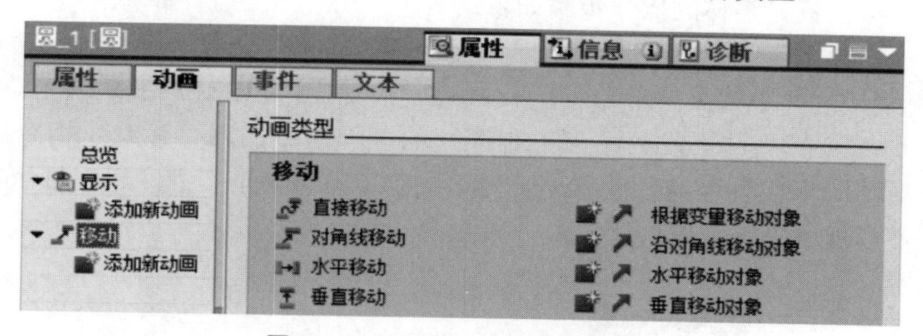

图10-26 动画选项卡中的移动类型

①“水平移动”。点击“水平移动对象”左边的蓝色正方形小方块，弹出图10-27所示的“水平移动”设置界面。

在图10-27中，“变量”栏中的“名称”输入HMI变量表中的Int型变量“运行指示”，范围从0至100，并设置“起始位置”和“目标位置”。有效起始值“0”对应于控件横坐标起始值“20”；有效终止值“100”对应于控件横坐标终止值“420”。任何一个变量值线性地对应着一个坐标值。当变量发生变化时，画面中控件的显示位置也随着改变，从而形成动画效果，如图10-28所示。

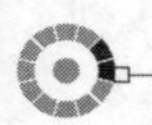

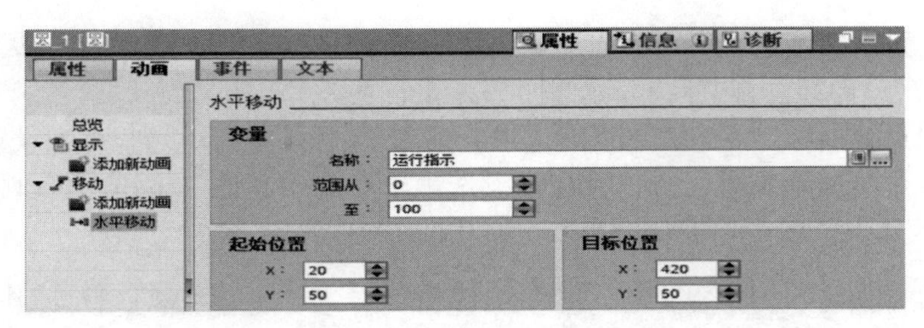

图 10-27 “水平移动”的设置界面

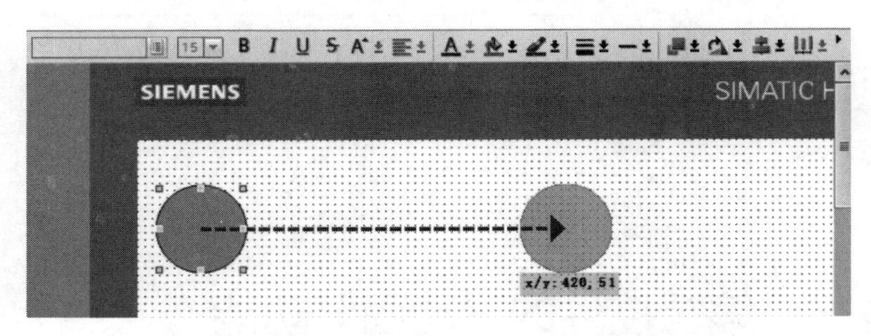

图 10-28 控件“水平移动”时的动画效果

注意：在图 10-27 中设置好“水平移动”的变量之后，要将光标放置在设置界面上方的水平分隔线上，将设置界面拉下来，才能看到图 10-28 所示的动画效果。此时不要点击图 10-26 右上角的白色下拉三角箭头，否则动画效果被关闭。

②“对角线移动”和“垂直移动”。编辑方法与“水平移动”相似。

③“直接移动”。需要设置控件的原始位置，然后连接两个 HMI 变量，分别作为 X 轴和 Y 轴的坐标偏移量。控件所显示的坐标位置，是在原始位置上再加上相应轴上的偏移量。这样，通过两个变量可以将这个控件移动到画面中的任意位置。具体的操作步骤如下：

第 1 步：在 PLC 的变量表中建立两个 Int 型变量，可以分别命名为“X 轴偏移量”“Y 轴偏移量”，并将它们复制、粘贴到 HMI 的变量表中。

第 2 步：在 PLC 站点下程序块的子程序中，用“移动”指令编辑一段梯形图，将 X 轴所需要的移动量传送到“X 轴偏移量”中，将 Y 轴所需要的偏移量传送到“Y 轴偏移量”中，如图 10-29 所示。

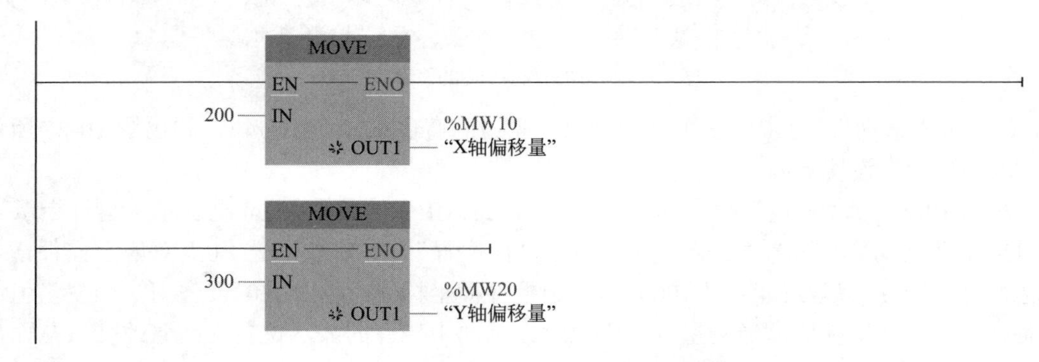

图 10-29 添加 X 轴和 Y 轴偏移量的梯形图

第 3 步：在 HMI 的画面中，添加一个圆或其他控件，然后依次点击“属性”→“动画”→“移动”→“添加新动画”→“直接移动”，弹出“直接移动”设置界面。在其中分别设置 *X* 轴和 *Y* 轴的起始坐标，在“X 位置”的偏移量中输入“X 轴偏移量”，在“Y 位置”的偏移量中输入“Y 轴偏移量”，如图 10-30 所示。

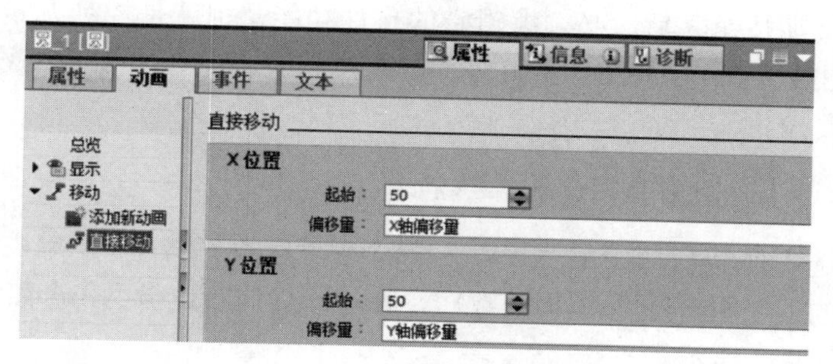

图 10-30 “直接移动”的设置界面

第 4 步：将 PLC 程序和 HMI 画面编译后，下载到实际的 PLC 和 HMI 机器中。从 HMI 画面中可以看到这个圆从原来的坐标位置（50，50）直接移动到新的坐标位置（250，350）。

（2）显示类的动画效果

可以选择“外观”和“可见性”两种动画效果。

①“外观”动画效果。在 HMI 变量表中设置一个变量，用这个变量的不同值去控制该控件的字体颜色、背景颜色、是否闪烁等效果，如图 10-31 所示。

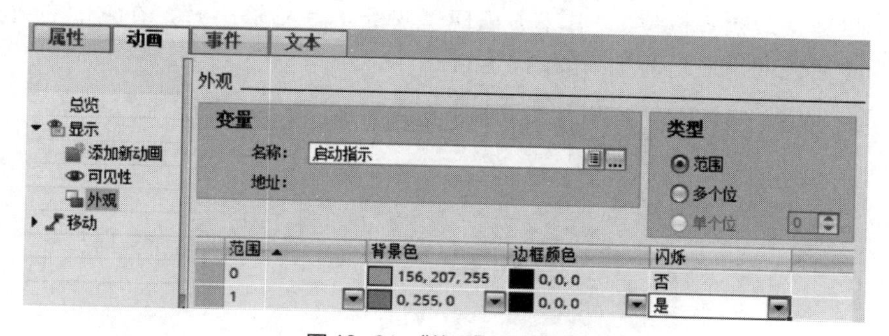

图 10-31 “外观”动画效果

②“可见性”动画效果。在 HMI 变量表中设置一个变量，通过变量控制该控件是否在画面中显示，如图 10-32 所示。

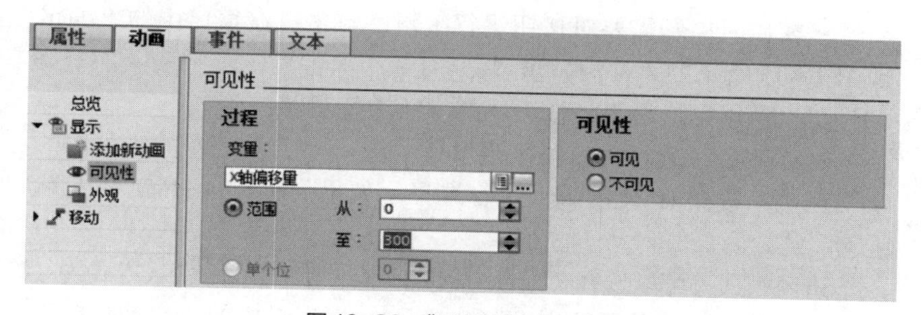

图 10-32 “可见性”动画效果

10.4.4 编辑控件的“事件”功能

扫一扫 看视频

“事件”选项卡用于编辑控件在画面中的操作功能和效果，下面以按钮为例进行说明。

添加按钮之后，必须编辑它的事件功能，也就是控制方式。控制方式主要有单击、按下、释放三种状态，在这些状态中，还需要分别设置是“置位位”或“复位位”。

（1）按钮的“按下”状态

选中巡视窗口中的“属性”→“事件”→“按下”，单击视图右边窗口中表格的最上面一行“〈添加函数〉”，在这一行的右边出现一个黑色的小三角箭头，如图 10-33 所示。

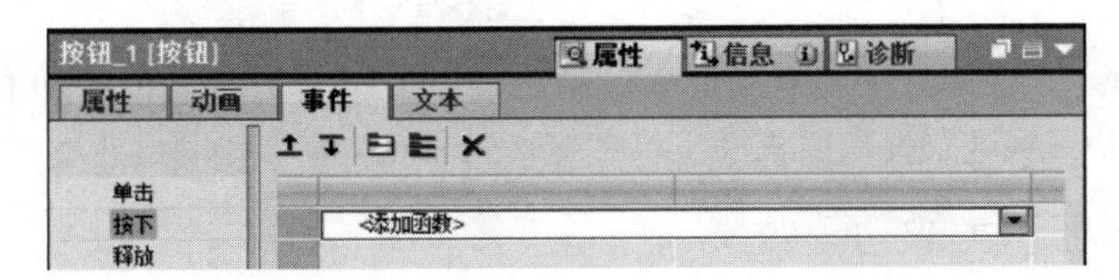

图 10-33 设置按钮的事件功能

点击这个箭头，出现“系统函数”列表。选择其中的“编辑位”，下面有 8 种位状态。一般来说，当启动按钮按下时，其控制触点需要接通，所以在这里要选取“置位位”，其下方出现“变量（输入/输出）”，在它的右边又出现一个黑色的小三角箭头。如图 10-34 所示。

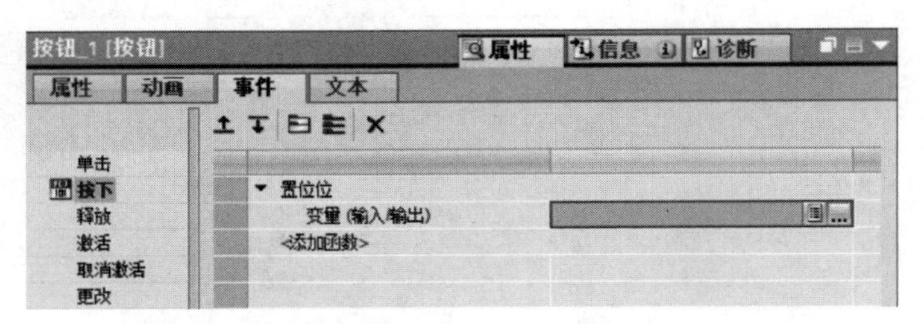

图 10-34 在按下状态的置位位

在这里，需要输入按钮的符号地址，例如“启动按钮”。将它添加到粉红色的长方形框中，该框便变为白色。再点击其右边的“...”的按钮，便弹出一个过渡窗口，提示需要对按钮进行编辑。点击过渡窗口中的“编辑”按钮，出现图 10-35 所示的“常规”窗口。

在“常规”栏目下，按下述的方法进行设置：

PLC 变量：选择“启动按钮”。

连接：根据 HMI 的编号进行选择。如果只有一台 HMI，则默认为“HMI_连接 _1”。

访问模式：可以选择〈符号访问〉或〈绝对访问〉。默认方式为〈符号访问〉，此时按钮的地址不需要再次设置，就是 PLC 变量中的“启动按钮”。

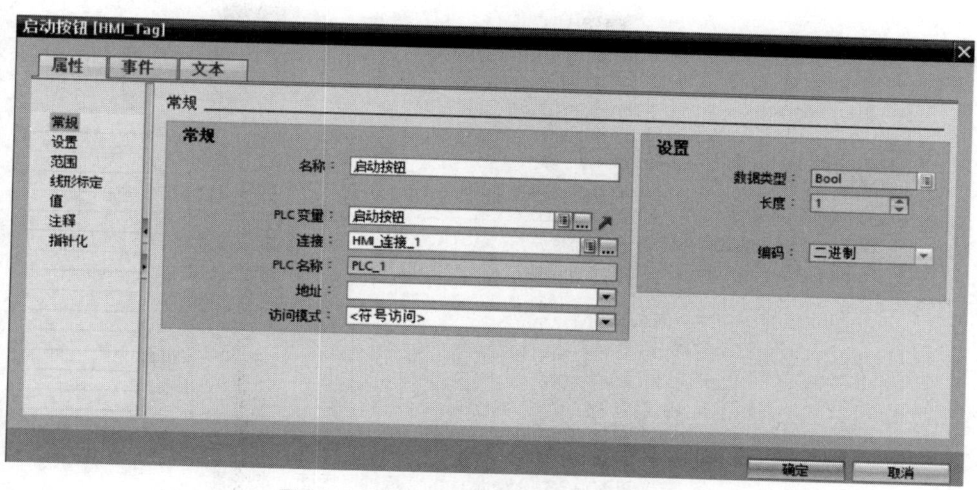

图 10-35　按钮属性设置中的“常规”窗口

地址：如果在访问模式中选择〈绝对访问〉，则必须添加这个按钮的绝对地址，绝对地址在 PLC 变量表中已经设置。

完成上述的各项设置后，点击图 10-35 下右下角的“确定”按钮。

（2）按钮的“释放”状态

选中巡视窗口中的“属性”→“事件”→“释放”，单击视图右边窗口中表格的最上面一行“〈添加函数〉”，在这一行的右边出现一个黑色的小三角箭头，通过箭头拉出“系统函数”。对于前面所叙述的启动按钮，在一般情况下，当其释放时，控制触点需要断开，所以在“系统函数”下面要选择“复位位”。其他各项设置与“按下”状态相同。

（3）按钮的“单击”状态

在“单击”状态下，各项属性的设置与“按下”状态基本相同，在此不另行叙述。

（4）删除所选中的状态

按钮在编辑为某种状态（单击、按下、释放等）之后，其选项会由黑色变为蓝色。如果需要将它取消，可以在“事件”选项下面，用右键单击所选中的状态，直接将它删除，此时这个选项又会恢复为黑色。

10.4.5　组态和编辑 HMI 的 I/O 域

I/O 域主要用于显示 PLC 变量，在人机界面上直接显示一个变量的值，或者由操作员在人机界面上直接向 PLC 输入一个操作数。

（1）组态和编辑普通 I/O 域

在资源卡→工具箱→元素的下面，第 1 个元素是 0.12，它就是普通的 I/O 域。将它拖拽到画面中，并在它的左边添加一个文本域，也就是为这个 I/O 添加一个合适的名称，接下来就可以编辑它的属性了。

选中已经添加的I/O域，在巡视窗口中，打开I/O域的“属性”→“属性”→“常规”，如图10-36所示。其中有3个选项：

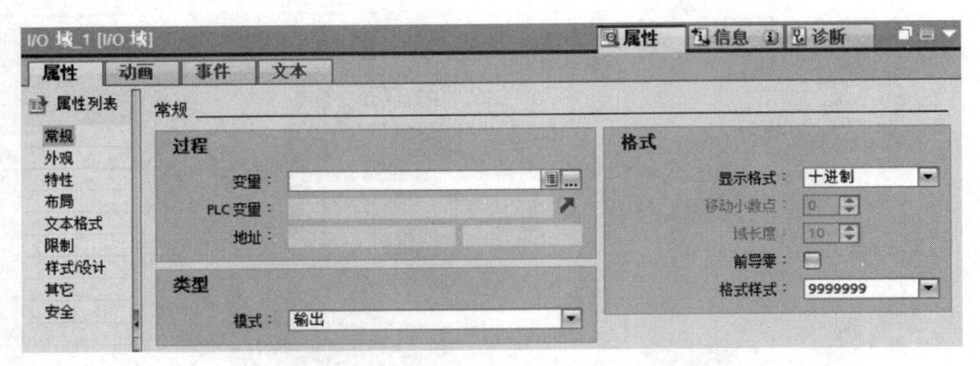

图10-36 I/O域中的“属性”界面（未设置）

①“过程”选项。在“常规”栏目的“过程”下面，需要填写HMI与PLC相关联的变量。在填写HMI变量后，会自动显示对应的PLC变量的符号地址。

②“类型”选项。在“类型”下面的“模式”选择框中，有以下3种选项：

输出：用于显示PLC中变量的数值。

输入：在HMI上点击这个I/O域时，会出现一个软键盘，从中可以输入一个操作数据。单击“确认”按钮后，HMI将这个操作数据输入给HMI的内部变量，以及对应的PLC变量。例如，可以在这里设置定时器的时间。如果要使所设置的数值在断电后仍然保持，则PLC中相关的变量需要在数据块DB中设置，而不能在变量表中设置。

输入/输出：同时具有“输入”和“输出”的功能，在面板上用软键盘来修改PLC中变量的数值，并将修改后的数值显示出来。

下面以“输出”为例进行说明。

例如，在PLC的某个程序中，有一个IEC定时器。在图10-36的“类型”中，选择“输出”。在“过程”下面的“变量”选择框中，通过其右边的按钮，选中PLC程序中已经存在的过程变量，例如定时器ET端的符号地址“计时输出”。这个变量的数据类型为Time时间型（也可以是DWord双字型），它是以ms为单位的双整数时间值。

③“格式”选项。在“格式”下面，设置显示该变量的格式，其中“显示格式”用于设置数据是几进制，例如图中所示的十进制，具体的注释见表10-2。“格式样式”用于设置显示的格式，有关的格式用若干个9表示，“9”表示十位数字。

在“格式”下面的“显示格式”选择框中，采用默认的显示“十进制”。在“移动小数点”的右边设置小数点的位数，例如3位。小数点本身也要占一位，因此实际的显示格式为+000.000。在“格式样式”的右边，键入带有符号的数值“s9999999999”。完成这些设置后，图10-36的画面被赋予了具体的内容，如图10-37所示。

表 10-2　显示格式的注释

显示格式	注　　释
二进制	以二进制形式输入和输出数值
日期	输入和输出日期信息。格式依赖于在 HMI 设备上的语言设置
日期/时间	输入和输出日期和时间信息。格式依赖于在 HMI 设备上的语言设置
十进制	以十进制形式输入和输出值
十六进制	以十六进制形式输入和输出值
时间	输入和输出时间。格式依赖于在 HMI 设备上的语言设置
字符串	输入和输出字符串

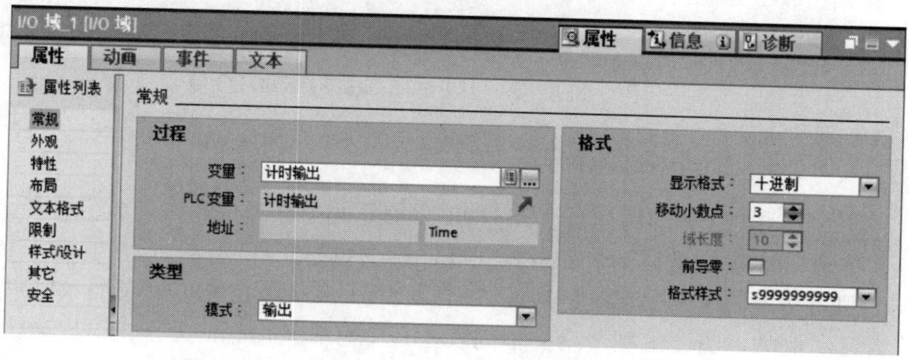

图 10-37　I/O 域中的“属性”→“常规”界面（已设置）

在“属性”选项卡下面，有一项是“限制”属性，如图 10-38 所示。当所连接变量的值超过上限时，设置为红色或者其他的颜色。当所连接变量的值低于下限时，设置为黄色或者其他的颜色。

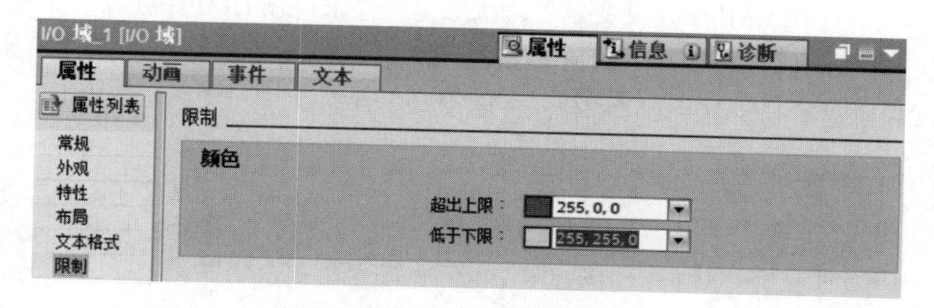

图 10-38　I/O 域的“限制”属性

在 I/O 域的“属性”选项卡中，其他各项属性的设置可参阅前面所述的文本域等控件的属性。

（2）从 PLC 的变量表中添加 I/O 域

如图 10-39 所示，采用分屏的方式，同时打开 PLC 的变量表和 HMI 的编辑画面。选取 PLC 的某些变量，例如图中的启动按钮 1 和停止按钮 1，直接拖拽到 HMI 的画面中，再在它的左边加上一个文本框，以便于查看。画面中以 I/O 域变量显示该变量，然后按照上述的方法，修改它的各项属性。

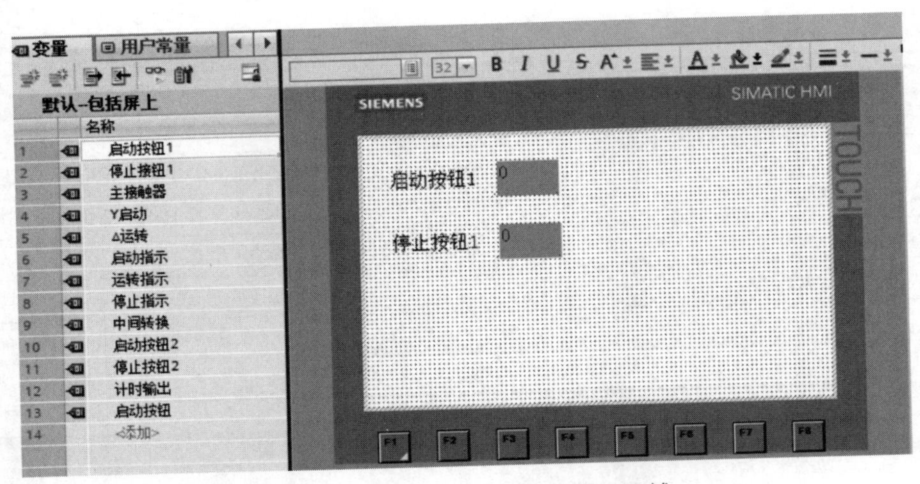

图 10-39　从 PLC 的变量表中添加 I/O 域

(3)组态和编辑符号 I/O 域

符号 I/O 域的用途是：在 HMI 监控界面中有一个表格，其内容是一些文本信息，这些信息与某个变量相关联，给变量赋予不同的值，在画面中就显示不同的文本信息。实现这种功能，需要将符号 I/O 域与文本列表配合使用。

例如，需要编制一个文本列表，其中有 3 条信息，分别是“启动状态”“运行状态”“停止状态”。它们关联一个名为“AB”的 PLC 变量，变量的数据类型为整型，也就是整数。当给 AB 赋值 1 时，显示“启动状态”；当给 AB 赋值 2 时，显示“运行状态”；当给 AB 赋值 3 时，显示“停止状态”。具体操作步骤如下：

① 在 HMI 中建立变量表。按照上述要求，在 HMI 中建立一个变量表，将以上 3 条信息作为 3 个 HMI 变量，并与 PLC 中符号名为“AB”的变量关联，变量的类型均为 Int（整型）。如图 10-40 所示。

变量表_1

名称 ▲	连接	PLC 名称	PLC 变量	地址
启动状态	HMI_连接_4	PLC_1	AB	
运行状态	HMI_连接_4	PLC_1	AB	
停止状态	HMI_连接_4	PLC_1	AB	
<添加>				

图 10-40　在 HMI 的变量表中建立的 3 个变量

② 创建文本列表。在项目树的 HMI 站点下面，点击“文本和图形列表”，在弹出的两个列表选项卡中选择“文本列表”，如图 10-41 所示。为它命名为“文本列表 _1”。在它的下面，是这个列表的下半区，名为“文本列表条目”，需要在这里编辑文本的细节，也就是设置 PLC 变量的各个取值，以及这些值所对应的显示文本。最后要设置一个默认项，当变量的值在已设定的文本项之外时，文本列表显示这个默认项。

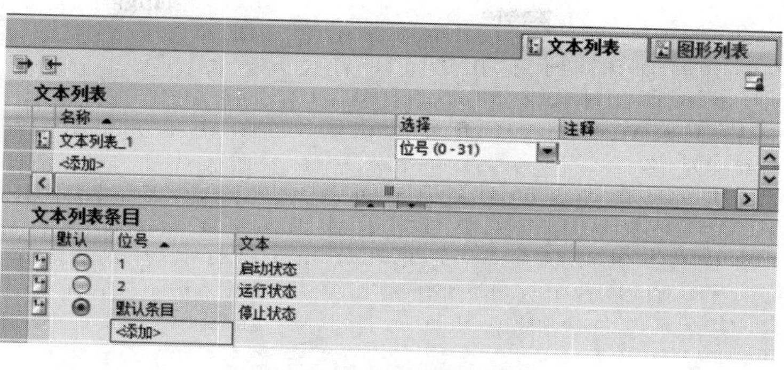

图 10-41 创建文本列表

③ 编辑符号 I/O 域的“属性”菜单。在编辑画面中添加一个“符号 I/O 域”，它的形状是一个矩形方框，其右边带着一个三角箭头。右击这个图案，从巡视窗口中调出属性菜单，如图 10-42 所示。

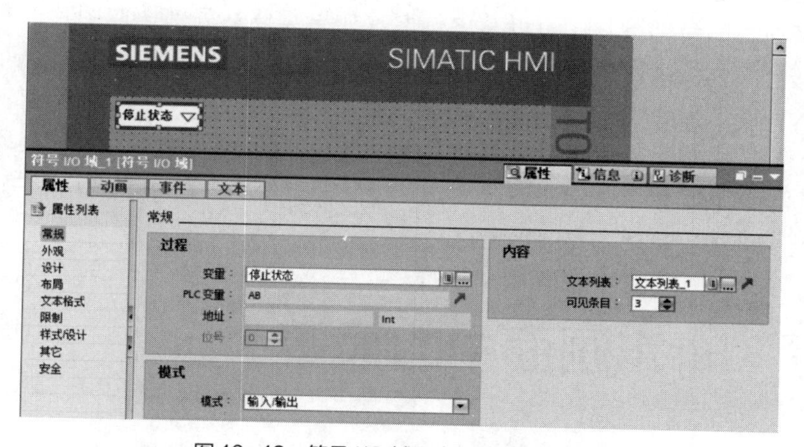

图 10-42 符号 I/O 域和它的“属性”菜单

④ 在图中的“内容”下“文本列表”栏中，点击右边的小矩形按钮，调取文件列表的名称，就是“文本列表 _1”。

⑤ 设置“模式”。在“模式”栏目中，如果选择“输入”，则现场操作人员在文本列表部分可以调出下拉选项框，按照文本列表内的设置给变量赋值。如果选择“输出”，HMI 画面将根据变量的值，显示不同的文本内容。也可以选择“输入/输出”，兼顾二者的功能。

（4）组态和编辑图形 I/O 域

如果需要根据某个变量的不同值，在画面的某个区域显示不同的图案，就需要使用图形 I/O 域。

图形 I/O 域的功能与使用方法与符号 I/O 域大同小异，只要将其中的文本列表替换为图形列表，就是图形 I/O 域和图形列表。这里只介绍图形列表的编辑。

① 创建图形列表。在项目树的 HMI 站点下面，点击“HMI 变量”→“文本和图形列表”，在弹出的两个列表中选择“图形列表”，如图 10-43 所示，为它命名为“图形 -1”。在它的下面，是这个列表的下半区，名为“图形列表条目”，需要在这里编辑变量值与图形的对应关系。

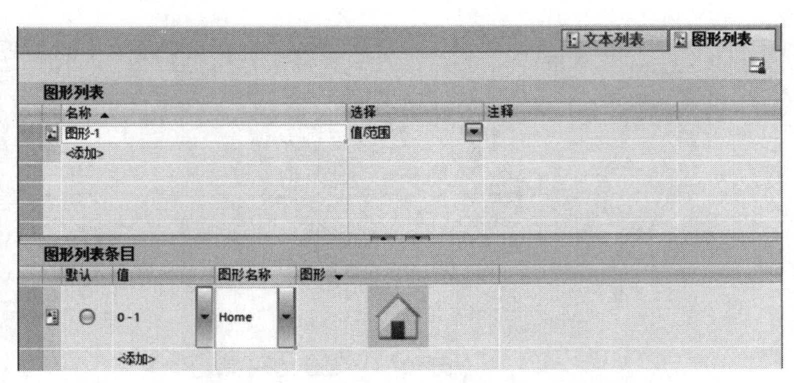

图 10-43 创建图形列表

② 在“值”列中确定一个“值”，例如“0-1”，再在“图形名称”列中通过其右边的下拉三角按钮打开图形选择对话框，这个对话框中列出了可以导入本项目的全部图片，可以从中选取。如果需要从外部选取图片，右击“默认”栏下的圆形按钮，在调出的菜单中选取“添加新图形”，然后从 Windows 的有关文件夹中选取所需的图形添加到列表中。

使用基本对象中的控件“图形视图”，也可以向这个列表中添加图片。

如果要删除所添加的图片，可以右击“默认”栏左边的矩形按钮，在弹出的菜单中，选择“删除”。

10.5 HMI画面中的报警

在控制系统中，HMI 可以对随时发生的事件，特别是故障一类的事件进行报警，以便操作人员及时进行处理。进行报警设计时，主要是编辑有关事件的触发条件、对应级别以及对应显示的内容。

在项目树的 HMI 站点下面，点击“HMI 变量”→“HMI 报警”，就会看到当前存在的所有报警信息。其中有 4 个选项卡，分别是离散量报警、模拟量报警、报警类别、报警组。其中的报警类别、报警组为系统报警信息，由系统自动生成。而离散量报警、模拟量报警由用户自行定义和编辑。

10.5.1 报警类别的设置

所有的报警信息都需要设定报警类别。图 10-44 是“报警类别”选项卡，可以从中选取不同的报警类别。

在这个图表中，是一些默认的报警类别，它们的顺序是：“带单次确认的报警”（故障）、“不带确认的报警”（警告）、“不带确认的报警”（系统）、“带单次确认的报警”（需要确认）、“不带确认的报警”（不需确认）。这些报警类别是不能删除的，可以直接使用。用户也可以在此新建自定义的报警类别。

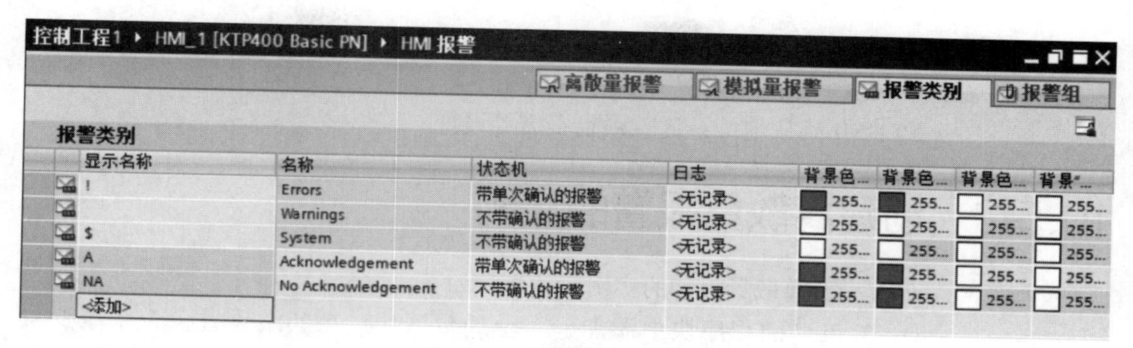
控制工程1 ▸ HMI_1 [KTP400 Basic PN] ▸ HMI 报警

离散量报警　模拟量报警　报警类别　报警组

报警类别

显示名称	名称	状态机	日志	背景色...	背景色...	背景色...	背景"...
!	Errors	带单次确认的报警	<无记录>	255...	255...	255...	255...
	Warnings	不带确认的报警	<无记录>	255...	255...	255...	255...
$	System	不带确认的报警	<无记录>	255...	255...	255...	255...
A	Acknowledgement	带单次确认的报警	<无记录>	255...	255...	255...	255...
NA	No Acknowledgement	不带确认的报警	<无记录>	255...	255...	255...	255...
<添加>							

图 10-44　“报警类别”选项卡

10.5.2　离散量报警的编辑

离散量报警是指数字量报警。报警是否触发，取决于一个二进制逻辑控制变量的值。如果这个值为“1”，则触发报警；如果这个值为“0”，则不触发报警。

在模拟量报警中，报警的设置与离散量报警类似，主要区别是：需要配置变量触发报警时的各个阈值。

在图 10-45 所示的图表中，列出了“离散量报警”中的一些具体栏目。在一般情况下，系统会把全部的报警触发位都集中放置在几个 DB 中，然后在 HMI 中连接这些变量，并对应地将所触发的报警信息在图 10-45 中编辑出来。

控制工程1 ▸ HMI_1 [KTP400 Basic PN] ▸ HMI 报警

离散量报警　模拟量报警　报警类别　报警组

离散量报警

ID	名称	报警文本	报警类别	触发变量	触发位	触发器地址	HMI 确认变量	HMI ...	HMI 确认地址
1	Discrete_alarm_1		Errors	Tag_ScreenN...	0	0	<无变量>	0	
2	Discrete_alarm_2		Errors	Tag_ScreenN...	1	1	<无变量>	0	
3	Discrete_alarm_3		Errors	启动状态	0	AB.x0	<无变量>	0	
<添加>									

图 10-45　“离散量报警”中的一些具体栏目

在这个图表中，每一条报警信息都有以下栏目的设置：

① ID 编号和名称：指这条报警的编号和名称。

② 报警文本：这条报警被触发后，在画面中所显示的字符。

③ 报警类别：从图 10-44 中选取这条报警所适用的类别。

④ 触发变量：填写一个字型或 Int 型变量，这个变量已经存在于 HMI 的变量表中。

⑤ 触发位：在字型或 Int 型变量中，有 16 位，填写其中的一个具体“位”作为触发报警的条件。

⑥ 触发器地址：将触发变量和触发位设置之后，触发器地址中就会自动显示这个触发位在 PLC 中的地址。如果是优化的 DB，这里将以“Slice access”的格式显示“位”地址。

⑦ HMI 确认变量：这一项可以不设置。

⑧ HMI 确认位：这一项可以不设置，但是也可以输入一个“位”，输入的方法与“触发位”的输入相似。此外，这个位需要与 PLC 中的位相对应。当这个位被输入之后，如

果出现这条报警并在 HMI 中得以确认，则确认位所对应的 PLC 中的位将会被置位。所以，这一项设置可以使 PLC 知道某一条报警是否被确认。

⑨ HMI 确认地址：这一项也不需要设置。

10.5.3 创建离散量报警的实例

创建一个离散量报警的实例，其步骤如下：

① 在 PLC 的程序块中添加一个全局数据块，在其中设置一个字型变量 DWB0，这个变量的地址就是“数据块 _1.DWB0”，将它用于触发“警告信息”。说明：一个字中包含有 16 位，每一位都可以触发一条报警信息。

② 建立另外一个全局数据块，在其中设置另外一个字型变量 DWB0，这个变量的地址就是“数据块 _2.DWB0”。

③ 在 HMI 的变量编辑页面中建立一个名称为“警告信息”的变量，并关联 PLC，在 PLC 中的地址是“数据块 _1.DWB0”。

④ 在 HMI 的变量编辑页面中，建立另外一个名称为“错误信息”的变量，并关联 PLC，在 PLC 中的地址是“数据块 _2.DWB0”。

⑤ 在 HMI 的变量编辑页面中，分别选中“警告信息”变量和“错误信息”变量，在“离散量报警”中，设置它们所对应的报警。

⑥ 至此，完成了这个“离散量报警”的设置，如图 10-46 所示。

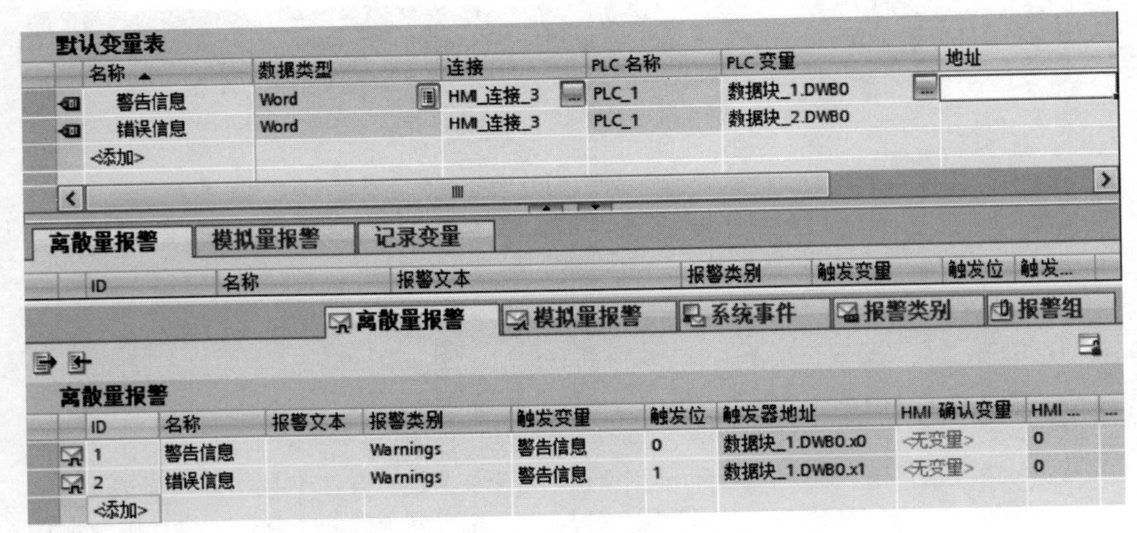

图 10-46　在 HMI 中设置离散量报警

从图 10-46 可知，“警告信息”是由变量“数据块 _1.DWB0”中的“x0”位触发；“错误信息”则是由这个变量的“x1”位触发。

在完成以上报警信息的设置后，从资源卡下部的图表类控件中，将名称为“报警视图”的控件拖拽到某一个报警画面中，所设置的报警信息就会在这个报警视图中显示出来，如图 10-47 所示。

在图 10-47 所示的两条报警中，“警告信息”是“不带确认的报警”，因此不需要确认，当触发条件消失时，这条信息自动地不再显示。而“错误信息”是带单次确认的报警，需要进行确认，对于这一类的报警信息，只需在其触发条件消失时，选择该条信息，并单击控件上的“确认”按钮，信息就不会再次显示。

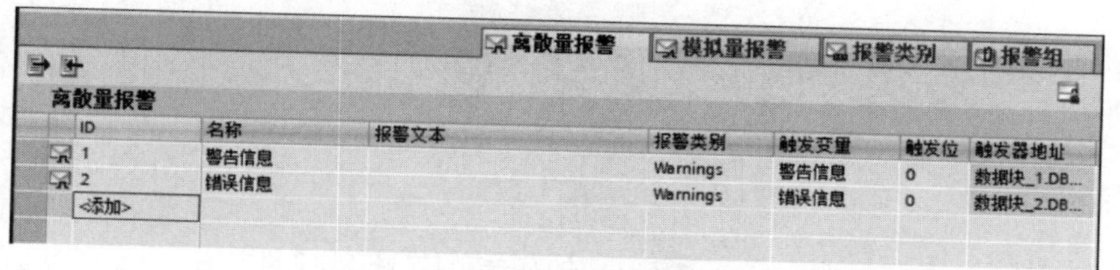

图 10-47 报警视图中显示的报警信息

10.6 在HMI中设置和显示时间

扫一扫 看视频

10.6.1 设置和显示定时器的时间

在工业自动控制设备中使用人机界面后，操作人员可以根据生产现场的实际情况，通过人机界面中的各种软键（按钮），给设备输入一些工艺参数，例如时间、温度、压力、液体流量等，使设备按照所设置的工艺参数运行。

例如，在第 6 章 6.2.6 节的电动机 Y-△降压启动装置中，针对不同的机械设备、不同的电动机，需要设置不同的启动时间。在建立 S7-1200 与 HMI 的通信连接之后，就可以利用 HMI 中的数字小键盘，对启动时间进行设置和显示。下面介绍具体方法。

（1）为定时器设置变量

① 建立设置时间所用的时间变量。在 PLC 站点下面的程序块中，添加一个数据块，将它命名为“定时输入”。在其中添加一个变量，命名为“定时设置”，数据类型为“Time”，并在其右边的“保持”栏中打钩。

② 建立显示时间所用的变量。这个变量可以直接在 PLC 的变量表中设置，将它命名为“计时输出”，变量类型为双字型，例如“MD0”。

③ 将这 2 个变量复制到 HMI 的变量表中。

（2）编辑 PLC 梯形图和 HMI 画面

① 修改第 6 章 6.2.6 节梯形图中定时器的程序。定时输入端 PT 原来设置为固定时间 10s，现在修改为时间变量“定时输入”. 定时设置。显示端 ET 原来没有设置变量，现在将 HMI 变量表中的“计时输出”添加到这里。图 10-48 是修改后的梯形图。

② 在 HMI 站点下面，添加一个画面，用于设置和显示时间。在画面中添加 2 个 I/O 域和 2 个文本域，在第一个文本域中输入文本“定时设置”，在第二个文本域中输入文本“计时输出”，如图 10-49 所示。

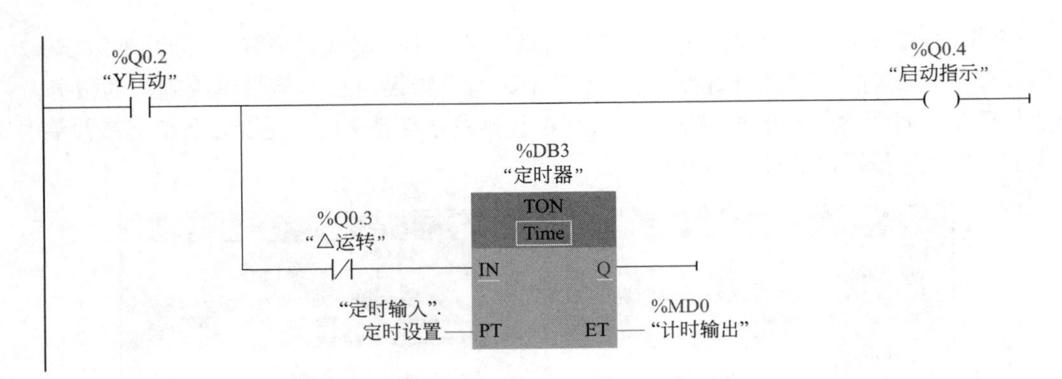

图 10-48 在定时器的 PT 端和 ET 端添加变量

第一个 I/O 域用于设置定时器的时间值。打开它的属性界面，在"常规"→"类型"→"模式"中，选择"输入"模式。在"动画"→"显示"→"可见性"→"过程"→"变量"中，输入时间变量""定时输入".定时设置"。在"动画"→"显示"→"外观"→"变量"中，也输入这个时间变量。

第二个 I/O 域用于显示定时器计时的过程。编辑方法与上述相似，在"常规"中选择"输出"模式。在"动画"选项卡中，将"外观"和"可见性"中的变量均设置为"计时输出"。

(3) 人机界面中的操作

用手指触摸 HMI 画面中的"定时设置"I/O 域，弹出小键盘，如图 10-50 所示。在这里就可以设置定时器的时间值。其单位为"ms"。如果需要设置为 10s，则输入数值"10000"。

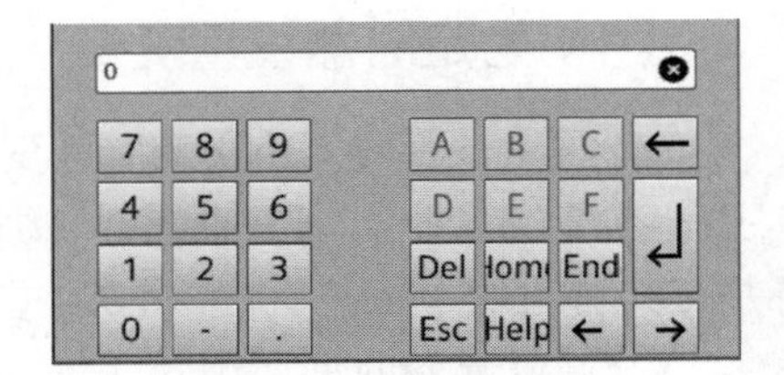

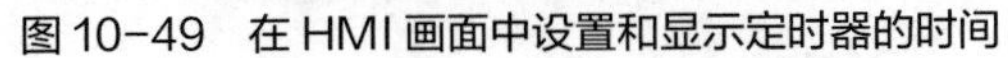

图 10-49 在 HMI 画面中设置和显示定时器的时间　　图 10-50 人机界面中的小键盘

在"计时输出"I/O 域中，动态地显示定时器计时的过程。例如，当定时值设置为 10s 时，从 0 开始增加，达到 10000 时停止，不需要进行任何设置。

10.6.2 显示 PLC 系统的时间

HMI 在使用过程中，经常需要为报警信息和过程控制量做时间戳。在这种情况下，必须使用与 PLC 一致的日期和时间，否则对报警信息和过程控制量的记录将失去意义。因此，需要将 PLC 的日期和时间传递到 HMI 中，在 HMI 中有时也需要显示日期和时间。下面介绍具体的编辑方法。

（1）通过I/O域显示系统时间

① 在编程软件中组态S7-1200之后，打开CPU的属性界面，在PLC的“属性”→“常规”→“时间”→“本地时间”→“时区”中，选择北京时间（东八区）。目前我国不采用夏令时，所以不勾选它。

② 在建立编程计算机与PLC的在线连接之后，按照第11章11.1.3节所介绍的方法，设置PLC的时钟，校准日期和时间。

③ 在PLC站点的程序块下面，新建一个数据块DB，并将它展开在编辑区中，在其中添加一个时间变量，可以命名为“日期和时间”，数据类型为DTL。再建立一个Int型变量，可以命名为“返回值”，如图10-51所示。

数据块_3

	名称	数据类型	起始值	保持	可从HMI/...	从H...	在HMI...
1	▼ Static						
2	▸ 日期和时间	DTL	DTL#1970-01-01-00:00:00	☑	☑	☑	☑
3	返回值	Int	0	☑	☑	☑	☑

图10-51 在数据块中建立2个与时间有关的变量

④ 在PLC站点的程序块下面，新建一个子程序块，在其中编辑一段读取本地时间的程序，如图10-52所示。图中选用了扩展指令中的“读取本地时间”指令“RD_LOC_T”，它的作用是利用CPU读取本地时间。将图10-51数据块中的时间变量“日期和时间”复制到OUT端。另外，将“返回值”复制到RET_VAL端，它用于指示时间的处理有没有错误。

▼ 程序段1：.....

读取本地时间

RD_LOC_T
DTL
EN ENO
RET_VAL — “数据块_3”.返回值
OUT — “数据块_3”.日期和时间

图10-52 “读取本地时间”的程序

⑤ 将子程序块调用到组织块OB中，并对PLC程序进行整体编译，然后下载到PLC中。

⑥ 将PLC中所建立的时间变量复制到HMI的变量表中。

⑦ 将需要显示时间的HMI画面打开，从资源卡的工具箱中选取控件0.12（I/O域），添加到画面中。

⑧ 打开I/O域的“属性”→“属性列表”→“常规”，对其中的3个选项进行设置，如图10-53所示。

a. 在“格式”→“显示格式”栏目中，选取“日期/时间”。

b. 在“过程”→“变量”栏目中，添加上时间变量“数据块_3_日期和时间”，这个变量是在PLC的数据块中建立的。

c. 在“类型”→“模式”栏目中，选取“输出”或“输入/输出”。

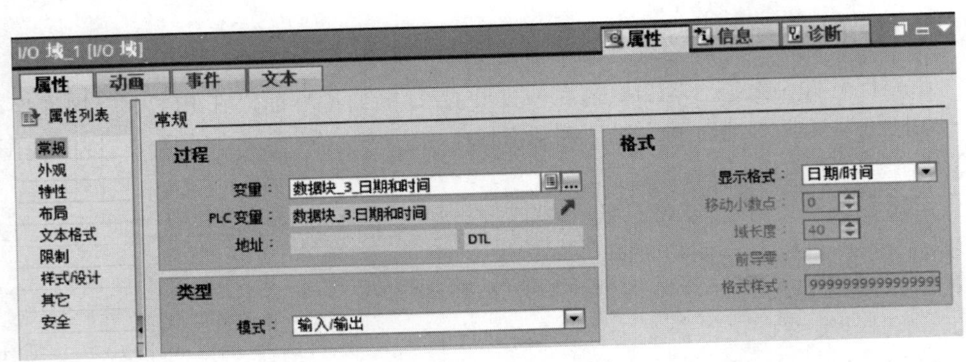

图 10-53 “I/O 域”属性中 3 个选项的设置

⑨ 对 HMI 画面进行编译和下载。

完成这些操作步骤后，CPU 模块所读取的系统时间，就显示在 HMI 的画面中。

（2）通过“日期/时间域”显示系统时间

① 在 PLC 的“属性”→“常规”→“时间”→“本地时间”→“时区”中，选择北京时间（东八区）。目前我国不采用夏令时，不用勾选它。

② 在建立编程计算机与 PLC 的在线连接之后，按照第 11 章 11.1.3 节所介绍的方法，校准 PLC 中 CPU 模块的日期和时间。

③ 将需要显示时间的 HMI 画面打开，从资源卡的工具箱中选取控件（日期/时间域），添加到画面中。

④ 打开“日期/时间域”的“属性”→“属性列表”→“常规”，对其中的 3 个选项进行设置，如图 10-54 所示。

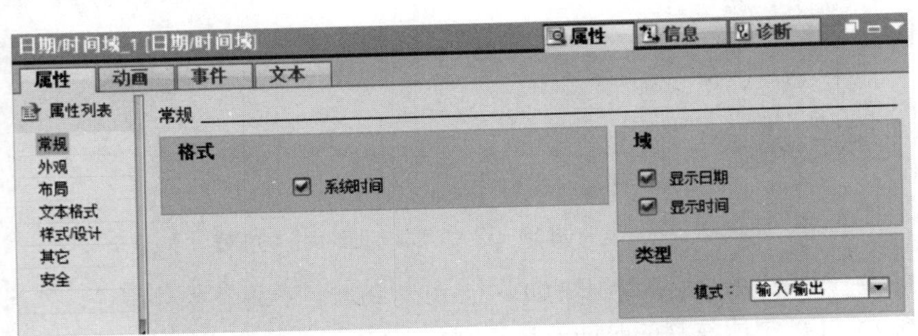

图 10-54 “日期/时间域”属性中 3 个选项的设置

a. 在“格式”栏目中，勾选“系统时间”。

b. 在“域”栏目中，勾选“显示日期”和“显示时间”。

c. 在“类型”→“模式”栏目中，选取“输出”或“输入/输出”。

其他一般性的设置，参照前面所述的内容进行。

完成这些设置后，在 HMI 的画面中就可以显示 CPU 所读取的系统时间。

第11章

计算机与PLC和HMI的通信

SIEMENS

11.1 编程计算机与S7-1200 PLC的通信

扫一扫 看视频

在编程计算机中安装 TIA 博途编程软件 STEP7 V14 SP1，并且对 S7-1200 进行组态和编程之后，计算机必须与实际的 S7-1200 CPU 建立通信，也就是将二者连接起来，以便将 TIA 博途编程软件中所组态的硬件配置，以及将所编辑的 PLC 程序下载到实际的 PLC 中，执行具体的控制功能，否则硬件配置和 PLC 程序只是空中楼阁，没有什么实际用途。此外，程序的调试和运行中的监控，都需要建立通信连接。

11.1.1 通信连接的准备工作

(1) 对实际的 PLC 和组态的 PLC 进行检查

在建立连接之前，需要对实际安装的 S7-1200 CPU 和博途编程软件中组态的 CPU 进行对照检查，要求它们的型号、订货号、版本号完全一致，否则不能建立连接关系。例如，如果其中一个的版本号是 V4.1，另一个的版本号是 V4.2，就无法连接。初学者容易忽视这一细小的差别，从而导致连接出错。

如果版本号不一致，可以进行修改。例如，在图 11-1 中，在“版本”选择框的右边，通过下拉三角箭头可以将该 PLC 的版本号选择为 V4.0 或 V4.1、V4.2。

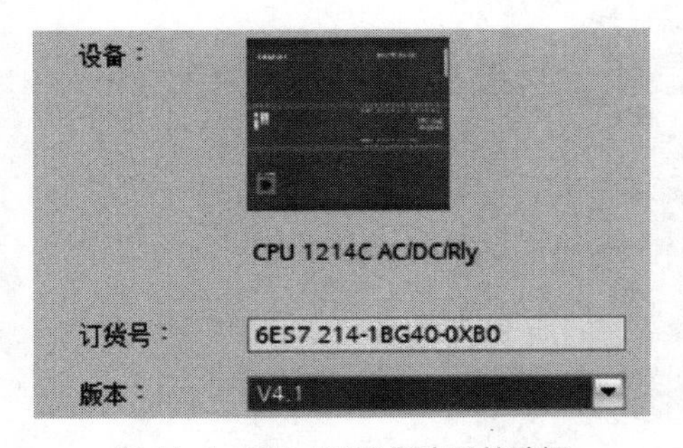

图 11-1 S7-1200 版本号的选择

(2) 通过以太网的 RJ45 网线进行连接

以太网首先在个人计算机网络系统，例如办公自动化系统、管理信息系统中广泛应用。早期的以太网通信速率比较低，如果网络中的设备比较多，信息交换量比较大，可能会出现冲突和阻塞，影响信息传输的效率。现在以太网的传输速率得到很大幅度的提高，达到 100 ～ 1000Mbit/s，并采用了其他提速的措施，解决了效率低的问题。使用以太网很容易实现控制网络的一体化，所以以太网已经越来越广泛地在工业自动化的控制网络中使用。

西门子的工业自动化通信网络是 SIMATIC NET，它的顶层就是工业以太网。

图 11-2 是编程计算机与 S7-1200 CPU 连接的示意图，它们是通过 RJ45 网线进行连接的。如果组态的设备在两个以上，应该通过交换机或通信模块进行连接，而一对一的通信不需要使用交换机。

计算机
PROFINET接口
S7-1200
网线
RJ45

图 11-2 计算机与 PLC 机器的连接

PROFINET 是基于工业以太网的开放的现场总线。在 S7-1200 系列 PLC 的左下角，配置有一个集成的 PROFINET 接口，就是 RJ45 以太网接口，它的传输速率为 10/100Mbit/s，适应工业以太网的体系，具有实时性、开放性。它能实现与编程计算机、人机界面、其他 S7 CPU 之间的通信连接。它支持电缆交叉自适应，并支持以下方式的通信协议和服务：

① TCP（传输控制协议）；

② ISO-on-TCP(RCF 1006)；

③ UDP（用户数据报协议）。

当计算机上配置有网线接口时，可以利用普通的网线直接进行连接。一端插在计算机的网线接口上，另一端插在 S7-1200 的 PROFINET 接口上。网线的形状如图 11-3 所示。

如果计算机上没有配置网线接口，可以通过 USB 接口转接，但是需要增加一块 USB3.0 有线高速网卡，如图 11-4 所示。利用它进行转接，也就是将 USB 接口转换为以太网的 PROFINET 通信接口。

图 11-3 网线

图 11-4 USB3.0 有线高速网卡

（3）设置编程计算机和 PLC 的 IP 地址、子网掩码

IP 地址即网际协议（Internet Protocol）地址，它由 32 位数组成。为了便于记忆，将这 32 位分成 4 组，每组一个字节，用相应的十进制数表示，用小数点分隔。子网掩码又称为网络掩码、地址掩码。它用于指明一个 IP 地址的哪些位所标识的是主机所在的子网，哪些位所标识的是主机的位掩码。子网掩码不能单独地存在，它必须与 IP 地址一起使用。

子网掩码将 IP 地址分为 A、B、C 三类，我们常用的 255.255.255.0 是 C 类，它说明每一个网段可以使用 255 台计算机。

为了将编程计算机中的内容快捷而准确地传送到 PLC、HMI、分布式 I/O 设备和其他计算机，编程计算机必须拥有一个 IP 地址，这个地址在整个网络中是唯一的，它前面的 3 个字节必须与 PLC 等设备 IP 地址的前面 3 个字节完全一致，最后 1 个字节可以选取 0～255 中的某一个数值。

① 查找 S7-1200 的 IP 地址和子网掩码。在项目树的 PLC 站点下面双击“设备组态”，打开设备视图，用以下两种方法进行查找。

第一种方法：右击设备视图中的 CPU 模块，打开它的属性界面，从“常规”→“PROFINET 接口［×1］”→“以太网地址”→“IP 协议”中查看到这个 IP 地址。默认的 IP 地址是 192.168.0.*，默认的子网掩码 255.255.255.0，

第二种方法：直接右击 CPU 左下角表示以太网接口的绿色小方框，打开“属性”界面，从“常规”→“以太网地址”→“IP 协议”中查看到 IP 地址，可以采用其中默认的 IP 地址和子网掩码，如图 11-5 所示。

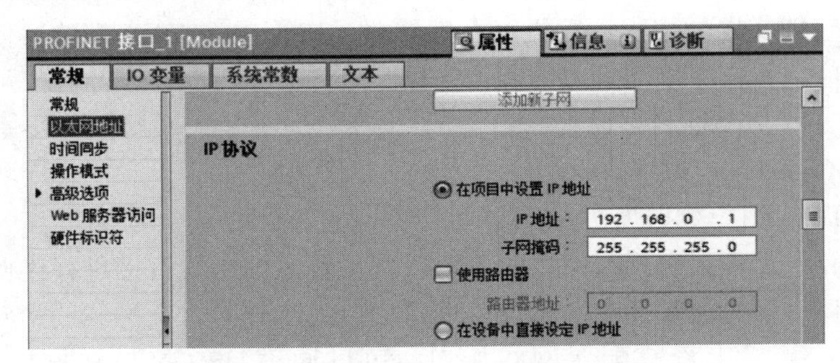

图 11-5　S7-1200 的 IP 地址和子网掩码

② 设置编程计算机的 IP 地址和子网掩码。在工业自动化控制系统中，当计算机通过不同的途径连接网络和 PLC 等设备时，所分配的 IP 地址有时会发生变化，导致本来已经连接好的 PLC、HMI 等设备又连接不上。当出现这类问题时，初学者往往会不知所措。因此，在查找到 S7-1200 等设备的 IP 地址和子网掩码之后，有必要为计算机设置一个相应固定的 IP 地址和子网掩码。

以 Windows 10 系统为例，设置固定的 IP 地址的步骤是：依次点击计算机中的“设置”→“网络和 Internet”→“高级网络设置”→“更改适配器选项”→“以太网”（右击）→“属性”→“Internet 协议版本 4（TCP/IPv4）”→“属性”→“使用下面的 IP 地址（S）”，此时出现设置栏目，如图 11-6 所示。可以在此设置本计算机固定使用的 IP 地址和子网掩码。后面的默认网关不需要设置。最后点击“确定”退出设置。IP 地址的前面 3 个字节（192.168.0.）必须与 PLC 相同，最后面的第 4 个字节则不能相同，需要在 0 ～ 255 之间选取。

（4）查找计算机的 PG/PC 接口

依次点击编程计算机中的“控制面板”→“所有控制面板项”，选择其中的“设置 PG/PC 接口”，如果计算机上安装有普通以太网的网口，就会弹出“设置 PG/PC 接口”界面，如图 11-7 所示。

在“应用程序访问点（A）”栏目中，通过右边的下拉三角箭头选择计算机需要连接的设备，例如 PLC、人机界面等。

在图 11-6 中，我们所采用的通信协议版本是符合以太网接口的 TCP/IPv4，据此，在图 11-7 中需要选择 PG/PC 接口中的第二项（第 1 项是〈无〉）“ASIX AX88772C USB2.0 to Fast Ethernet Adapter”或下面的第三项、第四项。

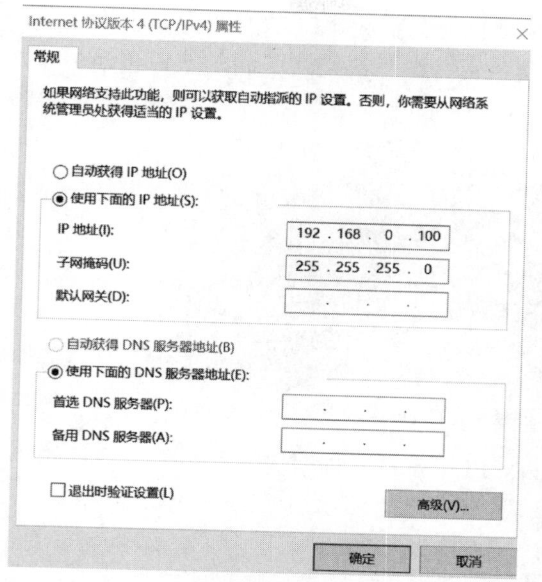

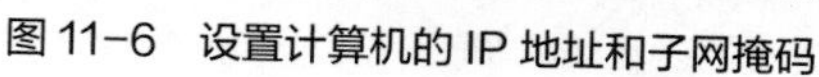
图 11-6 设置计算机的 IP 地址和子网掩码

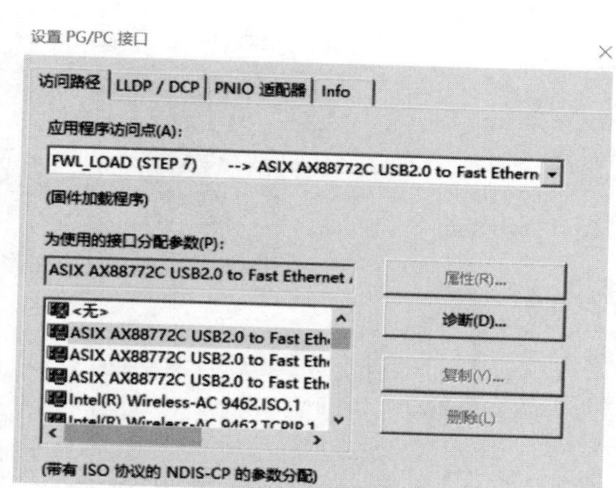

图 11-7 选择计算机的 PG/PC 接口

11.1.2 计算机与 PLC 的在线连接

设置好 IP 地址和 PG/PC 接口之后，就可以在项目视图中采用下面的方法建立计算机与 S7-1200 的在线连接。

① 在项目树下面，双击 PLC 站点下面的“在线与诊断”，进入“在线访问”界面。

② 在“PG/PC 接口的类型”中选取“PN/IE”。

③ 在“PG/PC 接口”中选取本计算机的通信接口，即图 11-7 中的第二项。

④“接口/子网的连接”一般显示为灰色，此时不需要设置。

⑤ 点击“转到在线”按钮，就可以建立连接关系，如图 11-8 所示。

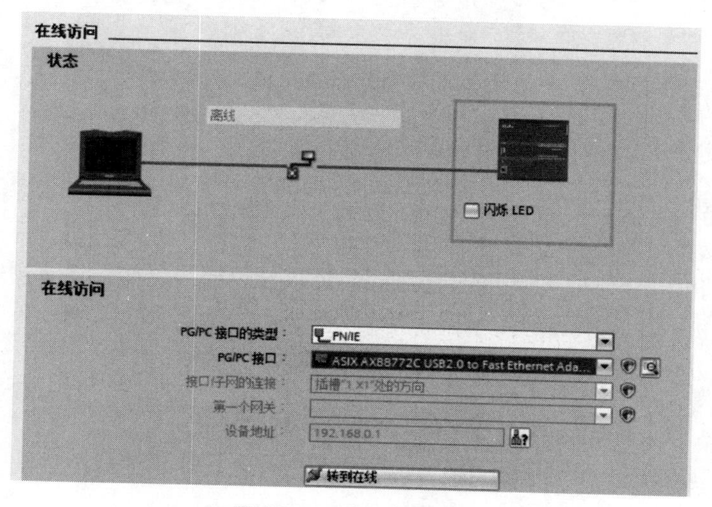

图 11-8 建立在线连接

此时，编程窗口上方的标题栏由黑色变为黄色，PLC 的四周显示为黄色，计算机与 PLC 之间的连接线条由深灰色变为绿色，连线中间的缺口也消失了，线条上方明确地提示“在线”，如图 11-9 所示。

图 11-9　已经完成的在线连接

与此同时，项目树中的工程项目、PLC 站点、程序块等都出现了橙色的小圆圈，小圆圈中间是一个白色的“！”，表示它们都处于在线状态。

11.1.3　通信状态下的其他设置

（1）设置 PLC 的工作模式

建立在线连接之后，在右侧的资源卡中点击“在线工具”→“CPU 操作面板”，通过相应的按钮，可以将 CPU 的工作模式切换为“STOP”“RUN”“MRES”（存储器复位），如图 11-10 所示。

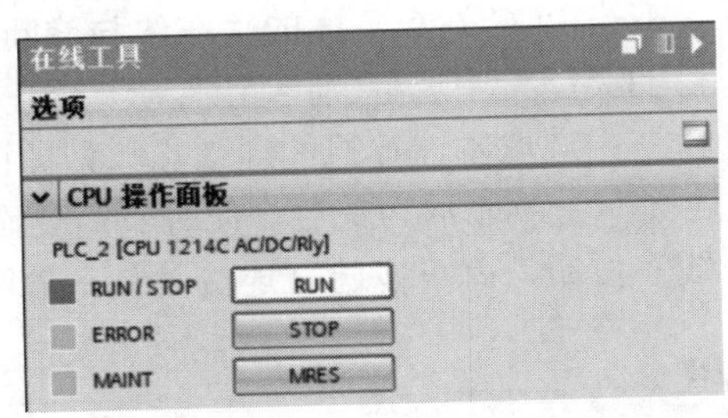

图 11-10　设置 PLC 的工作模式

（2）设置 PLC 的时钟

建立在线连接之后，双击项目树中 PLC 站点下面的“在线和诊断”，打开“在线访问”窗口，选择“功能”→“设置时间”界面，在这里显示了编程计算机和 PLC 中 CPU 模块的时钟信息，可以对“模块时间”进行更改，使这个时间与 PG/PC 栏目中的时间一致，然后勾选“从 PG/PC 获取”，并单击“应用”按钮，就可以将编程计算机当前的时间设置到 PLC 的 CPU 模块中，如图 11-11 所示。

（3）重置为出厂设置

当 CPU 出现下载错误，需要重新恢复等情况时，可以尝试将 PLC 重置为出厂设置。

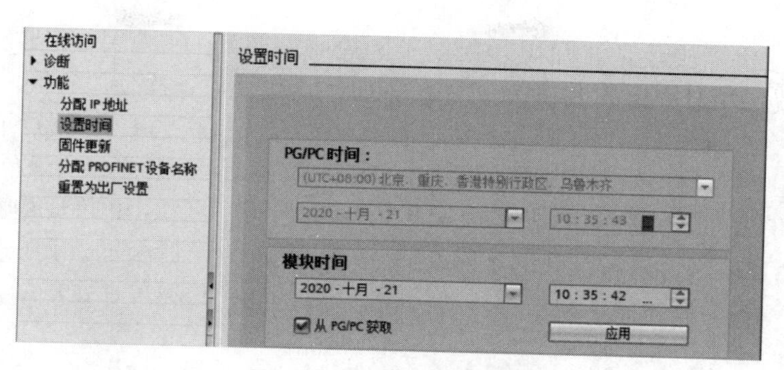

图 11-11 设置 PLC 的时钟

建立与 PLC 的在线连接之后，在“在线访问”→“功能”下面，选取“重置为出厂设置”，出现图 11-12 所示的界面。

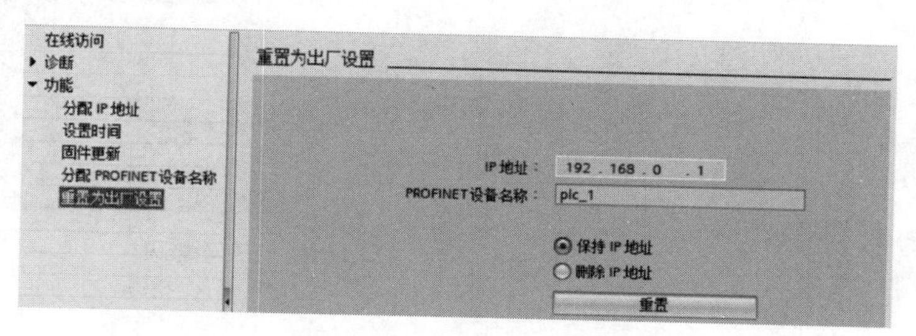

图 11-12 重置为出厂设置

在这个界面中，显示了 PLC 的 IP 地址、PROFINET 设备名称。可以选择“保持 IP 地址”或“删除 IP 地址”，然后点击“重置”按钮，出现图 11-13 所示的对话框。

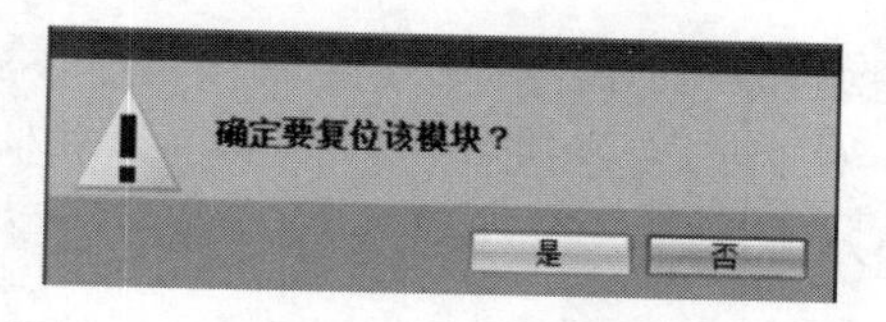

图 11-13 点击“重置”按钮后出现的对话框

点击该对话框中的按钮“是”，又出现另一个对话框，提示“只能在 STOP 模式下进行复位操作”。点击其中的按钮“是”，就会切换到 STOP 模式，并重置为出厂设置，清空工作存储器和内部装载存储器。

进行重置后，PLC 中原来装载的组态数据和程序都被清除，PLC 进入 STOP 状态。只有再次装载组态数据和程序后，才能重新置于 RUN 状态。

在“功能”项目下面，还有其他一些选项可以分别进行设置，这些选项可以根据要求进行取舍。

11.2 编程计算机与HMI的通信

在完成 HMI 的组态之后，编程计算机需要建立与 HMI 的连接，其步骤是：

① 查找计算机的 IP 地址、子网掩码。在第 11.1 节中，已经为编程计算机设置了相对固定的 IP 地址、子网掩码，这里要再一次使用它们。

② 查找 HMI 的 IP 地址、子网掩码。在项目树的 HMI 站点下面，双击“设备组态”，打开设备视图，选中 HMI 下方表示以太网接口的绿色小方框，用右键打开“属性”→“常规”→“以太网地址”，采用 IP 协议中默认的 IP 地址 192.168.0.6，以及默认的子网掩码 255.255.255.0，如图 11-14 所示。

③ 参照本章 11.1.2 节中的方法，完成 HMI 与编程计算机的通信连接。

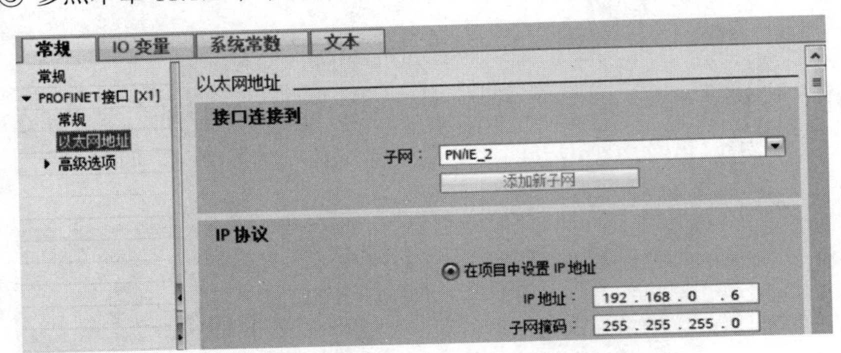

图 11-14　HMI 的 IP 地址和子网掩码

11.3　S7-1200 PLC与HMI的通信

扫一扫 看视频

在 TIA 博途编程软件中的同一个工程项目中，S7-1200 可以轻松地与 HMI 建立通信连接，对 PLC 变量进行访问，并执行其他相关的操作。通信连接可以采取以下两种方法。

(1) 通过 HMI 设备向导建立连接

在完成 HMI 的组态后，就会自动弹出 HMI 与 PLC 连接的向导，如图 11-15 所示。

在“选择 PLC”下方的浏览窗口中，找到已经组态的 PLC 并双击，S7-1200 就显示在这个浏览窗口的上方。同时可以看到通信接口，例如 PROFINET（X1），还可以看到通信驱动程序，例如 SIMATIC S7-1200。

连续几次点击图 11-15 底部的“下一步”按钮，就完成了 HMI 与 S7-1200 的连接。此时，所组态的 HMI 会自动添加到项目树中，同时在编辑窗口中出现了 HMI 的编辑画面。

(2) 通过网络视图建立连接

在项目树下面，点击“设备和网络”，弹出网络视图，单击 HMI 下面的通信接口，拖拽到 PLC 左下角的 PROFINET 通信接口，当鼠标的标志转变为连接标志时，释放鼠标，这样便建立起了 HMI 与 S7-1200 的连接，如图 11-16 所示。

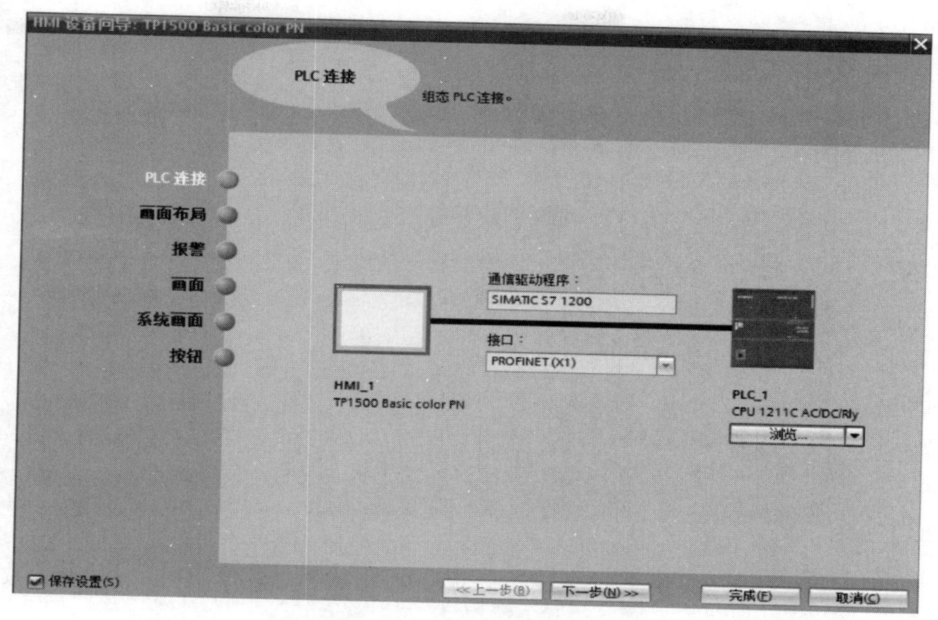

图 11-15 通过设备向导建立 HMI 连接

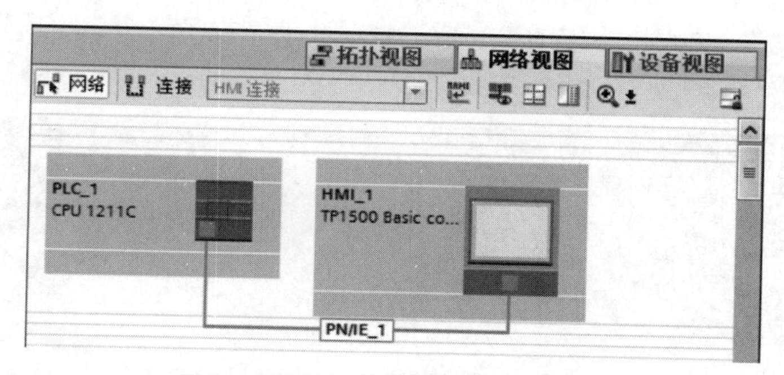

图 11-16 通过网络视图建立 HMI 连接

11.4 组态和程序的下载和上传

扫一扫 看视频

11.4.1 组态数据和软件程序的下载

在完成程序的编辑和编译并建立计算机与 PLC、HMI 的在线连接之后，就可以进行硬件组态和软件程序的下载。下面以计算机向 PLC 下载为例进行说明。

下载也称为“写入”，既要下载硬件配置，又要下载程序及其他软件。

现在以第 7 章 7.4 中的 C6140 车床 PLC 改造装置为例，说明下载的具体步骤。

① 在项目视图的项目树中，选中需要下载的 PLC 站点。

② 点击菜单栏中的“在线”→“下载到设备”，弹出“下载预览”界面，进行下载之前的检查，如图 11-17 所示。

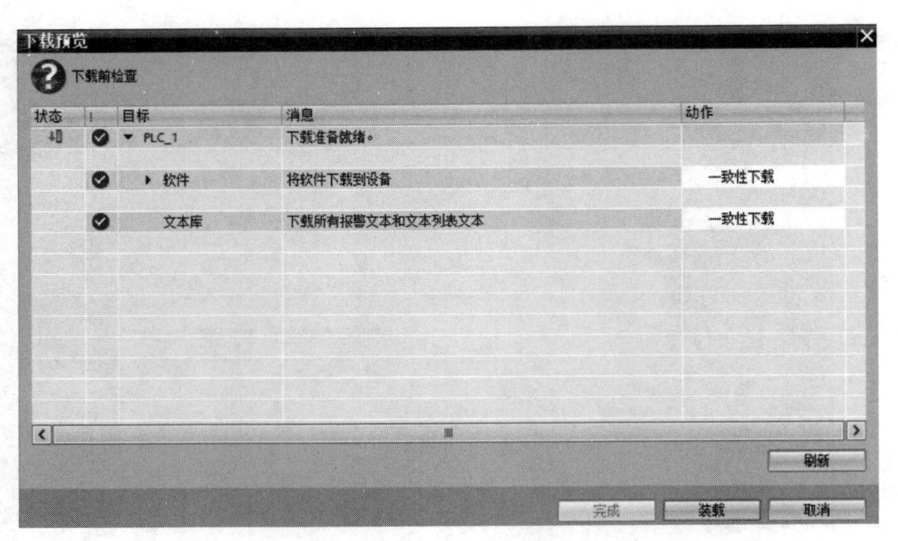

图 11-17　下载之前的检查

③ 点击右下方的“装载”按钮，正式进入 PLC 硬件组态和软件程序的下载。

④ 下载完成后，显示图 11-18 所示的“下载结果”界面。勾选其中的“全部启动”，再点击下方的“完成”按钮，便完成了这个工程项目的 PLC 硬件和软件下载。

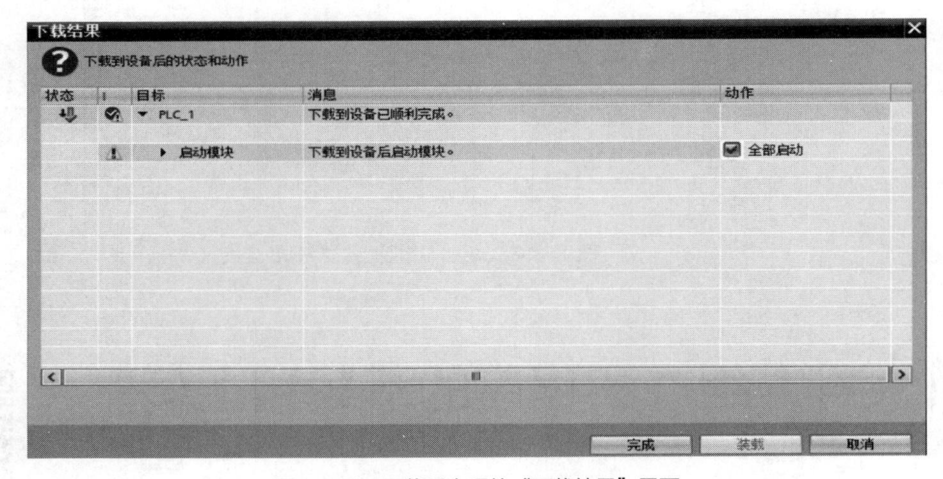

图 11-18　下载后出现的“下载结果”界面

在工具栏中，有一个“下载到设备”的快捷按钮，点击这个按钮也可以执行下载。

11.4.2　组态数据和软件程序的上传

扫一扫 看视频

上传也称为读取，它是与下载相反的操作，是指将 PLC、HMI 中的设备配置和软件程序传递到计算机的 TIA 博途编程软件中，以便于修改、保存，或者对程序的运行进行监视。

下面仍以 PLC 为例进行说明。

在上传之前，也需要进行计算机与 PLC 的在线连接，否则不能执行。

仍以第 7 章 7.4 中的 C6140 车床 PLC 改造装置为例，说明上传的具体步骤。

① 按照 11.1.2 所述建立计算机与 S7-1200 的在线连接。

② 点击“在线”菜单中的“从设备中上传（软件）”，弹出图 11-19 所示的“上传预览”界面，提示需要检查从设备中上传的前提条件。

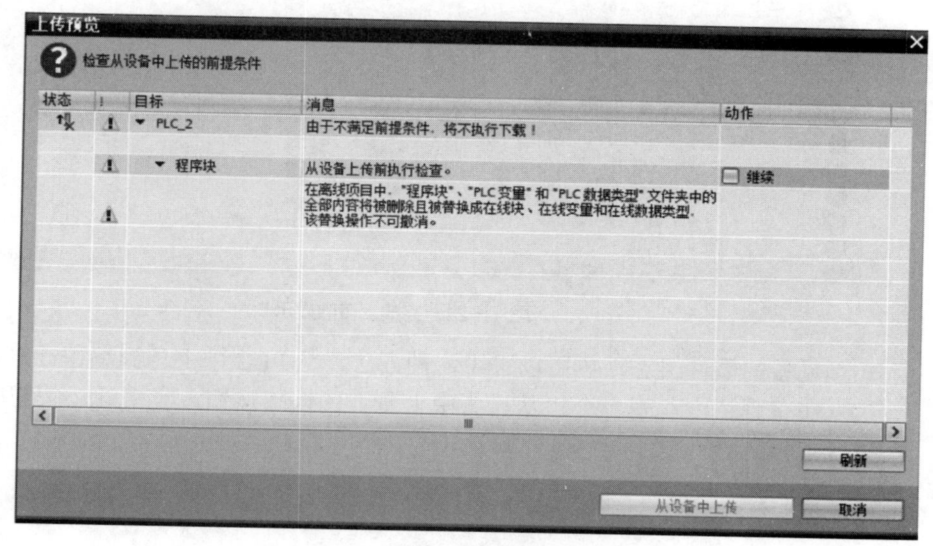

图 11-19 检查上传的前提条件

③ 在“动作”栏下面“继续”左边的小方框中打钩，弹出图 11-20 所示的界面。在这里，左边原来的黄色警告标志都变成了绿色的对钩，提示已经完成了上传之前的检查，可以进行上传了。

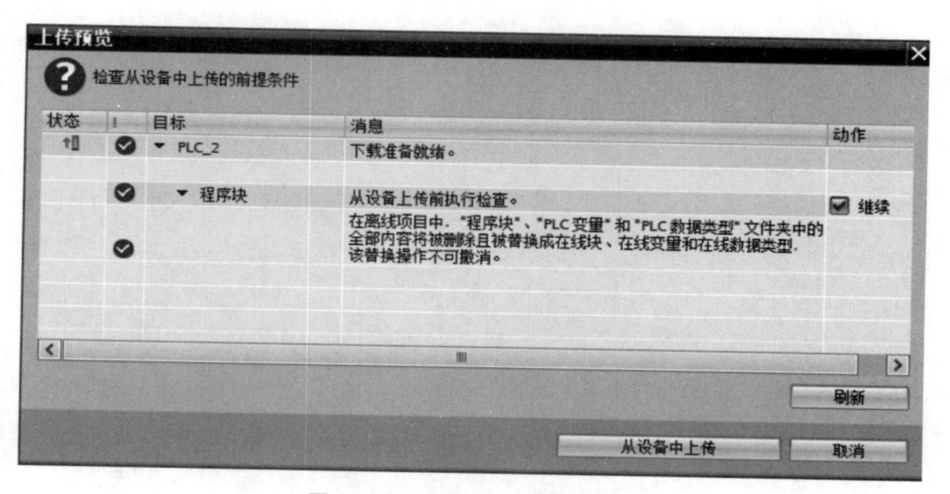

图 11-20 完成了上传之前的检查

④ 点击图 11-20 下方的“从设备中上传”按钮，开始执行软件程序的上传。

⑤ 上传结束后，弹出图 11-21 所示的界面，提示“从设备中上传已完成”。

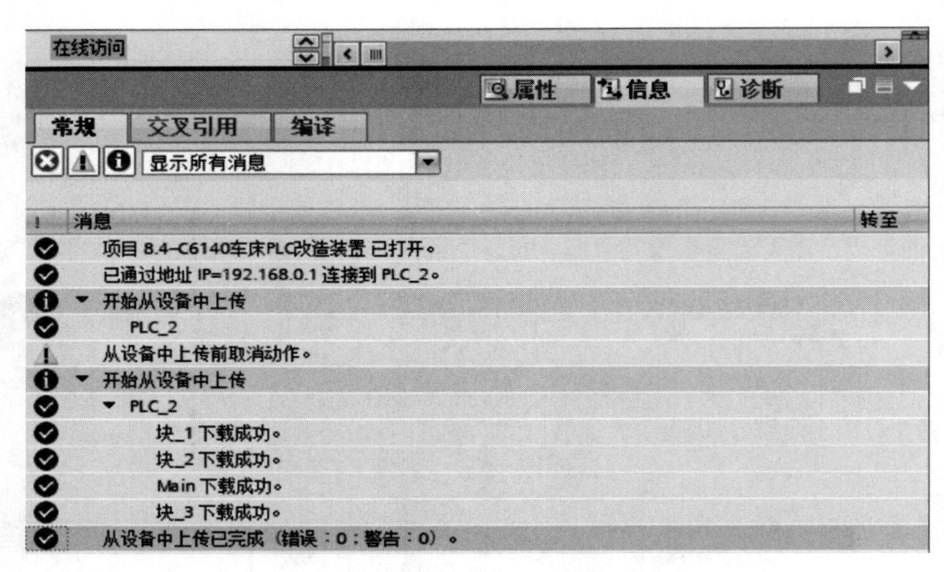

图 11-21　完成上传的提示

设备的硬件组态，也可以采用这种方法，从 PLC 中上传到编程计算机中。

在工具栏中，有一个“从设备中上传”的快捷按钮，点击这个按钮也可以执行上传。

第12章

S7-1200 PLC的调试和监控

SIEMENS

12.1 梯形图程序的仿真分析

仿真分析是学习西门子 PLC 组态和编程、提高动手能力的重要途径。PLC 的价格比较高，初学者往往没有条件使用实际的 PLC 硬件来检验自己的设计。PLC 程序在 TIA 博途环境下编辑完毕后，需要进行初步调试，检查程序是否符合实际工程的控制要求。

依照传统的方法，必须将 PLC 连接到输入元件、输出元件、工作电源、输出电源，然后通过编程电缆，把计算机中编辑的 PLC 程序下载到 PLC 中，才能进行调试和检验。这样调试非常麻烦，如果程序中出错，还可能造成事故。

在 TIA 博途编程软件中，带有仿真软件“S7-PLCSIM V14”，其功能是使编写好的程序在仿真 PLC 中运行，以便对所设计的程序进行仿真分析，而不需要连接实际的 PLC。万一程序中存在错误，出现异常的输出信号，也能够保证系统安全。

TIA 博途编程软件的程序编辑软件是 TIA Protal，V14 是比较新的版本。而执行仿真功能的是另外一款软件 S7-PLCSIM V14，它与 TIA Protal 不在同一个安装包中，需要另外安装。在进行仿真时，这两款软件要一起运行，需在二者之间反复切换。

在本章中，将以一个简单的梯形图程序“电动机启动-保持-停止”为例，介绍在 TIA Protal V14 和 S7-PLCSIM V14 编辑环境中进行仿真分析的方法。

12.1.1 创建仿真分析的文件

创建仿真分析文件的具体操作步骤如下。

① 如果需要进行仿真分析的梯形图程序在子程序块中，则先将子程序块调用到循环组织块（OB1 等）当中，然后打开子程序块中的梯形图程序，如图 12-1 所示。

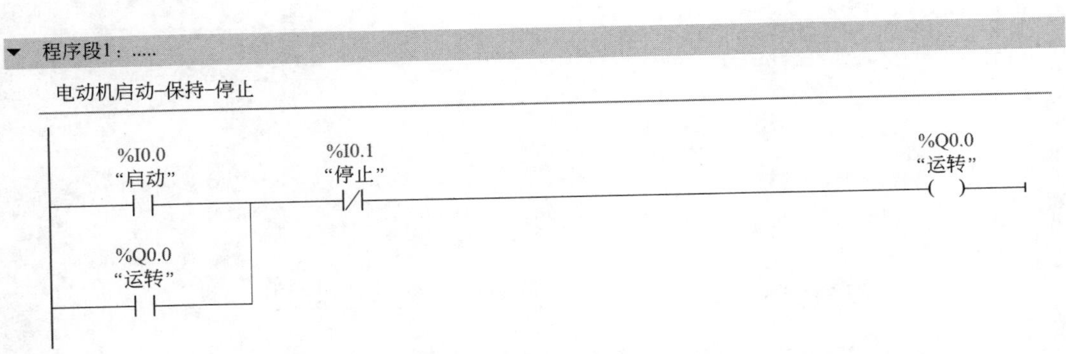

图 12-1　电动机启动-保持-停止梯形图

② 点击主工具条中的“编译”按钮，对梯形图进行编译。如果梯形图中存在错误，就会出现提示。这时必须进行纠正，否则不能转入下一步的仿真分析。

③ 点击主工具条中的“开始仿真”按钮，出现“自动化许可证管理器”对话框，提示“启动仿真将禁用所有其他的在线窗口”。勾选“不再显示此消息”复选框，以后启动仿真程序时，就不会再次显示这个对话框。

④ 弹出一个“下载预览”对话框，如图12-2所示。它提示要把TIA Protal V14中的梯形图程序装载到S7-PLCSIM V14的仿真PLC中。点击图中底部的“装载”按钮，就可以进行程序的下载。

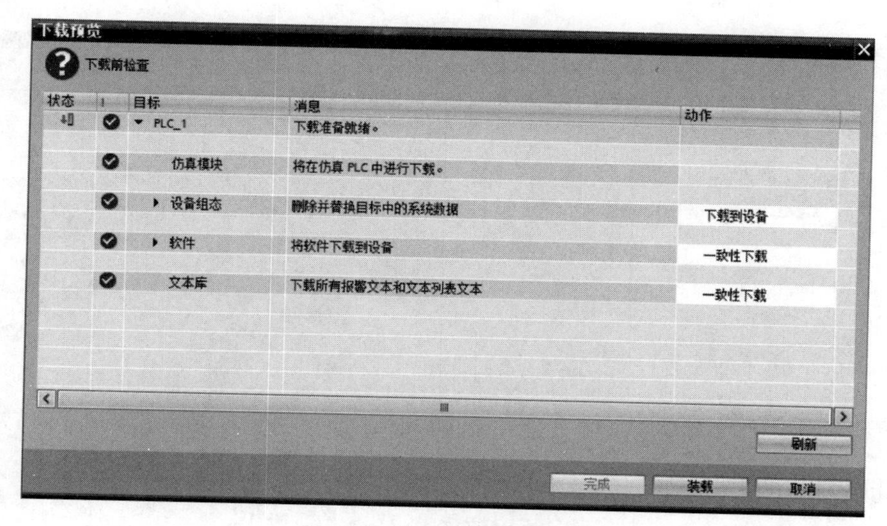

图12-2 “下载预览”对话框

⑤ 完成下载后，弹出图12-3所示的“下载结果”对话框，在“全部启动”左边的小方框中打钩，并点击底部的“完成”按钮。

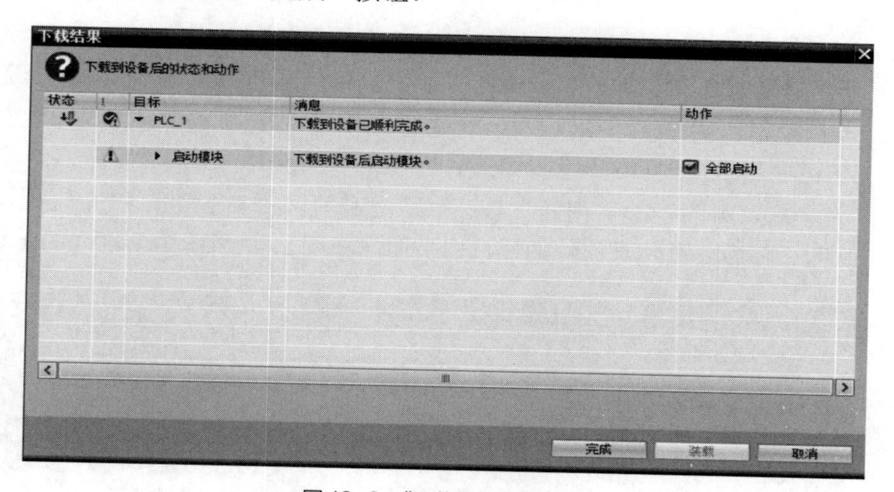

图12-3 “下载结果”对话框

⑥ 在弹出“下载预览”对话框（图12-2）的同时，还弹出了仿真软件S7-PLCSIM的精简视图，如图12-4所示，下面它可以派上用场了。

图 12-4　仿真软件 S7-PLCSIM 的精简视图

⑦ 在这个视图上部第二排的右边，有一个白色的矩形按钮，其作用是“切换到项目视图”，点击这个按钮，弹出 S7-PLCSIM 仿真软件的仿真分析界面，如图 12-5 所示。最上面一行是文件名称，文件名称下面是菜单栏，再下面是工具栏。图中齿轮状的大面积区域是仿真编辑区，其左边是项目树。最下面一行用黑底白字提示已通过地址 IP 连接到编程软件。

图 12-5　S7-PLCSIM 的仿真分析界面

⑧ 点击菜单中的“项目”，在它下面打开一个原有的仿真项目，或新建一个仿真项目。如果新建，会弹出一个“创建新项目”对话框。注意：这里的新项目是指仿真 PLC 中的项目，在对话框中输入项目名称、路径、注释等，如图 12-6 所示。

⑨ 点击图中的“创建”按钮，进行仿真项目的创建，这个过程需要一段时间。随后，在仿真软件的项目树下面出现图 12-7 所示的新创建的仿真项目。

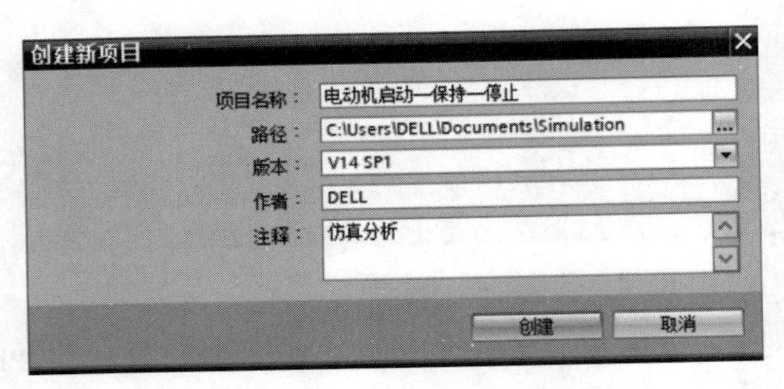

图 12-6　创建仿真新项目对话框

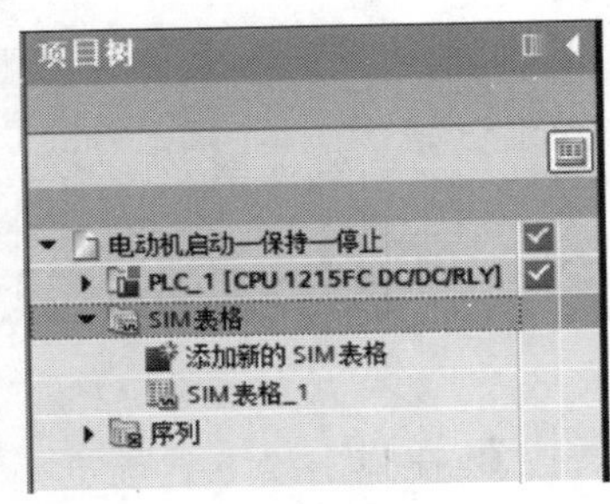

图 12-7　新创建的仿真项目

12.1.2 仿真分析的具体操作

（1）仿真分析的具体操作步骤

进行仿真分析的基本方法是：对输入映像存储区中的变量一个一个地强制“ON”或“OFF”，然后观察程序所发生的变化，该得电的赋值线圈是否都得电了，不该得电的是否不得电，相应的动作是否都实现了，以此检验所设计的程序是否符合要求。具体步骤如下。

① 点击图中的“SIM 表格 _1”，将表格展开在编辑区中。在这个表格内，添加上图 12-1 中的 2 个输入变量，一个是“启动”（I0.0），另一个是“停止”（I0.1），如图 12-8 所示。

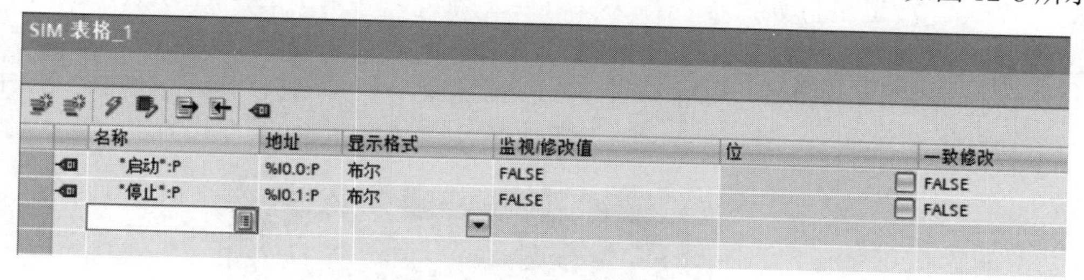
SIM 表格_1

名称	地址	显示格式	监视/修改值	位	一致修改
"启动":P	%I0.0:P	布尔	FALSE		FALSE
"停止":P	%I0.1:P	布尔	FALSE		FALSE

图 12-8 添加了输入变量的 SIM 表格

② 打开图 12-1 梯形图所在的子程序编程界面，点击程序编辑工具条中“启用/禁用监视”按钮，使梯形图进入监视状态，如图 12-9 所示。此时，梯形图中的线条分为 2 种颜色：绿色部分是实线，表示元件和线路接通；蓝色部分是虚线，表示元件和线路断开。Q0.0 处在蓝色的虚线中，说明它没有得电。

%I0.0
“启动”
%I0.1
“停止”
%Q0.0
“运转”
%Q0.0
“运转”

图 12-9 梯形图进入监视状态（Q0.0 不得电）

③ 回到图 12-8 中，在 SIM 表格的“监视/修改值”栏中给有关的变量赋值。表格中“启动”按钮（I0.0）原来的状态是“FALSE”，也就是“0”，说明它没有接通。现在给它赋值为“1”，对应的显示改变为“TRAN”，即强制导通。此时，梯形图各个部位都变成绿色的实线，说明 Q0.0 已经得电，如图 12-10 所示。

%I0.0
“启动”
%I0.1
“停止”
%Q0.0
“运转”
%Q0.0
“运转”

图 12-10 梯形图在监视状态（Q0.0 得电）

④ 将“启动”按钮（I0.0）恢复为“0”，重新显示为“FALSE”，说明按钮已经断开，但是输出线圈 Q0.0 仍然得电，电动机保持运转状态。

⑤ 表格中“停止”按钮（I0.1）原来的状态是“FALSE”，也就是“0”，因为它是常闭触点，所以原来是接通的，不影响电动机启动。现在给它赋值为“1”，对应的显示改变为“TRAN”，此时，这个常闭触点被断开，梯形图各个部位都变成虚线，Q0.0 失电，电动机停止运转。

⑥ 将“停止”按钮（I0.1）恢复为“0”，重新显示为“FALSE”，仿真分析结束。分析的结果是：梯形图程序正常，符合设计要求。

⑦ 退出仿真状态。再次点击程序编辑工具条中的“启用/禁用监视”按钮，弹出图 12-11 所示的对话框，提示“是否要转到离线？”点击“是”便可退出仿真状态。此时元件和线条的彩色标记都消失，梯形图恢复到原来的状态。

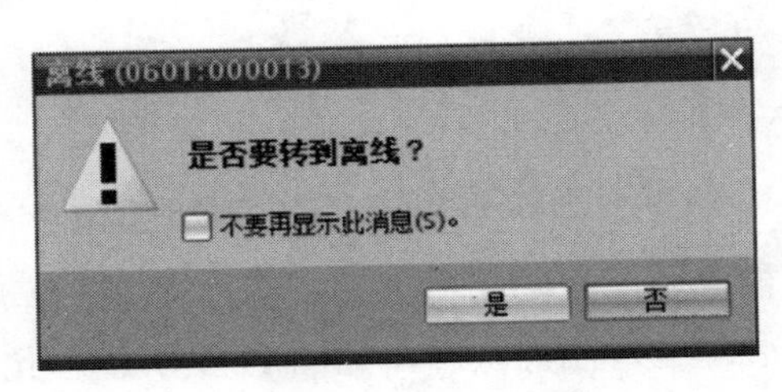

图 12-11　退出仿真状态

可以将这个已经完成仿真分析的程序下载到 PLC 中，待 PLC 连接外部输入/输出元件后，进行下一步的实体调试。

（2）不能进行仿真分析的几种情况

① PLC 的 CPU 版本在 V4.0 以下（包括 V4.0）。

② 当输入、输出存储区所在的模块未参与硬件组态时，如果程序中使用了对应的地址编号，则不能强制有关的变量为“0”或为“1”。例如，当选用的 CPU 型号为 CPU 1215FC 时，主模块上的输入端子从 I0.0 排列到 I1.5，后面就没有了。如果没有再添加 DI 数字输入模块，而程序中又包含有编号在 I1.5 之后（不含 I1.5）的输入端子，则这些端子不能强制为“0”或为“1”。

③ 需要仿真的程序在子程序块中，而子程序块没有被调用到循环组织块 OB 中。

④ 只有数字输入之类的变量（变量 DI）才能强制为“0”或“1”，位存储区、赋值线圈等变量不能强制。

⑤ 在位存储区 M 中，有些已作为特殊寄存区使用。例如 M0.0 ～ M0.7 已用于时钟存储区，M1.0 ～ M1.3 已用于系统存储区。如果这些存储区已经启用，但是又在程序中作为其他的用途，则有关的程序不能进行仿真分析。

⑥ 在编译过程中提示有问题的程序，不能进行仿真分析。此时，在项目树有关文件的右侧，会出现橙色的、中间带有白色惊叹号的小圆圈（ ）。

扫一扫 看视频

12.2 PLC和HMI的联合仿真分析

如果将 PLC 和 HMI 集成在 TIA 博途编程软件的同一个工程项目中，就可以用 WinCC 的运行系统对 HMI 设备进行仿真，用 PLC 的仿真软件 S7-PLCSIM 对 PLC 进行仿真，模拟它们的实际控制功能，而不需要 PLC 硬件和 HMI 硬件。

当 S7-1200 在 TIA 博途环境下都编辑完毕，并且建立了通信连接之后，就可以将梯形图的程序下载到仿真 PLC 中，将 HMI 的画面程序下载到仿真 HMI 中，进行联合仿真分析。此时，这几款软件都要运行，在它们之间反复进行切换。

与 PLC 单独仿真相比较，联合仿真的内容更加丰富，图案和画面更为生动。

在本节中，仍以本章 12.1 节的程序“电动机启动-保持-停止”为例，介绍联合仿真分析的方法。基本的方法仍然是：对输入映像存储区中的变量一个一个地强制“ON”或“OFF”，然后观察梯形图和画面所发生的变化，所编辑的动作是否都实现了，以此检验所设计的 PLC 梯形图和 HMI 画面是否符合设计要求。

12.2.1 编辑 PLC 梯形图和 HMI 画面

(1) 编辑 PLC 梯形图程序

梯形图采用类似于图 12-1 所示的电动机启动-保持-停止控制程序，如图 12-12 所示。图中增加了一个“启动按钮 2”，其绝对地址是 M4.0；一个“停止按钮 2”，其绝对地址是

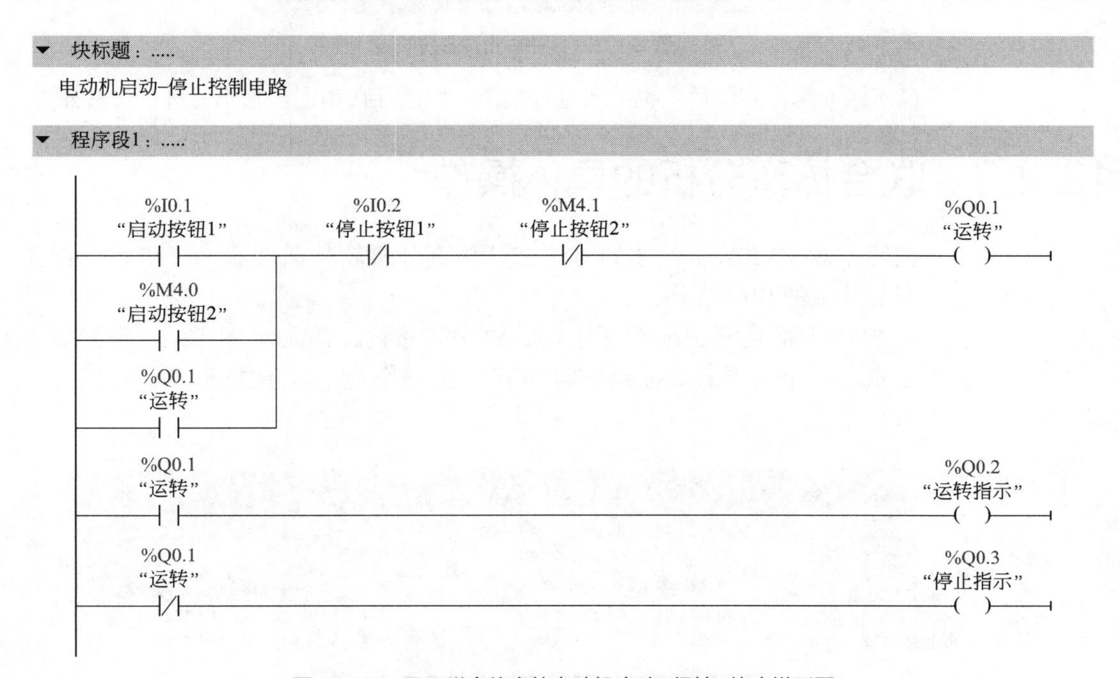

图 12-12 用于联合仿真的电动机启动-保持-停止梯形图

M4.1。它们用于在 HMI 画面中操作，这两个变量要使用 PLC 内部的位存储区 M，而不能使用输入变量 I。另外增加了一个“运转指示”，其绝对地址是 Q0.2；一个“停止指示”，其绝对地址是 Q0.3。它们用于在 HMI 画面中显示机械设备的工作状态。

梯形图程序编辑完毕后，需要进行编译，纠正其中的错误。

（2）编辑 HMI 画面

按照本章 10.4 节所叙述的方法，添加并编辑一个简单的 HMI 画面，以 50% 的比例进行显示，如图 12-13 所示。其中有 4 个元件：启动按钮 2、停止按钮 2、运转指示、停止指示。编辑时必须为它们添加符号地址（也可以使用绝对地址）。图中所看到的文字不是符号地址，而是另外添加的文本域，它直接采用相关变量的符号地址作为文本，其作用是便于操作和监视。图中元件的颜色按照自己的要求设置。在属性的“动画”选项卡中，将两个指示灯的外观设置为“闪烁”状态，以便于观察动画效果。

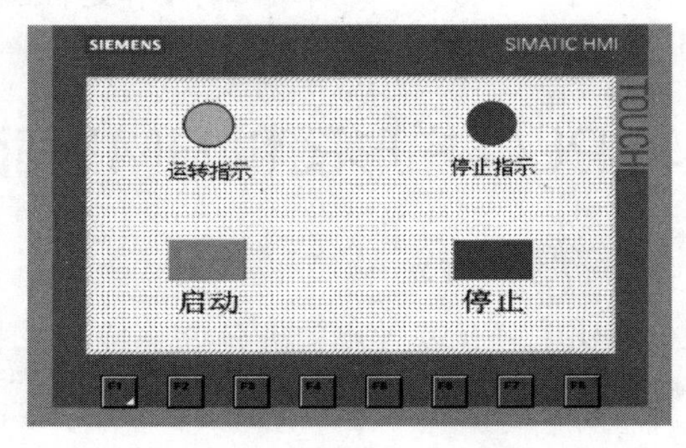

图 12-13 用于联合仿真的 HMI 画面

HMI画面编辑完毕后，也需要进行编译，如果存在错误，则不能进行仿真分析。

12.2.2 联合仿真分析的具体操作

按照本章 12.1 节所叙述的方法打开仿真分析软件，创建一个仿真分析文件，展开其中的 SIM 表格。

将 SIM 表格展开在编辑区中。在这个表格内，添加上图 12-12 中的 2 个输入变量，一个是“启动按钮 1”（I0.1），另一个是“停止按钮 1”（I0.2），如图 12-14 所示。

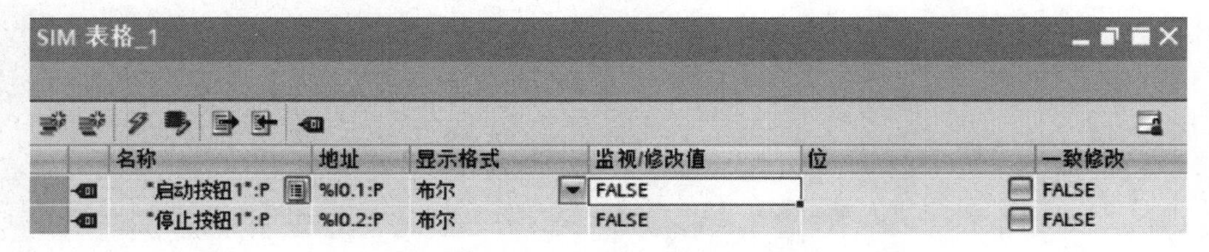

图 12-14 添加了输入变量的 SIM 表格

进行仿真操作时，既可以在图 12-14 中修改变量的监视值［对于布尔量，可以设置为“0”（FALSE）或“1”（TRUE）］，也可以在图 12-13 的画面中通过“启动”和“停止”按钮进行操作。两种操作方法的效果是相同的。

（1）停止状态时的仿真

① 停止时梯形图的仿真状态。打开图 12-12 梯形图所在的子程序编程界面，点击程序编辑工具条中“启用/禁用监视”按钮，使梯形图进入监视状态。未对“启动按钮 1”（I0.1）进行操作时（状态为“FALSE”，也就是“0”），梯形图的状态如图 12-15 所示。此时，Q0.1（运转）处在蓝色的虚线中，说明它没有得电；而 Q0.3（停止指示）处在绿色的实线中，说明停止指标亮了。

%I0.1
“启动按钮1”
%I0.2
“停止按钮1”
%M4.1
“停止按钮2”
%Q0.1
“运转”
%M4.0
“启动按钮2”
%Q0.1
“运转”
%Q0.1
“运转”
%Q0.2
“运转指示”
%Q0.1
“运转”
%Q0.3
“停止指示”

图 12-15　梯形图进入监视状态（Q0.1 不得电）

② 停止时 HMI 画面的仿真状态。当图 12-13 所示的 HMI 画面打开时，点击工具栏中的“开始仿真”按钮，弹出图 12-16 所示的“启动模拟”对话框，应予以确定。

接着，在编程区域中弹出了图 12-17 所示的仿真 HMI 的画面。

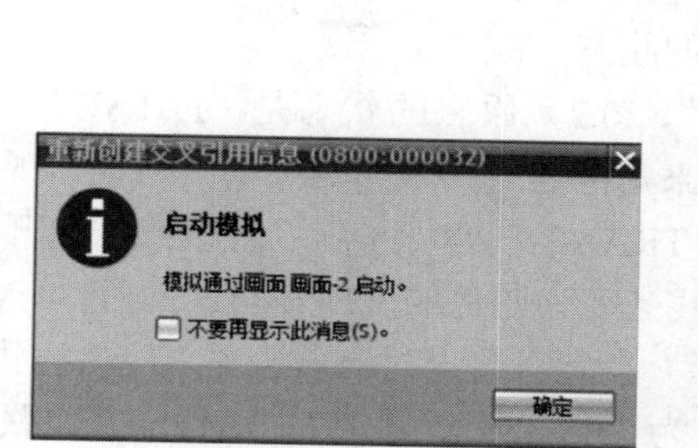

图 12-16　HMI 的启动模拟对话框

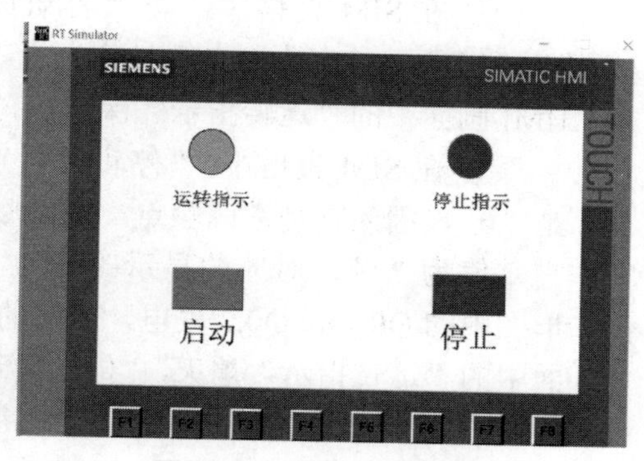

图 12-17　仿真 HMI 的画面

在梯形图进入监视状态，且 Q0.1、Q0.2 不得电的状态下，HMI 画面的状态与它呼应，其中的“运转指示”不亮，而“停止指示”亮起并处于闪烁状态，与梯形图程序相呼应，更直观地表达了“停止”状态。

（2）启动状态时的仿真

① 启动时梯形图的仿真状态。返回到图 12-14 中，在 SIM 表格的“监视/修改值”栏中给有关的变量赋值。“启动按钮 1”(I0.1）原来的状态是“FALSE”，说明它没有接通。现在给它赋值为“1”，对应的显示改变为“TRAN”，即强制导通。此时梯形图的状态如图 12-18 所示，Q0.1（运转）和 Q0.2（运转指示）处于绿色的实线中，说明它们已经得电，而 Q0.3（停止指示）处于蓝色的虚线中，说明它断电。

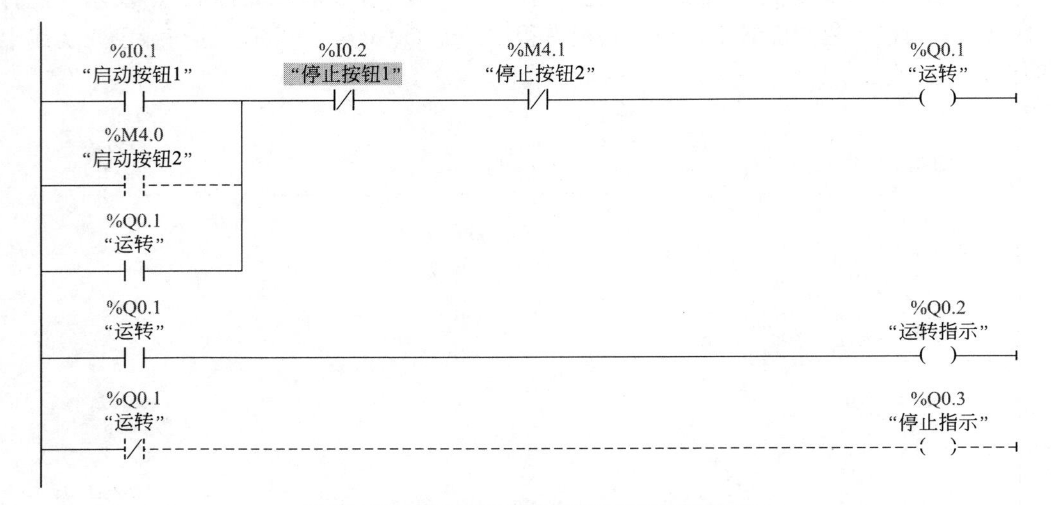

图 12-18　启动按钮 1 接通时梯形图的仿真状态

② 启动时 HMI 画面的仿真状态。此时，HMI 的画面也与梯形图程序相呼应。Q0.3（停止指示）停止闪烁，说明它已经断电；而 Q0.2（运转指示）处于闪烁状态，更直观地表达了运转状态。

（3）仿真状态下的其他操作

① 在 SIM 表格中，将“启动按钮 1”(I0.1）恢复为“0”，重新显示为“FALSE”，也就是将启动按钮断开，但是此时输出线圈 Q0.1 仍然保持得电，HMI 画面中的“运转指示”保持在亮的状态。

② 在 SIM 表格中，“停止按钮 1”(I0.2）原来的状态是“FALSE”，也就是“0”，因为它是常闭触点，所以原来是接通的，不影响电动机启动。现在给它赋值为“1”，对应的显示改变为“TRAN”，此时这个常闭触点被断开，梯形图中的 Q0.1 和 Q0.2 失电，对应的线条变为蓝色的虚线。与此同时，HMI 画面中的“运转指示”熄灭，“停止指示”亮起，更直观地表达了“停止”状态。

③ 将“停止按钮 1”(I0.2）恢复为“0”，重新显示为“FALSE”，联合仿真分析结束。分析的结果是：PLC 的梯形图程序和 HMI 的画面程序都正常，符合设计要求。

④ 再次点击程序编辑工具条中的“启用/禁用监视”按钮，退出 PLC 仿真分析状态，并点击图 12-17 右上角的关闭按钮，关闭 HMI 的仿真分析画面。

（4）联合仿真分析的其他方法

① 用PLC硬件对HMI进行仿真。编辑好HMI的画面后，如果没有HMI硬件，仅有PLC硬件，可以在建立编程计算机与PLC通信连接的情况下，用计算机模拟HMI的功能。这种方式称为在线测试，可以减少调试时刷新HMI设备闪存的次数，节省调试时间，仿真的效果与实际系统非常接近。

② 使用变量仿真器进行仿真。在既没有实际的HMI设备，又没有实际的PLC设备时，可以利用变量仿真器来检测HMI的部分功能，这种测试称为离线测试。在“在线”菜单的命令中，打开变量仿真器，模拟画面的切换和数据输入的过程。还可以用仿真器来改变按钮控制的位变量状态，以及输出域显示的变量数值。这种仿真方式没有运行PLC的用户程序，因而与实际系统的性能有较大的差异。

12.3 对程序和变量进行监控

在对程序进行调试和诊断故障的时候，往往需要监控某些变量的值，有时又需要修改某些变量的值，此时需要使用变量监控的功能。

扫一扫 看视频

12.3.1 在梯形图程序中进行监控

在程序运行时，点击主工栏中的“转至在线”，使计算机与PLC处于“在线”状态。然后点击梯形图编辑区上方的“启用/禁用监控”按钮，就可以使程序处于监控之中。

处于监控状态的画面，与仿真分析所出现的画面相同，梯形图上的线条分为两种颜色，绿色的是实线，表示线条接通或元件得电，蓝色的是虚线，表示线条断开或元件断电。如图12-19所示。根据这些线条和变量的状态，可以判断相关的动作是否正常，所设计的程序是否符合要求。

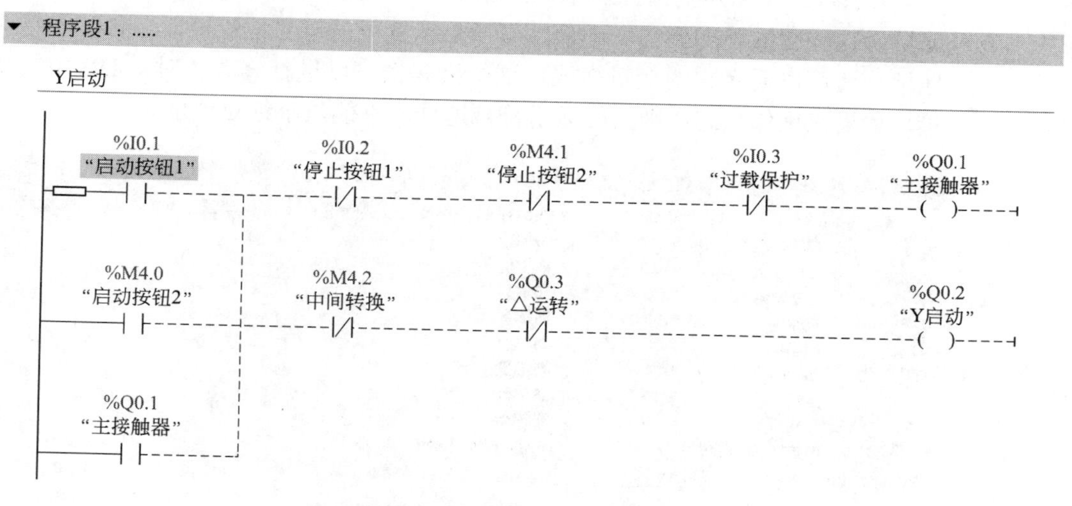

图12-19 在梯形图程序中进行监控

再次单击按钮，可以使梯形图程序退出监控，转到离线状态。

12.3.2 在监控表中对变量进行监控

扫一扫 看视频

在对程序进行调试的时候，有时需要监控某些变量的值，有时又需要修改某些变量的值，此时需要使用变量监控的功能。

在项目树的PLC站点下面，点击“监控与强制表”→“添加新监控表”，弹出图12-20所示的监控表。

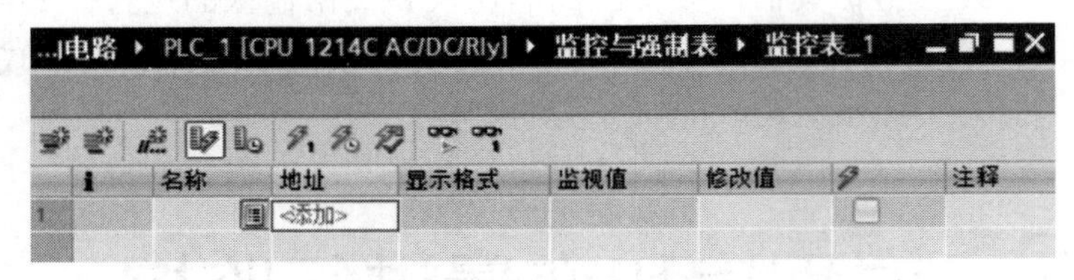

图12-20 添加的新监控表

在这个监控图表的上方有一个工具栏，其中有10个操作按钮。从左到右分别是：插入行、添加行、插入一个注释行、显示/隐藏所有修改列、显示/隐藏扩展模式列、立即一次性修改所有选定值、使用触发器修改、启用外设输出、全部监控、立即一次性监控所有变量。

在图表中可以添加需要监控和需要修改的变量，然后使用表格上方的工具栏对变量进行操作。也可以添加空白行，以便将需要监控的变量划分为不同的组别。

按下第五个按钮“显示/隐藏扩展模式列”，打开扩展模式，对于输入映像区和输出映像区中的变量，无论是否在扩展模式，都可以监控和修改。此时，外设输入点可以被监控，但是不能修改；外设输出点则可以修改，但是不能监控。而在非扩展模式之下，不能监控也不能修改外设的I/O点。

在图12-21所示的监控表中，添加了星-三角启动电路梯形图程序中的9个变量。这些变量添加到图表中后，可以显示变量的符号地址（即名称）和绝对地址，还可以显示它的变量格式，这个格式也可以进行修改。对于DB中的变量，如果在优化状态，则只能显示符号地址，不能显示绝对地址。

	i	名称	地址	显示格式	监视值	修改值	⚡	注释
1		"启动按钮1"	%I0.2	布尔型				
2		"停止按钮1"	%I0.3	布尔型				
3		"主接触器"	%Q0.1	布尔型				
4		"Y启动"	%Q0.2	布尔型				
5		"△运转"	%Q0.3	布尔型				
6		"启动指示"	%Q0.4	布尔型				
7		"运转指示"	%Q0.5	布尔型				
8		"停止指示"	%Q0.6	布尔型				
9		"数据块_3".时间		DATE_AND_TIME				
10			<添加>					

图12-21 添加变量后的监控表

变量添加完毕后，点击工具栏最右边的“立即一次性监控所有变量”按钮，就会立即读取一遍所有变量的值，并显示在“监视值”一列中。如果单击第九个按钮“全部监控”，所有的变量将会被一直监控着，“监视值”一列中将实时显示各个变量的动态值。如图12-22所示。

...起动电路 ▸ PLC_1 [CPU 1214C AC/DC/Rly] ▸ 监控与强制表 ▸ 监控表_1

	i	名称	地址	显示格式	监视值	修改值	
1		"启动按钮1"	%I0.2	布尔型	FALSE	TRUE	☑
2		"停止按钮1"	%I0.3	布尔型	TRUE		
3		"主接触器"	%Q0.1	布尔型	TRUE		
4		"Y启动"	%Q0.2	布尔型	FALSE		
5		"△运转"	%Q0.3	布尔型	TRUE		
6		"启动指示"	%Q0.4	布尔型	FALSE		
7		"运转指示"	%Q0.5	布尔型	TRUE		
8		"停止指示"	%Q0.6	布尔型	FALSE		
9		"数据块_3".时间		DATE_AND_TIME	DTL#2020-...		
10			<添加>				

图12-22 实时显示各个变量的动态值

如果按下图12-21中的“显示/隐藏所有修改列”按钮，可以在“修改值”一列中写入一个目标值，此时在“闪电”列中会自动地打上对钩。接着按下“立即一次性修改所有选定值”按钮，已经画钩的变量都将立刻被改写为目标值，但是只能改写一次。

如果按下“使用触发器修改”按钮，在默认情况下，变量被一直改写为修改值。

12.3.3 在HMI的诊断页面中进行监控

在HMI中，可以编辑一个或多个诊断页面，在其中添加输入端子（I）和输出端子（Q）的变量，并使用与PLC变量相同的地址。在PLC和HMI建立通信连接的状态下，从诊断页面中，可以监控到这些变量的状态，如图12-23所示，它用于监控“星-三角启动装置”中3个输入元件和3个输出元件的状态。

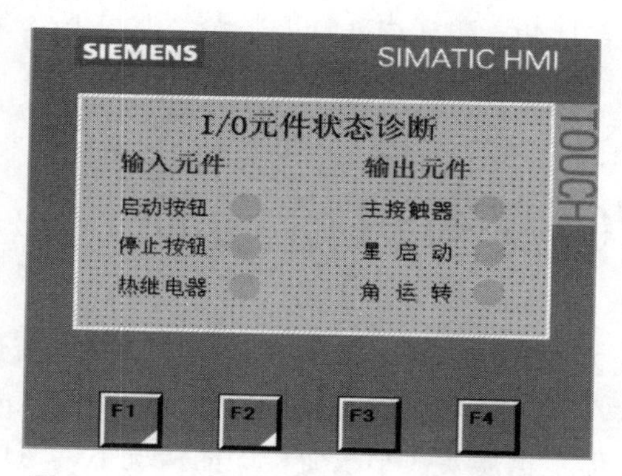

图12-23 在HMI中编辑I/O元件的诊断页面

在图中，用HMI工具箱中的“圆”作为指示灯，监控PLC中I/O元件的状态。对这些指示灯的编辑方法是：

① 在“属性”→“动画”→“显示”→“可见性”→“变量”中，添加所监控变量的符号地址，如图 12-24 所示。

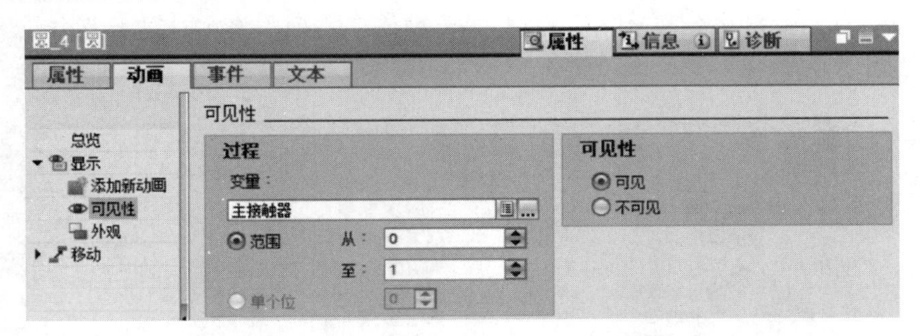

图 12-24　在“可见性”→“变量”中添加符号地址

② 在“属性”→“动画”→“显示”→“可见性”→“外观”中，添加所监控变量的符号地址，并采用两种不同的颜色来表示变量的两种不同状态，如图 12-25 所示。

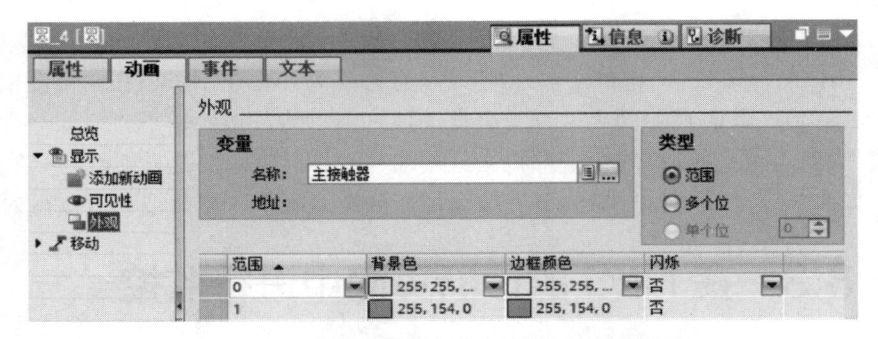

图 12-25　在“外观”中添加变量的符号地址和颜色

在图 12-23 中，各个变量的左边要加上一个文本框，在其中填写这个变量的符号地址作为文本，以便于诊断。

按照上述方法编辑之后，从这个诊断画面中，就可以监控星-三角启动装置中 3 个输入元件和 3 个输出元件的状态。变量如果没有接通或没有得电，指示灯为浅黄色；接通或得电之后转换为深黄色。

12.4　对I/O变量进行强制

在对 S7-1200 的程序进行调试时，如果某个输入端子本来没有输入信号，但是需要将这个输入信号接通，以观察程序的响应，或者某个输出端子本来没有输出信号，但是也需要在不改变程序的情况下，使这个输出端子输出控制信号，以查看外部设备的反应，在就需要使用“强制”功能使 S7-1200 处于一种特殊的状态，在这个状态下，I/O 点由用户人为地控制，这就是对 I/O 变量进行强制。

12.4.1 在强制表中添加 I/O 变量

在 PLC 站点的“监控与强制表”下面有一个默认的“强制表”。打开此表，如图 12-26 所示，表格上方的工具栏中有 9 个操作按钮，从左到右分别是插入行、添加行、插入一个注释行、显示/隐藏扩展模式列、更新所有强制的操作数和值、启动或替换可见变量的强制、停止所选地址的强制、全部监视、立即一次性监视所有变量。

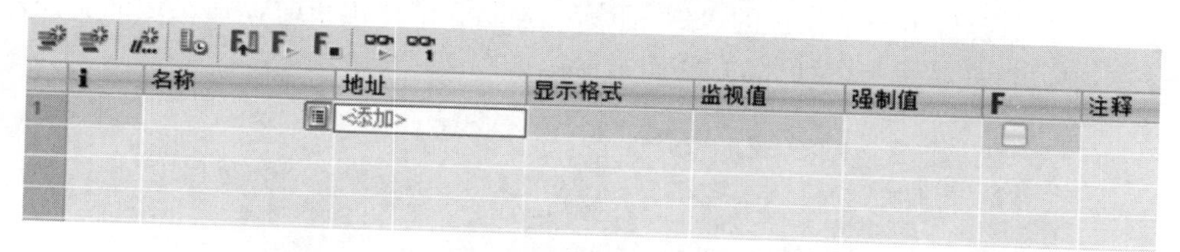

	i	名称	地址	显示格式	监视值	强制值	F	注释
1			<添加>					

图 12-26 默认的强制表

将需要强制的 I/O 点和需要监视的变量添加到表中，如图 12-27 所示。在这里添加了 2 个输入变量 I3.1 和 I3.2，2 个输出变量 Q3.1 和 Q3.2。由于强制功能是直接控制外部设备，不受映像区刷新和程序运行的影响，所以这些 I/O 点后面自动加上了“:P”，表示直接读写外设的 I/O 端子。

	i	名称	地址	显示格式	监视值	强制值	F	注释
1		"启动按钮":P	%I3.1:P	布尔型				
2		"停止按钮":P	%I3.2:P	布尔型				
3		"电机运转":P	%Q3.1:P	布尔型				
4		"运转指示":P	%Q3.2:P	布尔型				
5			<添加>					

图 12-27 添加了 I/O 变量的强制表

12.4.2 对 I/O 变量进行强制操作

接下来，将需要强制的值输入到变量所在的栏中，对于布尔型的变量，“强制值”就是“0”和“1”。输入强制值后，强制值右边对应的红色“F”栏就会自动打上对钩。在工具栏的“启动或替换可见变量的强制”按钮中，字母“F”由黑色变成红色，它右边的小三角箭头由灰色变成绿色。单击这个按钮，弹出如图 12-28 所示的对话框，提示将要启动强制状态。

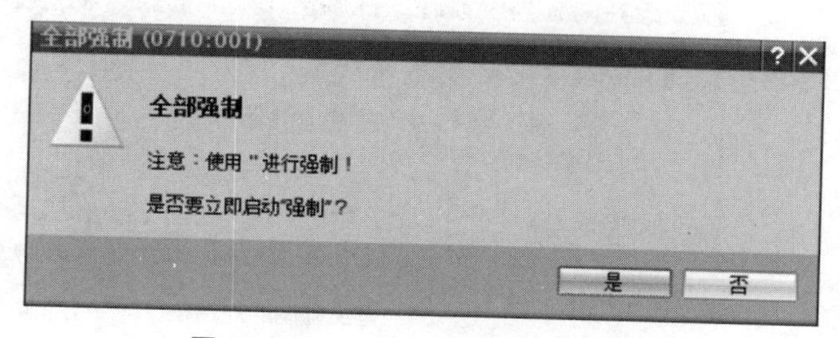

图 12-28 提示将要启动强制的对话框

单击右下方的按钮“是”，PLC 就会进入强制状态。

进入强制状态后，会出现以下几种现象：

① 被强制的 I/O 点只能受到强制表的控制，外部的操作无效。对于输出点，如果强制为接通，就会直接向外部设备输出控制信号，因此必须注意安全方面的问题。

② 在通信连接的状态下，在强制表中强制一个输入点时，其左边监控栏“i”中会显示一个红色的“F”图标；强制一个输出点时，在左边的监控栏“i”中，也会显示一个红色的“F”符号。如图 12-29 所示。

	i	名称	地址	显示格式	监视值	强制值	F	注释
1	F	"启动按钮":P	%I3.1:P	布尔型		TRUE	☑	
2		"停止按钮":P	%I3.2:P	布尔型			☐	
3	F	"电机运转":P	%Q3.1:P	布尔型		TRUE	☑	
4	F	"运转指示":P	%Q3.2:P	布尔型		TRUE	☑	
5			<添加>				☐	

图 12-29　强制时左边显示红色的“F”图标

③ 强制一个变量时，梯形图程序中相应的变量也会显示一个红色的“F”符号，如图 12-30 所示。

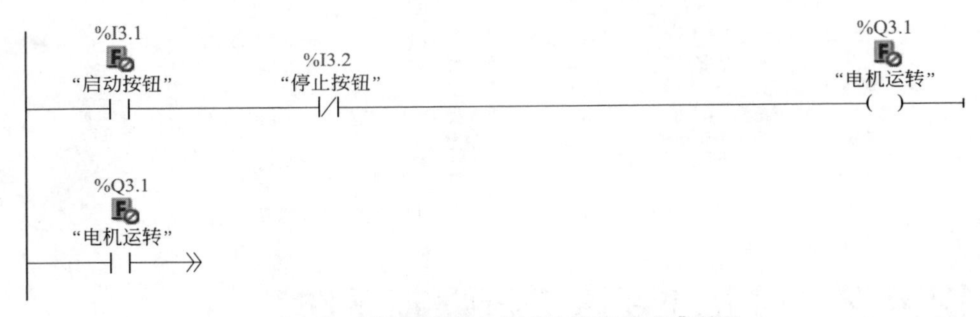

图 12-30　梯形图中相应变量显示红色的“F”符号

④ 强制结束后，需要退出强制状态，才能使 S7-1200 恢复正常工作状态。其方法是点击图 12-26 中的按钮“停止所选地址的强制”（F 加小方块），此时会弹出图 12-31 所示的对话框，点击其中的按钮“是”即可退出强制状态。采取关断电源、重启 S7-1200 等方法，都不能退出强制状态。

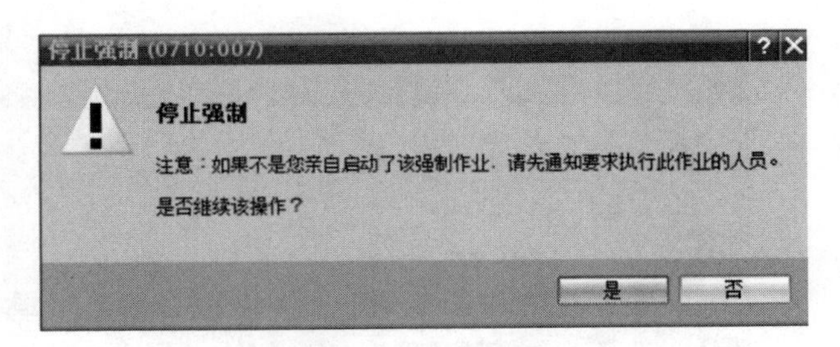

图 12-31　停止强制的对话框

第13章

故障诊断和安全措施

SIEMENS

S7-1200 型 PLC 性能稳定，工作可靠，无故障时间可以达到几十万小时。但是，PLC 是以半导体器件为主体的机器，随着使用时间的延长、环境和温度的影响，元器件会慢慢地老化，不可避免地出现某些故障。所以，要求处于现场的电气工程师具有过硬的技术和丰富的经验，不仅仅能够编制程序、读懂和解析程序，而且在 PLC 意外地停止运行时，在生产工艺偏离了预定的程序时，能够迅速查明故障原因，采用行之有效的方法，进行有针对性的处理，及时排除故障，缩短维修时间，提高生产效率。但是，S7-1200 和 TIA 博途编程软件是工业自动化领域中一门比较复杂的技术，牵涉到方方面面，故障的诊断和处理往往不是一帆风顺。

13.1 定期检查和故障分布

13.1.1 S7-1200 PLC 的定期检查

S7-1200 在工作过程中，需要建立定期检查制度，按期执行，以保证它在最佳的状态下运行。每台 PLC 都有确定的定期检查时间，一般以 6 ～ 12 个月检查一次为宜。如果使用环境中条件较差，还需要把检查间隔适当缩短。定期检查的主要内容如表 13-1 所示。

表 13-1　S7-1200 型 PLC 定期检查的主要内容

序号	项目	检修内容	判断标准
1	供电电源	在电源端子处测量电压波动范围	供电电压的 85% ～ 110%
2	运行环境	环境温度	0 ～ 55℃
		环境湿度	35% ～ 85%RH，不结露
		积尘情况	无灰尘堆积
3	安装状态	各单元是否安装固定可靠	无松动
		插接件是否连接可靠	无松动
4	输入电源	在输入端子处测量电压变化	以输入规格为准
5	输出电源	在输出端子处测量电压变化	以输出规格为准
6	寿命元件	电池、继电器、存储器	以各元件具体要求为准

13.1.2 S7-1200 PLC 的故障分布

S7-1200 PLC 的故障，按照故障发生的概率，主要分布在以下几个方面：

① 现场操作和控制元件。如按钮、行程开关、限位开关、接近开关等。这些元件反复操作，触点很容易磨损，经常出现触点粘连、松脱、接触不良等故障现象。元件如果长期闲置不用，又会出现动作不灵敏、触点锈蚀等故障现象。

② 外部继电器和接触器。在 S7-1200 的控制系统中，使用了大量的继电器和接触器，特别是小型继电器。如果现场环境比较恶劣、温度较高、动作频繁，就容易发生故障。最常见的故障现象是线圈烧坏、触点粘连、接触不良。继电器和接触器的选型非常重要。实践证明，如果继电器和接触器的质量低劣、触点容量太小，很容易打火、氧化、发热变形、烧坏线圈或者不能使用。所以在 S7-1200 控制系统中要尽量选用高性能的继电器和接触器，以提高整个装置的可靠性。

③ 电磁阀和电动阀之类的设备。这类设备是 S7-1200 输出级的执行元件，一般要经过许多环节才能完成位置转换，相对位移较大。电气、机械、液压或气压等各个环节稍有不到位，就会产生误差或出现故障。常见的故障现象是线圈烧坏、阀芯卡滞、动作失灵。在运行过程中，要经常对此类的设备进行巡查，检查有无机械变形，动作是否灵活，控制是否有效。

④ S7-100 系统中的附属设备。这些设备包括插接件、导线、接线端子、接线盒、螺钉螺母等。它们产生故障的原因，除本身的质量问题之外，还与安装工艺有关。如果螺钉没有拧紧，会导致打火、端子烧毛、接触不良，但也不是拧得越紧越好。拧得太紧了，在维修时拆卸困难，大力拆卸又容易造成连接件损坏。所以在安装时，要认真执行工艺规程。如果接线板上淋水或潮湿，端子容易漏电、生锈。

⑤ 传感器和仪表。这类故障的主要表现为控制信号不正常，信号时有时无。在安装这类设备时，一般要采用屏蔽电缆，屏蔽层要在一端可靠接地，而不要在两端都接地。有关的电缆要尽量与动力电缆，特别是变频器的动力电缆分开敷设，以避免电磁脉冲干扰。

⑥ 电源和接地线。电源不稳定、接地线不合乎要求，容易产生电磁脉冲，干扰 PLC 的正常工作。此时会出现一些时有时无的、难以查找的疑难故障。

⑦ S7-1200 本身的硬件故障。这类故障存在于 PLC 控制器内部，主要表现为 PLC 内部开关电源损坏、CPU 不正常、输入单元内部的元件（光电耦合器等）损坏、输出端子内部的元件（晶体管、继电器、光电耦合器等）损坏等。在实际维修中，输入和输出端子内部元件损坏的情况偶然也有发生。PLC 内部的输出继电器没有设置保护，它的机械寿命有限，动作速度有一定的限制，频率不能太高，否则触点会磨损、粘连。如果需要频繁动作，应当选用晶体管输出型的，其输出频率快，没有机械寿命限制，可以适用于大多数场合。

⑧ S7-1200 软件故障。在这类故障中，S7-1200 的硬件（元器件）一般没有损坏，但是控制程序出了问题，导致工作异常。故障的主要表现是程序受到干扰和破坏，导致工艺动作紊乱。如果 PLC 停用时间太久，常常会导致控制程序和参数丢失，不能正常工作。

13.1.3 某些特殊的故障现象

（1）数字量输出模块无电压输出

SM 1223 数字量输出模块如果指示灯已亮，但是没有输出电压，则需要检查模块的供电电源。如果误将 DC24V 电源连接到模块的下部端子上，会导致供电失败，出现无输出电压的故障现象。

（2）更换新模板后某些功能不能使用

新型号的信号模板（订货号为 6ES7 2××-×××32-0XB0）可以兼容旧型号的信号模板（订货号为 6ES7 2××-×××30-0XB0）。如果旧型号的模板需要更换，可以直接用新模板替换。但是如果需要使用新模板的新功能，则需要重新对新模板进行设备组态。

（3）供电电源存在电磁干扰

如果 CPU 或模拟量输入模块的供电电源中有电磁干扰现象，可以在电源线上增加隔离变压器或滤波器，也可以设置模拟量模块的滤波程度，以平滑模拟量输入信号。

（4）数字量输入信号中存在寄生干扰

为了抑制寄生干扰，可以设置一个延迟时间，在这个时间之内的干扰信号可以被有效地滤除掉。在项目树的 PLC 站点下，打开“设备组态”界面，右击 CPU，在“属性”→“常规”→“ DI”(数字量输入通道）→“数字量输入”选项中设置“输入滤波器”的时间，默认的时间是 6.4ms，如图 13-1 所示。

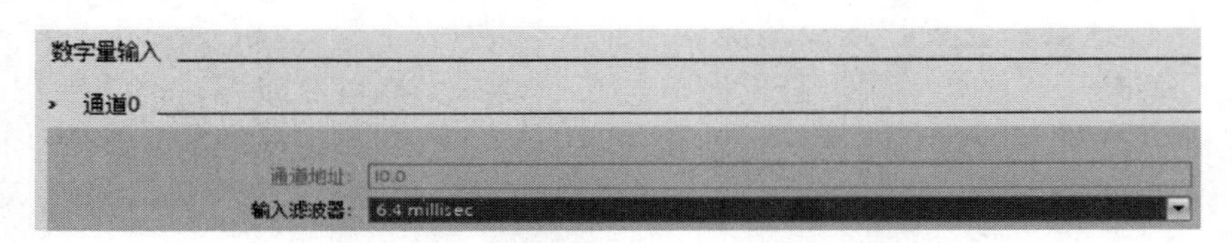

图 13-1　设置“输入滤波器”的时间

（5）模拟量通道不稳定

① 可能使用了自供电或隔离的传感器电源，但是没有将这个电源的“地”与模拟量输入模块电源的“地”连接在一起，由此产生一个比较高的共模电压，影响模拟量输入数值的稳定。解决的办法是将这两个“地”连接在一起。

② 现场中存在比较严重的电磁干扰；模拟量输入的信号线太长；信号线没有使用带屏蔽的双绞线；屏蔽层没有接地。这类问题可以采取两种方法进行解决：

一是将信号线与动力线分开敷设，并保持一定的距离（10cm 以上）；信号线选择带屏蔽的双绞线，并将屏蔽层单端接地。

二是加强滤波、降低噪声。在 CPU 的“属性”→“常规”→“AI”(模拟量输入通道）→“模拟量输入”选项中调整积分时间（有 16.6ms、20ms、100ms 三挡），或调整滤波的强弱程度（有无、弱、中、强四挡），如图 13-2 所示。

（6）CPU 读取的本地时间与当前实际时间相差 7h

中国当前的实际时间是北京时间，所属的时区为东八区（UTC+08:00），而 CPU 属性中的默认时区为东一区（德国等国家所在的时区 UTC+01:00），因此在 CPU 属性中，必须先将本地时间的时区设置为东八区，并将这个设置予以保存，才能正确地显示本地时间。

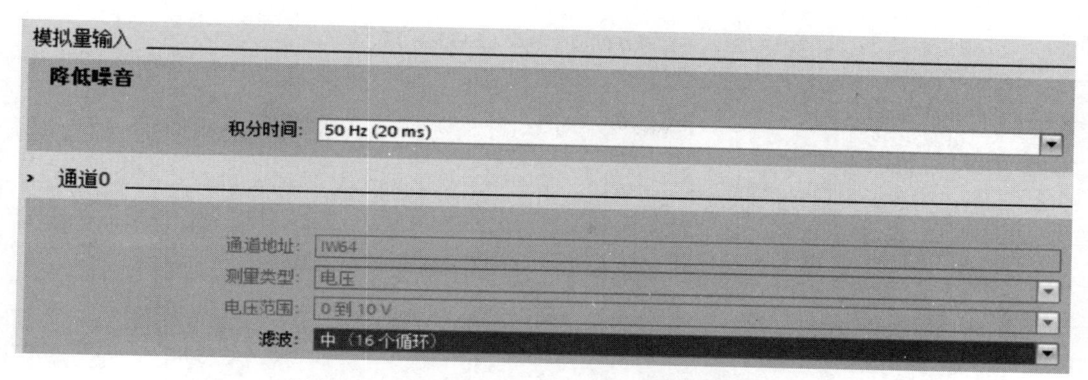

图 13-2　调整模拟量输入信号的积分时间和滤波强度

右击 CPU 本体模块，在“属性”→“常规”→“时间”选项中，将时区设置为“东八区”，如图 13-3 所示。

时间
本地时间
时区: (UTC +08:00) 北京，重庆，中国香港特别行政区，乌鲁木齐

图 13-3　将当前的时间设置为北京时间（所属的时区为东八区）

13.2 通过面板指示灯诊断故障

13.2.1 CPU 面板上的 LED 指示灯

在 CPU 模块的面板上有 3 个 LED 指示灯，从左至右分别是 RUN/STOP（运行/停止指示）、ERROR（错误指示）、MAINT（维护指示）。通过这些指示灯的各种组合指示模块的工作状态，诊断某些故障。

表 13-2 是 CPU 模块面板上 3 个 LED 指示灯的状态表。

CPU 上指示灯的状态，也可以通过 TIA 博途编程软件在线状态中的“测试”窗口显示。

当 CPU 正常工作时，CPU 上的 RUN/STOP 指示灯为绿色，并保持常亮状态，其他指示灯都熄灭。

当故障指示灯指示故障状态时，还需要通过其他的诊断功能获取具体的故障信息。

13.2.2 SM 信号模块上的 LED 指示灯

在每一个 SM 信号模块上，都有一个 LED 指示灯 DIAG，用于进行工作状态的诊断。在模拟量模块中，还有 I/O 通道 LED 指示灯，用于通道的故障诊断。

表 13-3 是 SM 信号模块面板上 LED 指示灯的各种状态。

表 13-2　CPU 模块面板上 3 个 LED 指示灯的状态表

LED 指示灯状态			含　义
RUN/STOP	ERROR	MAINT	
熄灭	熄灭	熄灭	断电
闪烁（黄色和绿色交替）	—	熄灭	启动、自检或固件更新
亮（黄色）	—	—	停止模式
亮（绿色）	—	—	运行模式
亮（黄色）	—	闪烁	取出存储卡
亮（黄色或绿色）	闪烁	—	故障
亮（黄色或绿色）	—	亮	请求维护 • 激活了 I/O 强制 • 需更换电池（有电池板时）
亮（黄色）	亮	熄灭	硬件存在故障
闪烁（黄色和绿色交替）	闪烁	闪烁	LED 测试或 CPU 固件出现故障
亮（黄色）	闪烁	闪烁	CPU 组态版本未知或不兼容

表 13-3　SM 信号模块面板上 LED 指示灯的各种状态

LED 指示灯状态		含　义
DIAG	I/O 通道	
闪烁（红色）	全部闪烁（红色）	模块 DC24V 电源故障
闪烁（绿色）	熄灭	启动、自检或固件更新
亮（绿色）	亮（绿色）	模块已组态，并且没有故障
闪烁（红色）	—	故障状态
—	闪烁（红色）	通道故障（启用诊断时）
—	亮（绿色）	通道故障（禁用诊断时）

当通道禁用诊断功能时，如果发生故障，I/O 通道指示灯不能发出信息，也不影响模块中 DIAG 指示灯的状态。

13.2.3　输入状态指示灯

输入状态指示灯设置在输入端子的下方，一个输入状态指示灯对应着一个输入端子。有多少个输入端子，就有多少个输入状态指示灯。当某一个输入端子与 COM 端子接通时，与其对应的输入状态指示灯就会亮起，发出红色光，指示这个输入信号已经连接到 PLC 的输入单元。所以，在一般情况下，通过观察某个输入状态指示灯是否发亮，就可以判断对应的输入信号是否接入。

当有信号输入时，如果有关的指示灯不亮，常见的原因有：

① 输入端子损坏或接触不良。

② 在 PLC 的输入端子与输入状态指示灯之间还有输入接口电路。这部分电路中还有一些元器件，例如电阻、二极管、光电耦合器、放大整形电路、数

据处理电路等。如果其中某一只元器件损坏，即使输入信号确实已经接到 PLC 的输入端子上，但是与其对应的指示灯也可能不亮。

③ 在 PLC 的输入端使用接近开关、霍尔元件、光电传感器、模拟量传感器等元件，当出现传感部位有污垢、位移偏大等情况时，会引起灵敏度下降或信号减弱，导致输入状态指示灯亮度下降或不亮。

④ 输入信号出现的时间太短，小于 PLC 的扫描周期，此时输入接口电路没有驱动，导致指示灯来不及点亮。

⑤ 采用汇点输入（无源）时，信号的接触电阻太大，使 PLC 内部输入电流不足，不能驱动输入接口电路。

⑥ 采用源输入（有源）时，信号的接触电阻太大，导致输入信号的电压太低，不足以驱动输入接口电路。

⑦ 扩展单元或扩展模块与本体单元之间没有连接好。

当输入端子损坏时，需要更换到另一个输入端子上，并修改相关部分的程序。

13.2.4 输出状态指示灯

输出状态指示灯设置在输出端子的上方，一个输出状态指示灯对应着一个输出端子。有多少个输出端子，就有多少个输出状态指示灯。当某一个输出元件得电时，与其对应的输出状态指示灯就会亮起，发出红色光，指示这个输出信号已经连接到 PLC 的输出端子上。所以，在一般情况下，通过观察某个输出状态指示灯是否发亮，就可以判断对应的输出端子的状态是“0”还是“1”。

当有信号输出时，如果有关的指示灯不亮，常见的原因有：

① 输出端子损坏或接触不良。

② 在 PLC 的输出端子与输出状态指示灯之间还有输出接口电路。这部分电路中也有一些元器件，例如继电器、晶体管、光电耦合器件、电阻等。如果其中某一只元器件损坏，即使输出指示灯亮了，输出信号也可能送不到 PLC 的输出端子上。

③ 采用源输出（有源）时，输出负载太大或短路，导致保护电路动作，熔断器烧断。

④ 扩展单元或扩展模块与基本单元之间没有连接好。

当输出端子损坏时，需要更换到另一个输出端子上，并修改相关部分的程序。

13.3 通过在线方式诊断故障

TIA 博途编程软件为故障的在线诊断设置了众多的图标，根据这些图标就可以判断各个部位当前的状态。当编程计算机与 S7-1200 的 IP 地址相同时，单击“转至在线”按钮实现在线连接。此时，在项目树下面的硬件和软件目录下，都会出现诊断图标，硬件组态界面中也会出现诊断图标，如图 13-4 所示。

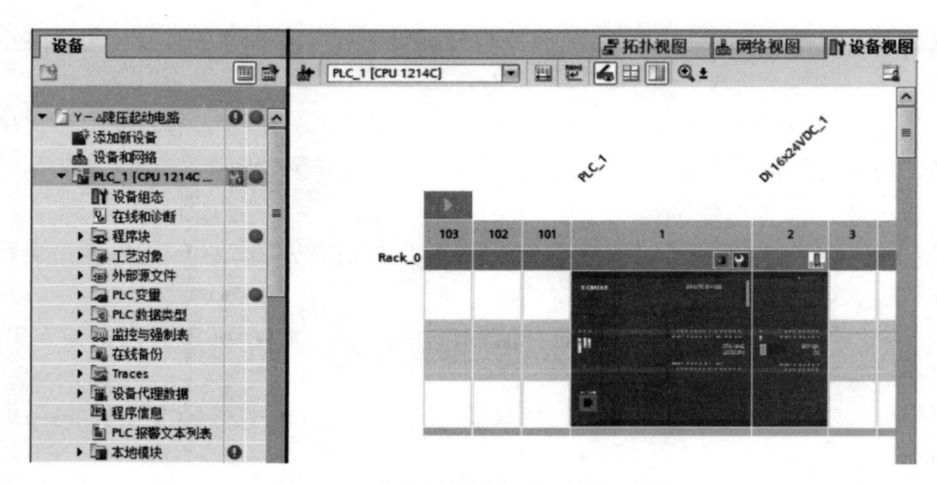

图 13-4　在线连接状态下出现的诊断图标

13.3.1　S7-1200 PLC 在运行中出现的错误

S7-1200 型 PLC 在运行中出现的错误主要有两类：处理器错误和功能性错误。

（1）处理器错误

处理器错误是可以被 PLC 检测到并出现报警提示的错误，包括异步错误和同步错误。

异步错误是因为硬件不正常所造成的错误。主要原因有：硬件损坏、接线错误、编程计算机中的硬件组态与实际安装的器件不一致。

同步错误是程序不正确所造成的错误。同步错误通常又可以分为以下两种情况：

① 程序错误（OB121）。一般是不正确地调用了某条指令，或对一个并不存在的地址进行寻址。在编译程序时，这种错误不会出现相应的警告。

② 超时错误（OB80）。如果程序运行的周期太长，超过了看门狗所设置的时间，就会出现超时错误。

当出现处理器错误时，PLC 会亮起红灯，提示出现了错误。

对于大多数处理器错误，根据所检测到的故障类型，S7-1200 会两次调用对应的 OB，运行这个 OB 中的程序。当故障发生时，先调用一次这个 OB；当故障排除后，又再次调用这个 OB。无论这个故障持续多长时间，都是这样两次调用 OB。

（2）功能性错误

功能性错误是不能被 PLC 检测到的错误。此时程序并没有语法上的错误，但是仍然存在其他方面的错误，运行时不能实现所期待的功能。对于这一类的错误，需要使用 TIA 博途编程软件中的调试工具进行在线诊断，查找出错误并予以纠正。

13.3.2　TIA 博途编程软件的在线诊断图标

对于处理器错误，S7-1200 本身可以检测到。在处理这一类的故障时，首先应当进行在线诊断，查看诊断信息，明确故障原因，这是目前使用得最多的诊断方法。

首先，按照 11.1.2 所叙述的方法，建立编程计算机与 S7-1200 的在线连接。

建立好在线连接之后，在项目树的硬件目录和软件目录的右边会出现下述各种诊断图标。

① 连接类图标，左下方是橙色的小方块，通过虚线连接到右上角的编程计算机：表示计算机正在与 CPU 连接。

② 连接类图标，左下方是浅红色的小方块，中间有白色叉号，通过实线连接右上角的编程计算机：表示计算机不能通过指定的地址建立与 CPU 的连接。

③ 连接类图标，左下方是橙色小方块，向右方伸出一条橙色线，右上方的计算机向左方伸出一条黑色线，两条线彼此之间不连通：表示计算机中所组态的 CPU 与实际的 CPU 不匹配。

④ 连接类图标，左下方有蓝色小锁，右侧的橙色小方块连接到计算机：表示所连接的 CPU 受到了保护，而且所输入的密码不正确，导致密码对话框被终止。

⑤ 图标为红色底，中间有白色的扳手：表示出错。

⑥ 图标为绿色底，中间有白色的扳手：表示需要维修。

⑦ 图标为黄色底，中间有白色的扳手：表示硬件设备在通信过程中存在丢包的情况，要求维修。

⑧ 模块类图标，灰色底，中间有白色的问号：表示连接已经建立，但是模块的状态无法确定。

⑨ 模块类图标：表示该模块还没有激活。

⑩ 模块类图标，红色底，右边有白色的叉子：CPU 不能监测或访问该模块。

⑪ 模块类图标，右边有黑色的问号（仅出现在 CPU 下挂的模块上）：表示所组态的模块不支持显示诊断的信息。

⑫ 模块类图标，右边有黑色感叹号：表示由于组态数据不一致，无法获得有效的诊断信息。

⑬ 模块类图标，带有橙色的三角形：表示该模块或者所组态的设备与实际设备不能匹配。

⑭ 模块类图标，灰色方框，中间是白色的禁止标志：表示所组态的模块不支持显示诊断的信息。

⑮ 模块类图标，中间是一个矩形方框，方框内部是蓝色，下方有“0101”的数码：表示没有可以使用的输入/输出数据，可能是该模块或子模块的输入/输出通道被锁定。

⑯ 图标是橙色的实心圆圈，中间带有白色的感叹号：表示在项目树中出现该图标的地方，其下一级的子文件夹中，模块存在硬件错误。

⑰ 图标为绿底，中间有白色对勾：表示正常状态。

13.3.3 在诊断缓冲区中诊断故障

一般情况下，在诊断图标中发现错误后，需要查找错误的原因，也就是查看错误缓存。其方法是：在项目树中有关的 PLC 站点下面点击“在线与诊断”→“在线访问”，查找到相关的 CPU 模块，

在博途编程软件中，还有更为简捷的打开“在线诊断”的方式。在项目树、硬件组态或其他窗口，双击出错的图标“ ”，可以直接打开“在线访问”窗口。点击其中的“诊断”→“诊断状态”，可以看到错误提示，如图 13-5 所示。

图 13-5　诊断状态下的错误提示

再点击“诊断”菜单下的“诊断缓冲区”，就会出现“事件”列表，如图 13-6 所示，其中包括了出现错误的细节。

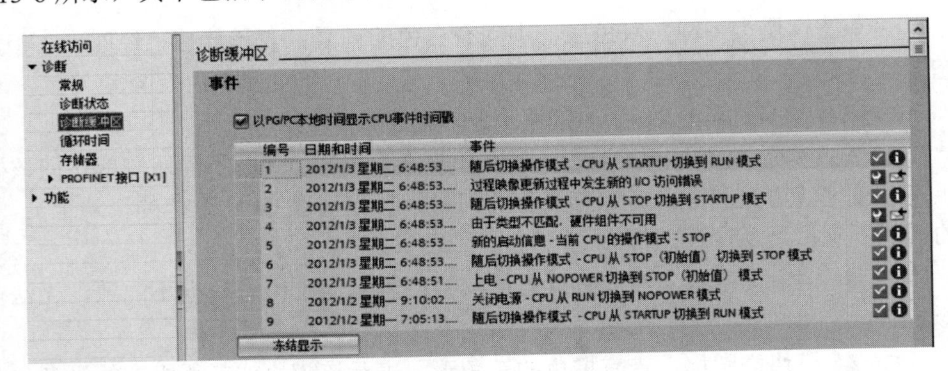

图 13-6　显示操作事件的列表

表中依次列出了最近所执行的编程操作事件。这些“事件”按照顺序排列，最上面的一行是最近发生的事件。PLC 通电时，诊断缓冲区最多可以保留 50 个条目。通过列表右边的滚动条，可以查看每一个条目的具体内容。超过 50 个之后，新出现的条目将会取代最老的条目。点击表中左下角的“冻结显示”按钮，则列表中的内容被“冻结”，不显示最近的操作事件。PLC 断电后，列表中的所有条目都会消失。

将 PLC 复位到“工厂设置”状态，就可以删除所有的条目。

在每一个事件的右边，如果是绿色背景的小方框，中间带有一个白色的对钩，

其右边还有一个蓝色的实心圆圈，圆圈中间有一个白色的感叹号，则表示状态正常，该事件属于正常事件。

如果出现的图标为红色底，中间有白色的扳手，则提示出现了错误。

在图 13-6 中，2 号事件的右边显示红色的报警标志，说明在这个时刻（2012 年 1 月 3 日 6:48:53）出现了错误。4 号事件的右边也显示红色的报警标志，时刻与 2 号事件分秒不差，说明这两个错误是同时发生的，很可能是由同一项操作所引起。

如果在列表的右边出现一个指向右边的箭头，则表明这个错误已经排除。

选中某一个编号的事件，在下方的“事件详细信息”中会显示出该事件的详细信息。图 13-7 是针对图 13-6 中 2 号事件（错误）的详细信息。其中提示了可能的原因，以及纠正错误的方法。

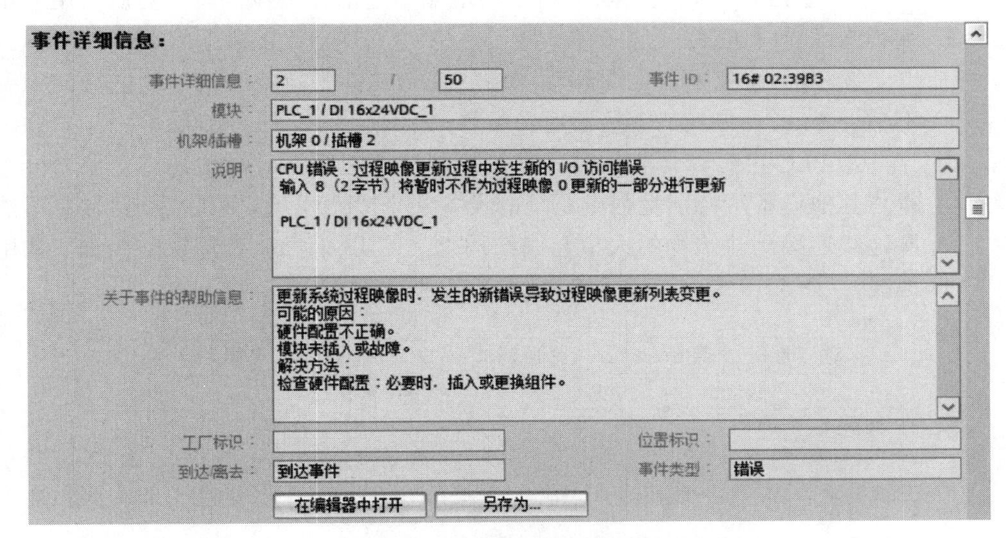

图 13-7 关于错误的事件详细信息

在图 13-7 的下方有 2 个按钮：左边是“在编辑器中打开”按钮；右边是“另存为”按钮，将错误的信息另存为一个文件。

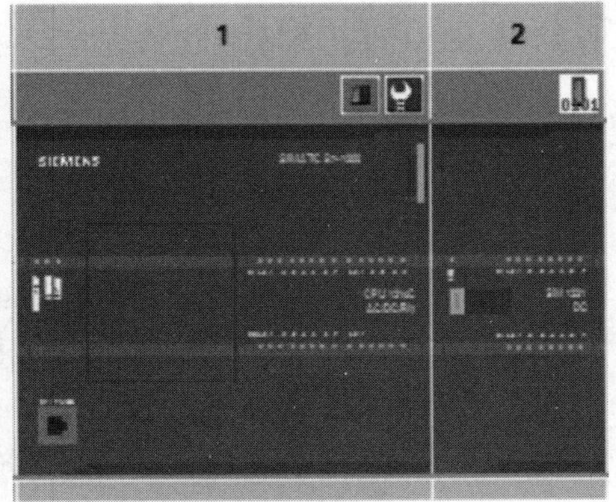

图 13-8 存在错误的模块组态界面

“在编辑器中打开”按钮的上方，有一个“到达/离去”栏目，显示这条信息是在报告错误出现，或是报告错误已经排除。

点击“在编辑器中打开”按钮，可以跳转到该事件的编辑器窗口。有以下两种情况：

① 程序错误触发的事件。此时会直接跳转到离线程序中存在错误指令的位置，以便于检查和更改程序。

② 存在错误的模块组态界面。图 13-8 就是一个存在错误的模块组态界面。通过错误图标，可以一目了然地看到存在错误的模块是 CPU 模块。将这个模块的错误修复后，显示错误的图标就会自动刷新，变成正常的图标。

13.4 使用S7-1200 PLC的安全措施

13.4.1 S7-1200 PLC 和组件的接地

在 S7-1200 安装接线的过程中，接地是不能忽视的一项重要内容，良好的接地可以避免绝大多数电磁脉冲对 PLC 的干扰，保证 PLC 的正常工作。接地的具体要求是：

① 将 PLC 和相关模块的所有接地端子全部连接在一起，然后使用专用的铜芯绝缘导线连接到合格的接地点。

② 为了避免来自电源和输入端、输出端的干扰，接地导线的截面积要求不小于 $2mm^2$，导线的连接要稳妥可靠，接地电阻要小于 100Ω。

③ PLC 也可以与其他设备共用接地体，但是这时接地线一定要分开，不得与其他设备，特别是强电系统的设备共享接地线（即串联接地），更不能将接地线连接到建筑物的大型金属结构上。图 13-9（a）是错误的接法（共用接地线）；图 13-9（b）是正确的接法（专用接地线）。

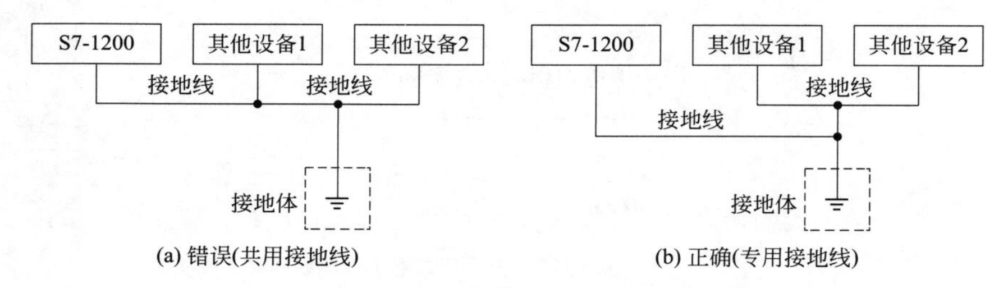

图 13-9　S7-1200 PLC 与接地体的连接

13.4.2 配线的注意事项

① PLC 的电源线要远离干扰源。动力线、PLC 电源线、输入/输出线、通信线、其他控制导线应当分别配线，最好分槽走线。如果必须在同一个线槽内，要分别捆扎，并保持 10cm 以上的距离。

② 在对 PLC 进行接地或接线之前，一定要确保切断 PLC 的电源，如果有其他相关的设备，也必须切断电源。

③ AC220V 交流电源不能错接到直流电源端子、直流输入端子、直流输出端子、DC24V 输出端子，否则会烧坏 PLC 和其他元器件。凡是标注 L1/N 的端子，都是交流电源端子；凡是标注 L+/M 的端子，都是直流电源端子。

④ 对于电源中存在的常规干扰，PLC 本身具有足够的抑制能力。如果干扰特别严重，可以安装一个 1∶1 的隔离变压器，以减少干扰。

⑤ 对于使用 220V 交流电源的机型，PLC 内部配有开关式稳压电源，交流电压的波动在一定的范围内，PLC 都可以正常工作，不需要采取稳压措施，直接将 50Hz、220V 交流电源连接到 PLC 的 L、N 端子就可以了。

⑥ 外部引入的 24V 直流电源必须安全可靠，要求电压稳定，纹波和噪声小。

⑦ 连接输入/输出端子的导线、各种控制导线、信号线，最好采用屏蔽导线，屏蔽层在一端可靠接地。

13.4.3 防止 PLC 失控造成事故

如果 PLC 失控，会造成严重事故，必须在其外部设置确保安全的电路。

首先从电源上进行把关，外部电源不要直接作为 PLC 的总电源，也不直接用它作为直流电源模块的电源、输出端的负载电源。外部电源必须通过一只小型交流接触器进行控制后，再配送给 PLC，如图 13-10 所示。电源通过按钮 SB2 启动，当出现紧急情况时，按下急停按钮 SB1 使接触器 KM 释放，以迅速地同时切断 PLC 各个部位的工作电源。

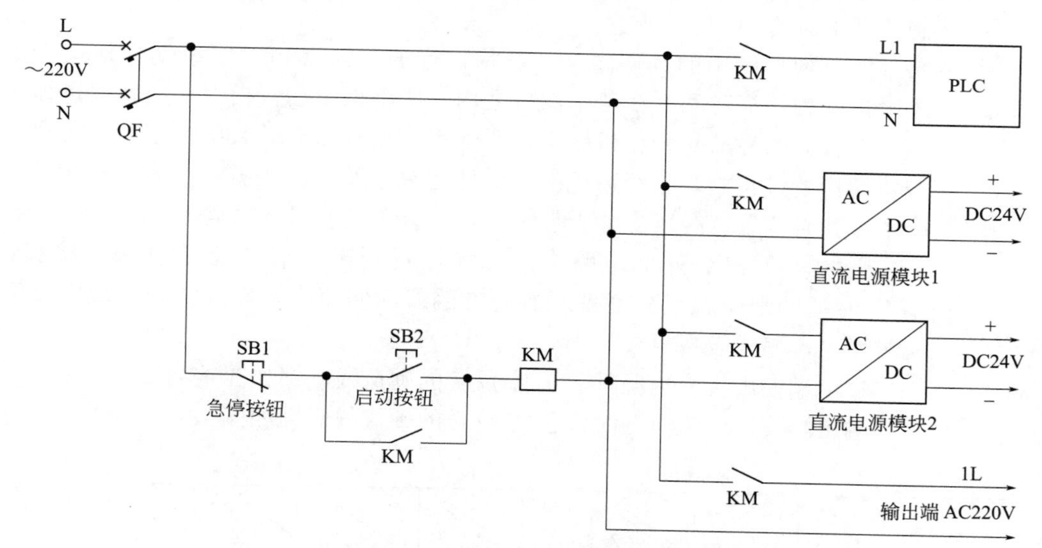

图 13-10　S7-1200 PLC 电源的急停电路

在 PLC 通电工作的过程中，不能进行各种模块的拔插。所有的信号板、信号模块、通信模块都不支持带电拔插。

13.4.4 感性输出元件的保护

继电器的电磁线圈属于电感性负载，在接通或断开电源时，会产生自感电动势，容易损坏 PLC 内部的元件，因此需要设置保护电路。

① 输出端使用直流电源时，在继电器上反向并联一只续流二极管，见图 13-11（a）。

② 输出端使用交流电源时，在继电器上连接电阻-电容吸收电路或压敏电阻 Ry，见图 13-11（b）。

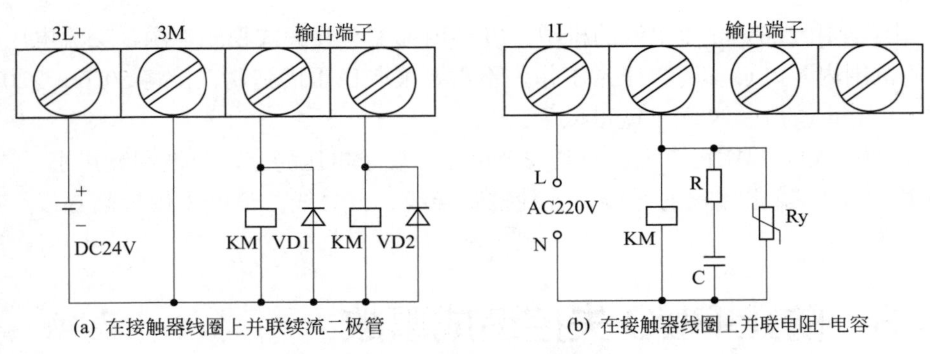

(a) 在接触器线圈上并联续流二极管　(b) 在接触器线圈上并联电阻-电容

图 13-11　感性输出元件的保护

13.4.5 设置硬接线联锁

有的设计人员认为：由 PLC 控制电动机正反转时，只要在程序中设置正转/反转联锁就不会因为正、反转接触器同时通电吸合造成电源相间短路。这种想法是不对的。

仅有梯形图中的“程序互锁”是不行的，因为 PLC 系统动作很快，每条逻辑指令的扫描时间都在若干微秒之内，所以输出动作指令很快就被执行。但是，接触器的释放是一种机械动作，一般需要 0.1s，即 100ms 左右，在两只接触器切换的过程中，已经通电的接触器还来不及释放，另一个接触器就已经吸合了。此时两只接触器都处于吸合状态，会造成主回路中电源相间短路故障。

因此，在 PLC 外部电路中，必须设置正转/反转硬接线联锁，将 KM1、KM2 的辅助常闭触点分别串联到对方的线圈回路中，以防止正、反转接触器同时通电，酿成设备事故。

输出端使用直流电源时，正转/反转的硬接线联锁如图 13-12（a）所示。

输出端使用交流电源时，正转/反转的硬接线联锁如图 13-12（b）所示。

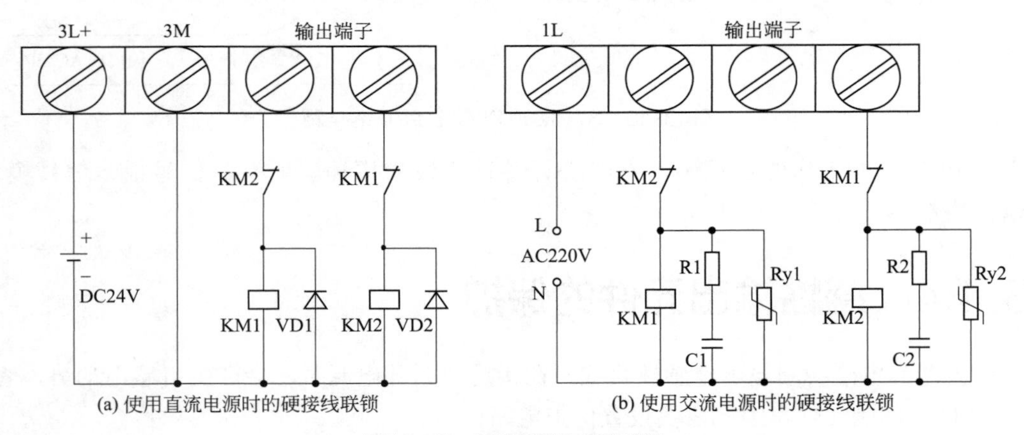

(a) 使用直流电源时的硬接线联锁　(b) 使用交流电源时的硬接线联锁

图 13-12　正反转的硬接线联锁

此外，对于上下限定位，除了在程序中设置超极限联锁之外，在外部电路中也必须进行硬接线联锁，以防止限位失灵而酿成事故。

参 考 文 献

[1] 廖常初 . S7-1200 PLC 编程及应用 . 北京：机械工业出版社，2020.
[2] 段礼才 . 西门子 S7-1200 PLC 编程及使用指南 . 北京：机械工业出版社，2018.
[3] 李方园 . 西门子 S7-1200 PLC 从入门到精通 . 北京：电子工业出版社，2019.
[4] 张硕 . TIA 博途软件与 S7-1200/1500 PLC 应用详解 . 北京：电子工业出版社，2019.
[5] 刘锴，周海 . 深入浅出西门子 S7-300 PLC. 北京：航空航天大学出版社，2009.
[6] 胡学明 . 三菱 FX3U PLC 编程一本通 . 北京：化学工业出版社，2019.
[7] 阳胜峰 , 吴志敏 . 西门子 PLC 与变频器、触摸屏综合应用教程 . 北京：中国电力出版社，2019.